Mastercam 2023 中文版从入门到精通

胡仁喜　万金环　编著

机械工业出版社

本书介绍了 Mastercam2023 的 CAD/CAM 功能，主要内容包括：Mastercam 2023 软件概述，二维图形的创建与标注，二维图形的编辑与转换，曲面、曲线的创建与编辑，三维实体的创建与编辑，CAM 通用设置，传统和高速二维加工和刀路编辑，传统和高速曲面粗加工，传统和高速曲面精加工，多轴加工。

本书可作为高等工科院校机械制造与自动化专业本、专科的辅助教材，也可作为工程技术人员的参考书或自学手册。

图书在版编目（CIP）数据

Mastercam 2023中文版从入门到精通 / 胡仁喜，万金环编著.
—北京 ：机械工业出版社，2023.8
 ISBN 978-7-111-73452-9

Ⅰ．①M… Ⅱ．①胡… ②万… Ⅲ．①数控机床－加工－计算机辅助设计－应用软件 Ⅳ．①TG659-39

中国国家版本馆 CIP 数据核字(2023)第 121672 号

机械工业出版社（北京市百万庄大街 22 号 邮政编码 100037）
策划编辑：曲彩云　　　　　责任编辑：王　珑
责任校对：刘秀华　　　　　责任印制：任维东
北京中兴印刷有限公司印刷
2023 年 8 月第 1 版第 1 次印刷
184mm×260mm ·27.75 印张 ·690 千字
标准书号：ISBN 978-7-111-73452-9
定价：99.00 元

电话服务　　　　　　　　　网络服务
客服电话：010-88361066　　机 工 官 网：www.cmpbook.com
　　　　　010-88379833　　机 工 官 博：weibo.com/cmp1952
　　　　　010-68326294　　金 书 网：www.golden-book.com
封底无防伪标均为盗版　　　机工教育服务网：www.cmpedu.com

前　言

制造是推动人类历史发展和文明进程的主要动力，它不仅是经济和社会发展的物质基础，也是创造人类精神文明的重要手段，在国民经济中起着重要的作用。

为了在最短的时间内用较低的成本生产出较高质量的产品，人们除了从理论上进一步研究制造的内在机理外，也渴望能在计算机上用一种更加有效的直观手段显示产品的设计、制造过程，这便产生了 CAD/CAM。

Mastercam 是美国 CNC Software 公司开发的一款 CAD/CAM 软件，利用这款软件，可以辅助用户解决产品从设计到制造全过程中最核心的问题。由于其诞生较早且功能齐全，特别是在 CNC 编程方面快捷方便，因此已成为国内外制造业广泛采用的 CAD/CAM 集成软件之一，主要用于机械、电子、汽车、航空等行业，特别是在模具制造业中应用尤为广泛。

全书主要分为三大部分：第一部分详细介绍了 Mastercam 的 CAD 功能，主要包括二维图形的创建与编辑，三维实体的创建与编辑，曲线、曲面的创建与编辑等；第二部分详细介绍了 CAM 的基础知识以及 Mastercam 的 CAM 功能，主要包括数控加工工艺概述、数控编程基础、CAM 通用设置、传统二维及高速二维加工等；第三部分为传统和高速曲面粗、精加工。

总之，理论与实践结合是本书的突出特点之一，因此本书具有很强的可读性和实用性。

为了配合学校师生利用此书进行教学的需要，随书配送的电子资料包中包含所有实例的素材源文件，并制作了全程实例动画 AVI 文件，总时长达 200 多分钟。内容丰富，是读者配合本书学习提高的最方便的帮手。读者可以登录百度网盘地址：https://pan.baidu.com/s/1dfiSF742I8 AxjxdvSAw6Mg或者扫描下面二维码下载，密码：swsw（读者如果没有百度网盘，需要先注册一个才能下载）。

本书可作为高等工科院校机械制造与自动化专业本、专科学生的辅助教材，也可作为工程技术人员的参考书或自学手册。

本书由河北交通职业技术学院的胡仁喜博士和石家庄三维书屋文化传播有限公司的万金环编写，其中胡仁喜编写了第 1～9 章，万金环编写了第 10～13 章。

由于编者水平有限，书中错误、纰漏之处在所难免，欢迎广大读者登录网站www.sjzswsw.com或联系 win760520@126.com批评斧正，编者将不胜感激。也欢迎加入三维书屋图书学习交流群（QQ：761564587）进行交流探讨。

编　者

目　录

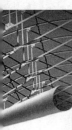

第1章

Mastercam 2023 软件概述

本章首先介绍 CAD/CAPP/CAM 技术及其有关基本知识，并由此引出了 Mastercam 2023。讲述了 Mastercam2023 的功能特点、工作环境以及系统配置等，最后用一个简单的实例使读者对 Mastercam2023 有个初步认识。

重点与难点

- CAD/CAPP/CAM 概述
- Mastercam2023 简介
- 系统配置

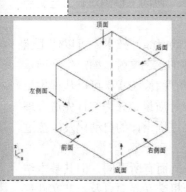

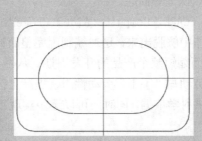

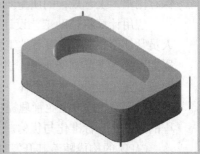

1.1 CAD/CAPP/CAM 概述

1.1.1 CAD 概述

计算机辅助设计（CAD，Computer Aided Design）是一种用计算机辅助人们对产品或工程进行设计的方法与技术。虽然该技术的出现只有几十年的时间，但其已经渗透到了科学技术的多个领域，使传统的产品设计方法与生产模式发生了深刻的变化，并产生了巨大的社会效益和经济效益。CAD 一般包括以下功能：

（1）几何造型功能。利用线框、曲面和实体造型技术显示三维形体的外形，并且利用消隐、明暗处理等技术增加显示的真实感。

（2）计算和分析功能。根据产品的几何模型计算物体的物性，如体积、质量、重心、转动惯量等，从而对产品进行系统工程分析提供必要的参数和数据。同时还具有对产品的特性、强度、应力等进行有限元分析的能力。

（3）动态仿真功能。具有研究运动学特征的能力，如凸轮连杆的运动轨迹、干涉检验等。

（4）工程绘图功能。CAD 的结果应该是工程图，因此 CAD 系统具备自动二维绘图能力。

要指出的是，应该将 CAD 与计算机绘图、计算机图形学区分开来。计算机绘图是指使用图形软件和硬件进行绘图及相关标注的一种方法和技术，其主要目的是摆脱繁重的手工绘图。计算机图形学（CG，Computer Graphics）是研究通过计算机将数据转换为图形，并在专用设备上显示的原理、方法和技术的科学。

1.1.2 CAPP 概述

工艺设计是产品设计与车间生产的纽带，它所生成的工艺文档是指导生产过程的重要文件，是制订生产计划与调度的依据，对产品质量和制造成本具有极为重要的影响。长期以来，模具加工车间的工艺编制主要依赖于手工，因此会由于模具种类多、批量小，工艺设计烦琐、规范性差，成熟的工艺经验与知识难以保存和借鉴等原因而导致工艺设计时间长、协同工作困难、工艺文档保存困难、工艺规程的质量难以保证等问题。

应用计算机辅助工艺设计（CAPP，Computer Aided Process Planning）技术，可以使工艺人员从烦琐、重复的事务性工作中解脱出来，迅速编制出完整而详尽的工艺文件，缩短生产准备周期，提高产品制造质量，进而缩短整个产品的开发周期。从发展角度看，CAPP 可以从根本上改变工艺过程设计的"个体"劳动与"手工"劳动性质，提高工艺设计质量，并为制订先进合理的工时定额、改善企业管理提供科学依据，同时还可以逐步实现工艺过程设计的自动化及工艺过程的规范化、标准化与优化。

CAPP 的构成随着其开发环境、产品对象、规模大小等因素的不同而有所不同，但其基本结构相同，即由零件信息的获取、工艺决策、工艺数据库/参数库、人机交互界面以及工艺文件管理与输出五大部分组成，图 1-1 所示为 CAPP 系统组成图。

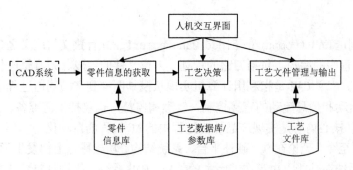

图 1-1 CAPP 系统组成

1．零件信息的获取

零件信息是 CAPP 系统进行工艺过程设计的对象和依据，零件信息的描述和输入是 CAPP 系统的重要组成部分。由于目前计算机还不能像人一样识别零件图上的信息，所以计算机必须有一个专门的数据结构来对零件的信息进行描述。如何描述零件信息，选用怎样的数据结构存储这些信息是 CAPP 的关键技术，也是影响 CAPP 能否实用化的关键问题。

2．工艺决策

工艺决策是系统的控制指挥中心。工艺决策的过程是以零件信息为依据，按照预先规定的决策逻辑，调用相关的知识和数据进行必要的比较、推理和决策，生成所需零件加工工艺规程的过程。

3．工艺数据库/参数库

工艺数据库/参数库是 CAPP 系统的支撑工具，它包含了工艺设计所要求的工艺数据（如加工方法、加工余量、切削用量、机床、刀具、量具、辅具、材料、工时、成本核算等多方面的信息）和规则（包括工艺决策逻辑、决策习惯、加工方法选择规则、工序工步归并与排序规则等）。如何组织和管理这些信息，使之便于调用和维护，适用于各种不同的企业和产品，是 CAPP 系统迫切需要解决的问题。

4．人机交互界面

人机交互界面是用户的操作平台，包括系统菜单，工艺设计界面，工艺数据/知识输入界面，工艺文件的显示、编辑与管理界面等。

5．工艺文件管理与输出

一个 CAPP 系统可以拥有成百上千个工艺文件，如何管理和维护这些工艺文件，按什么格式形式输出这些文件，是 CAPP 系统所要完成的重要内容，也是整个 CAD/CAPP/CAM 集成系统的重要组成部分。工艺文件的输出部分包括工艺文件的格式化显示、存盘和打印等内容。

1.1.3 CAM 的概述

广义的制造是包括市场调研分析、产品设计、工艺规划、制造实施、产品销售、售前售后服务、产品的回收处理和再利用的产品生命周期的全过程。这里的制造仅仅指从工艺设计开始，经加工、检测、装配直至进入市场的过程。在这个过程中，工艺设计是基础，它决定了工序规划、刀具夹具、材料计划以及采用 NC 机床时的加工编程等。这些环节信息处理的计算机实现便构成

了 CAM 系统。

计算机辅助制造 CAM（Computer-aided Manufacturign）有狭义与广义之分。狭义 CAM 通常指对模具加工 NC 程序的编制，包括刀路的规划、刀位文件的生成、刀具轨迹仿真以及后置处理和 NC 代码生成等。广义 CAM 是指利用计算机实现从模具图样到产品制造过程中的直接和间接活动。包括对物质流动和信息流动的直接控制、管理和监督，也包括工艺准备、生产作业、计划、NC 程序编制等，其核心内容是实现产品加工过程中的 NC 编程的自动化。

CAM 技术发展至今，无论在软、硬件平台，系统结构、功能特点上都发生了翻天覆地的变化，当今流行的 CAM 系统在功能上也存在着巨大的差异。CAM 系统一般均具有工艺参数的设定、刀位轨迹自动生成、刀位轨迹编辑、刀位验证、后置处理、动态仿真等基本功能。其工作流程如图1-2 所示。

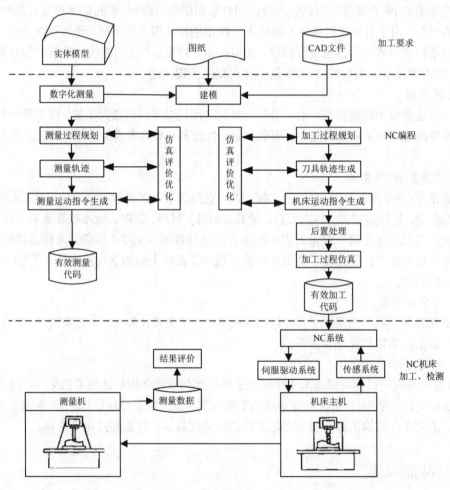

图 1-2　CAM 系统的工作流程

1. 准备被加工零件的几何模型

对一个零件进行 NC 编程，必须首先获得零件的模型信息。获取被加工零件几何模型的途径主要有 3 种：

1）利用 CAM 系统中提供的 CAD 模块直接建立加工模型。

2）利用数据接口读入其他 CAD 软件中建立的模型数据文件。

3）利用数据接口读入加工零件的测量数据，生成加工模型。

2．刀位轨迹生成

根据工艺要求，选择加工刀具，生成不同零件加工面的刀位轨迹。

3．仿真评价优化

当文件的 NC 加工程序（或刀位数据）计算完成以后，将刀位数据在图形显示器上显示出来，从而判断刀位轨迹是否连续，检查刀位计算是否正确。根据生成的刀位轨迹，经计算机的仿真加工，模拟零件的整个加工过程。根据加工结果做出判断，不满意可返回修改。

4．后置处理

不同的 NC 机床，其 NC 加工指令会有细微差别。后置处理的目的就是根据校验过的刀位轨迹，生成与不同机床匹配的 NC 加工代码。目前后置处理的方法主要有如下两种：

（1）通用后置处理。通用后置处理系统一般指后置处理程序功能的通用化，要求能针对不同类型的 NC 系统对刀位原文件进行后置处理，输出 NC 程序。一般情况下，通用后置处理系统要求输入标准格式的刀位原文件，结合 NC 系统数据文件或机床特性文件，输出的是符合该 NC 系统指令集及格式的 NC 程序。通用后置处理程序采用开放结构，以数据库文件方式，由用户自行定义机床运动结构和控制指令格式，扩充应用系统，使其适用于各种机床和 NC 系统，具有通用性，其操作流程如图 1-3 所示。

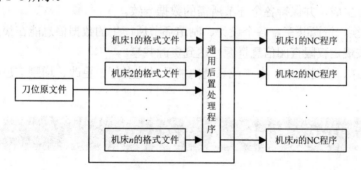

图 1-3　通用后置处理操作流程

（2）专用后置处理。专用后置处理系统将机床特性直接编入后置处理程序中，只能用于一种或一个系列机床，对于不同的 NC 装置和 NC 机床必须有不同的专用后置处理程序，其操作流程如图 1-4 所示。

5．NC 代码仿真验证

将零件的 NC 加工程序读入 CAM 系统中，在图形显示器上显示相应的刀位轨迹，从而检验 NC 加工程序正确与否。

6．NC 代码传至 NC 机床（DNC 加工）

如果装有 CAM 系统的计算机通过通信接口 RS232C、RS422 或 RS432 行口接口与一台（或多台）NC 机床相连，则可通过通信协议将 CAM 系统中产生的 NC 代码直接传至 NC 机床，控制其进行加工。

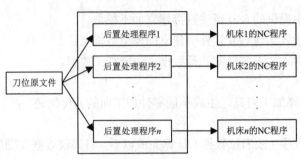

图 1-4 专用后置处理操作流程

📖 1.1.4 CAD/CAPP/CAM 集成

对于产品设计和制造的全过程而言，CAD 和 CAM 技术长期处于单独发展和使用状态，使得不同的 CAD 系统以及 CAD 与 CAM 系统之间无法共享信息资源。随着计算机技术的发展和应用水平的提高以及用户要求的不断扩大和深入，这些系统不能满足实际工程的需要，存在越来越严重的问题。CAD/CAPP/CAM 集成系统的特点如下：

（1）模型统一、数据统一。在产品设计、计算、制造过程中所需的数学模型一次生成，并作为全过程的唯一依据。在产品设计、制造过程中所需要的各种主要技术数据、生产管理的数据能在一个作业点上生成，并保持各个环节所需的数据一致。

（2）信息交换、资源共享。各个设计、制造环节所产生的数据信息能在集成系统内流通，并能相互交换和按规定权限查阅信息资源，达到资源共享。

（3）联机传递、实时处理。在集成系统内能及时地发行、更改、增删信息数据（如图样、工艺、计划等）。

1.2 Mastercam2023 简介

📖 1.2.1 功能特点

Mastercam 2023 中包含五种机床类型模块：【设置】模块、【铣床】模块、【车床】模块、【线切割】模块、【木雕】模块。【设置】模块用于被加工零件的造型设计，【铣床】模块主要用于生成铣削加工刀具路径，【车床】模块主要用于生成车削加工刀具路径，【线切割】模块主要用于生成线切割加工刀具路径，【木雕】模块主要用于生成雕刻。本书将对应用最广泛的【设置】模块和【铣床】模块进行介绍。Mastercam2023 主要完成以下三个方面的工作：

1. 二维或三维造型

Mastercam2023 可以非常方便地完成各种二维平面图形的绘制工作，并能方便地对它们进行尺寸标注、图案填充（如画剖面线）等操作，同时它也提供了多种方法创建规则曲面（如圆柱面、球面等）和复杂曲面（如波浪形曲面、鼠标状曲面等）。

在三维造型方面，Mastercam2023 采用了目前流行的功能十分强大的 Parasolid 核心（另一种是 ACIS）。用户可以非常随意地创建各种基本实体，再联合各种编辑功能可以创建任意复杂程度的实体。创建出来的三维模型可以进行着色、赋予材质和设置光照效果等渲染处理。

2．生成刀具路径

Mastercam2023 的终极目标是将设计出来的模型进行加工。加工必须使用刀具，只有被运动着的刀具接触到的材料时才会被切除，所以刀具的运动轨迹（即刀具路径）实际上就决定了零件加工后的形状，因而设计刀具路径是至关重要的。在 Mastercam2023 中，可以凭借加工经验，利用系统提供的功能选择合适的刀具、材料和工艺参数等完成刀具路径的工作，这个过程实际上就是数控加工中最重要的部分。

3．生成数控程序，并模拟加工过程

完成刀具路径的规划以后，在数控机床上正式加工还需要一个相应于机床控制系统的数控程序。Mastercam2023 可以在图形和刀具路径的基础上进一步自动和迅速地生成这样的程序，并允许用户根据加工的实际条件和经验修改，数控机床采用的控制系统不一样，则生成的程序也有差别，Mastercam2023 可以根据用户的选择生成符合要求的程序。

为了使用户非常直观地观察加工过程、判断刀具轨迹和加工结果的正误，Mastercam2023 提供了一个功能齐全的模拟器，从而使用户可以在屏幕上预见"实际"的加工效果。生成的数控程序还可以直接与机床通信，数控机床将按照程序进行加工，加工的过程和结果与屏幕上显示的一模一样。

1.2.2 工作环境

当用户启动 Mastercam2023 时，会出现如图 1-5 所示的工作环境界面。

1．选项卡

与其他的 Windows 应用程序一样，Mastercam 2023 的标题栏在工作环境界面的最上方。标题栏不仅显示 Mastercam2023 图标和名称，还显示了当前所使用的功能模块。

用户可以通过选择【机床】选项卡【机床类型】面板中的不同机床，进行功能模块的切换。对于【铣床】、【车床】、【线切割】、【木雕】，可以选择相应的机床进入相应的模块，而对于【设置】则可以直接选择【机床类型】面板中的【设置】命令切换至该模块。

2．菜单栏

用户可以通过选项卡获取大部分功能，选项卡包括【文件】、【主页】、【线框】、【曲面】、【实体】、【模型准备】、【标注】、【转换】、【浮雕】、【机床】、【视图】、【刀路】。其中【刀路】选项卡只有在选择了机床后才能显示出来。下面对各个选项卡进行简单介绍。

（1）【文件】。该选项卡提供了一些标准功能，如图 1-6 所示。

1）【新建】：创建一个新的文件，如果当前已经存在一个文件，则系统会提示是否要恢复到初始状态。

2）【打开】：打开一个已经存在的文件。

3）【合并】：将两个以上的图形文件合并到同一个文件中。

4）【打开编辑】：打开并编辑如 NC 程序的 ASCⅡ文本文件。

5）【保存】、【另存为】、【部分保存】：分别表示保存、另存为、部分保存数据。其中【部分保存】可以将整个图形或图形中的一部分另行存盘。

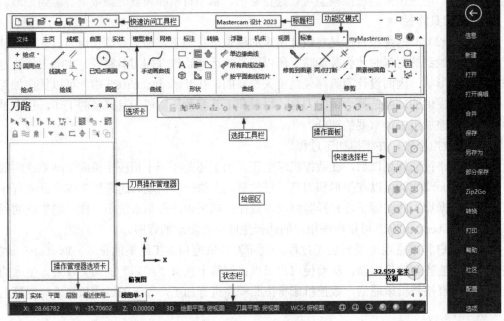

图 1-5 Mastercam 2023 的工作环境界面   图 1-6 【文件】选项卡

6）【转换】：将图形文件转换为不同的格式导入或导出。

7）【打印】：打印图形文件，以及在打印之前对打印的内容进行预览。

8）【帮助】：输入或查看图形文件的说明性或者批注文字。

9）【配置】单击该按钮，打开【系统配置】对话框，用户可以在其中更改 Mastercam2023 系统默认设置。

10）【选项】：设置系统的各种命令或自定义选项卡。

（2）【主页】。该选项卡提供了如图 1-7 所示的操作面板。

1）【剪贴板】：剪切、复制或粘贴图形文件，包括图形、曲面或实体，但不能用于刀路的操作。

图 1-7 【主页】选项卡

2）【属性】：用于设置点、线型、线宽的样式以及线条、实体、曲面的颜色、材质等属性。

3）【规划】：用于设置层高和选择图层。

4）【删除】：用于删除或按需求选择删除图形、实体、曲面等。

5）【显示】：用于显示或隐藏特征。

6）【分析】：对图形、实体、曲面、刀路根据需求做各种分析。

7）【加载项】：用于执行或查询插件命令。

（3）【线框】。该选项卡主要用于图形的绘制和编辑，操作面板如图 1-8 所示。

图 1-8　【线框】选项卡

（4）【曲面】。该选项卡主要用于曲面的创建和编辑，操作面板如图 1-9 所示。

图 1-9　【曲面】选项卡

（5）【实体】。该选项卡主要用于实体的创建和编辑，操作面板如图 1-10 所示。

图 1-10　【实体】选项卡

（6）【模型准备】。该选项卡主要用于模型的编辑，操作面板如图 1-11 所示。

（7）【标注】。该选项卡主要用于对绘制的图形进行尺寸标注、注解和编辑，操作面板如图 1-12 所示。

（8）【转换】。利用该选项卡，用户可以对绘制的图形完成镜像、旋转、缩放、平移、补正等操作，从而提高设计造型的效率，如图 1-13 所示。

图 1-11　【模型准备】选项卡

图 1-12　【标注】选项卡

（9）【机床】。该选项卡用于选择机床类型、模拟加工、生成报表以及机床模拟等，如图 1-14 所示。

（10）【视图】。该选项卡用于视图的缩放、视角的转换、视图类型的转换以及各种管理器的显示与隐藏等，操作面板如图 1-15 所示。

图 1-13 【转换】选项卡

图 1-14 【机床】选项卡

图 1-15 【视图】选项卡

（11）【刀路】。该选项卡包括各种刀路的创建和编辑功能，如图 1-16 所示。要注意的是，该选项卡只有选择了一种机床类型后才能被激活。

图 1-16 【刀路】选项卡

3．操作面板

操作面板是为了提高绘图效率，提高命令的输入速度而设定的命令按钮的集合，操作面板提供了比命令更加直观的图标符号。单击这些图标按钮就可以直接打开并执行相应的命令。操作面板是按照不同的功能划分的，分布在不同的选项卡中。操作面板包含了 Mastercam2023 的绝大多数功能。

4．绘图区

绘图区是用户绘图时最常用也是最大的区域，利用该工作区的内容，用户可以方便地观察、创建和修改几何图形，拉拔几何体和定义刀具路径。

在该区域的左下角有一个工作坐标系（WCS, Work Coordinate System）图标，同时还显示了屏幕视角（Gview）、坐标系（WCS）和刀具/绘图平面（Cplane）的设置等信息。

要注意的是：Mastercam2023 应用默认的米制或英制显示数据，用户可以非常方便地根据需要修改单位制。

5．状态栏

状态栏显示在绘图窗口的最下侧，用户可以通过它来修改当前实体的颜色、层别、群组、方位等设置。各选项的具体含义如下：

（1）【3D】。用于切换 2D/3D 构图模块。在 2D 构图模式下，所有创建的图素都具有当前的构图深度（Z 深度），且平行于当前构图平面。用户也可以在 AutoCursor 工具栏中指定 X、Y、Z 坐标，从而改变 Z 深度。而在 3D 构图模式下，用户可以不受构图深度和构图面的限制。

（2）【刀具平面】。单击该区域打开一个快捷菜单，可选择、设置刀具视角。

（3）【绘图平面】。单击该区域的一个快捷菜单，可选择、创建设置构图、刀具平面。

（4）【Z】。表示在构图面上的当前工作深度值。用户既可以单击该区域，在绘图区域选择一点，也可以在右侧的文本框中直接输入数据，作为构图深度。

（5）【WCS】　单击该区域将打开一快捷菜单，用于选择、创建、设置工作坐标系。

6．刀具路径、实体管理器

Mastercam 2023 将刀具路径管理器和实体管理器集中在一起，并显示在主界面上，充分体现了新版本对加工操作和实体设计的高度重视，事实上这两者也是整个系统的关键所在。单击【操作管理器】进行【刀路】、【实体】、【平面】、【层别】的切换。刀具路径管理器可对已经产生的刀具参数进行修改，如重新选择刀具大小及形状，修改主轴转速及进给率等。而实体管理器则能够修改实体尺寸、属性及重排实体构建顺序等。

7．提示栏

当用户选择一种功能时，在绘图区会出现一个小的提示栏，它可引导用户完成刚选择的功能。例如，当用户执行【线框】→【绘线】→【连续线】命令时，在绘图区会弹出【指点第一个端点】提示栏。

1.2.3　图层管理

图层是用户用来组织和管理图形的一个重要工具，用户可以将图素、尺寸标注、刀具路径等放在不同的图层里，这样在任何时候都可以很容易地控制某图层的可见性，从而方便地修改该图层的图素，而不会影响其他图层。在管理器中单击【层别】按钮，会弹出如图 1-17 所示【层别】管理器对话框。

图 1-17　【层别】管理器对话框

1. 新建图层

在【层别】管理器中单击【新建图层】按钮➕，创建一个新图层，也可以在【编号】文本框中输入一个层号，并在【名称】文本框中输入图层的名称，然后按 Enter 键，新建一个图层。

2. 设置当前图层

当前图层是指当前用于操作的图层，此时用户所有创建的图素都将放在当前图层中，在 Mastercam2023 中有两种设置图层为当前图层的方式：

1）在图层列表中，单击图层号码即可将该层设置为当前图层。

2）在【主页】选项卡的【规划】面板中单击【更改层别】按钮🗲右侧的下拉箭头，在弹出的下拉菜单中选择所需的图层，即可将该图层设置为当前图层。

3. 显示或隐藏图层

如果想要将某图层的图素不可见，用户就需要隐藏该图层。单击图层所在行与【高亮】栏相交的单元格，就可以显示或隐藏该图层。此时可见 "X" 被去除，如果再次单击则重新显示该图层。

📖1.2.4 选择方式

在对图形进行创建、编辑修改等操作时，首先要选择图形对象。Mastercam 2023 的自动高亮显示功能使得当光标掠过图素时，其显示改变，从而使得图素的选择更加容易。同时，Mastercam2023 还提供了多种图素的选择方法，不仅可以根据图素的位置进行选择（如单击、窗口选择等方法），而且还能够对图素按照图层、颜色和线型等多种属性进行快速选定。

图 1-18 所示为【选择】工具栏。在二维建模和三维建模中，这个工具栏被激活的对象是不同的，但其基本含义相同。该工具栏中主要选项的含义已经在图中注明，下面只对选择方式进行简单介绍。

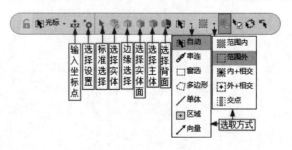

图 1-18 【选择】工具栏

Mastercam 2023 提供了串连、窗选、多边形、单体、区域、向量 6 种对象的选择方式。

1. 串连

该方法可以选取一系列的串连在一起的图素，对于这些图素，只要选择其中任意一个，系统就会根据拓扑关系自动搜索相连的所有图素，并选中。

2. 窗选

该方法可以在绘图区中框选矩形的范围来选取图素。可以使用不同的窗选设置，如视窗内表示完全处于窗口内的图素才被选中，视窗外表示完全处于窗口外的图素才被选中，范围内表示处于窗口内且与窗口相交的图素都被选中，范围外表示处于窗口外且与窗口相交的图素被选中，交点表示只与窗口相交的图素才被选中。

3．多边形

该方法和窗选类似，只不过选择的范围不再是矩形，而是多边形区域，同样也可以使用窗选设置。

4．单体

该方法是最常用的选择方法，单击图素则该图素被选中。

5．区域

与串连选择类似，但范围选择不仅要首尾相连，而且还必须是封闭的。区域选择的方法是在封闭区域内单击一点，即可选中包围该点的形成封闭的所有图素。

6．向量

可以在绘图区连续指定数点，系统将这些点之间按照顺序建立矢量，则与该矢量相交的图素被选中。

1.2.5 串连

串连常被用于连接一连串相邻的图素，当执行修改、转换图形或生成刀具路径选取图素时均会被使用到。串连有两种类型：开式串连和闭式串连。开式串连是指起始点和终止点不重合，如直线、圆弧等。闭式串连是指起始点和终止点重合，如矩形、圆等。

执行串连图形时，要注意图形的串连方向，这在规划刀具路径时尤为重要，因为它代表刀具切削的行走方向，也作为刀具补正偏移方向的依据。在串连图素上，串连的方向用一个箭头标识，且以串连起点为基础。

在执行【拉伸】、【孔】等命令后，将首先弹出【线框串连】对话框，如图1-19所示，利用该对话框可以在绘图区选择待操作的串连图素，并在设置相应的参数后完成操作。【线框串连】对话框中的各选项的含义如下：

    （串连）：通过选择线条链中的任意一条图素而构成串连。这是默认的选项。当该线条的某一交点是由3个或3个以上的线条相交而成时，系统不能判断该往哪个方向搜寻，此时，系统会在分支点处出现一个箭头符号，提示用户指明串连方向，用户可以根据需要选择合适的分支点附近的任意线条确定串连方向。

    （单点）：选取单一点作为构成串连的图素。

    （窗选）：使用光标框选封闭范围内的图素构成串连图素，且系统通过窗口的第一个角点来设置串连方向。

    （区域）：使用光标选择在一边界区域中的图素作为串连图素。

    （单体）：选择单一图素作为串连图素。

    （多边形）：与窗口选择串连的方法类似，它用一个封闭多边形来选择串连图素。

    （矢量）：与矢量围栏相交的图素被选中构成串连。

    （部分串连）：它是一个开式串连，由整个串连的一部分图素串连而成，部分串连

先选择图素的起点，然后再选择图素的终点。

图 1-19　【线框串连】对话框

范围内　（选取方式）：用于设置窗口、区域或多边形选取的方式。包括 5 种情况：【内】即选取窗口、区域或多边形内的所有图素；【内＋相交】即选取窗口、区域或多边形内以及与窗口、区域或多边形相交的所有图素；【相交】即仅选取与窗口、区域或多边形边界相交的图素；【外＋相交】即选取窗口、区域或多边形外以及与窗口、区域或多边形相交的所有图素；【外】即选取窗口、区域或多边形外的所有图素。

　　　（反向）：更改串连的方向。

　　　（选项）：设置串连的相关参数。

1.2.6　构图平面及构图深度

　　构图平面是用户绘图的二维平面。若用户要在 XY 平面上绘图，则构图平面必须是顶面或底面（即俯视或仰视），如图 1-20 所示。同样，要在 YZ 平面上绘图，则构图平面必须为左侧面或右侧面（即左侧视或右侧视）；要在 ZX 平面上绘图，则构图平面必须设为前面或后面（亦即前视或后视）。默认的构图平面为 XY 平面。

　　当然，即使在某个平面上绘图，具体的位置也可能不同，如图 1-21 所示，虽然 3 个二维图素都平行于 XY 平面，但其 Z 方向的值却不同。在 Mastercam 2023 中，为了区别平行于构图平面的不同面，采用构图深度来区别。

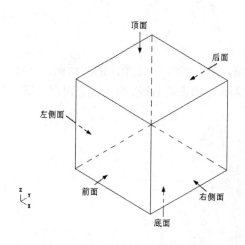

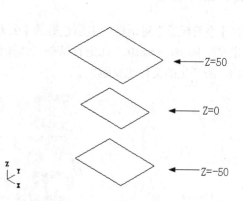

图 1-20　构图平面示意图　　　　　　　图 1-21　构图深度示意图

1.3 系统配置

　　Mastercam2023 系统的配置主要包括内存设置、公差设置、文件参数设置、传输参数设置和工具栏设置等内容，单击【文件】→【配置】命令，用户就可以根据需要对相应的选项进行设置，图 1-22 所示为【系统配置】对话框。

　　在【系统配置】对话框中，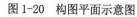为打开系统配置文件按钮；为保存系统配置文件按钮，用于将更改的设置保存为默认设置，建议用户将原始的系统默认设置为文件备份，避免错误的操作后而无法恢复；为合并系统配置文件按钮。

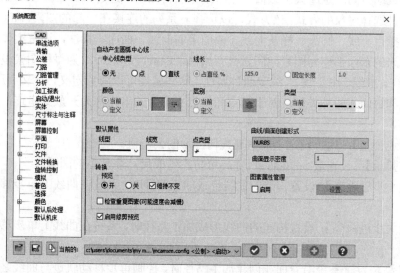

图 1-22　【系统配置】对话框

15

1.3.1 公差设置

选择【系统配置】对话框中主题栏里的【公差】选项，弹出如图 1-23 所示的对话框。公差设置是指设定 Mastercam2023 在进行某些具体操作时的精度，如设置曲线、曲面的光滑程度等。精度越高，所产生的文件也就越大。

□ 系统公差	0.00005
串连公差	0.002
平面串连公差	0.02
串连相切公差	5.0
最短圆弧长	0.02
曲线最小步进距离	0.02
曲线最大步进距离	100.0
曲线弦差	0.02
曲面最大公差	0.02
刀路公差	0.002

图 1-23　公差设置

各项设置的含义如下：

【系统公差】：决定系统能够区分的两个位置之间的最大距离，同时也决定了系统中最小的直线长度，如果直线的长度小于该值，则系统认为直线的两个端点是重合的。

【串连公差】：用于在对图素进行串连时，确定两个端点不相邻的图素仍然进行串连的最大距离，如果图素端点间的距离大于该值，则系统无法将图素串连起来。

串连是一种选择对象的方式，该方式可以选择一系列的连接在一起的图素。Mastercam 2023 系统的图素是指点、线、圆弧、样条曲线、曲面上的曲线、曲面、标注，还有实体，或者说，屏幕上能画出来的东西都称为图素。图素具有属性，Mastercam2023 为每种图素设置了颜色、层、线型（实线、虚线、中心线）、线宽四种属性，这些属性可以随意定义，定义后还可以改变。串连有开放式和封闭式两种类型。对于起点和终点不重合的串连称为开放式串连，重合的则称为封闭式串连。

【平面串连公差】：用于设定平面串连几何图形的公差值。

【最短圆弧长】：设置最小的圆弧尺寸。可防止生成尺寸非常小的圆弧。

【曲线最小步进距离】：设置构建的曲线形成加工路径时，系统在曲线上单步移动的最小距离。

【曲线最大步进距离】：设置构建的曲线形成加工路径时，系统在曲线上单步移动的最大距离。

【曲线弦差】：设置系统沿着曲线创建加工路径时，控制单步移动轨迹与曲线之间的最大误差值。

【曲面最大公差】：设置从曲线创建曲面时的最大误差距离。

【刀路公差】：用于设置刀具路径的公差值。

📖1.3.2 文件管理设置

选择【系统配置】对话框中主题栏里的【文件】选项，弹出如图 1-24 所示的对话框，在此对话框中可设置 Mastercam2023 使用的各种相关文件默认位置，以及默认的后处理文件。一般使用默认配置即可，但建议打开自动存档选项。对话框中各项的含义如下：

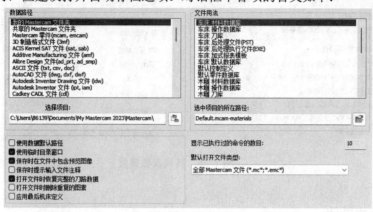

图 1-24　文件管理设置

（1）数据路径。存放各种相关文件的默认路径。Mastercam2023 中的专用文件都可以设定存放在硬盘中的相关子目录中。选中需要指定的文件类型，然后单击项目所在路径栏右侧的路径按钮，打开指定目录的对话框在其中进行定义，指定后的目录路径将出现在项目所在路径栏中。

（2）文件用法。此栏中设置系统启动后相关的默认文件，包括默认的后处理器等默认设置文件名，可在栏目中选中项目后单击下面的路径选择按钮，选择所要使用的文件。

文件管理对话框的其他设定都很简单，这里不再赘述。

📖1.3.3 文件转换设置

选择【系统配置】对话框中主题栏里的【文件转换】选项（此项主要用于设置系统在输入、输出文件时默认的初始化参数），弹出如图 1-25 所示的对话框。对话框中各项的含义如下：

（1）导入实体。此项用于设置其他软件生成的图形输入 Mastercam2023 系统时如何初始化，以及所使用的修补技术。

（2）实体导出。设置实体输出的格式版本号。

（3）创建 ASCII 文件的图素。设置输出 ASCII 文件使用的图素。

1）打断 DWG/DXF 尺寸标注：此复选框可使图形与尺寸标注不关联。

2）使用 IGES 文件自带的公差值：此复选框是指是否使用 IGES 文件的公差值。

（4）单位换算。模型转换时的单位是按比例换算还是忽略。

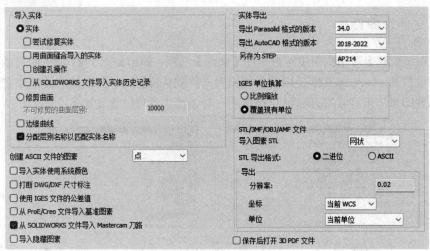

图 1-25　转换参数设置

📖 1.3.4　屏幕设置

选择【系统配置】对话框中主题栏里的【屏幕】选项，弹出如图 1-26 所示的对话框，其中的大多数参数采用默认设置即可。

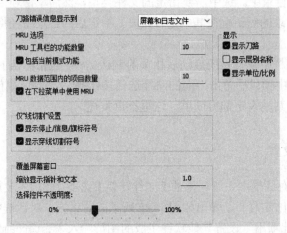

图 1-26　屏幕设置

📖 1.3.5　颜色设置

选择【系统配置】对话框中主题栏里的【颜色】选项，弹出如图 1-27 所示的对话框，其中大部分的颜色参数按系统默认设置即可。如果要设置绘图区背景颜色时，可选取工作区背景颜色，然后在右侧的颜色选择区选择所喜好的绘图区背景颜色。

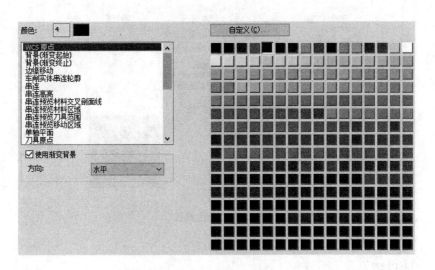

图 1-27 颜色设置

📖 1.3.6 串连设置

选择【系统配置】对话框中主题栏里的【串连】选项，弹出如图 1-28 所示的对话框，建议初学者使用默认设置。

图 1-28 串连设置

📖 1.3.7 着色设置

选择【系统配置】对话框中主题栏里的【着色】选项，弹出如图 1-29 所示的对话框，建议初学者使用默认设置。

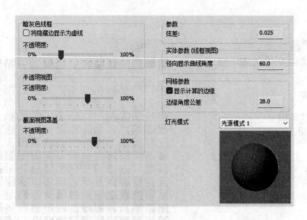

图 1-29   着色设置

1.3.8 实体设置

选择【系统配置】对话框中主题栏里的【实体】选项，弹出如图 1-30 所示的对话框，在其中可设置实体操作参数。建议采用系统默认设置。

1.3.9 打印设置

选择【系统配置】对话框中主题栏里的【打印】选项，弹出如图 1-31 所示的对话框，在其中可设置打印参数，各参数的说明如下：

（1）线宽。

1）使用图素：选择此项，系统以几何图形本身的线宽进行打印。

2）统一线宽：选择此项，用户可以在输入栏中输入所需要的打印线宽。

3）颜色与线宽对应如下：选择此项后，在列表中对几何图形的颜色和线宽进行设置，这样可使系统在打印时以颜色来区分线型的打印宽度。

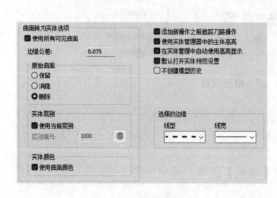

图 1-30   实体设置   图 1-31   打印设置

（2）打印选项。此项中设置打印颜色、打印日期和屏幕信息。

1.3.10 CAD 设置

选择【系统配置】对话框中主题栏里的【CAD 设置】选项，弹出如图 1-32 所示的对话框，在其中可设置 CAD 参数，建议采用系统默认设置。

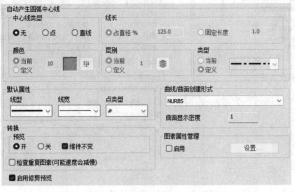

图 1-32 CAD 设置

其中，"自动产生圆弧中心线"是指在绘制圆弧时是否绘制中心线，如果需要绘制，则设置它的长度、颜色、图层以及线型。

1.3.11 启动/退出设置

选择【系统配置】对话框中主题栏里的【启动/退出】选项，弹出如图 1-33 所示的对话框，在其中可设置启动/退出方面的参数。大部分参数采用系统默认设置即可。一般需要设置的参数为当前配置单位，用于设定系统启动时自动调入的单位制，有米制【DEFAULT（Metric）】和英制【DEFAULT（English）】两种单位。一般选择米制单位，这样系统每次启动时都将进入米制单位设计环境。

图 1-33 启动/退出设置

21

1.3.12 刀具路径设置

选择【系统配置】对话框中主题栏里的【刀路】选项，弹出如图 1-34 所示的对话框，在此对话框中可设置刀具路径方面的参数。

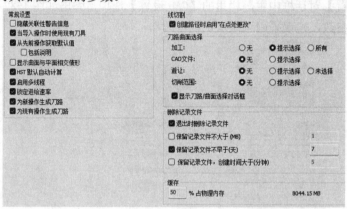

图 1-34　刀具路径选项设置

1.3.13 其他设置

【系统配置】对话框中主题栏里的【标注与注释】选项包括尺寸属性、尺寸文本、注释文字、引导线/延伸线、尺寸标注 5 个选项，其余的选项都是关于 NC 加工的，这些选项将在本书的后续章节中介绍。

1.4 操作实例——凸台加工

Mastercam2023 的 CAD/CAM 工作流程一般按照如下的顺序进行：①打开或创建 CAD 文件；②选择机床类型；③设置通用加工参数；④创建刀路；⑤用刀路管理器编辑刀路；⑥进行刀路验证、加工模拟与后处理。本节将用简单的实例让读者对 Mastercam2023 的 CAD/CAM 工作流程有个初步认识。

1.4.1 绘制凸台二维图

操作步骤如下：

（1）单击【线框】→【形状】→【圆角矩形】按钮□，系统弹出【矩形形状】对话框，同时提示：选择基准点，按下 F9 键，打开坐标轴，在原点处单击放置矩形。此时，激活【矩形形状】对话框，选择图素类型为【矩形】，方式为【基准点】，原点选择中点，尺寸为（200,120），圆角半径为 20，如图 1-35 所示。

（2）单击【矩形形状】对话框中的【确定并创建新操作】按钮◎，圆角矩形绘制完成。

（3）选择图素类型为【矩圆形】，方式为【基准点】，原点选择中点，尺寸为（150，80）。

（4）单击【矩形形状】对话框中的【确定】按钮✅，完成图形的创建，如图1-36所示。

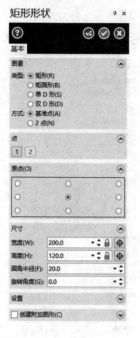

图1-35　【矩形形状】对话框

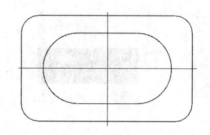

图1-36　绘制凸台二维图

1.4.2　设置通用加工参数

操作步骤如下：

（1）为了生成刀具路径，首先必须选择一台可实现加工的机床，本次加工用系统默认的铣床，即直接选择【机床】→【机床类型】→【铣床】→【默认】命令即可，如图1-37所示。

图1-37　选择机床

（2）在刀路管理器中，单击【属性】→【毛坯设置】选项，系统弹出【毛坯设置】对话框，如图1-38所示。

（3）勾选【显示线框图素】复选框，在该对话框中单击【从边界框添加】按钮⬚，系统弹出【边界框】对话框，如图1-39所示。

（4）图素选择为【手动】，单击其后的【选择图素】按钮，在绘图区选择如图1-40所示的图素，然后单击【结束选取】按钮；形状选择【立方体】，原点选择底面中心点；修改立方体

的大小为（204,124,50），单击【边界框】对话框中的【确定】按钮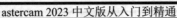，返回【毛坯设置】对话框；单击【确定】按钮，生成毛坯。

图 1-38 【毛坯设置】对话框

图 1-39 毛坯设置

（5）单击【刀路】→【毛坯】→【显示/隐藏毛坯】按钮，将毛坯显示出来。按 F9 键，关闭坐标轴显示。单击【视图】→【屏幕视图】→【等视图】按钮，毛坯如图 1-41 所示。

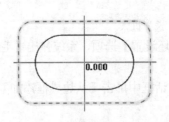

图 1-40 选取图素

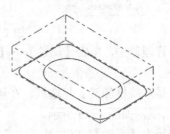

图 1-41 毛坯

1.4.3 创建、编辑刀具路径

操作步骤如下：

1. 创建面铣刀具路径

（1）单击【刀路】→【2D】→【铣削】→【面铣】按钮，系统弹出【线框串连】对话框，如图 1-42 所示。选择方式为【串连】，在绘图区选取图 1-43 所示的串连，单击【确定】按钮，系统弹出【2D 刀路-平面铣削】对话框。

图 1-42 【线框串连】对话框

图 1-43 选择串连

（2）单击【刀具】选项卡，进入刀具参数设置区。单击【选择刀库刀具】按钮，打开【选择刀具】对话框，选择刀号为 247，直径为 42 的面铣刀，单击【确定】按钮，返回【2D 刀路-平面铣削】对话框。设置切削参数，【进给速率】为 500、【主轴转速】为 2000、【下刀速率】为 1000，勾选【快速提刀】复选框，如图 1-44 所示。

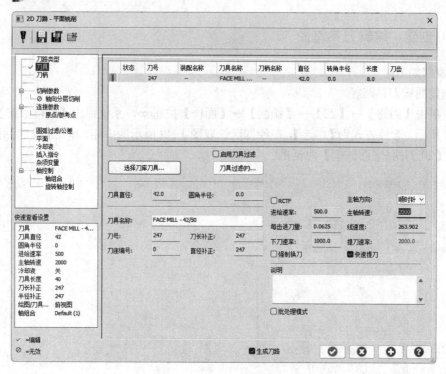

图 1-44 【刀具】选项卡

（3）单击【切削参数】选项卡，【切削方式】选择【双向】，【底面预留量】为 0，【两切削间移动方式】选择【高速环】，其他参数采用默认，如图 1-45 所示。

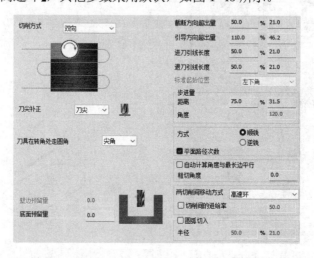

图 1-45 【切削参数】选项卡

（4）单击【连接参数】选项，设置【提刀】为25、【增量坐标】；【下刀位置】为10、【增量坐标】；【毛坯顶部】为50、【绝对坐标】；【深度】为49、【绝对坐标】；如图 1-46 所示。

（5）单击【确定】按钮，系统立即在绘图区生成刀具路径，如图 1-47 所示。

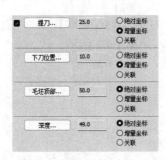

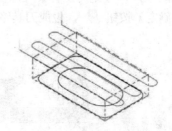

图 1-46 【连接参数】选项卡 图 1-47 面铣刀具路径

2.创建外形铣削刀具路径

(1)单击刀路管理器中的【切换显示已选择的刀路操作】按钮 ≈，隐藏面铣刀具路径。

(2)单击【刀路】→【毛坯】→【显示/隐藏毛坯】按钮 ，隐藏毛坯。

(3)单击【刀路】→【2D】→【铣削】→【外形】按钮 ，系统弹出【线框串连】对话框，在绘图区选图 1-48 所示的串连，单击【确定】按钮 ，系统弹出【2D 刀路-外形铣削】对话框。

(4)单击【刀具】选项卡，进入刀具参数设置区。单击【选择刀库刀具】按钮，打开【选择刀具】对话框，选择刀号为 218，直径为 10 的平铣刀，单击【确定】按钮 ，返回【2D 刀路-外形铣削】对话框。

(5)单击【切削参数】选项卡，【外形铣削方式】选择【2D】，【补正方向】选择【左】，【壁边预留量】和【底面预留量】均为 0，其他参数采用默认设置，如图 1-49 所示。

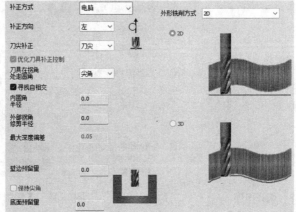

图 1-48 选择串连 图 1-49 【切削参数】选项卡

(6)单击【轴向分层切削】选项卡，勾选【轴向分层切削】复选框，【最大粗切步进量】设置为 6，精修【切削次数】为 1，【步进】量为 0.5，勾选【不提刀】复选框。其他参数采用默认设置，如图 1-50 所示。

(7)单击【贯通】选项卡，勾选【贯通】复选框，【贯通量】设置为 1。

(8)单击【连接参数】选项，设置【提刀】为 25、【增量坐标】；【下刀位置】为 10、【增量

坐标】；【毛坯顶部】为 50、【绝对坐标】；【深度】为 0、【绝对坐标】。

（9）单击【确定】按钮 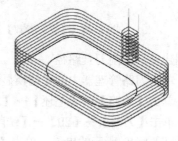，生成刀具路径，如图 1-51 所示。

图 1-50　【轴向分层切削】选项卡　　　　图 1-51　外形铣削刀具路径

3．创建挖槽刀具路径

（1）单击刀路管理器中的【切换显示已选择的刀路操作】按钮 ≈，隐藏面铣刀具路径。

（2）单击【刀路】→【2D】→【铣削】→【挖槽】按钮 ，系统弹出【线框串连】对话框，在绘图区选图 1-52 所示的串连，单击【确定】按钮 ，系统弹出【2D 刀路-2D 挖槽】对话框。

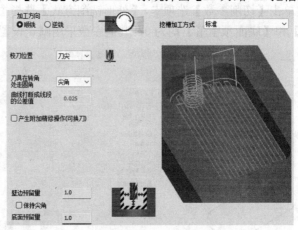

图 1-52　选择串连　　　　　　　　图 1-53　【切削参数】选项卡

（3）单击【刀具】选项卡，选择刀具列表中的刀号为 218，直径为 10 的平铣刀。

（4）单击【切削参数】选项卡，设置【挖槽加工方式】为【标准】，【加工方向】为【顺铣】，【壁边预留量】和【底面预留量】均为 1，如图 1-53 所示。

（5）单击【粗切】选项卡，【切削方式】选择【等距环切】，【切削间距（直径%）】为 80，勾选【刀路最佳化（避免插刀）】复选框，如图 1-54 所示。

（6）单击【精修】选项卡，次数为 1，间距为 5，勾选【精修外边界】复选框。

（7）单击【轴向分层切削】选项卡，勾选【轴向分层切削】复选框，【最大粗切步进量】设置为 6，精修【切削次数】为 1，【步进】量为 0.5，勾选【不提刀】复选框。其他参数采用默认设置。

（8）单击【连接参数】选项，设置如下【提刀】为 25，【增量坐标】；【下刀位置】为 10、
【增量坐标】；【毛坯顶部】为 50，【绝对坐标】；【深度】为 20，【绝对坐标】。

（9）单击【确定】按钮 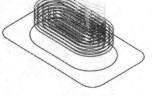，系统将立即在绘图区生成刀具路径，如图 1-55 所示。

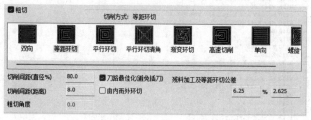

图 1-54　【粗切】选项卡　　　　　　图 1-55　挖槽刀具路径

1.4.4　加工仿真与后处理

操作步骤如下：

（1）单击刀路管理器中的【选择全部操作】按钮 和【验证已选择的操作】按钮，对工
件进行仿真加工，如图 1-56 所示。

（2）单击刀路管理器中的【执行选择的操作后处理】按钮 G1，弹出【后处理程序】对话框，
如图 1-57 所示。单击【确定】按钮 ，弹出【另存为】对话框，输入文件名称，保存 NC 文件。
生成的 NC 文件如图 1-58 所示。

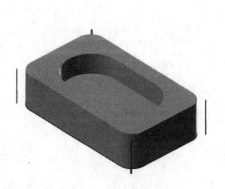

图 1-56　模拟加工效果　　　　　　图 1-57　【后处理程序】对话框

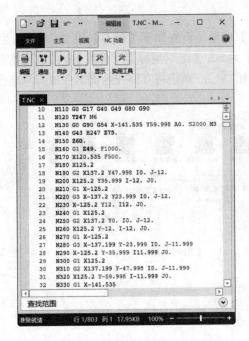

图 1-58 NC 文件

第2章

二维图形的创建与标注

二维图形绘制是整个 CAD 和 CAM 的基础，Mastercam2023 提供的二维绘图功能十分强大。使用这些功能，不仅可以绘制简单的点、线、圆弧等基本图素，而且能创建样条曲线等复杂图素。

本章首先重点介绍了各种二维图素的创建方法，然后给出了一个操作实例，从而让读者对 Mastercam2023 二维绘图的流程以及命令的使用有一定的认识。

重点与难点

- 基本图素的创建
- 样条曲线的创建
- 规则二维图形的创建
- 特殊二维图形的创建
- 图形尺寸的标注

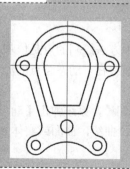

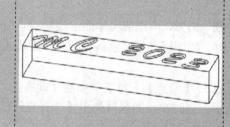

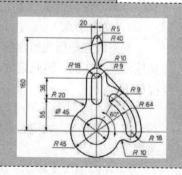

2.1 基本图素的创建

基本图素指的是点、线、圆、圆弧等用于绘制图形的单一图素。

2.1.1 点的绘制

点既可作为绘图的辅助工具，也可以为其他图素定位或用于刀具路径钻孔。默认情况下，在二维视图中的点用"＋"符号表示，而在三维视图中的点则用"＊"符号表示。点样式的设置在【主页】选项卡【属性】面板中，如图 2-1 所示为系统提供的点样式。Mastercam2023 提供了多种绘制点的命令，如图 2-2 所示。

1. 绘点

单击【线框】→【绘点】→【绘点】按钮╋，系统弹出如图 2-3 所示的【绘点】对话框，在其中设置参数，就能够在某一指定位置绘制点，包括端点、中点、交点等。点的绘制需要事先设置光标自动捕捉功能，单击【选择工具栏】中的【选择设置】按钮 🔧，弹出【选择】对话框，如图 2-4 所示，在该对话框中设置要捕捉的点。

图 2-1　点样式　　　　图 2-2　点绘制命令　　　　图 2-3　【绘点】对话框

也可以单击【选择工具栏】中的【输入坐标点】按钮ⅹⅣⅭ，在弹出的文本框中输入坐标点的位置（可按照【21,35,0】或者【X21Y35Z0】格式直接输入要绘制点的坐标），然后按 Enter 键来绘制点，如果要继续绘制新点，则单击【绘点】对话框中的【确定并创建新操作】按钮 ✅；如果要结束该命令，则单击【绘点】对话框中的【确定】按钮 ✅，完成点的绘制。

2. 动态绘点

动态绘点是指在指定的直线、圆弧、曲线或实体面上绘制点。由于这种方法绘制的点是依赖其他图素存在的，因此绘制点时，绘图区必须有直线、圆弧、曲线或实体面存在。动态绘点的流程如下：

1）单击【线框】→【绘点】→【绘点】下拉菜单中的【动态绘点】按钮 ✐，系统弹出【动态绘点】对话框，如图 2-5 所示。同时在绘图区域弹出【选择直线，圆弧，曲线，曲面或实体面】提示信息。

2）在绘图区选择某一图素。

3）移动系统在所选图素上产生的光标或在【距离】选项组的文本框 沿(A): 0.0 ▾✦🔒

中输入相应的距离值单击，即可在图素上绘制一点。

　　4）当所有动态绘点完成以后，按Enter键或单击【动态绘点】对话框中的【确定】按钮 ，结束命令，如图2-6所示。

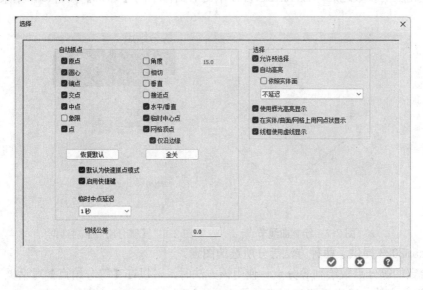

图2-4　【选择】对话框

图2-5　【动态绘点】对话框　　　图2-6　绘制动态绘点

3. 节点

　　节点绘制是指绘制样条曲线的原始点或控制点，如图2-7所示。同动态绘点类似，用该方法绘制点必须事先有曲线存在。绘制曲线节点的流程如下：

　　1）单击【线框】→【绘点】→【绘点】下拉菜单中的【节点】按钮，系统弹出【请选择曲线】提示信息。

　　2）在绘图区选择某一曲线。

4. 等分绘点

　　执行该命令可沿着一条直线、圆弧或样条曲线创建一系列等距离的点。绘制等分点的操作流程如下：

　　1）单击【线框】→【绘点】→【绘点】下拉菜单中的【等分绘点】按钮，系统弹出【等分绘点】对话框，如图2-8所示。同时在绘图区域弹出【沿一图形画点：请选择图形】提示信息。

2）在绘图区选择一图素（可以为直线、圆弧或曲线等），选择完毕后弹出【输入数量，间距或选择新图形】提示信息。

3）设置相应的参数之后，按 Enter 键或单击对话框中的【确认】按钮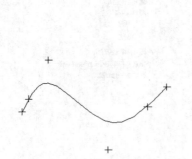，结束等分点操作。

图 2-7　绘制曲线节点 　　　　图 2-8　【等分绘点】对话框

Mastercam2023 提供了两种方法等分所选的图素。

1）以给定的等分点数绘制等分点。使用该方法时，可以在【等分绘点】对话框【点数】文本框中输入等分点数，确定后即可创建所需的点，如图 2-9 所示。

2）以给定的距离绘制等分点。使用该方法时，须在【等分绘点】对话框【距离】文本框中输入给定的距离值，确认后即可创建所需的点，如图 2-10 所示。要注意的是，用该方法创建等分点，在选择图素时应确保所选的点靠近端点，系统会以此端点作为测量的起点。

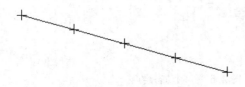　　　　

图 2-9　以给定的等分点数绘制等分点 　　　　图 2-10　以给定的距离值绘制等分点

5．端点

用于创建直线、圆弧、样条曲线等图素的端点。创建图素端点的方法和创建曲线节点的方法类似，这里不再赘述。

6．小圆心点

用于创建所选圆/圆弧的圆心点。默认的情况下只创建圆（封闭圆弧）的圆心点，如果要创建非封闭圆弧的圆心点，则必须选中【小圆心点】对话框中的【包括不完整的圆弧】单选按钮。

单击【线框】→【绘点】→【绘点】下拉菜单中的【小圆心点】按钮⊕，系统弹出【小圆心点】对话框，如图 2-11 所示。

2.1.2　绘制直线

Mastercam2023 提供了 9 种绘制直线的方式，直线绘制面板如图 2-12 所示。

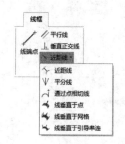

图 2-11　【小圆心点】对话框　　　　　图 2-12　直线绘制面板

1. 绘制连续线

该方式是通过确定直线的两个端点来创建直线的，它是最常用的绘制直线的方法。两个端点既可以直接输入绝对坐标或相对坐标，也可以在绘图区直接指定，还可以用捕捉其他点的方法确定。其操作流程如下：

1）单击【线框】→【绘线】→【线端点】按钮／，系统弹出【线端点】对话框，如图 2-13 所示。

2）在绘图区分别指定第一个端点和第二个端点。

3）修改相应的参数后单击【确定】按钮◎，完成直线的绘制操作。其中，【端点】选项组中的按钮 1 用于编辑直线起点，按钮 2 用于编辑直线终点。

在默认情况下，每次只能绘制一条直线，如果需要绘制多条连续直线，可以选择【连续线】对话框中的【连续线】单选按钮，即可绘制多段折线。

除了直接指定直线的两个端点外，Mastercam2023 还允许通过设置【连续线】对话框中的内容，绘制各种特殊的直线：

➤　长度：使用指定长度方式来绘制直线。

➤　角度：使用角度坐标输入方式，利用设定端点、角度等数据定义一直线。

➤　水平/垂直　绘制平行于 X、Y 轴的直线。

➤　相切：通过一个圆弧或两个圆弧来创建一条切线。

2. 绘制近距线

该方式是指绘制一条与所选的多个图素之间距离最短的线段，如图 2-14 所示，其操作流程如下：

1）单击【直线】→【绘线】→【近距线】按钮＼。

2）在绘图区选择两个图素（直线、圆弧或样条曲线），完成近距线的绘制操作。

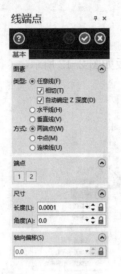

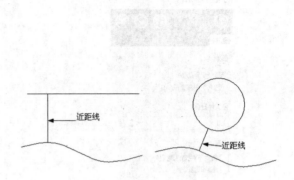

图 2-13 【线端点】对话框　　　　　　　图 2-14 近距线绘制示例

3．绘制平分线

此方式用于创建两条直线的角平分线。由于两条不平行的直线构成 4 个角，存在 4 条角平分线，因而在选定两条直线以后，在绘图区会出现 4 条角平分线需要用户做出选择，如图 2-15 所示。绘制角平分线的流程如下：

1）单击【线框】→【绘线】→【近距线】下拉菜单中的【平分线】按钮 ，系统弹出【平分线】对话框，如图 2-16 所示。

2）在【平分线】对话框中选中【单一】或【多个】单选按钮，在绘图区选择两个图素。

3）选择要保留的角平分线。

4）设置相应的参数，并按 Enter 键或单击【确定】按钮 ，结束角平分线绘制操作。

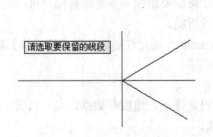

图 2-15 两直线夹角间的分角线绘制　　　　　图 2-16 【平分线】对话框

其中，平分线长度可以通过对话框中的【长度】文本框设置。

4．绘制垂直正交线

绘制一条与选择的图素（直线、圆弧或样条曲线相垂直的直线）相垂直的直线，如图 2-17 所示。其操作流程如下：

1）单击【线框】→【绘线】→【垂直正交线】按钮 ，系统弹出【垂直正交线】对话框，如图 2-18 所示。

2）在绘图区选择一个图素（直线、圆弧或样条曲线）。

3）捕捉或输入坐标，确定垂线通过的点。选择要保留的部分。

4）设置相应的法线参数，并按 Enter 键或单击【确定】按钮，结束垂直正交线的绘制。

单击【方式】选项组中【点】后边的【重新选取】按钮，可以编辑垂直正交线通过的点，垂直正交线长度可以在【垂直正交线】对话框中的【长度】文本框中设置。

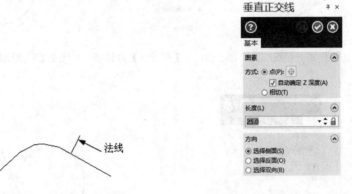

图 2-17 绘制垂直正交线   图 2-18 【垂直正交线】对话框

5．绘制平行线

此方式用于创建一条平行于已知直线的直线，且新创建的直线的长度与已知直线长度相同，如图 2-19 所示。其操作流程如下：

1）单击【线框】→【绘线】→【平行线】按钮，系统弹出【平行线】对话框，如图 2-20所示。

2）在绘图区选择一个直线。

3）在绘图区指定一点或在【补正距离】文本框中输入距离值，确定平行线通过点。

4）修改或确定平行线的绘制。单击【方式】选项组中【点】后边的【重新选取】按钮，可以修改平行线通过的点；选中【方向】选项组中的单选按钮，可以修改平行线的偏移方向。

Mastercam2023 还提供了创建一条平行于一条已知直线，且与圆弧相切的平行线的方式。选中【方式】选项组中的【相切】单选按钮，可以实现与圆弧相切的平行线的创建，如图 2-21 所示。

6．绘制通过点相切线

此方式用于绘制过已有圆弧或圆上一点并和该圆弧或圆相切的线段，其操作流程如下：

1）单击【线框】→【绘线】→【近距线】下拉菜单中的【通过点相切线】按钮，系统弹出【通过点相切】对话框，如图 2-22 所示。

2）在绘图区选择一个圆，然后选择圆上的一点。

3）在绘图区指定一点或在【长度】文本框中输入距离值，确定切线通过的点。

4）单击【通过点相切】对话框中的【确定】按钮，完成切线的绘制，如图 2-23 所示。

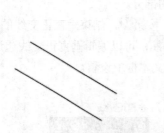

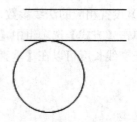

图 2-19　绘制平行线　　　图 2-20　【平行线】对话框　　　图 2-21　绘制相切于圆弧的平行线

图 2-22　【通过点相切】对话框　　　　　图 2-23　绘制通过点相切线

7.绘制法线

此方式用于绘制通过已有圆弧或曲面上一点并和该圆弧或曲面垂直的线段,其操作流程如下:

1)单击【线框】→【绘线】→【近距线】下拉菜单中的【线垂直于点】按钮，系统弹出【线垂直于点】对话框,如图 2-24 所示。

2)在绘图区选择一个曲面,移动箭头至适当的位置单击。

3)在绘图区指定一点或在【长度】文本框中输入距离值,确定切线通过的点。

4)单击【法线】对话框中的【确定】按钮，完成法线的绘制,如图 2-25 所示。

图 2-24　【线垂直于点】对话框　　　图 2-25　绘制法线

8. 绘制垂直于网格的线

此方式用于绘制垂直于选定曲面、实体面和网格的线，其操作流程如下：

1）单击【线框】→【绘线】→【近距线】下拉菜单中的【线垂直于网格】按钮，系统弹出【线垂直于网格】对话框，如图2-26所示。

2）在绘图区选择一个曲面、实体面或网格。根据系统提示：选择原点，绘图区选择一点作为绘制法线的基准点。

3）在对话框中设置【间距】和【长度】，【方向】选择【法向】。

4）单击【线垂直于网格】对话框中的【确定】按钮，完成线的绘制，如图2-27所示。

图2-26　【线垂直于网格】对话框

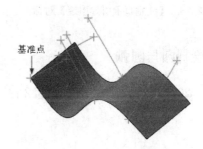

图2-27　绘制垂直于网格的线

9. 绘制垂直于引导串连的线

此方式用于绘制通过已有圆弧或曲面上一点并和该圆弧或曲面垂直的线段，其操作流程如下：

1）单击【线框】→【绘线】→【近距线】下拉菜单中的【线垂直于引导串连】按钮，系统弹出【线垂直于引导串连】对话框，如图2-28所示。

2）在绘图区选择一个曲面。单击【结束选择】按钮。

3）系统弹出【线框串连】对话框，选择引导串连。单击【确定】按钮。

4）在【线垂直于引导串连】对话框中设置【间距】或【编号】或【弦差】值，确定切线通过的点。在【长度】文本框中输入长度值。

5）单击【线垂直于引导串连】对话框中的【确定】按钮，完成线的绘制，如图2-29所示。

图 2-28　【线垂直于引导串连】对话框　　　　　图 2-29　绘制垂直于引导线的线

2.1.3　绘制圆与圆弧

Mastercam2023 提供了 5 种创建圆弧和 2 种创建圆的方法。圆弧与圆创建面板如图 2-30 所示。

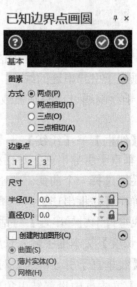

图 2-30　圆弧与圆创建面板　　　　　图 2-31　【已知边界点画圆】对话框

1．已知边界点画圆

不在同一条直线上的三点决定一个圆。已知边界点画圆就是通过指定圆周上的三点来绘制圆。此外，Mastercam2023 还有两点画圆、两点相切画圆、三点相切画圆方式，其中两点相切画圆方式还需要用户指定圆的半径。其操作流程分别如下：

1）单击【线框】→【圆弧】→【已知边界点画圆】按钮◯，系统弹出【已知点画圆】对话框，如图 2-31 所示。

2）选中【两点】单选按钮后，在绘图区中选取两点，绘制一个圆，圆的直径就等于所选两点之间的距离。

3）选中【两点相切】单选按钮后，在绘图区中连续选取两个图素（直线、圆弧、曲线），接着再在【半径】文本框或者【直径】文本框中输入所绘圆的半径或直径值，系统将会绘制出与所选图素相切且半径值或直径值等于所输入值的圆。

4）选中【三点】单选按钮后，连续在绘图区中选取不在同一直线上的三点，绘制一个圆。此法经常用于正多边形外接圆的绘制。

5）选中【三点相切】单选按钮后，在绘图区中连续选取三个图素（直线、圆弧、曲线），接着再在【半径】文本框或者【直径】文本框中输入所绘圆的半径或直径值，系统将会绘制出与所选图素相切且半径值或直径值等于所输入值的圆。

6）单击【确定】按钮✓，完成操作。

2．已知点画圆

通过圆心、半径（或直径）是最常用的画圆方式。

1）单击【线框】→【圆弧】→【已知点画圆】按钮⊕，系统弹出【已知点画圆】对话框，如图 2-32 所示。

2）在绘图区指定一个点作为待画圆的圆心（单击【中心点】选项组中的【重新选取】按钮，可以编辑该指定的圆心）。

3）在指定圆的半径或直径后，单击【已知点画圆】对话框中的【确定】按钮✓，即可完成圆的绘制操作。

Mastercam2023 提供了 3 种方法确定半径或直径。

（1）在绘图区直接指定。

（2）通过【已知点画圆】对话框【大小】选项组中的【半径】或【直径】文本框直接设置。

（3）选中【方式】选项组中的【相切】单选按钮，然后指定与圆相切的直线或圆弧。

3．极坐标画弧

此方式通过指定圆弧的圆心位置、半径（或直径）、圆弧的开始和结束角度来绘制圆弧。利用该方法创建圆弧时，其操作流程如下：

1）单击【线框】→【圆弧】→【已知边界点画圆】下拉菜单中的【极坐标画弧】按钮。系统弹出【极坐标画弧】对话框，如图 2-33 所示。

2）指定圆弧的圆心位置，然后在【极坐标画弧】对话框【尺寸】选项组中的【半径】或【直径】文本框中设置圆弧的半径或直径；在【角度】选项组【起始】文本框中设置圆弧的起始角度，在【结束】文本框中设置结束角度。

图 2-32 【已知点画圆】对话框   图 2-33 【极坐标画弧】对话框

3）按 Enter 键或单击对话框中的【确定】按钮✅，结束圆弧的绘制操作。

如果用户要绘制反方向的圆弧，选中【方向】选项组中的【反转圆弧】单选按钮即可。

4．极坐标端点画弧

此方式是指通过确定圆弧起点或终点，并给出圆弧半径或直径、开始角度和结束角度的方法来绘制一段弧。输入的半径要求不小于两个端点间距离的一半，否则无法创建圆弧。创建流程如下：

单击【线框】→【圆弧】→【已知边界点画圆】下拉菜单中的【极坐标点画弧】按钮🔗。系统弹出【极坐标端点】对话框，如图 2-34 所示。

该方法有两种途径绘制圆弧：

1）选中【起始点】单选按钮，在绘图区中指定一点作为圆弧的起点，接着在【尺寸】选项组中的【半径】或【直径】文本框中输入所绘圆弧的半径或直径数值，在【角度】选项组中的【起始】或【终止】文本框中分别输入圆弧的起始角度和结束角度。

2）选中【结束点】单选按钮，在绘图区中指定一点作为圆弧的终点，接着在【尺寸】选项组中的【半径】或【直径】文本框中输入所绘圆弧的半径或直径数值，在【角度】选项组中的【起始】或【终止】文本框中分别输入圆弧的起始角度和结束角度。

最后，单击对话框中的【确定】按钮✅，完成操作。

5．三点画弧

此方式是指通过指定圆弧上的任意三个点来绘制一段弧。单击【线框】→【圆弧】→【三点画弧】按钮，系统弹出【三点画弧】对话框，如图 2-35 所示。

该方法有两种途径绘制圆弧：

（1）在绘图区中连续指定三点，系统将绘制出一圆弧。这三点分别是圆弧的起点、圆弧上的任意一点，圆弧的终点。

（2）选中【相切】单选按钮，再连续选择绘图区中的三个图素（图素必须是直线或者圆弧），系统将绘制出与所选图素都相切的圆弧。

最后，单击对话框中的【确定】按钮✅，完成操作。

图 2-34　【极坐标端点】对话框　　　　图 2-35　【三点画弧】对话框

6．端点画弧

此方式是通过确定圆弧的两个端点和半径的方式绘制圆弧。单击【线框】→【圆弧】→【已知边界点画圆】下拉菜单中的【端点画弧】按钮，系统弹出【端点画弧】对话框，如图 2-36 所示。

该方法有两种途径绘制圆弧：

（1）在绘图区中连续指定两点（指定的第一点作为圆弧的起点，第二点作为圆弧的终点），接着在【端点画圆】对话框【尺寸】选项组中的【半径】或【直径】文本框中输入圆弧的半径或直径数值。

（2）选中【端点画弧】对话框中的【相切】单选按钮，再在绘图区中连续指定两点（指定的第一点作为圆弧的起点，第二点作为圆弧的终点），接着在绘图区中指定与所绘圆弧相切的图素。

最后，单击对话框中的【确定】按钮✅，完成操作。

7．切弧

该方式可创建相切于一条或多条直线、圆弧或样条曲线等图素的圆弧。单击【线框】→【圆弧】→【切弧】按钮，系统弹出【切弧】对话框，如图 2-37 所示。绘制切弧的方法有 7 种，给了切弧半径，选择与之相切的图素即可绘制切弧。

图 2-36　【端点画弧】对话框　　　　图 2-37　【切弧】对话框

📖2.1.4 操作实例——绘制壳盖草图

本例利用线、圆及圆弧命令绘制如图 2-38 所示的壳盖草图。

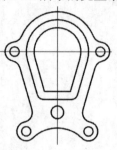

图 2-38 壳盖草图

操作步骤如下：

1. 绘制圆

（1）按 F9 键，打开坐标轴。单击【线框】→【圆弧】→【已知点画圆】按钮⊕，系统弹出【已知点画圆】对话框。

（2）以原点为圆心绘制半径为 40 和 50 的圆，单击【确定并创建新操作】按钮❸，如图 2-39 所示。

（3）单击【选择工具栏】中的【输入坐标点】按钮xyz，在弹出的文本框中输入坐标点(55,0,0)，以该点为圆心绘制半径为 6 和 12 的圆。

（4）同样的方法，在以下各点（-55,0,0）、（40,-100,0）、（-40,-100,0），继续绘制半径为 6 和 12 的圆。单击【确定并创建新操作】按钮❸，结果如图 2-40 所示。

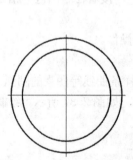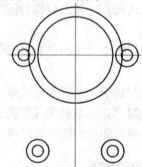

图 2-39 绘制半径 40 和 50 圆   图 2-40 绘制半径 6 和 12 的圆

（5）继续在（0,-76,0）点处绘制直径 16 的圆，如图 2-41 所示。

2. 绘制线

（1）单击【线框】→【绘线】→【线端点】按钮✎，系统弹出【线端点】对话框，以（-24,-60,0）为起点，以（24,-60,0）为终点绘制直线，如图 2-42 所示。

（2）单击【确定并创建新操作】按钮❸，勾选对话框中的【相切】复选框，拾取直线的端点在拾取半径为 40 的圆，绘制圆的切线。同理，绘制另一侧的切线，如图 2-43 所示。

（3）单击【转换】→【补正】→【单体补正】按钮↦，系统弹出【偏移图素】对话框，如

图 2-44 所示。选择刚刚绘制的切线向外侧补正,【距离】为 12,结果如图 2-45 所示。

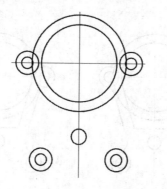
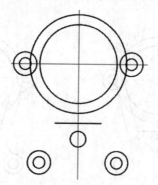

图 2-41　绘制直径 16 的圆　　　　图 2-42　绘制直线

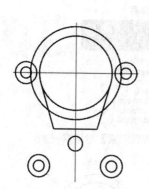

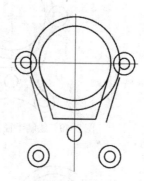

图 2-43　绘制切线　　　图 2-44　【偏移图素】对话框　　　图 2-45　偏移直线

3.绘制圆弧

（1）单击【线框】→【圆弧】→【切弧】按钮,系统弹出【切弧】对话框,方式选择【两物体切弧】,半径为 12,绘图区拾取半径为 50 的圆和半径为 12 的圆,创建切弧,如图 2-46 所示。

（2）同理绘制图 2-47 所示的各个位置的切弧。单击【确定并创建新操作】按钮。

（3）拾取下端两个半径为 12 的圆绘制半径为 45 的圆弧,单击【确定并创建新操作】按钮,如图 2-48 所示。

（4）拾取两切线和直线分别在其交点处绘制半径为 8 的切弧,结果如图 2-49 所示。

4.修剪图形

单击【线框】→【修剪】→【修剪到图素】按钮,系统弹出【修剪到图素】对话框,类型选择【修剪】,方式选择【修剪两物体】,如图 2-50 所示。选择图素要保留的部分单击,修剪完的图形如图 2-51 所示。

5.偏移图形

单击【转换】→【补正】→【串连补正】按钮,选择图 2-52 所示的串连,在其内部单击,在弹出的【偏移串连】对话框中设置【方式】为【复制】,【编号】为【1】,【距离】为 10,

【确定】按钮，结果如图 2-53 所示。

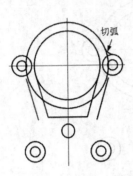 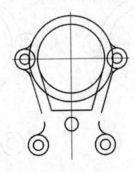 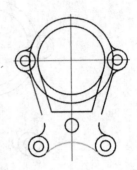

图 2-46　绘制切弧 1　　　图 2-47　绘制切弧 2　　　图 2-48　绘制半径为 45 的切弧

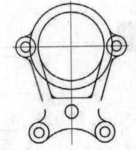 

图 2-49　绘制半径为 8 的切弧　　　图 2-50　【修剪到图素】对话框

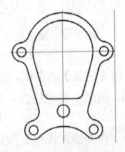 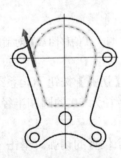 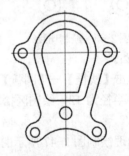

图 2-51　修剪后的图形　　　图 2-52　选择串连　　　图 2-53　偏移串连

2.2　样条曲线的创建

　　Mastercam2023 提供的曲线绘制功能有两种：一种是参数式曲线，其形状由节点（Node）决定，曲线通过每一个节点；另一种为非均匀有理 B 样条曲线（NURBS 曲线），其形状由控制点（Control point）决定，曲线通过第一点和最后一点（虽然不一定通过中间的控制点，但会尽量逼近这些控制点）。参数式曲线一旦绘制完成，则无法进行编辑，而 NURBS 曲线则可通过改变控制点的位置来修改其形状。一般来说，NURBS 曲线较其他曲线更平滑，也更容易调整，因此较常用。

在 Mastercam2023 中，绘制样条曲线的主要命令如图 2-54 所示。要注意的是，绘制样条曲线时，虽然样条曲线通过用户指定的每一个点，但这并不说明样条曲线一定是参数式曲线。具体的形式由系统配置的参数设置决定（由【设置】→【系统配置】命令设置）。

图 2-54　样条曲线绘制命令

2.2.1　手动画曲线

单击【线框】→【曲线】→【手动画曲线】按钮，系统弹出【手动画曲线】对话框，依次在绘图区输入一系列的点，即可绘制一条通过指定点的样条曲线，如图 2-55 所示。

对于样条曲线来说，即使两条样条曲线通过的节点完全相同，其形状也不一定相同，这是由在绘制样条曲线时端点的切线方向不同导致的。

为了设置端点的切线方向，在指定第一个节点前，应先勾选【手动画曲线】对话框中的【编辑结束条件】复选框，接着在绘图区绘制或选择所有节点，按 Enter 键后，则【手动画曲线】对话框会显示如图 2-56 所示的信息。

图 2-55　手动绘制样条曲线的示例

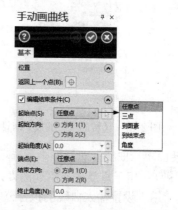

图 2-56　【手动画曲线】对话框

样条曲线的端点（起始点和结束点）的切线方向（由起始点类型和结束点类型设置）可以用以下 5 种方法进行确定：

（1）任意点：按照最短曲线长度优化计算而得到曲线的两端的切线方向。这是系统默认的选项。

（2）三点：由曲线的开始（最后）3 个节点所构成的圆弧，将起点处的切线方向作为曲线

起点的切线方向。

（3）到图素：选取已绘制的图素，将其作为选取点的切线方向作为本曲线的切线方向。

（4）到结束点：指定其他图素的某个端点的切线方向作为本曲线端点的切线方向。

（5）角度：指定端点切线方向的角度，该角度值由角度文本框输入。

2.2.2 转成单一曲线

此命令用于将相连的多条曲线合并转换为一条样条曲线，其创建流程如下：

1）单击【线框】→【曲线】→【手动画曲线】下拉菜单中的【转成单一曲线】按钮，系统弹出【转面单一曲线】对话框和【线框串连】对话框。

2）系统提示【选择串连 1】，在绘图区选择需要转换成曲线的串连。

3）在【转面单一曲线】对话框中设置相应的转换参数，如图 2-57 所示。

4）单击对话框中的【确定】按钮，完成操作。示例如图 2-58 所示。

 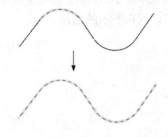

图 2-57　【转面单一曲线】对话框　　　　　图 2-58　转成单一曲线示例

【转面单一曲线】对话框中各选项的含义如下：

重新选取(R)：用于重新选择串连图素。

公差：用于设置输入曲线的拟合公差。

原始曲线：用于设置对原始曲线的处理方式。包括 4 个选项，分别为【删除曲线】、【保留曲线】、【消隐曲线】和【移动到层别】。如果选择【移动到层别】，则【层别】选项被激活，用户可以用此项设置要将原始曲线移动到的层。

2.2.3 曲线熔接

此方式可在曲线上通过用户指定的点，对两条不同位置的曲线进行倒圆角或融合操作，其操作流程如下：

1）单击【线框】→【曲线】→【手动画曲线】下拉菜单中的【曲线熔接】按钮～，系统弹出【曲线熔接】对话框，进入曲线转换状态。

2）在绘图区依次选择第一条、第二条曲线以及曲线上连接点的位置。

3）在【曲线熔接】对话框中设置相应的参数，如图 2-59 所示。

4）单击对话框中的【确定】按钮⊘，完成操作。

【曲线熔接】对话框中各选项的含义如下：

图素 1、图素 2：用于重新选择第一条或第二条曲线以及该曲线上连接点的位置。

幅值（M）、幅值（A）：用于设置第一条或第二条曲线拟合的曲率。

修剪/打断：用于设置熔接曲线的修剪方式和打断方式，包括 3 种方式：

➤ 两者修剪：对两条原始曲线均做修剪，如图 2-60a 所示。

➤ 图素 1：对第一条原始曲线做修剪，如图 2-60b 所示。

➤ 图素 2：对第二条原始曲线做修剪，如图 2-60c 所示。

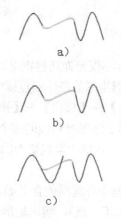

图 2-59　【曲线熔接】对话框　　　　图 2-60　曲线熔接修剪方式示意

2.2.4 操作实例——绘制花瓶曲线

本例利用手动画曲线命令绘制图 2-61 所示的花瓶。

操作步骤如下：

1）单击【线框】→【绘线】→【线端点】按钮╱，绘制一条过原点的直线，如图 2-62 所示。

2）单击【线框】→【曲线】→【手动画曲线】按钮～，系统弹出【手动画曲线】对话框，绘制花瓶的外形曲线，如图 2-63 所示。

3）单击对话框中的【确定】按钮⊘，完成操作，结果如图 2-61 所示。

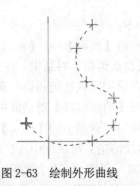

图 2-61 花瓶曲线	图 2-62 绘制直线	图 2-63 绘制外形曲线

2.3 规则二维图形绘制

Mastercam2023 不仅可以创建点、直线、圆弧等单一图素，而且还可以创建多种规则的复合图素，如矩形、多边形、螺旋线等，如图 2-64 所示。这些复合图素由多条直线或圆弧构成，可以用创建规则二维实体命令一次完成，但要注意的是，这些复合图素并不是一个整体，可以独立对各组成图素进行操作。

📖2.3.1 绘制矩形

Mastercam2023 不仅允许通过指定对角线上的两个端点绘制矩形，也可以通过指定矩形的宽度和高度，然后根据矩形的任一端点或中心点的位置进行绘制。其操作流程如下：

1）单击【线框】→【形状】→【矩形】按钮□，系统弹出【矩形】对话框。

2）在绘图区指定矩形对角线的两个角点。

3）在【矩形】对话框中设置矩形的相关参数，如图 2-65 所示。单击【确定】按钮✅，完成矩形的绘制工作。

【矩形】对话框中各选项的含义如下：

➢ 1 （编辑第一点）：编辑矩形的第一个角点。

➢ 2 （编辑第二点）：编辑矩形的第二个角点。

➢ 宽度：设置矩形的宽度尺寸。

➢ 高度：设置矩形的高度尺寸。

➢ 矩形中心点：设置矩形中心的位置。

➢ 曲面：设置创建矩形时是否同时创建矩形区域中的曲面。

📖2.3.2 绘制圆角矩形

Mastercam2023 不仅可以绘制一般的矩形，而且还提供了绘制圆角矩形的功能。其操作流程如下：

1）单击【线框】→【形状】→【矩形】下拉菜单中的【圆角矩形】按钮□，系统弹出【矩形形状】对话框。

2）在绘图区中选择矩形的基准点位置。

3）在系统弹出的【矩形形状】对话框中设置相应的参数，如图 2-66 所示，然后单击【确定】按钮，完成圆角矩形的绘制。

图 2-64　规则二维图形绘制面板　　图 2-65　【矩形】对话框　　图 2-66　【矩形形状】对话框

【矩形形状】对话框中各选项的含义如下：

1）矩形：用于创建一个标准矩形。

2）矩圆形：用于创建一个由两个半圆组成的形状，半圆由两条与终轴相切的平行线连接。

3）单 D 形：用于创建一个由连接半圆两端的线组成的形状。

4）双 D 形：用于创建一个由两个不与终轴相切的平行线连接的半圆组成的形状。

5）基准点：通过选择基本位置并输入高度和宽度来定义矩形。

6）2 点：通过选择两个角的位置来定义矩形。

7）点：用于修改矩形的基点位置，可以单击 1 或 2 按钮，在绘图区中选取。

8）宽度：用于修改矩形的宽度。既可以在文本框中直接输入给定值，也可以单击按钮⊕在绘图区中选取。

9）高度：用于修改矩形的高度。既可以在文本框中直接输入给定值，也可以单击按钮⊕在绘图区中选取。

10）圆角半径：设置矩形圆角的数值。

11）旋转角度：设置矩形旋转角度的数值。

12）原点：用于设置给定的基准点位于矩形的具体位置。

13）创建中心点：选中该复选框，则在创建矩形时可同时创建矩形的中心点。

14）曲面：选中该复选框，则在创建矩形时可同时创建矩形区域中的曲面。

2.3.3 绘制多边形

在 Mastercam2023 中，可以绘制 3～360 条边的正多边形（Polygon）。正多边形只能通过指定正多边形的中心以及相应圆的半径来进行绘制，而不能通过指定正多边形的边长来绘制。多边形的创建流程如下：

1）单击【线框】→【形状】→【矩形】下拉菜单中的【多边形】按钮○，系统弹出【多边形】对话框。

2）在绘图区中选择多边形的基准点位置。

3）在系统弹出的【多边形】对话框中设置相应的参数，如图 2-67 所示。单击【确定】按钮
⊘，完成多边形的绘制。

【多边形】对话框中各选项的含义如下：

1）基准点：用于修改多边形的中心点。

2）边数：用于指定多边形边数。

3）半径：用于设置多边形外接圆或内切圆的半径。既可以在后面的文本框中直接指定，也可以单击按钮⊕在绘图区中指定。

4）外圆：用于设置以外切于圆的方式创建多边形，如图 2-68a 所示。

图 2-67 【多边形】对话框　　　　图 2-68 多边形创建方式示意

5）内圆：用于设置以内接于圆的方式创建多边形，如图 2-68b 所示。

6）角落圆角：设置多边形圆角的数值。

7）旋转角度：设置多边形旋转角度的数值。

8）曲面：选中该选项，则创建多边形时可同时创建多边形区域中的曲面。

9）创建中心点：选中该选项，则创建多边形时可同时创建多边形的中心点。

2.3.4 操作实例——绘制安装板草图

本例利用矩形、圆角矩形和多边形命令绘制图 2-69 所示的安装板。

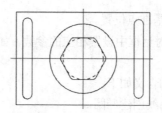

图 2-69　安装板

操作步骤如下：

1）单击【线框】→【形状】→【矩形】按钮□，系统弹出【矩形】对话框。单击【选择工具栏】中的【输入坐标点】按钮xⁱyz，在弹出的文本框中输入坐标点（-60, -40, 0），在对话框中输入宽度为 120，高度为 80，单击【确定】按钮✅，结果如图 2-70 所示。

2）单击【线框】→【形状】→【矩形】下拉菜单中的【圆角矩形】按钮▢，系统弹出【矩形形状】对话框。选择类型为【矩圆形】，方式为【基准点】，原点选择中心点。单击【选择工具栏】中的【输入坐标点】按钮xⁱyz，在弹出的文本框中输入坐标点（-50, 0, 0）。在对话框中输入宽度为 68，高度为 8.5，单击【确定并创建新操作】按钮✅，继续在坐标点（50, 0, 0）处绘制尺寸相同的矩形，结果如图 2-71 所示。

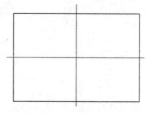

图 2-70　绘制矩形

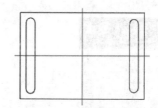

图 2-71　绘制圆角矩形

3）单击【线框】→【形状】→【矩形】下拉菜单中的【多边形】按钮⬡，系统弹出【多边形】对话框。绘制以原点为基点，半径为 18 的外圆六边形，角落圆角设置为 2，单击【确定】按钮✅，结果如图 2-72 所示。

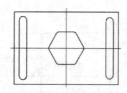

图 2-72　绘制六边形

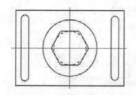

图 2-73　绘制圆

4）单击【线框】→【圆弧】→【已知点画圆】按钮⊙，系统弹出【已知点画圆】对话框，以原点为圆心绘制半径为 30 的圆，如图 2-73 所示。

2.3.5 绘制椭圆

1）单击【线框】→【形状】→【矩形】下拉菜单中的【椭圆】按钮○，系统弹出【椭圆】对话框。

2）在绘图区中选择椭圆的基准点位置。

3）在系统弹出的【椭圆】对话框中设置相应的参数，如图 2-74 所示，然后单击【确定】按钮✓，完成椭圆的绘制。

【椭圆】对话框中各选项的含义如下：

1）NURBS：以单个 NURBS 曲线创建椭圆。

2）圆弧段：以多个圆弧段创建椭圆。

3）区段直线：以多个线段创建椭圆。

4）基准点：用于修改椭圆的基点位置。可以单击按钮 重新选取(R)，在绘图区中选取。

5）半径 A：用于修改椭圆在水平方向的半径，亦即长轴半径，如图 2-75 所示。既可以在文本框中直接输入给定值，也可以单击按钮⊕在绘图区中选取。

6）半径 B：用于修改椭圆在垂直方向的半径，亦即短轴半径，如图 2-75 所示。既可以在文本框中直接输入给定值，也可以单击按钮⊕在绘图区中选取。

7）起始：用于设置椭圆的起始角度，如图 2-75 所示。

8）结束：用于设置椭圆的结束角度，如图 2-75 所示。

9）旋转角度：设置椭圆旋转角度的数值。

图 2-74　【椭圆】对话框

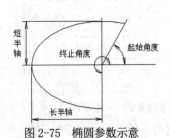

图 2-75　椭圆参数示意

10）创建曲面：选中该复选框，则创建椭圆时可同时创建椭圆区域中的曲面。

11）创建中心点：选中该复选框，则创建椭圆时可同时创建椭圆的中心点。

📖2.3.6 绘制平面螺旋线

螺旋线是指在 X 轴、Y 轴、Z 轴 3 个方向上螺旋的间距都可以变化的螺旋线。此命令既可以绘制出平面螺旋线，也可以绘制锥形、圆柱形螺旋线。其创建流程如下：

1）单击【线框】→【形状】→【矩形】下拉菜单中的【平面螺旋】按钮，系统弹出【螺旋形】对话框。

2）在绘图区中指定螺旋的圆心点。

3）在系统弹出的【螺旋形】对话框中设置螺旋线的参数，如图 2-76 所示。然后单击【确定】按钮，完成螺旋线的绘制工作。

【螺旋形】对话框中各选项的含义如下：

1）半径：设置螺旋线最内圈的半径值。

2）高度：设定螺旋线的总高度，如果该值等于 0，则为平面螺旋线，如图 2-77a 所示；如果该值大于 0，则生成空间螺旋线，如图 2-77b 所示。高度既可以通过文本框直接给定，也可以通过单击按钮在绘图区中指定。

3）圈数：用于设置螺旋旋转的圈数。

4）垂直间距：用于设置第一圈的环绕高度和最后一圈的环绕高度。

5）水平间距：用于设置第一圈的水平间距和最后一圈的水平间距。

6）方向：通过选中【逆时针】或【顺时针】来设定螺旋线的方向。

图 2-76 【螺旋形】对话框

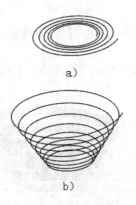

a)

b)

图 2-77 螺旋线示意

Mastercam 2023

2.3.7 绘制螺旋线（锥度）

锥度螺旋线是变距螺旋线的一种特殊形式，其螺距是固定的。可以通过给出的螺旋半径和锥度角控制螺旋线的形状。其创建流程和螺旋线（间距）的绘制类似。

【螺旋】对话框（见图 2-78）中各项的含义如下：

1）半径：设置螺旋线的半径。

2）高度：设定螺旋线的总高度。既可以在文本框中直接指定，也可以通过单击按钮⊕在绘图区中指定。

3）圈数：设定螺旋线的圈数。

4）间距：用于设置相邻螺旋线中间的距离。

5）锥度角：螺旋向内旋转的角度。可输入一个位于-90°～90°之间的角度。

6）旋转角度：设置螺旋线由什么角度开始生成。默认为从 0 开始。

7）方向：通过选中【逆时针】或【顺时针】来设定螺旋线的方向。

图 2-78　【螺旋】对话框

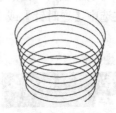

图 2-79　锥度螺旋线示例

2.3.8 操作实例——绘制扁弹簧草图

本例利用椭圆和平面螺旋命令绘制如图 2-80 所示的扁弹簧草图。该草图可利用扫描命令创建为扁弹簧。

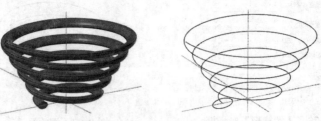

图 2-80　扁弹簧及草图

操作步骤如下：

1）单击【线框】→【形状】→【矩形】下拉菜单中的【平面螺旋】按钮，系统弹出【螺旋形】对话框。以原点为圆心，绘制半径为 20，圈数为 5，垂直间距初始和最终均为 10，水平间距初始和最终均为 6 的锥度螺旋线，如图 2-81 所示。

2）单击【视图】→【屏幕视图】→【后视图】按钮，将当前绘图平面设置为后视图。

3）单击【线框】→【形状】→【矩形】下拉菜单中的【椭圆】按钮，系统弹出【椭圆】对话框。以螺旋线下端的为中心绘制长半轴 A 为 4，短半轴 B 为 2.5 的椭圆，如图 2-82 所示。

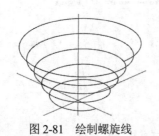 

图 2-81　绘制螺旋线　　　　　图 2-82　绘制椭圆

2.4　特殊二维图形绘制

Mastercam2023 不仅可以创建如矩形、椭圆、多边形、螺旋线等规则的图素，还可以创建一些特殊的图素作为图形，如图形文字、边界框、圆周点、凹槽、楼梯状图形和门状图形等。这些复合图素由多条直线、圆弧等构成，可以用命令一次完成，要注意的是，这些复合图素不是一个整体，可以独立对各组成图素进行操作。

2.4.1　绘制文字

图形文字不同于标注文字。标注文字只用于说明，是图样中的非几何信息要素，不能用于加工。而图形文字则是图样中的几何信息要素，可以用于加工。

单击【线框】→【形状】→【文字】按钮A，系统弹出【创建文字】对话框，如图 2-83 所示。利用该对话框可以创建图形文字。【创建文字】对话框中各选项的含义如下：

1）字体：用于设置要绘制的图形文字的字体。可单击【True Type Font（真实字型）】按钮，在系统弹出的【字体】对话框中选取字体，如图 2-84 所示。

2）高度：用于设置图形文字的字高。

3）间距：用于设置图形文字不同字符间的间距。

4）对齐：用于设置文字图形的对齐方式，包括水平、垂直、串连顶部、圆弧顶部、圆弧底部 5 种方式，如图 2-85 所示。如果使用圆弧方式，则下面的【半径】文本框被激活，用户可以在此文本框中设置圆弧的半径。

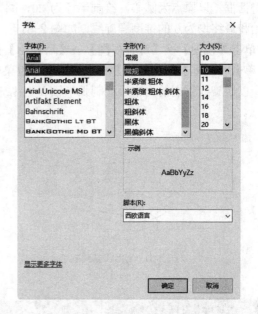

图 2-83 【创建文字】对话框   图 2-84 【字体】对话框

图 2-85 图形文字的对齐方式示意

2.4.2 绘制边界框

此命令用于根据图形最长、最宽、最高的尺寸，或者再加一个扩展距离，绘制一个线框图形。这个线框图可以是矩形、圆、长方形的轮廓线或圆柱体的轮廓线。其创建流程如下：

1）单击【线框】→【形状】→【边界框】按钮 ⬡，系统弹出【边界框】对话框。

2）在绘图区中指定要绘制边界框的图素。

3）在系统弹出的【边界框】对话框中设置边界框绘制的参数，立方体、圆柱体、球形和缠绕各形状的边界框如图 2-86 所示。然后单击【确定】按钮 ✅，完成边界框的绘制。

【边界框】对话框中各选项的含义如下：

1）手动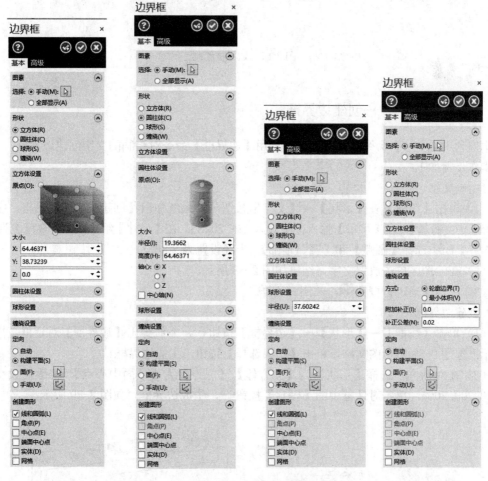：选择边界框中包含的图素。

2）全部显示：自动选择绘图区中所有的图素。

3）创建图形：绘制边界框的构成图素。包括以下选项：

➢ 线和圆弧：生成的边界框包含边界线和弧。

➢ 角点：生成的边界框包含边界点。对于矩形边界框，生成矩形线框的各个顶点；对于圆柱形边界框而言，生成圆柱线框两个端面的圆心点。

➢ 中心点：绘出边界框的中心点。

➢ 端面中心点：在每个面中心创建点。

➢ 实体：由边界框生成实体，类似工件毛坯。

➢ 多边形网格：从网格图素创建实体模型，类似于多边形网格模型。

图 2-86 【边界框】对话框

4）尺寸：若边界框形状选择矩形，则该部分包含 X、Y 和 Z 三个坐标值，它们分别为确定矩形三个方向的扩展尺寸；若边界框形状为圆柱，则该部分包含圆柱半径和高度确定扩展部分尺寸。

5）形状：边界框既可以是立方体边界框，如图 2-87a 所示，也可以是圆柱体边界框，如图

2-87b 所示，且如果为圆柱体边界框，则【轴心】被激活，它用于控制圆柱形边界框的轴线方向，图 2-87b、c、d 所示分别为采用 Z 轴、Y 轴和 X 轴创建的圆柱体边界框。

6）中心轴：只有边界框为圆柱形时才被激活，控制是否以过原点的轴线作为圆柱形边界框的轴线，如图 2-87d 所示。

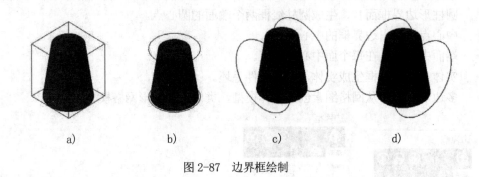

图 2-87　边界框绘制

2.4.3 操作实例——创建边界框

本例利用【文字】命令绘制文字，并利用【边界框】命令对绘制的文字创建边界框。

操作步骤如下：

1. 绘制文字

（1）单击【线框】→【形状】→【文字】按钮**A**，系统弹出【创建文字】对话框，字体样式选择【华文行楷】，在【字母】输入框中输入【MC 2023】，在【尺寸】组中设置【高度】为 150，在【对齐】组中选择【圆弧】和【圆弧顶部】，半径设置为 2000。

（2）在绘图区单击放置文字，结果如图 2-88 所示。

（3）单击【确定】按钮，关闭对话框。

2. 创建边界框

（1）单击【线框】→【形状】→【边界框】按钮，系统弹出【边界框】对话框。根据系统提示框选图 2-88 所示的文字，单击【结束选择】按钮，生成边界框。

（2）在对话框中选择【形状】为【立方体】，【原点】为【顶面中心点】，修改【大小】为（1100, 200, 200），单击对话框中的【确定】按钮，生成边界框，如图 2-89 所示。

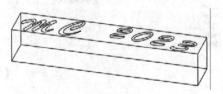

图 2-88　绘制文字　　　　　　　　　　图 2-89　创建边界框

2.5 图形尺寸标注

2.5.1 尺寸标注的组成

一个完整的尺寸标注应由尺寸界限、尺寸线（包括其末端箭头、斜线或黑点）和尺寸数字三部分组成，如图 2-90 所示。

1. 尺寸界限

尺寸界限用细实线绘制，并应从图形的轮廓线、轴线或对称中心线引出，也可以用轮廓线、轴线或中心线作为尺寸界限。尺寸界限一般应与尺寸线垂直，并超出尺寸线的终端 2～3mm。

2. 尺寸线

尺寸线用细实线绘制，必须单独画出，不能用其他图线代替，也不能与其他图线重合或画在其延长线上。尺寸线必须与所标注的线段平行，当有几条互相平行的尺寸线时，大尺寸要标注在小尺寸的外面，避免尺寸线与尺寸界限相交。尺寸引出标注时，不能直接从轮廓线上转折，如图 2-91 所示。

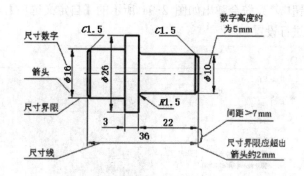

图 2-90　尺寸标注的组成

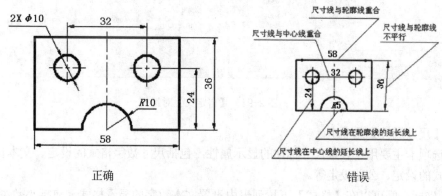

图 2-91　尺寸线

一般而言，机械图样的尺寸线的终端常采用箭头的形式。在图 2-92 中 b 为粗实线的宽度。

当采用箭头时，如果空间不够，允许用圆点或斜线代替箭头。

3. 尺寸数字

尺寸数字表示所标注尺寸的大小，一般应写在尺寸线的上方，也允许注写在尺寸线的中断处。当空间不够时，可引出标注。

尺寸数字不能被任何图线通过，不可避免时，必须将该图线断开，如图 2-93 所示。

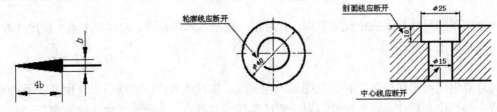

图 2-92 尺寸线终端的箭头形式　　　　　图 2-93 尺寸数字不能被任何图线通过

2.5.2 尺寸标注样式的设置

在进行尺寸标注之前，用户可以根据要求对尺寸样式进行设置。单击【尺寸标注】→【尺寸标注】面板中的启动按钮，系统会弹出如图 2-94 所示的【自定义选项】对话框。在该对话框中可以对尺寸标注样式进行设置。

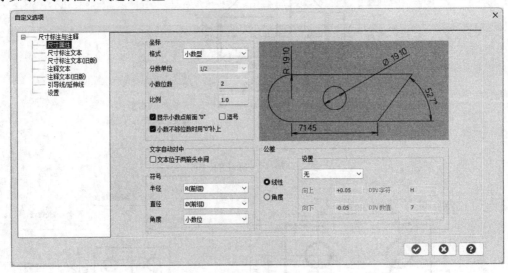

图 2-94 【自定义】对话框

1.【尺寸属性】选项卡

该选项卡主要用于设置尺寸标注的显示属性，包括尺寸数字格式的设定、文本位置的设定、符号样式的设定、公差设定等。

1）坐标：既可以在【格式】下拉列表中设置文本数字的显示格式，包括小数型、科学型、工程单位、分数单位以及建筑单位，也可以设置比例系数（该值可以调整尺寸数值与测量数据之间的比例关系），还可以设置首尾 0 的处理方式以及是否用逗号（,）来代替小数中的小数点（.）。

2）文字自动对中：选中该选项，则尺寸数值自动位于尺寸线中间位置。

3）符号：可以设置半径、直径以及角度的前缀符号。

4）公差/设置：可以在【设置】下拉列表中选择公差的表示方法，如无、"+/-"（正负公差）、上下限制以及 DIN（公差带）。

2.【尺寸标注文本】选项卡

该选项卡用于设置标注文本的属性以及对齐方式，如图 2-95 所示。

该选项卡中各选项的含义如下：

1）大小：主要用于设定尺寸文字的相关属性，如文字高度、宽度等。

➢ 文本高度：该值用于控制所有尺寸字符的高度。

➢ 字高公差：该值用于控制所有公差字符的高度。

➢ 间距：包括【固定】和【按比例】两种方式，前者使用固定的间距，后者则依据字符比例来设定。建议使用【按比例】方式，这样在调整文字高度时，字符宽度也将按照比例进行自动调整。

➢ 长宽比：该项可以控制文字字符串的字符宽度由尺寸字高的比例决定。

➢ 文字宽度：该项可以控制所有尺寸字符宽度按照该值来决定。

➢ 文字间距：该项可以控制相邻字符间的距离。

➢ 比例、调整比例：用于设置其他参数随文字高度变化的比例因子。

2）直线：用于设置尺寸文字是否使用基准线，以及是否使用文本框。

3）文字方向：用于设定尺寸文字的排列方向。

4）字型：用于设定所有标注文字的字体。系统提供了 9 种基本字型：Stick、Roman、European、Swiss、Hartford、Old English、Palatino、Dayvile 以及 Arial。用户还可以通过单击 添加... 按钮添加需要的字体。

5）倾斜：用于设置批注文字的倾斜角度或旋转角度。在工程标注中，倾斜角度一般设为 15°。

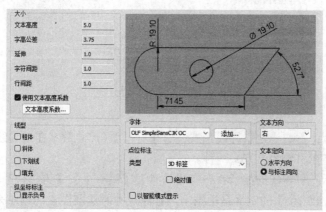

图 2-95 【尺寸标注文本】选项卡

3.【注释文本】选项卡

该选项卡用于注释文本的设置，如图 2-96 所示。其中【镜像】可以控制文字标注等文字字符串依照 X 轴、Y 轴或 X＋Y 轴做镜像。其他选项的含义与【尺寸标注文本】选项卡中的基本一致。

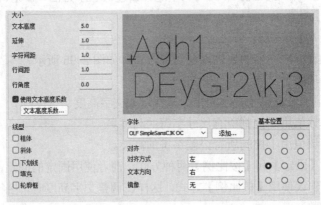

图 2-96　【注释文本】选项卡

4.【引导线/延伸线】选项卡

该选项卡用于设置引导线和延伸线的形式、显示方式等，如图 2-97 所示。各选项的具体含义如下：

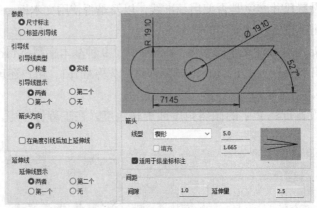

图 2-97　【引导线/延伸线】选项卡

1）引导线：

➢ 引导线类型：主要设定引导线形式，有【标准】（尺寸数字在引导线中间）与【实线】（尺寸数字在引导线上方）两种。

➢ 引导线显示：引导线的显示状态有【两者】、【第一个】、【第二个】和【无】。其中【第一个】与【第二个】的定义是根据用户标注尺寸时选取图素的顺序来决定的，也就是说所选取的第一图素的端点就是第一个。

➢ 箭头方向：系统提供了【内】、【外】两种选择。

内：箭头将显示在尺寸界线的内侧。

外：箭头将显示在尺寸界线的外侧。

2）延伸线：

➢ 延伸线显示：该参数可控制尺寸标注时的延伸线状态，系统提供了下列几种状态：【两者】、【第一个】、【第二个】和【无】。

➢ 间隙：该参数可设定尺寸界线起点与标注对象的特征点之间的间隙大小。

➢ 延伸量：该参数可设置尺寸界线超出尺寸线的长度。

3）箭头：

➢ 线型：在下拉列表中可选择箭头的样式，如三角形、开放三角形、楔形、无、圆柱、方框、斜线与积分符号等。

➢ 尺寸标注/标签及引导线：该选项可用于设置箭头所引用的场合。选择【尺寸标注】选项，则用于尺寸标注；选择【标签及引导线】选项，则用于引线标注。

➢ 高度/宽度：该文本框用于设置箭头的大小。

5.【设置】选项卡

尺寸标注主要用于设置标注与被标注对象、标注与标注之间的间隙等关系，如图 2-98 所示，主要包括以下设置选项：

1）关联性：所谓关联性是指当图形发生变化时，所建立的尺寸标注、标签、引导线以及延伸线都会随着图形的变化而自动更新。选中此项，则尺寸标注等与图形关联。

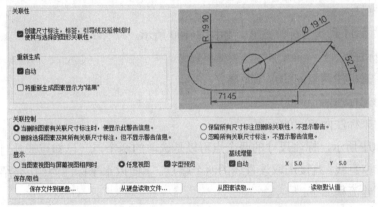

图 2-98　【自定义选项】对话框【设置】选项卡

2）关联控制：控制在删除与标注相关联的图素时，如何处理尺寸标注。

3）显示：用于切换是否将尺寸显示于其他视图。选择【当图素视角与屏幕视图相同时】时，则表示只有当视图平面与标注所在的构图平面相同时才显示标注；选择【任意视图】时，则表示在任何视图中都显示标注。

4）基线增量：用于设定使用基准标注时每一个尺寸标注的 X 与 Y 方向的间隔距离。一般情况下，该值可以设置为文本高度的 2 倍。

5）保存/取档：可以将所完成的尺寸标注整体设定输出为一个样本文件，这样在下次使用时，就可以直接调用而无须重新设定了。

当然，除了从样本图形文件中取出设定值外，也可以直接选取图素，使设定值与所选图素的设定值相同。无论是自图形文件还是利用图素获取设定值，若不满意，还可以还原为系统默认值。

2.5.3 图形的尺寸标注

【标注】选项卡包含的命令如图 2-99 所示。各命令主要作用如下：

- 多重编辑：编辑已标注的尺寸设定。
- 延伸线：通过抓点方式建立延伸线。
- 引导线：通过抓点方式建立引导线。
- 注释：可以输入一些批注文字，还可以针对已标注的尺寸文字进行编辑。
- 剖面线：对剖面线进行设定。
- 快速标注：对选择的对象进行快速标注，可以标注线性长度尺寸，也可以选择曲线进行构建圆尺寸。

图 2-99　标注选项卡

1．尺寸标注

系统提供了 11 种尺寸标注方式，如图 2-100 所示。

1）线性标注：

水平：用来标注两点间的水平距离。

垂直：用来标注两点间的垂直距离。

平行：用来标注两点间的距离。

如图 2-101 所示，标注尺寸的两个点可以是选取的两个点（已知点或几何对象的特征点），也可以通过选取直线，直接选取该直线的两个端点。下面以水平标注为例，介绍线性标注的流程。水平标注的创建流程如下：

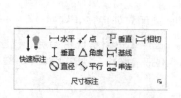

图 2-100　【尺寸标注】面板

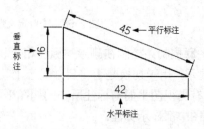

图 2-101　线性标注

- 单击【标注】→【尺寸标注】→【水平】按钮。
- 在绘图区选择要标注的图素，或依次选择两个端点。

> 系统在绘图区显示水平尺寸标注，通过移动鼠标来拖动尺寸标注，在要显示尺寸标注的位置单击，即可完成绘制尺寸标注。

> 标注完成后，按 Esc 键或单击【确定】按钮 ✅，结束标注工作。

在使用每种方法进行标注时，【尺寸标注】对话框如图 2-102 所示，在其中可设置尺寸的各种参数，工具栏上的图标会根据方法的不同分别被激活。

2）基准标注：该命令以已绘制的线性标注（水平标注、垂直标注或平行标注）为基准对一系列点进行线性标注，如图 2-103 所示。标注的类型与被选的线性标注类型一致，基准标注的第一个端点为线性标注的一个端点，且该端点为距第一次基准标注点距离较大的那个端点。其创建流程如下：

> 单击【标注】→【尺寸标注】→【基线】按钮 ⊢ 基线。

> 系统提示选取一个线性尺寸。

> 系统接着提示指定第二个端点。

> 标注完成后，按 Esc 键或单击【确定】按钮 ✅，结束标注工作。

3）串连标注：该命令的功能与基线标注相似，也是选取一个线性标注后对一系列点进行标注。所不同的是串连标注的位置不能由系统自动计算获得，且标注的第一个端点是变化的，如图 2-104 所示。

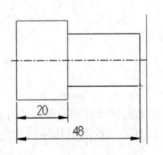

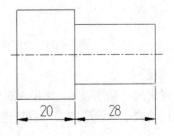

图 2-102　【尺寸标注】对话框　　　图 2-103　基准标注　　　图 2-104　串连标注

4）直径标注：用来标注圆或圆弧的直径或半径，如图 2-105 所示。其创建流程如下：

➤ 单击【标注】→【尺寸标注】→【直径标注】按钮◯直径。

➤ 在绘图区选择要标注的圆或圆弧。

➤ 系统在绘图区显示直径标注，通过移动鼠标来拖动尺寸标注，在显示尺寸标注的位置单击，即可完成绘制尺寸标注。

➤ 标注完成后，按 Esc 键或单击【确定】按钮✓，结束标注工作。

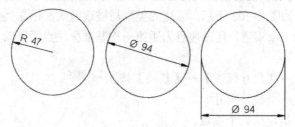

图 2-105　直径标注

要注意的是，在指定圆弧图素以后，将弹出如图 2-102 所示的【尺寸标注】对话框，选中【圆弧符号】选项组中的【半径】单选按钮则以半径标注该圆弧，选中【圆弧符号】组中的【直径】单选按钮，则以直径标注该圆弧，选中【箭头】选项组中的【内侧】或【外侧】单选按钮则标注箭头在圆弧外或内。

5）角度标注：用来标注两条不平行直线的夹角，也可以用来标注一圆弧的圆心角，如图 2-106 所示。其创建流程如下：

➤ 单击【标注】→【尺寸标注】→【角度】按钮△角度。

➤ 在绘图区依次选择要标注的两条不平行的直线或圆弧。

➤ 系统在绘图区显示角度尺寸标注，通过移动鼠标来拖动尺寸标注，在要显示尺寸标注的位置单击，即可完成绘制尺寸标注。

➤ 标注完成后，按 Esc 键或单击【确定】按钮✓，结束标注工作。

6）相切标注：用来标注某点（线或弧）到一个圆的边线而不是中心的距离，如图 2-107 所示。其创建流程与两条不平行直线角度标注类似，这里不再赘述。

图 2-106　角度标注　　　　　　　　　　图 2-107　相切标注

2．重新生成

在完成尺寸标注以后，如果要对图素进行修改，相应的尺寸标注也会自动随之变化。用户可以通过自动或手动选取方式，重新建立具有关联性的已标注尺寸。【重新生成】面板如图 2-108 所示。

3．绘制引导线和延伸线

延伸线是指在图素和对图素所做的注释文字之间绘制的一条直线。引导线是在图素和对图素所做的注释文字之间绘制的一条带箭头的，而且可以是多段的折线，如图 2-109 所示。

图 2-108　【重新生成】面板　　　　　图 2-109　延伸线和引导线示意

4. 标注注释

在完成的几何图形中，除了添加尺寸标注外，还可以添加图形注释来对图形进行说明。其创建流程如下：

1）单击【标注】→【注释】→【注释】按钮，系统弹出如图 2-110 所示的【注释】对话框。

2）选择图形注释的类型，并设置相应的参数。

3）在文字文本框中输入或导入注释文本（有些图形注释的类型不需输入文本）。

4）在绘图区拖动图形注释至指定位置后单击，即可按设置的类型和参数绘制图形注释。

5. 图案填充

用户经常需要对图形的某个区域绘制一些图案以填充图形，进而更加清晰地表达该区域的特征，这样的填充操作就是图案填充。在机械工程图中，图案填充常用于表达一个剖切的区域，而且不同的图案填充表达不同的零部件或材料。单击【标注】→【注释】→【剖面线】按钮 剖面线，系统弹出如图 2-111 所示的【交叉剖面线】对话框，用户可以通过在该对话框中设置参数来自定义填充图案，该对话框中选项的含义如下：

图 2-110　【注释】对话框　　　　　图 2-111　【交叉剖面线】对话框

1）图案：用来设置填充图案的样式。用户既可以从列表中选用标准形式，也可以单击【高级】选项卡中的【定义】按钮，自定义图样。

2）间距：用来设置填充图案线间的间距。要改变线间的间距时，只需在【间距】文本框中输入相应的值即可。

3）角度：用来设置填充图案线与 X 轴之间的倾角。要改变填充图案线的倾角，只需在【角度】文本框中输入相应的值即可。图 2-112 所示为选择不同填充图案及不同线间距和倾斜角度时的填充效果。

图 2-112 图案填充示意

2.6 综合实例——绘制挂轮架

本节通过图 2-113 所示的挂轮架的绘制，详细介绍二维绘图的流程，旨在使读者能对 Mastercam2023 二维绘图有一定的认识。

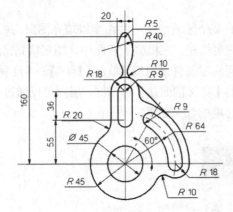

图 2-113 挂轮架

 网盘\动画演示\第 2 章\挂轮架.MP4

2.6.1 图层设置

单击操作管理器中的【层别】按钮，系统弹出【层别】管理器，单击【添加新层别】按钮 ✚，创建新图层，分别设置图层 1 位实线层、图层 2 位中心线层和图层 3 位尺寸线层，如图 2-114 所示。

2.6.2 绘制图形

1．绘制中心线

（1）单击【视图】选项卡【屏幕视图】面板中的【俯视图】按钮 ，状态栏显示【绘图平面】为【俯视图】；然后在【主页】选项卡【属性】面板中设置【线型】为【点画线】,【线宽】为【第一种】、【线框颜色】为【12（红色）】,在【规划】选项卡中设置【Z】值为 0、【层别】为【2：中心线】,如图 2-115 所示。

图 2-114 【层别】对话框

图 2-115 设置线型

（2）单击【线框】→【绘点】→【线端点】按钮 ，弹出【线端点】对话框,然后单击【选择工具栏】中的【输入坐标点】按钮 ,在弹出的文本框中输入起点坐标（0,-50,0）,绘制长度为 220,角度为 90 的垂直线。单击【确定并创建新操作】按钮 ,继续输入起点坐标为(-50,0,0)和终点坐标（87,0,0）绘制水平线,同理,继续绘制一条起点为原点,长度为 90,角度为 60°的斜线。结果如图 2-116 所示。

（3）单击【线框】→【圆弧】→【已知点画圆】按钮 ,系统弹出【已知点画圆】对话框。以原点为圆心绘制半径为 64 的圆,如图 2-117 所示。

图 2-116 绘制中心线

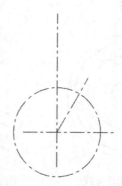

图 2-117 绘制中心圆

2．绘制图形轮廓

（1）在【主页】选项卡【属性】面板中设置【线型】为【实线】,【线宽】为【第二种】,【线

71

框颜色】为【0（黑色）】，在【规划】选项卡中设置【Z】值为 0，【层别】为【1：实线】。

（2）单击【线框】→【圆弧】→【已知点画圆】按钮⊕，以原点为圆心绘制半径为 22.5、45、55、73 和 82 的圆，如图 2-118 所示。

（3）单击【确定并创建新操作】按钮✅，分别在坐标点（0,91,0）、（0,160,0）处绘制半径为 18 和 5 的圆。同理，继续在点（64,0,0）处绘制半径为 9 和 18 的同心圆。同理，继续在中心圆于斜中心线交点处绘制径为 9 的圆，如图 2-119 所示。

（4）单击【线框】→【绘点】→【线端点】按钮✏，弹出【线端点】对话框，捕捉半径 18 的圆的象限点绘制两条垂直线，如图 2-120 所示。

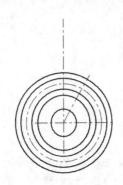
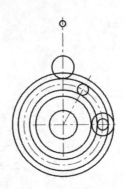
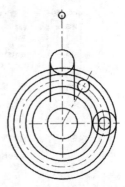

图 2-118　绘制同心圆　　　　图 2-119　绘制圆　　　　图 2-120　绘制垂直线 1

（5）单击【确定并创建新操作】按钮✅，继续以坐标点（-10,160,0）和（10,160,0）为起点绘制两条垂直线，如图 2-121 所示。

（6）单击【线框】→【圆弧】→【切弧】按钮◥，系统弹出【切弧】对话框，方式选择【两物体切弧】，半径为 10，绘图区拾取半径为 82 的圆和图 2-120 绘制右侧的直线，创建切弧，如图 2-122 所示。

（7）同理，绘制图 2-123 所示的各个位置的切弧，如图 2-123 所示。

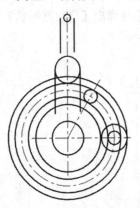
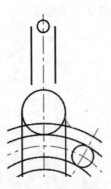
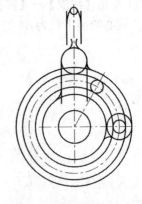

图 2-121　绘制垂直线 2　　　　图 2-122　绘制切弧 1　　　　图 2-123　绘制其他切弧

（8）单击【线框】→【修剪】→【修剪到图素】按钮✂，系统弹出【修剪到图素】对话框，类型选择【修剪】，方式选择【修剪两物体】。选择图素要保留的部分单击，删除多余的图线，结果如图 2-124 所示。

（9）单击【线框】→【形状】→【圆角矩形】按钮□，系统弹出【矩形形状】对话框，以坐标点（0, 73, 0）为基点放置矩形，长宽值分别为18和54，结果如图2-125所示。

（10）单击【线框】→【绘点】→【线端点】按钮／，弹出【线端点】对话框，勾选【相切】复选框，拾取半径为18的圆弧和半径为82的圆弧绘制切线，结果如图2-126所示。

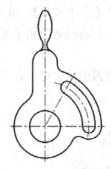 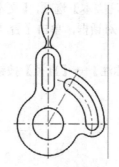 

图2-124　修剪图形　　　　图2-125　绘制键槽形　　　　图2-126　绘制切线

2.6.3 尺寸标注

1. 尺寸标注设置

（1）单击【标注】→【尺寸标注】面板右下角的【尺寸标注设置】按钮，系统弹出【自定义选项】对话框，单击【尺寸标注文本】选项，设置【文本高度】为8，勾选【文本高度系数】复选框，单击【文本高度系数】按钮，系统弹出【尺寸自高比例】对话框，设置箭头高度比例系数为0.75，其他参数采用默认，如图2-127所示。单击【确定】按钮，返回【尺寸标注文本】选项界面。

（2）单击【引导线/延伸线】选项，选择箭头线型为【三角形】，勾选【填充】复选框。

（3）设置完成，单击【确定】按钮，系统弹出【系统配置】对话框，如图2-128所示。单击【是（Y）】按钮，关闭对话框。

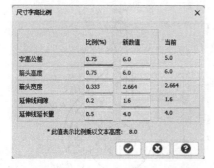 

图2-127　【尺寸自高比例】对话框　　　　图2-128　【系统配置】对话框

2. 图层线型设置

（1）在【主页】选项卡【属性】面板中设置【线型】为【实线】、【线宽】为【第一种】、【线框颜色】为【9（蓝色）】。

（2）在【规划】面板中设置【层别】为【3：尺寸线】。

3. 尺寸标注

（1）单击【标注】→【尺寸标注】→【垂直】按钮 $^\text{I}$，完成如图 2-129 所示的垂直尺寸标注。

（2）单击【标注】→【尺寸标注】面板右下角的【尺寸标注设置】按钮，系统弹出【自定义选项】对话框，单击【尺寸标注文本】选项，【文本定向】选择【水平方向】，单击【确定】按钮，系统弹出【系统配置】对话框，单击【否（N）】按钮，只将设置应用于本次标注，关闭对话框。

（3）单击【标注】→【尺寸标注】→【直径】按钮，完成圆弧的尺寸标注，如图 2-130 所示。

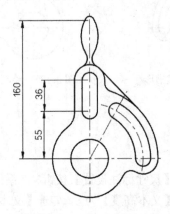

图 2-129　标注垂直尺寸

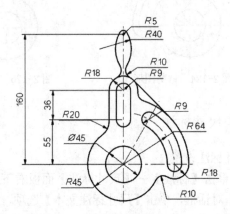

图 2-130　标注圆弧

（4）单击【标注】→【尺寸标注】→【水平】按钮，标注图 2-131 所示的水平尺寸。

（5）单击【标注】→【尺寸标注】→【角度】按钮，在绘图区依次单击原点，斜中心线的端点和水平中心线的端点，标注角度尺寸，如图 2-132 所示。

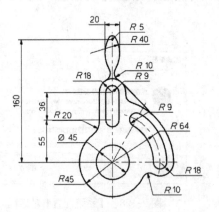

图 2-131　标注水平尺寸

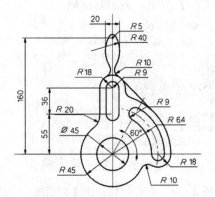

图 2-132　标注角度尺寸

第3章

二维图形的编辑与转换

在工程设计中，对图形进行修剪、打断等编辑以及平移、镜像等转换，不仅可以大大提高设计效率，有时也是必需的。

本章重点讲解了倒角、倒圆、修剪、打断等编辑功能以及平移、镜像、旋转、阵列等转换功能。读者应该掌握这些常用的编辑与转换的使用方法，从而能熟练地绘制较为复杂的二维图形。

Mastercam

2023

重点与难点
- 编辑图素
- 转换图素

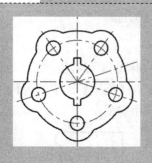

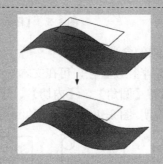

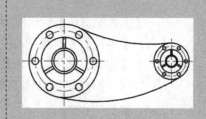

3.1 编辑图素

使用二维绘图命令绘制完图形之后,需要使用编辑工具对所绘制的二维图形做进一步加工,并且能提高绘图效率,确保设计结果准确完整。图形编辑命令包括倒圆角、倒角、修剪、延伸和删除等。编辑图素命令主要集中在【线框】选项卡【修剪】面板中,如图 3-1 所示。删除命令在【主页】选项卡的【删除】面板中。

图 3-1 【修剪】面板

3.1.1 图素倒圆角

对图形倒圆角即在两个图素或多个图素之间进行圆角绘制。系统提供了两个倒圆角选项,下拉菜单如图 3-2 所示。

1. 绘制单个圆角

单击【线框】→【修剪】→【图素倒圆角】按钮 ,系统弹出【图素倒圆角】对话框,如图 3-3 所示。

图 3-2 倒圆角下拉菜单   图 3-3 【图素倒圆角】对话框

【图素倒圆角】对话框中各选项的含义如下:

1)【半径】文本框 5.0：圆角半径设置栏,可在文本框中输入圆角的半径数值。

2)【方式】选项组:该选项组有【圆角】、【内切】、【全圆】、【间隙】、【单切】5种方式,每种方式的功能都有图标说明.图 3-4 所示为 5 种倒圆角方式示意图。

圆角   内切   全圆   间隙   单切

图 3-4 5 种倒圆角方式的示意图

3)【修剪图素】复选框：设置倒圆角后的修剪原图素的方式，即是否保留原图素。

2．串连倒圆角

执行【串连倒圆角】命令能将选择的串连几何图形的所有锐角一次性倒圆角。单击【线框】
→【修剪】→【图素倒圆角】→【串连倒圆角】按钮 ，系统弹出【串连倒圆角】对话框，如
图 3-5 所示，同时弹出的还有【线框串连】对话框。

【串连倒圆角】对话框中选项的含义如下（与【图素倒圆角】功能相同的选项将不再阐述）：

1） 重新选择(R) ：重新选择串连图素。

2）【圆角】选项组：此项功能相当于一个过滤器，它将根据串连图素的方向来判断是否
执行倒圆角操作，如图 3-6 所示。具体说明如下：

➢ 【全部】单选按钮：系统不论所选串连图素是正向还是反向，所有的锐角都会绘制倒
圆角。

➢ 【顺时针】单选按钮：仅在所选串连图素的方向是顺时针方向时，绘制所有的锐角倒
圆角。

➢ 【逆时针】单选按钮：仅在所选串连图素的方向是逆时针方向时，绘制所有的锐角倒
圆角。

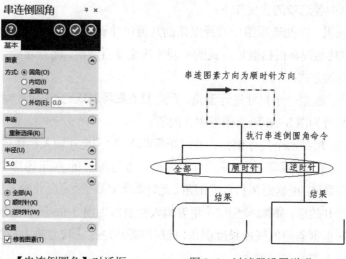

图 3-5　【串连倒圆角】对话框　　　　图 3-6　过滤器设置说明

3.1.2 图素倒角

图形倒角即在图形或多个图素之间进行倒角绘制。与倒圆角不同的是，倒圆角是在两个图素
之间生成圆弧，而倒角是在两个图素之间生成斜角。系统提供了两个倒角选项，下拉菜单如图
3-7 所示。

1．绘制单个倒角

单击【线框】→【修剪】→倒角】按钮 ，系统弹出【倒角】对话框，如图 3-8 所示。

图 3-7　倒角下拉菜单　　　　图 3-8　【倒角】对话框

【倒角】对话框中各选项的含义如下：

1）【方式】选项组：在此选项组中选择倒角的几何尺寸设定方法，这是倒角第一步就要操作的步骤，因为其他功能键将根据倒角方式的不同来决定是否激活，而且功能含义也有所变化。系统提供了 4 种倒角的方式：

> ◉ **距离 1(D)**：根据一个尺寸进行倒角，此时只有 **距离 1(1)** 5.0 尺寸输入栏被激活，数值栏中的数值为图 3-9a 所示图形中 D 的值。
> ◉ **距离 2(S)**：根据两个尺寸倒角，此时 **距离 1(1)** 5.0 尺寸输入栏数值为图 3-9b 所示图形中 D1 的值，**距离 2(2)** 5.0 尺寸输入栏数值为图 3-9b 所示图形中 D2 的值。
> ◉ **距离和角度(G)**：根据距离和角度倒角，此时 **距离 1(1)** 5.0 尺寸输入栏数值为图 3-9c 所示图形中 D 的值，**角度(A)** 45.0 角度输入栏数值为图 3-9c 所示图形中 A 的角度值。
> ◉ **宽度(W)**：根据斜角的线段长度倒角，此时 **宽度(W)** 5.0 尺寸输入栏数值代表图 3-9d 所示图形中 W 的值。

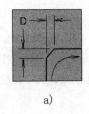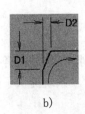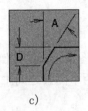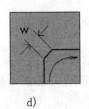

a)　　　　　　　　b)　　　　　　　　c)　　　　　　　　d)

图 3-9　倒角样式

2）【修剪图素】复选框：设置倒角后的修剪原图素的方式，即是否保留原图素。

2．绘制串连倒角

绘制串连倒角命令能将选择的串连几何图形的所有锐角一次性倒角。单击【线框】→【修剪】→【倒角】→【串连倒角】按钮，利用【线框串连】对话框在绘图中选择相应的串连图素，在【串连倒角】对话框中设置相应的倒角参数后，就可以完成串连图素的倒角操作。

Mastercam 2023 提供了两种绘制串连倒角的样式，其功能含义与绘制单个倒角的相同，这里不再叙述。

3.1.3 修剪到图素

【修剪到图素】命令可以对图素进行修剪打断或延伸操作。单击【线框】→【修剪】→【修剪到图素】下拉菜单，系统弹出如图 3-10 所示的下拉菜单。

1. 修剪到图素

执行此命令，系统弹出【修剪到图素】对话框，如图 3-11 所示。同时系统提示【选择图形区修剪或延伸】，则选取需要修剪或延伸的对象（选择对象时的光标位置决定保留端），接着系统提示【选择修剪/延伸的图素】，则选取修剪或延伸边界，具体操作步骤如图 3-12 所示。系统将根据选取的对象是否超过所选的边界来判断是剪切还是延伸。

图 3-10 【修剪到图素】下拉菜单　　图 3-11 【修剪到图素】对话框

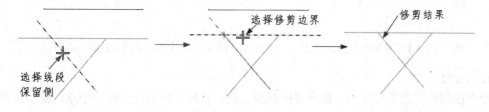

图 3-12 【修剪到图素】操作示例

【修剪到图素】对话框中的功能按钮说明如下：

1）**修剪(T)**：【修剪】复选框。被剪切的部分将被删除。

2）**打断(B)**：【打断】复选框。断开的图形分为两个几何体。

3）**自动(A)**：系统根据用户选择，判断是【修剪单一物体】还是【修剪两物体】。此命令为默认设置。

4）◉ **修剪单一物体(1)**：勾选该复选框表示对单个几何对象进行修剪或延伸。

5）◉ **修剪两物体(2)**：勾选该复选框表示同时修剪或延伸两个相交的几何对象，如图 3-13 所示。

6）○ **修剪三物体(3)**：勾选该复选框表示同时修剪或延伸三个依次相交的几何对象，如图 3-14 所示。

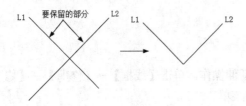
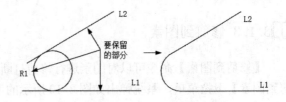

图 3-13　【修剪两物体】操作示例　　　　　图 3-14　【修剪三物体】操作示例

2．修剪到点

该命令表示将几何图形在光标所在点处剪切。如果光标不是落在几何体上而是在几何体外部，则几何体延长到指定点，图 3-15 所示为操作示例。

要注意的是，要修剪的两个对象必须要有交点，要延伸的两个对象必须有延伸交点，否则系统会提示错误。光标所在的一端为保留端。

3．多图素修剪

该命令用来一次剪切/延伸具有公共剪切/延伸边界的多个图素。图 3-16 所示为此功能的操作示例。

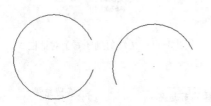
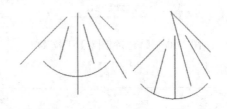

图 3-15　【修剪到点】操作示例　　　　　图 3-16　【多图素修剪】操作示例

4.在相交处修改

该命令在线框图素于实体面、曲面或网格相交处，打断、修剪或创建一个点。操作实例如图 3-17 所示。

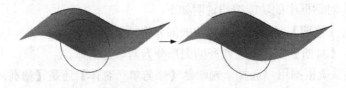

图 3-17　【在相交处修改】操作示例

3.1.4 打断

【打断】命令可以将图素打断成一段或多段。单击【线框】→【修剪】→【两点打断】下拉菜单，系统弹出如图 3-18 所示的下拉菜单。

1）打断成两段：该命令在指定点处打断图素。执行该命令，选择要打断的图素，指定断点，即可。

2）在交点处打断：该选项可以将两个对象（ 线、圆弧、样条曲线）在其交点处同时打断，从而产生以交点为界的多个图素。

3）打断成多段：将对象（包括圆弧）按照设置的参数分段成若干段直线，可根据距离，分段数、弦高等参数来设定。分段后，所选的原图形可保留也可删除。

4）打断至点：打断线、圆弧及曲线至指定点。执行该命令在要打断的图素上必需有事先创建好的点，选择图素时，将点与要打断的图素一起选中。操作实例如图 3-19 所示。

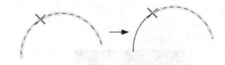

图 3-18　【两点打断】下拉菜单　　　　　图 3-19　【打断至点】操作示例

3.1.5 其他修剪命令

除了前面几节介绍的修剪命令外，在【线框】选项卡【修剪】面板中还包括分割、连接图素、修改长度、修改向量、偏移图素、投影、封闭全圆、打断全圆、合并视图以及修复曲线下拉菜单。本节着重介绍以下几种常用命令，其他命令在以后的章节中再进行介绍。

1. 分割

该命令可以用来将直线、圆弧或样条曲线在交点处打断或删除。单击【线框】→【修剪】→【分割】按钮 ╳，系统弹出【分割】对话框，如图 3-20 所示。用户根据需要选择类型为【修剪】或【打断】。如选择类型为【修剪】，操作示例如图 3-21 所示。

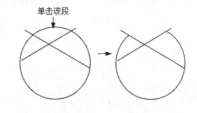

图 3-20　【分割】对话框　　　　　图 3-21　【分割】操作示例

2. 连接图素

该命令用于将打断成多段的直线、圆弧或曲线连接为一个整体。单击【线框】→【修剪】→

【连接图素】按钮✎，系统弹出【连接图素】对话框，如图 3-22 所示。如图 3-23 所示的操作示例中选中打断的 4 段圆弧，即可被连接在一起。

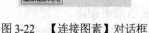

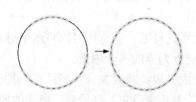

图 3-22　【连接图素】对话框　　　　　图 3-23　【连接图素】操作示例

3. 修改长度

该命令按指定距离加长、缩短或打断所需图素。单击【线框】→【修剪】→【修改长度】按钮✎，系统弹出【修改长度】对话框，如图 3-24 所示。操作示例如图 3-25 所示。

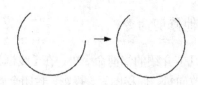

图 3-24　【修改长度】对话框　　　　　图 3-25　【修改长度】操作示例

4. 打断全圆

该功能用于将一个选定的圆均匀分解成若干段，系统待用户选定要分段的圆后，会弹出分段询问框，询问用户将此圆分成几段，在对话框中输入分段数，接着按 Enter 键，则所选圆被分成指定的若干段。

5. 封闭全圆

该功能将任意圆弧修复为一个完整的圆，如图 3-26 所示。

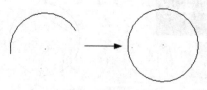

图 3-26　封闭全圆

3.1.6　删除图形

单击【主页】→【删除】面板中的各个按钮，如图 3-27 所示，可进行删除操作。【删除】面板中各命令的功能说明如下：

1) 删除图素✖：单击此命令，选择绘图区中要删除的图形，再按 Enter 键，即可删除选中的几何体。

2) ✖ 重复图形：此命令用于删除重复的图素，如选择两条重合的直线，执行此命令后，系统会自动删除重复图素的后者。

3) ✖ 高级：执行此命令，系统提示选择图素，选定图素后按 Enter 键，系统弹出如图 3-28 所示【删除重复图形】对话框，用户可以通过设定重复几何体的属性作为删除判定条件。

4) ✖ 恢复图素：此命令可以按照被删除的次序，重新生成已删除的对象。

3.1.7　其他编辑功能

1. 修改曲线

此命令可以用于改变样条曲线的控制点，从而改变样条曲线的形状，如图 3-29 所示。其操作流程如下：

图 3-27　【删除】面板

图 3-28　【删除重复图形】对话框

1) 单击【线框】→【新群组】→【修改曲线】按钮。（此命令没在功能区中，读者可通过以下步骤进行添加：在任意选项卡处右击→自定义功能区→在右侧的定义功能区列表中找到"线框"选项卡，单击"新建组"按钮，创建一新群组。在【不在功能区的命令】列表中找到【修改曲线】命令，单击【添加】按钮，将其添加到新群组中。同理添加其他不在功能区的命令。

2) 根据系统的提示，在绘图区选择样条曲线，并单击样条曲线上的控制点，将其移至合适的位置即可。

3) 按 Enter 键结束选择，完成修改曲线操作。

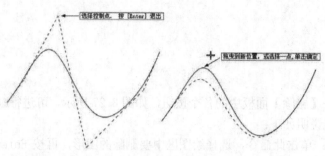

图 3-29　修改曲线

2．简化样条曲线

此命令与将圆弧转成样条曲线命令相对应，可将直线或圆弧状的样条曲线简化为直线或圆弧。该功能可以通过单击【线框】→【修剪】→【修复曲线】→【简化样条曲线】按钮来实现。

3.1.8 操作实例——绘制压紧盖草图

绘制图 3-30 所示的压紧盖草图。

操作步骤如下：

1．创建图层

单击管理器中的【层别】选项，系统弹出【层别】对话框。设置图层 1 为【中心线】层，图层 2 为【实线】层。

2．绘制中心线

（1）在【主页】选项卡【规划】面板中设置构图深度【Z】为 0，【层别】为【1：中心线】；在【属性】面板中设置【线框颜色】为 12（红色）、【线型】为【点画线】、【线宽】为【第一种】。

（2）单击【线框】→【绘线】→【线端点】按钮，以原点为起点绘制长度为 70 的水平线和垂直线，如图 3-31 所示。

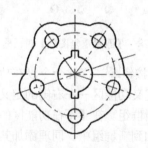

图 3-30　压紧盖

图 3-31　绘制中心线

（3）单击【线框】→【修剪】→【修改长度】按钮，系统弹出【修改长度】对话框，距离设置为 75，单击水平中心线的左端点，水平中心线延长 70。同理，单击垂直中心线的下端点，延长垂直中心线，结果如图 3-32 所示。

（4）单击【线框】→【圆弧】→【已知点画圆】按钮⊕，弹出【已知点画圆】对话框，以原点为圆心绘制直径为 70 的圆，如图 3-33 所示。

（5）单击【线框】→【绘线】→【线端点】按钮╱，以原点为起点绘制长度为 70，角度为 −18° 的斜中心线。同理，绘制其他斜中心线，长度和角度分别为（70,54）、（70,126）、（70,198），结果如图 3-34 所示。

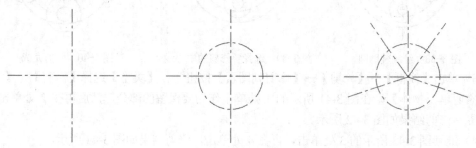

　　图 3-32　延长中心线　　　　图 3-33　绘制中心圆　　　　图 3-34　绘制斜中心线

3. 绘制图形

（1）在【主页】选项卡【规划】面板中设置【层别】为【2：实线】，在【属性】面板中设置【线框颜色】为 0（黑色）、【线型】为【实线】、【线宽】为【第二种】。

（2）单击【线框】→【圆弧】→【已知点画圆】按钮⊕，弹出【已知点画圆】对话框，以原点为圆心绘制直径为 30 和 80 的圆，如图 3-35 所示。

（3）同理，继续以斜中心线与中心圆的交点为圆心绘制直径 12 和 30 的同心圆，如图 3-36 所示。

（4）单击【线框】→【形状】→【圆角矩形】按钮▢，系统弹出【矩形形状】对话框。【类型】选择【矩形】，【方式】为【基准点】，原点选择中心点，宽度为 6，高度为 40，在原点处单击放置矩形，如图 3-37 所示。

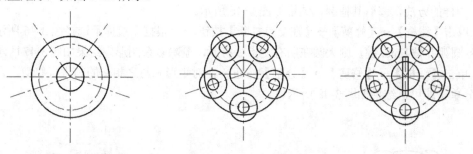

　　图 3-35　绘制同心圆 1　　　　图 3-36　绘制同心圆 2　　　　图 3-37　绘制矩形

4. 修剪图形

（1）单击【线框】→【圆弧】→【已知点画圆】按钮⊕，弹出【已知点画圆】对话框，以原点为圆心绘制直径为 110 的圆。如图 3-38 所示。

（2）单击【线框】→【修剪】→【多图素修剪】按钮✕，系统弹出【多物体修剪】对话框。根据系统提示选择图 3-39 所示的中心线，单击【结束选择】按钮。根据系统提示选择辅助圆作为修剪边界，在圆的内侧单击任意一条中心线指定要保留的部分，修剪完成，删除辅助圆，结果如图 3-40 所示。

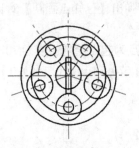

图 3-38　绘制辅助圆

图 3-39　选择要修剪的中心线

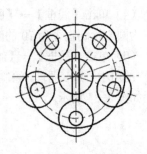

图 3-40　修剪完成

（3）单击【线框】→【修剪】→【修剪到图素】按钮，【类型】选择【修剪】，【方式】选择【修剪单一物体】，在图 3-41 所示的 1 处单击作为要保留的部分，然后再在 2 处单击选择修剪边界，修剪结果如图 3-42 所示。

（4）继续图 3-43 所示的 3 处单击，再在 4 处单击，修剪结果如图 3-44 所示。

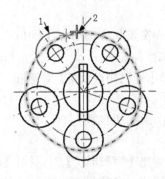

图 3-41　选择图素和边界 1

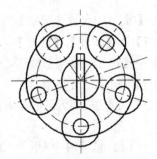

图 3-42　修剪结果 1

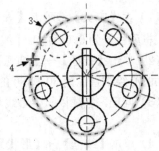

图 3-43　选择图素和边界 2

（5）同样的方法，修剪其他圆，结果如图 3-45 所示。

（6）单击【线框】→【修剪】→【在交点打断】按钮，根据系统提示选择图 3-46 所示的大圆和 5 各圆弧并按 Enter 键，则大圆在所有交点处打断，删除多余图形，结果如图 3-47 所示。

（7）单击【线框】→【修剪】→【分割】按钮，对矩形和与之相交的圆进行修剪，在要删除的部分单击即可，结果如图 3-48 所示。

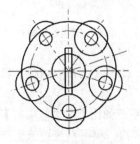

图 3-44　修剪结果 2

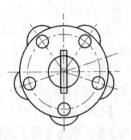

图 3-45　修剪结果 3

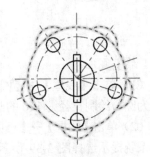

图 3-46　选择图素

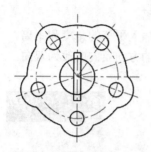
图 3-47　打断删除结果

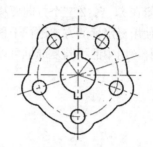
图 3-48　删除结果

3.2 转换图素

图素转换是在图形创建过程中常用的重要手段，它可以改变选择图素的位置、方向以及大小等，并且可以对改变的图素进行保留、删除等操作。转换后的图素将临时成为一个群组，用于进行其他的后续操作。图素转换命令，主要集中在【转换】选项卡中，如图 3-49 所示。

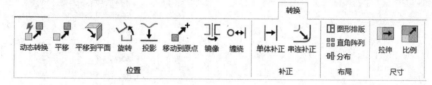

图 3-49　【转换】选项卡

3.2.1 平移

平移功能可以将一个或两个图素沿着一个方向进行平移，而不改变图素的大小，如图 3-50 所示。平移的方向可以通过直角坐标、极坐标或两点坐标来指定。

单击【转换】→【位置】→【平移】按钮，接着根据系统的提示在绘图区中选择要平移的图素，然后按 Enter 键，弹出如图 3-51 所示的【平移】对话框，该对话框中各选项的含义如下：

1）重新选择：选择要移动的图素。

2）复制、移动、连接：用于设置平移后原图素的处理方式。

- 【复制】表示平移后原图素会被保留。
- 【移动】表示平移后原图素将被删除。
- 【连接】表示平移后的图素与原图素组合。

3）编号：用于设置复制的个数。当个数大于 1 时，【间距】和【总距离】才被激活。

- 【间距】表示后续指定的距离为两个图素之间的距离。
- 【总距离】表示后续指定的距离为整个图素移动的距离，该距离再按照复制的个数平均分配给各图素。

4）增量：表示在 X、Y、Z 三个方向要移动的距离。

5）极坐标：使用极坐标的方式进行平移，需要输入平移的角度和距离。

6）方向：选择该组中的不同复选框可以使平移的方向反向或改为双向。

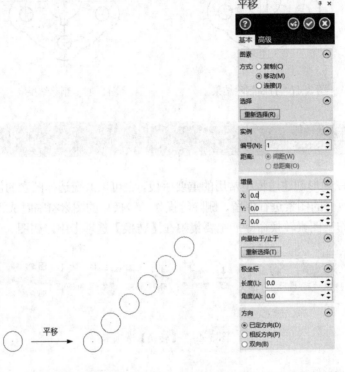

图 3-50　【平移】操作示例　　　　图 3-51　【平移】对话框

3.2.2　平移到平面

转换到平面是指将选中的图素在不同的视图之间进行平移操作。

单击【转换】→【位置】→【平移到平面】按钮，系统提示【平移/阵列：选择要平移/阵列的图素】，选择需要平移操作的图素，接着按 Enter 键，系统弹出【平移到平面】对话框，如图 3-52 所示。其中部分选项含义如下：

（1）来源平面：在该下拉列表中显示选定的要平移的图素所在平面的名称。

（2）目标平面：在该下拉列表中显示目标平面的名称。

（3）X/Y/Z：设置平面为 X/Y/Z 轴，指所选的来源平面/目标平面与 X/Y/Z 轴垂直。

（4）动态：返回图形窗口，以使用动态指针创建新平面。

（5）线：返回图形窗口，在绘图平面中选择一条线，选择的线定义平面。

（6）三点：返回图形窗口，通过选择三点定义平面。

（7）图素：返回图形窗口，通过选择平面图素定义平面。

（8）法向：返回图形窗口，定义垂直于选定图素的平面。

（9）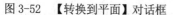命名的平面：单击该按钮，打开"平面选择"对话框（见图 3-52），可以从中选择标准视图或保存的自定义平面。

（10）使用平面原点：将图形保持与源平面相同的定向和距离，如同来自该源平面。

（11）来源：单击该按钮，则需在源图形所在视图上选取一点，这一点将和目标视图的参考点对应。

（12）目标：单击该按钮，则需选择目标视图参考点，该点是用来确定平移图形的位置。

如图 3-53 所示为操作示例，矩形由俯视图转换到了前视图上。

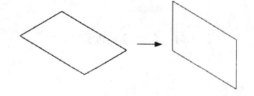

图 3-52　【转换到平面】对话框　　　图 3-53　【平移到平面】操作示例

3.2.3　镜像

镜像操作是指将选中的图素沿着指定的镜像轴进行对称复制操作，如图 3-54 所示。该镜像轴可以是通过参照点的水平线、垂直线或倾斜线，也可以是已经绘制好的直线或通过两点来指定。

单击【转换】→【位置】→【镜像】按钮，系统提示【选取图形】，选取需要镜像操作的图素，接着按 Enter 键，系统弹出【镜像】对话框，如图 3-55 所示。

Mastercam2023 提供了多种镜像轴选取方式，包括：

X 偏移：表示使用水平线作为对称轴，其具体位置可用文本框指定。

Y 偏移：表示使用垂直线作为对称轴，其具体位置可用文本框指定。

X 和 Y 轴：表示同时使用水平轴和垂直轴作为对称轴。

角度：表示同时使用斜线作为对称轴，其倾斜的角度由文本框指定。

向量：表示使用现有的直线作为对称轴。

向量后的按钮：表示使用两点确定的直线作为镜像的中心线。

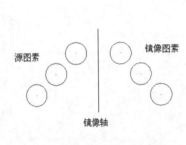

图 3-54　【镜像】超市示例　　　　　图 3-55　【镜像】对话框

3.2.4　旋转

此命令可以将一个或多个图素绕着某个定点进行旋转。角度的设置以 X 轴方向为 0，且规定逆时针方向为正。

单击【转换】→【位置】→【旋转】按钮，系统提示【选择图形】，选取需要旋转操作的图素，接着按 Enter 键，系统弹出【旋转】对话框，如图 3-56 所示。对话框中各项的含义如下：

1）旋转中心点：用于设置旋转中心。单击其下的按钮 重新选取(T)，可以在绘图中指定旋转中心，不指定则采用系统默认的旋转中心。

2）编号：旋转复制的副本数，不包含原始图素数。

3）角度：用于设置旋转的角度。

当【编号】文本框中数值大于 1 且选择【两者之间的角度】选项时，该角度值是指相邻图形之间的角度。

当【编号】文本框中数值大于 1 且选择【总扫描角度】选项时，该角度值是指所有生成的图形之间的总旋转角度。

4）旋转/平移：该选项用于设置生成的图素是相对于原图素旋转（见图 3-57a）还是平移

（见图 3-57b）。

5）移除/重置：单击按钮 移除(V)，可以直接删除在旋转产生的多个新图形中的某个或几个新图形。可以通过单击按钮 重置(E) 还原删除的图形。

图 3-56　【旋转】对话框　　　　图 3-57　旋转与平移选项对比示意图

3.2.5 比例

执行此命令可相对于一个定点将选择的图素进行缩放。可以分别设置各个轴向的缩放比例。

单击【转换】→【尺寸】→【比例】按钮，系统提示【选择图形】，选取需要比例缩放操作的图素，接着按 Enter 键，系统弹出【比例】对话框，如图 3-58 所示。该对话框中部分选项含义如下：

1）参考点【重新选择】按钮：单击该按钮，返回绘图窗口选择一个作为缩放的基准点。

2）【自动中心】复选框：勾选该复选框，则缩放会以图形的中心点为基准进行。

3）【等比例】：指各坐标轴方向上的缩放比例相同。

4）【按坐标轴】：即为不等比例缩放。需要指定沿 X、Y、Z 轴各方向缩放的比例因子或缩放百分比。

5）【比例】：将缩放比例应用到各个方向。

6）【百分比】：各方向按缩放百分比进行缩放。

a) 等比例缩放　　　　　　　b) 不等比例缩放

图 3-58　【比例】对话框

3.2.6　单体补正

单体补正也称为偏置，是指以一定的距离来等距离偏移所选择的图素。偏移命令只适用于直线、圆弧、SP 样条曲线和曲面曲线等图素。

单击【转换】→【补正】→【单体补正】按钮 ←|，系统提示【选择补正、线、圆弧、曲线或曲面曲线】，选取需要补正操作的图素，然后系统提示【指定补正方向】，用光标在绘图区中选择补正方向，接着在系统弹出的【偏移图素】对话框中设置各项参数，如图 3-59 所示。图 3-60 是单体补正操作的示例。在命令执行过程中，每次仅能选择一个几何图形去补正，补正完毕后，可在系统提示"选择补正、线、圆弧、曲线或曲面曲线"时，接着选择下一个要补正的对象。操作完毕后，按 Esc 键结束补正操作。

图 3-59　【偏移图素】对话框　　　　　　　图 3-60　单体补正操作示例

📖3.2.7 串连补正

串连补正是指对一个或多个图素首尾相接而构成的外形轮廓进行偏置。其具体的操作流程如下：

1）单击【转换】→【补正】→【串连补正】按钮。

2）根据系统的提示，利用【线框串连】对话框选择串连图素，单击该对话框中的【确定】按钮 ✔。

3）系统弹出提示【指定补正方向】，用光标在绘图区中选择补正方向。

4）系统弹出【偏移串连】对话框，如图 3-61 所示。设定相应的参数后，系统显示预览图形，满意后单击【偏移串连】对话框中的【确定】按钮 ✔，操作示例如图 3-62 所示。

【偏移串连】对话框中各选项的含义如下：

1）距离：新图形相对于源图形沿 XY 方向的变化。

2）深度：新图形相对于源图形沿 Z 方向的变化。

3）角度：由补正距离和补正深度决定。如果选择【绝对】单选按钮，则表示补正深度为新图形的 Z 坐标值；若选择【增量】单选按钮，则表示补正深度为新图形相对于源图形沿 Z 方向的变化值。

4）修改圆角：决定图素在偏置过程中是否产生过渡圆弧，它有两个选项：

➢ 尖角：表示在小于 135°的拐弯处产生圆角，并以偏置距离作为圆角的半径。

➢ 全部：表示在所有拐弯处产生圆角。

其他选项的含义和前面对话框中的类似，读者可以参考相关内容。

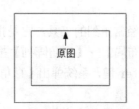

图 3-61 【偏移串连】对话框　　图 3-62 【串连补正】操作示例

Mastercam 2023

3.2.8 投影

执行此命令可将选中的图素投影到一个指定的平面上，从而产生新图形，该指定的平面称为投影面，它既可以是构图面、曲面，也可以是用户自定义的平面。

单击【转换】→【位置】→【投影】按钮，系统弹出提示【选择图素去投影】，选取需要投影操作的图素，接着按 Enter 键，系统弹出【投影】对话框，如图 3-63 所示。

投影操作具有三种投影方式可供选择，即深度、平面、曲面/实体，含义分别如下：

1）深度：将所选的图素投影到与构图面平行的平面上。该平面距离构图面的距离可在其右侧的文本框中输入。如果构图面与所选图素所在的平面平行，则投影产生的新图素与原图素的形状相同；否则，新图素与源图素不相同。

2）平面：需要选择及设定图 3-64 所示的【平面选择】对话框。选择投影到曲面需要选定目标面。

3）曲面/实体：分为沿视角方向投影和沿法向投影。当相连图素投影到曲面时不再相连，此时就需要通过设定连接公差使其相连。操作示例如图 3-65 所示。

图 3-63 【投影】对话框

图 3-64 【平面选择】对话框

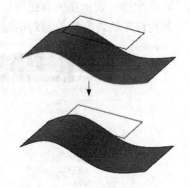

图 3-65 【投影】操作示例

3.2.9 阵列

阵列是绘图中经常用到的工具，它是指将选中的图素沿两个方向进行平移并复制的操作。单击【转换】→【布局】→【直角阵列】按钮，系统提示【选择图形】，选取需要阵列操作的图素，接着按 Enter 键，系统弹出【直角阵列】对话框，如图 3-66 所示。操作示例如图 3-67 所示。

该对话框中各项参数的含义如下：

1）实例：确定在各方向上的阵列数。

2）距离：输入各副本之间的距离。

3）角度：用于定义各方向的旋转角度。

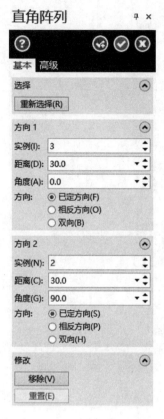

图 3-66　【直角阵列】对话框　　　图 3-67　【直角阵列】操作示例

3.2.10　缠绕

执行【缠绕】命令可将选中的直线、圆弧、曲线盘绕于一圆柱面上，该命令还可以把已缠绕的图形展开成线，但与原图形有区别。

单击【转换】→【位置】→【缠绕】按钮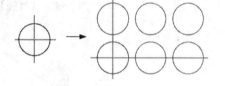，系统提示【缠绕：选取串连 1】，选取需要缠绕操作的图形，接着单击【线框串连】对话框中的【确定】按钮 ✅，系统弹出【缠绕】对话框，如图 3-68 所示。

选取相应参数后，系统显示虚拟缠绕圆柱面，并且显示缠绕结果，操作示例如图 3-69 所示。

缠绕时的虚拟圆柱由定义的缠绕半径、构图平面内的轴线（本例为 Y 轴）决定。旋转方向可以是顺时针，也可以是逆时针。

图 3-68 【缠绕】对话框

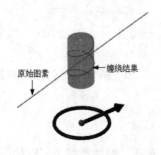

图 3-69 【缠绕】操作示例

📖 3.2.11 拉伸

执行此命令可对所选的图素进行平移、旋转操作。与平移、旋转命令相比，该命令操作简单，但不能指定精确的位移和角度，只能在绘图区中任意选择。

单击【转换】→【尺寸】→【拉伸】按钮 📭 ，系统提示【拉伸：窗选相交的图形拉伸】，选取需要拖拽操作的图素，接着按 Enter 键，系统弹出【拉伸】对话框，如图 3-70 所示，在【实例】组中的【编号】文本框中设置拉伸数量；在【增量】选项组中的【X】文本框中设置 X 轴的拉伸距离；在【极坐标】选项组中的【长度】文本框中设置拉伸长度，在【角度】文本框中设置拉伸角度。单击【确定】按钮，完成拉伸。操作示例如图 3-71 所示。

图 3-70　【拉伸】对话框

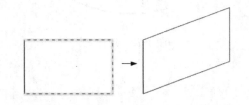

图 3-71　【拉伸】操作示例

3.3 综合实例——绘制连杆草图

本例绘制如图 3-72 所示的连杆草图。此图形虽然比较简单，但涉及二维图形的绘制和编辑命令。

操作步骤如下：

1. 创建图层

单击管理器中的【层别】选项，系统弹出【层别】对话框。设置图层 1 为【中心线】层，图层 2 为【实线】层。

2. 创建图形与编辑

（1）单击【视图】→【屏幕视图】→【俯视图】按钮，状态栏显示【绘图平面】为【俯视图】。

（2）在【主页】选项卡【规划】面板中设置构图深度【Z】为 0，【层别】为【1：中心线】；在【属性】面板中设置【线框颜色】为【12（红色）】、【线型】为【点画线】、【线宽】为【第一种】。

（3）单击【线框】→【绘线】→【线端点】按钮，以原点为起点绘制长度为 105 的水平线和垂直线，结果如图 3-73 所示。

（4）单击【线框】→【修剪】→【修改长度】按钮，系统弹出【修改长度】对话框，距离设置为 75，单击水平中心线的左端点，水平中心线延长 105。同理，单击垂直中心线的下端点，延长垂直中心线，结果如图 3-74 所示。

（5）在【主页】选项卡【规划】面板中设置【层别】为【2：实线】，在【属性】面板中设

astercam 2023 中文版从入门到精通

置【线框颜色】为 0（黑色）、【线型】为【实线】、【线宽】为【第二种】。

（6）单击【线框】→【圆弧】→【已知点画圆】按钮⊕，弹出【已知点画圆】对话框，以原点为圆心绘制半径为 25 的圆，如图 3-75 所示。

（7）单击【转换】→【补正】→【单体补正】按钮→|，系统弹出【偏移图素】对话框，设置补正距离为 5，根据系统提示选取圆，在圆外单击确定补正方向，单击【确定并创建新操作】按钮，分别设置补正距离为 30、45、60，将圆向外偏移。单击【主页】→【属性】→【清除颜色】按钮，结果如图 3-76 所示。

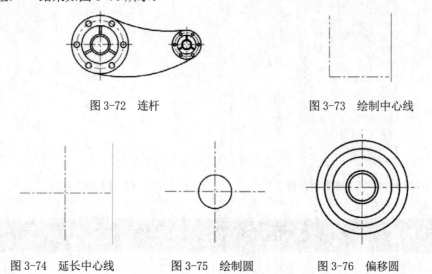

图 3-72　连杆　　　　　　　　　　　　　　　　图 3-73　绘制中心线

图 3-74　延长中心线　　　图 3-75　绘制圆　　　图 3-76　偏移圆

（8）选中图 3-77 所示的圆，单击【主页】→【属性】→【设置全部】按钮，系统弹出【属性】对话框，如图 3-78 所示，单击【选择】按钮，系统弹出【选择层别】对话框，在列表中选中图层 1，如图 3-79 所示。单击【确定】按钮，返回【属性】对话框，单击【确定】按钮，选中的圆被移动到了图层 1 中。

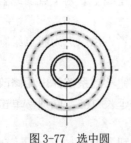

图 3-77　选中圆　　　　　　　图 3-78　【属性】对话框

（9）再次选中该圆，在【主页】选项卡【属性】面板中修改线型为【中心线】，线宽为【第一种】，颜色为 12（红色）。结果如图 3-80 所示。

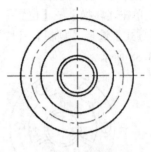

图 3-79　【选择层别】对话框　　　　　　　　　　　图 3-80　修改圆的属性

（10）单击【线框】→【圆弧】→【已知点画圆】按钮⊕，弹出【已知点画圆】对话框，以交点为圆心绘制半径为 8.5 的圆，如图 3-81 所示。

（11）单击【转换】→【位置】→【旋转】按钮↻，选中上步绘制的小圆，在对话框中设置【方式】选择【复制】，【编号】为 5，【角度】为 60，【距离】选择【两者之间的角度】，单击【确定】按钮✔，清除颜色后结果如图 3-82 所示。

（12）单击【线框】→【绘线】→【线端点】按钮⤢，以坐标点（-3,0,0）为起点绘制直线，如图 3-83 所示。

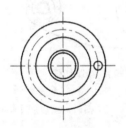
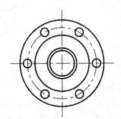
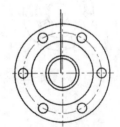

图 3-81　绘制圆　　　　　　　　图 3-82　旋转结果　　　　　　　　图 3-83　绘制直线

（13）单击【转换】→【位置】→【镜像】按钮⇱，选中步骤（12）绘制的直线，设置 Y 轴为镜像轴，单击【确定】按钮✔，清除颜色后结果如图 3-84 所示。

（14）单击【线框】→【修剪】→【图素倒圆角】按钮◟，半径设置为 2，将直线与圆创建圆角，如图 3-85 所示。

（15）单击【线框】→【修剪】→【修剪到图素】按钮✂，对直线进行修剪，结果如图 3-86 所示。

（16）单击【转换】→【位置】→【旋转】按钮↻，选中直线和圆角，【方式】选择【复制】，以原点为旋转中心，【编号】为 2，【角度】为 120，【距离】选择【两者之间的角度】，单击【确定】按钮✔，清除颜色后结果如图 3-87 所示。

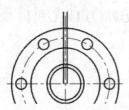
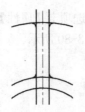
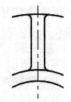

图 3-84　镜像直线　　　　　图 3-85　倒圆角　　　　　图 3-86　修剪直线

（17）单击【转换】→【位置】→【平移】按钮，选中所有图素，单击【结束选择】按钮，【方式】选择【复制】，设置 X 方向移动距离为 260，单击【确定】按钮，清除颜色后结果如图 3-88 所示。

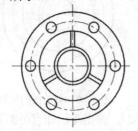
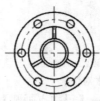

图 3-87　旋转复制　　　　　　　图 3-88　平移复制

（18）单击【转换】→【尺寸】→【比例】按钮，弹出【比例】对话框，选中平移后的所有图素，【样式】选择【等比例】，在【缩放】后的输入框中输入 0.5，结果如图 3-89 所示。

（19）单击【线框】→【圆弧】→【切弧】按钮，弹出【切弧】对话框，【方式】选择【两物体相切】，设置圆弧半径为 300，选择两个外轮廓圆，绘制切弧，结果如图 3-90 所示。

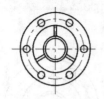
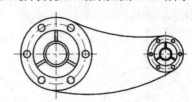

图 3-89　缩放　　　　　　　　　图 3-90　绘制切弧

第**4**章

曲面、曲线的创建与编辑

曲面、曲线是构成模型的重要手段和工具。Mastercam2023 的曲面、曲线功能灵活多样，不仅可以生成基本的曲面，而且能创建复杂的曲线、曲面。

本章重点讲解了基本三维曲面的创建，通过对二维图素进行拉伸、旋转、扫描等操作来创建曲面，空间曲线的创建以及曲面的编辑。

重点与难点

- 基本曲面的创建
- 高级曲面的创建
- 曲面的编辑
- 空间曲线的创建

4.1 基本曲面的创建

基本曲面是指形状规则的曲面，如圆柱、锥体、立方体、球体和圆环体。在 Mastercam2023 中，基本曲面的创建是非常简单灵活的，用户只要从【曲面】→【基本曲面】面板中选择待创建的曲面类型（见图 4-1），然后设置相应的参数就可以得到相应的曲面。本节将对这些曲面的创建进行详细介绍。

4.1.1 圆柱曲面的创建

单击【绘图】→【基本曲面】→【圆柱体】按钮，系统弹出【基本 圆柱体】对话框，如图 4-2 所示。在其中设置相应的参数后，单击该对话框中的【确定】按钮，即可在绘图区创建圆柱曲面。

【基本 圆柱体】对话框中各选项的含义如下：

（1）类型

1）【实体】：选择该项，则创建的是三维圆柱实体。

2）【曲面】：选择该项，则创建的是三维圆柱曲面。

3）【网格】：选择该项，则创建的是三维网格。

（2）【基准点定义】选项组：用于定义圆柱的创建方式。

1）【手动】：选择该项，将根据用户选定的选项和位置创建圆柱体。

2）【相切】：选择该项，将根据用户选定的选项，创建与现有图素相切的圆柱体。

（3）圆弧：用于定义创建圆柱是圆的绘制方式。包括：

1）【⊕】中心点：单击该按钮，返回绘图区选择一个中心点，并设置圆柱体的半径。

2）【◎】两条边缘：单击该按钮，返回绘图区选择两个点，这两个点用于确定圆柱体的中心点。

3）【◎】三条边缘：单击该按钮，返回绘图区选择三个点，这三个点用于确定圆柱体的中心点。

4）【◎】端点：单击该按钮，返回绘图区选择两个端点和一个中间点，这三个点用于确定圆柱体的中心点和边缘。

5）【◆】图形：单击该按钮，返回绘图区选择定义圆柱体中心和半径的圆弧或径向面。

（4）【重新选择】按钮：用于设置圆柱的基准点，基准点是指圆柱底部的圆心。

（5）【尺寸】选项组：用于设置圆柱的半径和高度。

1）【半径】：在【半径（U）】文本框中输入数值，设置半径。

2）【高度】：在【高度（H）】文本框中输入数值，设置高度。

（6）【扫描角度】选项组：设置圆柱的起始和结束角度。

1）【起始】：在【起始】文本框中输入数值，设置起始角度。

2）【结束】：在【结束】文本框中输入数值，设置结束角度，该选项可以创建不完整的圆柱曲面，如图 4-3 所示。

（7）【轴向】选项组：用于设置圆柱的中心轴。既可以设置 X、Y 或 Z 轴为中心轴，也可以使用指定两点来创建中心轴。系统默认的是以 Z 轴方向为中心轴。

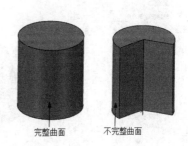

图 4-1　【基本曲面】面板　图 4-2　【基本 圆柱体】对话框　图 4-3　圆柱曲面操作示例

默认情况下，屏幕视角为俯视图，因此用户在屏幕上看到的只是一个圆，而不是圆柱，为了显示圆柱，可以将屏幕视角设置为等视图。

4.1.2 圆锥曲面的创建

单击【曲面】→【基本曲面】→【锥体】按钮▲，系统弹出【基本 圆锥体】对话框，如图 4-4 所示。在其中设置相应的参数后，单击该对话框中的【确定】按钮✔，即可在绘图区创建圆锥曲面。

【基本 圆锥体】对话框中部分选项的含义如下：

（1）基准点

1）【重新选择】按钮：单击该按钮，则将返回绘图区选择圆锥的基准点。

2）【基本半径】：用于设置圆锥体底部半径。

3）【高度】：用于设置圆锥曲面的高度。

4）【顶部】选项组：用于设置圆锥顶面的大小。既可以用指定锥角，也可以指定顶面半径。锥角可以取正值、负值或零，创建的圆锥曲面分别如图 4-5 所示，图中的底面半径、高度均相

103

同。要得到顶尖的圆锥，可以将顶部半径设置为0。

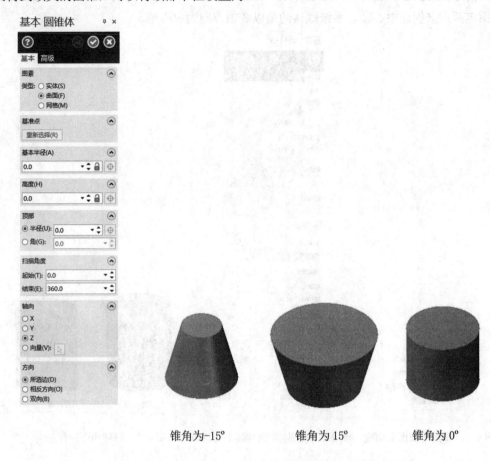

锥角为-15°   锥角为 15°   锥角为 0°

图 4-4　【基本 圆锥体】对话框　　　　图 4-5　圆锥曲面操作示例

4.1.3　立方体曲面的创建

单击【曲面】→【基本曲面】→【立方体】按钮 ■，系统弹出【基本 立方体】对话框，如图 4-6 所示。在其中设置相应的参数后，单击该对话框中【确定】按钮 ●，即可在绘图区创建长方体曲面。

【基本 立方体】对话框中部分选项的含义如下：

（1）【基准点】选项组

【重新选择】按钮：单击该按钮，返回绘图区重新选择基准点。

（2）【原点】：为立方体选择一个原点位置。

（3）【尺寸】选项组：　1）【长度】：在【长度】文本框中输入数值，设置立方体的长度。

2）【宽度】：在【宽度】文本框中输入数值，设置立方体的宽度。

3）【高度】：在【高度】文本框中输入数值，设置立方体的高度。

（4）【旋转角度】选项组：可以设置长方体绕中心轴旋转的角度。

4.1.4 球体曲面的创建

单击【曲面】→【基本曲面】→【圆球】按钮⬤，系统会弹出【基本 球体】对话框，如图 4-7 所示，在其中设置相应的参数后，单击该对话框中的【确定】按钮✅，即可在绘图区创建球体曲面。

【基本 球体】对话框中各选项的含义如下：

（1）【基准点】选项组

【重新选择】按钮：单击该按钮，返回绘图区重新选择球体曲面的基准点。球体曲面的基准点是指球面的球心，如图 4-8 左图所示。

（2）【半径】：用于设置球体曲面的半径。可以通过文本框直接输入半径的数值。

（3）【扫描角度】选项组：该选项组用于设置球体曲面的起始角度和结束角度。通过设置角度可创建不完整的球体曲面，如图 4-8 右图所示。

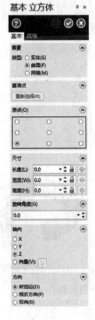

图 4-6 【基本 立方体】对话框　　　图 4-7 【基本 球体】对话框

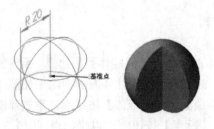

图 4-8 球体曲面操作示例

4.1.5 圆环体曲面的创建

单击【曲面】→【基本曲面】→【圆环体】按钮◎，系统弹出【基本 圆环体】对话框，如图4-9所示。在其中设置相应的参数后，单击该对话框中的【确定】按钮✓，即可在绘图区创建圆环体曲面。

【基本 圆环体】对话框中部分选项的含义如下：

（1）【基准点】选项组

【重新选择】按钮：单击该按钮，返回绘图区重新选择圆环体曲面的基准点。

（2）【半径】选项组

1）【大径】：用于设置圆环体曲面的圆环半径。

2）【小径】：用于设置圆环体曲面的圆管半径。

（3）【扫描角度】：可以设置圆环体的起始和结束角度，从而创建不完整的圆环体曲面，如图4-10所示。

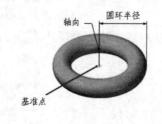

a）完整球面   b）不完整球面

图4-9　【基本 圆环体】对话框　　　图4-10　圆环体曲面操作示例

4.1.6 操作实例——创建悬浮球

创建图4-11所示的悬浮球。

操作步骤如下：

1）单击【绘图】→【基本曲面】→【圆柱体】按钮▮，系统弹出【基本 圆柱体】对话框，以原点为圆心创建半径为30，高度为5的圆柱体曲面，结果如图4-12所示。

2）单击【曲面】→【基本曲面】→【锥体】按钮▲，系统弹出【基本 圆锥体】对话框，单击【选择工具栏】中的【输入坐标点】按钮⌖，以坐标点（0，0，5）为基准点，创建底面半径为30，高度为10，顶面半径为20的圆锥曲面，如图4-13所示。

图 4-11 悬浮球

图 4-12 创建圆柱体

图 4-13 创建圆锥曲面

图 4-14 创建球体曲面

3）单击【曲面】→【基本曲面】→【圆球】按钮，系统会弹出【基本 球体】对话框，单击【选择工具栏】中的【输入坐标点】按钮，以坐标点（0,0,50）为基准点，创建半径为 25 的球体曲面，如图 4-14 所示。

4.1.7 创建旋转曲面

创建旋转曲面是将外形曲线沿着一条旋转轴旋转而产生的曲面，外形曲线的构成图素可以是直线、圆弧等图素串连而成的。在创建该类曲面时，必须在生成曲面之前分别绘制出母线和轴线。其创建流程如下：

1）单击【曲面】→【创建】→【旋转】按钮。

2）在绘图区依次选择母线和旋转轴。

3）系统弹出【旋转曲面】对话框，如图 4-15 所示。在其中设置【起始】角度为 0、【结束】角度为 360 及相应的旋转参数，然后单击【确定】按钮。

图 4-16 所示为一条轮廓线绕轴线旋转 360°所产生的旋转曲面。如果不需要旋转一周，可以在起始角度和终止角度输入指定的值，并在旋转时指定旋转方向即可。

【旋转曲面】对话框中部分选项含义如下：

（1）【旋转轴】选项组：

【重新选择】按钮：单击该按钮，返回绘图区重新选择旋转轴。

（2）【方向】选项组：

1）【方向1】：设置旋转曲面的旋转方向。

2）【方向2】：与旋转方向反向创建曲面。

图 4-15 【旋转曲面】对话框

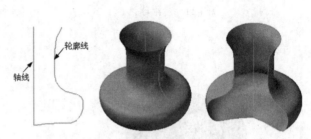

旋转曲面（旋转角为 360°）　　　旋转曲面（旋转角为 240°）

图 4-16 旋转曲面操作示例

4.2 高级曲面的创建

Mastercam2023 不仅提供了创建基本曲面的功能，而且还允许由基本图素构成的一个封闭或开放的二维实体通过旋转和举升等命令创建复杂曲面。图 4-17 所示为复杂曲面的【创建】面板。

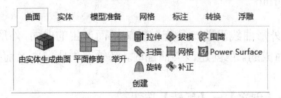

图 4-17 【创建】面板

4.2.1 创建直纹/举升曲面

用户可以将多个截面按照一定的顺序连接起来形成曲面。若每个截面之间用曲线相连，则称为举升曲面，如图 4-18b 所示，若每个截面之间用直线相连，则称为直纹曲面，如图 4-18c 所示。

在 Mastercam 2023 中，创建直纹曲面和举升曲面由同一命令来执行，其操作步骤如下：

1）单击【曲面】→【创建】→【举升】按钮■。

2）弹出【线框串连】对话框，在绘图区选择截面的数个串连。

3）系统弹出【直纹/举升曲面】对话框，如图 4-19 所示，在其中设置相应的参数后，单击【确定】按钮◎。

要注意的是，无论是直纹曲面还是举升曲面，在创建时必须注意图素的外形起始点是否相对，否则会产生扭曲的曲面，同时全部外形的串连方向必须朝向一致，否则容易产生错误的曲面。

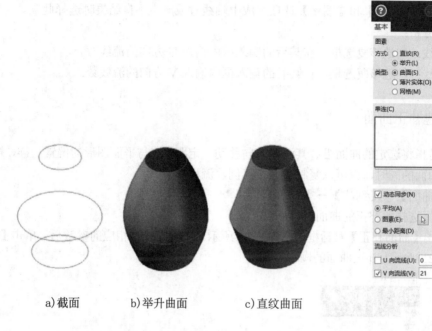

a) 截面　　　　　b) 举升曲面　　　　　c) 直纹曲面

图 4-18　直纹/举升曲面操作示例　　　　　图 4-19　【直纹/举升曲面】对话框

【直纹/举升曲面】对话框中各选项含义如下：

（1）方式：

1）直纹：使用线混合创建曲面，至少需要两条曲线或串连。

2）举升：创建举升曲面至少需要两条曲线或串连平滑熔接。

（2）类型：

1）曲面：创建曲面。

2）薄片实体：创建薄片实体。

3）网格：创建网格。

（3）串连：在该列表框中列出为曲面操作选择的串连。单击列表中的一个串连，在图形窗口中将起高亮显示。右击方框即可添加、删除、反转串连并对其重新排序。单击其下的【添加串连】按钮 ，可在绘图区选择要进行添加的串连。单击【全部重新串连】 ，系统将移除之前选择的所有串连，并返回图形窗口，串连新的图形。

（4）动态同步：勾选该复选框，将重新定义已串连图形上的点间距，以生产更平滑、更一致的流线。选择该选项可纠正点间距不一致的不良流线。【动态同步】选项将根据选择的方法确定生成虚构的中轴线，此不可见的中轴线为线框串连提供了一组新的对齐点。

1）平均：选中该项，根据所有选定串连的平均值生成中轴线。生成的曲面使用应用于垂直

中轴线的已串连图形的点间距。

2）图素：选中该项，系统弹出【线框串连】对话框，返回图形窗口选择图素生成中轴线。

3）最小距离：选中该项，将一组点投影到每条曲线上，这些点以最小距离垂直于其前面的曲线。当无法根据【平均】和【图素】选项生成中轴线时或产生不良结果时选择此项。

（5）流线分析：

1）U 向流线：勾选该复选框，在其后的输入框内输入 U 方向的流线数。

2）V 向流线：勾选该复选框，在其后的输入框内输入 V 方向的流线数。

4.2.2 创建补正曲面

补正曲面是指将选定的曲面沿着其法线方向移动一定距离。与平面图形的偏置一样，补正曲面命令在移动曲面的同时，也可以复制曲面。其创建流程如下：

1）单击【曲面】→【创建】→【补正】按钮。

2）在绘图区选择要补正的曲面。

3）系统弹出【曲面补正】对话框，如图 4-20 所示。在其中设置相应的参数后，单击【确定】按钮。图 4-21 所示为补正曲面的操作示例。

图 4-20　【曲面补正】对话框

图 4-21　补正曲面操作示例

【曲面补正】对话框中部分选项含义如下：

（1）【方式】选项组：

1）复制：复制选择的曲面。

2）移动：移动选择的曲面到新的补正位置，淡一点曲面时原始曲面边界扔保留在原始位置。

（2）【补正距离】：其后的输入框内输入选择曲面的补正距离。

（3）【电脑分析】选项组：

1)【最大正偏移】：显示通过【计算】按钮计算出的最大正偏移。

2)【最大负偏移】：显示通过【计算】按钮计算出的最大负偏移。

3)【计算】按钮：单击该按钮，系统会计算出选择曲面在进行补正时避免出现自相交的最大正偏移距离和最大负偏移距离。

（4）【方向】选项组：

1)【单一切换】按钮：单击该按钮，绘图区显示一个或多个选择曲面的法向补正方向，用户可以单击补正曲面切换补正方向。

2)【循环/下一个】按钮：单击该按钮，可通过循环选择每一个曲面，此时，激活【反转法向】按钮 ←→，单击该按钮，调整选择曲面的补正方向。

4.2.3 创建扫描曲面

扫描曲面是指用一条截面线沿着轨迹移动所产生的曲面。截面和线框既可以是封闭的，也可以是开放的。

按照截面和轨迹的数量，扫描操作可以分为两种情形，第一种是轨迹线为一条，而截面为一条或多条，系统会自动进行平滑的过渡处理；另一种是截面为一条，而轨迹线为一条或两条。

1) 单击【曲面】→【创建】→【扫描】按钮 🖊。

2) 在绘图区依次选择待扫掠的截面和扫掠轨迹线。

3) 系统弹出【扫描曲面】对话框，如图4-22所示。在对话框中勾选【两条导轨线】单选按钮，单击【确定】按钮 ✅。

图4-23所示为用同一截面和轨迹线以旋转扫描和转换扫描方式创建的扫描曲面。

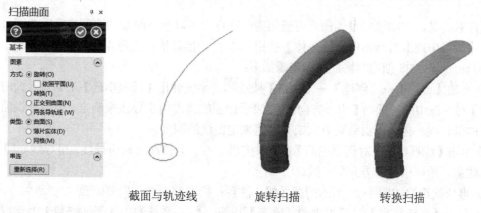

截面与轨迹线　　　旋转扫描　　　转换扫描

图4-22 【扫描曲面】对话框　　　图4-23 扫描曲面操作示例

【扫描曲面】对话框中部分选项含义如下：

（1）【旋转】：选择该项，创建旋转曲面。截面曲线可以旋转和扭曲，因为引导向下扫描的旋转方式取决引导曲线。

1) 如果引导曲线是平面曲线，那么引导曲线所在平面的垂线作为旋转轴。

2) 如果引导曲线是空间曲线，那么当前绘图平面的垂线作为旋转轴。

（2）【依照平面】：勾选该复选框，则当前绘图平面的垂线作为旋转轴。

（3）【转换】：创建的扫描曲面依照截面曲线的引导线向下扫描，不旋转或扭曲。

（4）【正交到曲面】：选择一个曲面，创建的扫描曲面与之正交。

（5）【两条导轨线】：由两条引导线创建扫描曲面。

4.2.4 创建网格曲面

网格曲面是指直接利用封闭的图素生成的曲面。如图 4-24 左图所示，AD 曲线是起始图素，BC 曲线看作是终止图素，AB、DC 曲线是轨迹图素，得到的网格曲面如图 4-24 右图所示。

构成网格曲面的图素可以是点、线、曲线或者是截面外形。由多个单位网格曲面按行列式排列可以组成多单位的高级网格曲面。 构建网格曲面有三种方式：

（1）引导方向：将曲面的 Z 深度设置为引导曲线的 Z 深度。

（2）截断方向：将曲面的 Z 深度设置为轮廓曲线的 Z 深度。

（3）平均：将曲面的 Z 深度设置为引导曲线的 Z 深度和轮廓曲线的 Z 深度的平均值。

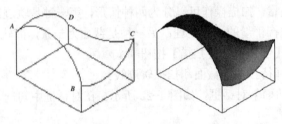

图 4-24 网格曲面

要注意的是，自动选取串连图素可能因为分支点太多以致不能顺利地创建昆氏曲面。技巧是单击【线框串连】对话框中的【单体】按钮 ，接着依次选择 4 个边界串连图素。

Mastercam 2023 创建网格曲面的步骤如下：

1）单击【曲面】→【创建】→【网格】按钮 ，系统弹出【线框串连】对话框，此时【平面修剪】对话框中的选项为【引导方向】，这表示曲面的深度由引导线来确定，也就是说曲面通过所有的引导线。也可以由截断方向或平均值来定曲线的深度。

2）单击【线框串连】对话框中的【单体】按钮 ，依次选取引导线。引导线如图 4-25 所示，注意：拾取引导线方向要一致。

3）再依次选取如图 4-25 所示的截面线。注意：拾取截面线方向要一致。

4）单击【串连线框】对话框中的【确定】按钮 ，系统弹出【平面修剪】对话框，如图 4-26 所示。

5）单击【确定】按钮 ，完成操作。图 4-27 所示为创建的网格曲面。

【平面修剪】对话框中部分选项含义如下：

（1）【引导方向】：网格曲面的 Z 深度由引导曲线的 Z 深度确定。

（2）【截断方向】：将曲面的 Z 深度设置为轮廓曲线的 Z 深度。

（3）【平均】：网格曲面的 Z 深度为截断方向和引导方向 Z 深度的平均值。

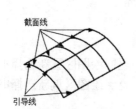

图 4-25 创建网格曲面要素　　图 4-26 【平面修剪】对话框　　图 4-27 网格曲面

4.2.5 创建围篱曲面

围篱曲面是通过曲面上的某一条曲线,生成与原曲面垂直或呈给定角度的直纹面。创建流程如下:

1)单击【曲面】→【创建】→【围篱】按钮，根据系统提示选择曲面。

2)系统弹出【线框串连】对话框,在绘图区依次选择基面中的曲线。

3)系统弹出如图 4-28 所示的【围篱曲面】对话框,设置相应的参数后,单击【确定】按钮，完成操作。操作示例如图 4-29 所示。

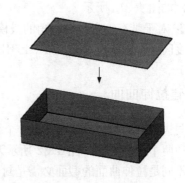

图 4-28 【围篱曲面】对话框　　图 4-29 围篱曲面操作示例

113

【围篱曲面】对话框中各选项的含义如下：

（1）【熔接方式】：设置围篱曲面的熔接方式，包括以下三种方式：

1）固定：所有扫描线的高度和角度均一致，以起点数据为准。

2）立体混合：根据一种立方体的混合方式生成。

3）线性锥度：扫描线的高度和角度方向呈线性变化。

（2）【串连】选项组中的【重新选择】按钮：单击该按钮，返回绘图区重新选择串连。

（3）【曲面】选项组中的【重新选择】按钮：单击该按钮，返回绘图区重新选择串曲面。

（4）【高度】选项组：用于设置曲面的起始和结束的高度。

（5）【角度】选项组：用于设置曲面在起始和结束的角度。

4.2.6 创建拔模曲面

拔模曲面是指将一串连的图素沿着指定方向拉出拔模曲面。该命令常用于构建截面形状一致或带拔模斜角的模型，其操作流程如下：

1）单击【曲面】→【创建】→【拔模】按钮◈，系统弹出【线框串连】对话框。

2）利用【线框串连】对话框在绘图区选取要拔模的曲线。

3）系统弹出如图 4-30 所示的【拔模曲面】对话框，设置相应的参数后，单击【确定】按钮 ✓，结束拔模曲面的创建操作。

【拔模曲面】对话框中各选项的含义如下：

（1）【方式】：

1）【长度】：选择该选项，则拔模的距离由拔模长度给出，此时【长度】、【真实长度】和【角度】选项被激活；

2）【平面】：选择该选项，则表示生成延伸至指定平面的拔模平面，此时【角度】和【平面】选项被激活。

（2）【尺寸】选项组：设置拔模曲面的参数，包括以下三种方式：

1）【长度】：设置拔模曲面的拔模长度。

2）【行程长度】：对于带有一定拔模斜角的拔模曲面，其拔模斜角可以直接在该文本框中输入拔模斜角值，如图 4-31a 所示。

3）【角度】：对于带有一定拔模斜角的拔模曲面，其拔模斜角也可以通过在【角度】文本框中输入倾斜长度间接给出拔模斜角，如图 4-31b 所示。

4.2.7 创建拉伸曲面

拉伸曲面与拔模曲面类似，它也是将一个截面沿着指定方向移动而形成曲面，不同的是拉伸曲面增加了前后两个封闭平面，图 4-32 所示为同一截面在相同参数下生成的拔模曲面和拉伸曲面。另外一个不同是拉伸曲面的截面必需是封闭的，而拔模曲面的截面可以不封闭。

拉伸曲面的创建流程和拔模曲面大同小异。【拉伸曲面】对话框（见图 4-33）中各选项的含义如下：

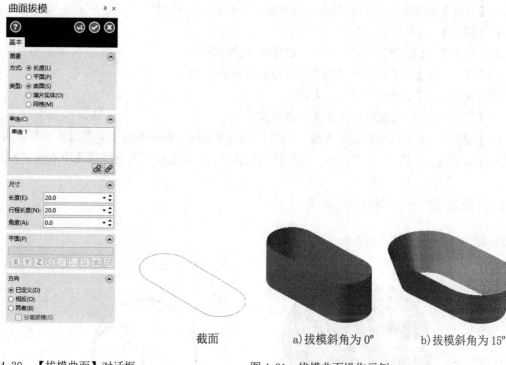

图 4-30　【拔模曲面】对话框

截面　　　a) 拔模斜角为 0°　　b) 拔模斜角为 15°

图 4-31　拔模曲面操作示例

截面　　　拔模曲面　　拉伸曲面

图 4-32　拔模曲面和拉伸曲面比较

图 4-33　【拉伸曲面】对话框

（1）【尺寸】选项组：设置拉伸曲面的参数，包括以下 5 种参数：

1）【高度】：设置曲面高度。

2）【比例】：按照给定的条件对拉伸曲面整体进行缩放。

3）【旋转角度】：设置角度以绕其基准点旋转拉伸曲面。

4）【偏移距离】：设置曲面偏移距离。

5）【拔模角度】：设置拉伸曲面的倾斜角度。

（2）【轴向】：定义拉伸曲面的方向。当用户更改此轴时，曲面相对于其基准点重新定向。

【轴向】选项中除了包括 X、Y、Z 之外，还包括向量选项，即可通过一条直线或两个点确定轴向。

4.2.8 操作实例——创建太极图

创建如图 4-34 所示的太极图。

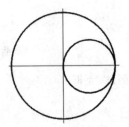

图 4-34　太极图 　　　　　　　　图 4-35　创建圆柱体

操作步骤如下：

1. 创建网格曲面

（1）单击【视图】→【屏幕视图】→【俯视图】按钮，将当前绘图平面设置为俯视图。

（2）单击【线框】→【圆弧】→【已知点画圆】按钮⊕，系统弹出【已知点画圆】对话框，以原点为圆心绘制直径 50 的圆。再以点（25,0,0）为圆心绘制直径为 25 的圆，如图 4-35 所示。

（3）单击【线框】→【绘线】→【线端点】按钮✎，系统弹出【线端点】对话框，以直径 50 的圆的左右两个象限点为起点和终点绘制辅助线，如图 4-36 所示。

（4）单击【线框】→【修剪】→【分割】按钮✗，系统弹出【分割】对话框，类型选择【修剪】，删除上半部分圆弧和小圆内的直线，结果如图 4-37 所示。

（5）单击【视图】→【屏幕视图】→【后视图】按钮，将当前绘图平面设置为后视图。

（6）单击【线框】→【圆弧】→【已知点画圆】按钮⊕，系统弹出【已知点画圆】对话框，以直线的中点为圆心绘制直径为 25 的圆，并利用【分割】命令删除多余的图形，结果如图 4-38 所示。

（7）单击【曲面】→【创建】→【网格】按钮▦，系统弹出【线框串连】对话框，选择图 4-39 所示的串连，在【平面修剪】对话框中选择方式为【引导方向】，单击【确定】按钮✅，生成网格曲面，如图 4-40 所示。

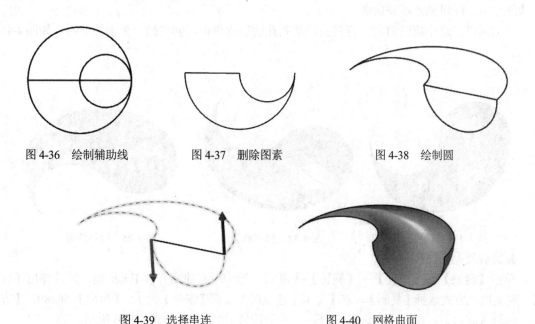

图 4-36　绘制辅助线　　　　图 4-37　删除图素　　　　图 4-38　绘制圆

图 4-39　选择串连　　　　　　　　图 4-40　网格曲面

2. 创建旋转曲面

单击【曲面】→【创建】→【旋转】按钮 ，系统弹出【线框串连】对话框，单击【单体】按钮 ，选择图 4-41 所示的圆弧，单击【确定】按钮 。再选择直线作为旋转轴，在弹出的【旋转曲面】对话框中设置起始角度为 270，结束角度为 360，单击【确定】按钮 ，旋转曲面如图 4-42 所示。

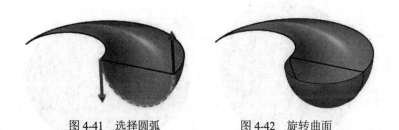

图 4-41　选择圆弧　　　　　　　图 4-42　旋转曲面

3. 分割曲面

（1）单击【视图】→【屏幕视图】→【俯视图】按钮 ，将当前绘图平面设置为俯视图。

（2）单击【线框】→【圆弧】→【已知点画圆】按钮 ，系统弹出【已知点画圆】对话框，以直线的中点为圆心绘制直径为 25 的圆，以直线的中点为圆心绘制半径为 10 的圆，如图 4-43 所示。

（3）单击【曲面】→【修剪】→【修剪到曲线】按钮 ，选择旋转曲面和网格曲面作为要修剪的曲面，选择步骤（2）绘制的圆为修剪曲线，在曲面上圆以外的部位单击确定要保留的部分，修剪结果如图 4-44 所示。

（4）单击【曲面】→【修剪】→【填补内孔】按钮 🔲，选中网格曲面，将箭头移动到孔的边缘单击，即可创建填补曲面。

（5）同理，选中旋转曲面，将箭头移动到孔的边缘单击，创建另一半填补曲面，如图4-45所示。

图 4-43　绘制圆　　　　　图 4-44　修剪曲面　　　　　图 4-45　填补曲面

4.旋转复制曲面

单击【转换】→【位置】→【旋转】按钮 ↻，选中所有曲面并按 Enter 键，系统弹出【旋转】对话框，方式选择【复制】，在【实例】选项组中设置【编号】为1，【角度】为180，【方式】选择【旋转】，单击【确定】按钮 ✅，曲面旋转复制完成，如图4-46所示。

5.镜像曲面

（1）单击【视图】→【屏幕视图】→【前视图】按钮 📄，将当前绘图平面设置为前视图。

（2）单击【转换】→【位置】→【镜像】按钮 ⇔，选择所有曲面进行镜像，镜像轴为 X 轴，单击【确定】按钮 ✅，结果如图4-47所示。

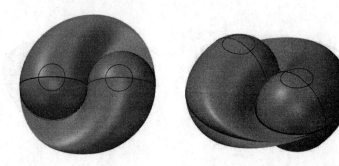

图 4-46　旋转复制曲面　　　　　图 4-47　镜像曲面

6.修改颜色

（1）选中图4-48所示的8个曲面，单击【主页】→【属性】→【曲面颜色】下拉按钮 ˇ，在打开的颜色下拉列表中单击【更多颜色】，打开【颜色】对话框，选中9号蓝色，结果如图4-49所示。

（2）同样的方法，选中其余的曲面，将颜色修改为7号灰色，如图4-50所示。

图 4-48　选中曲面

图 4-49　修改颜色 1

图 4-50　修改颜色 2

4.3　曲面的编辑

Mastercam2023 提供了强大的曲面创建功能，同时提供了灵活多样的曲面编辑功能，用户可以利用这些功能非常方便地完成曲面的编辑工作。图 4-51 所示为【曲面】的【修剪】面板。

图 4-51　【曲面】的【修剪】面板

4.3.1　曲面倒圆角

曲面倒圆角就是在两组曲面之间生成平滑的圆弧过渡结构，从而将比较尖锐的交线变得圆滑平顺。曲面倒圆角包括 3 种操作，分别为圆角到曲面、圆角到曲线以及圆角到平面。

1. 圆角到曲面

圆角到曲面是指在两个曲面之间创建一个光滑过渡的曲面，操作示例如图 4-52 所示。具体操作流程如下：

1）单击【曲面】→【修剪】→【圆角到曲面】按钮。

2）根据系统的提示，依次选取第一组曲面并按 Enter 键、第二组曲面并按 Enter 键。

3）系统弹出【曲面圆角到曲面】对话框，如图 4-53 所示。在对话框中设置相关参数，系统显示曲面之间的倒圆曲面。单击【确定】按钮，结束倒圆角操作。

【曲面圆角到曲面】对话框中各选项含义如下：

（1）【第一/二组曲面】列表框：列出第一/二组曲面图素。

（2）【法向】选项组：

119

【修改】按钮：单击该按钮，在绘图区单击更改所选曲面的方向。

（3）【半径】：设置圆角曲面的半径。

（4）【可变圆角】复选框：勾选该复选框，创建不同半径的圆角。

1）【默认】：输入所选位置处的半径值。

2）【中点】按钮：单击该按钮，更改两个所选半径标记之间中点的圆角曲面半径。

3）【动态】按钮：单击该按钮，则可沿着中心曲线动态更改圆角曲面半径。选择中心曲线并滑动箭头到要更改的位置单击即可。

4）【修改】按钮：单击该按钮，则可更改所选半径标记上的圆角半径。

5）【移除顶点】按钮：单击该按钮，则可删除选择的半径标记。位于中心曲线末端的标记不会被删除。

6）【循环】按钮：单击该按钮，弹出【输入半径】对话框，可在对话框中依次更改各标记处的半径值。

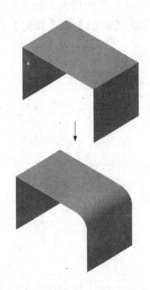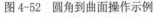

图 4-52　圆角到曲面操作示例　　　　图 4-53　【曲面圆角到曲面】对话框

2．圆角到曲线

圆角到曲线是指在一条曲线与曲面之间创建一个光滑过渡的曲面，操作示例如图 4-54 所示，具体操作流程如下：

1）单击【曲面】→【修剪】→【圆角到曲线】按钮。

2）根据系统的提示，依次选取曲面、曲线。

3）系统弹出【曲面圆角到曲线】对话框，如图 4-55 所示。在其中设置相应的倒圆角参数，系统显示过渡曲面。单击【确定】按钮，结束倒圆角操作。

【曲面圆角到曲线】对话框中部分选项含义与【曲面圆角到曲面】对话框中各选项含义基本相同，这里不再赘述。

图 4-54　圆角到曲线操作示例　　　图 4-55　【曲面圆角到曲线】对话框

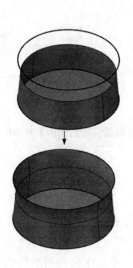

3．圆角到平面

圆角到平面是指在一个曲面与平面之间创建一个光滑过渡的曲面，操作示例如图 4-56 所示。具体操作流程如下：

1）单击【曲面】→【修剪】→【圆角到曲面】→【圆角到平面】按钮 ▨。

2）根据系统的提示，依次选取曲面并按 Enter 键。

3）系统弹出【曲面圆角到平面】对话框，如图 4-57 所示。

4）单击【图素】按钮 ▨，绘图区选择平面，并在【选择平面】对话框中设置相应的平面参数。系统显示过渡曲面。单击【确定】按钮 ✓，结束倒圆角操作。

曲面进行倒圆角时，需要注意各曲面法线方向的指向，只有法线方向正确才可能得到正确的圆角。一般而言，曲面的法线方向是指向各曲面完成倒圆后的圆心方向。

【曲面圆角到平面】对话框中部分选项含义如下：

（1）【已定义】：按照系统已定义的方向创建圆角。

（2）【相反】：以相反的方向创建圆角。

若在半径合适的情况下，屏幕右上角显示【找不到圆角】标识，则可选择【相反】选项，改变圆角方向即可创建圆角。

astercam 2023 中文版从入门到精通

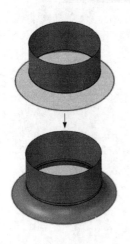

图 4-56　圆角到平面操作示例　　　　　图 4-57　【曲面圆角到平面】对话框

4.3.2　修剪曲面

修剪曲面可以将所指定的曲面沿着选定边界进行修剪操作，从而生成新的曲面，这个边界可以是曲面、曲线或平面。

通常原始曲面被修整成两个部分，用户可以选择其中一个，作为修剪后的新曲面。用户还可以保留、隐藏或删除原始曲面。

修剪曲面包括 3 种操作，分别为修剪到曲面、修剪到曲线以及修剪到平面。

1．修剪到曲面

图 4-58 所示为修剪到曲面操作示例图。其具体操作流程如下：

1）单击【曲面】→【修剪】→【修剪到曲面】按钮 。

2）根据系统提示依次选取第一组曲面（可以选取多个面，本例为圆柱面）和第二组曲面（本例为拔模曲面）。

3）根据系统提示指定保留的曲面（本例保留圆柱面的下半部分和拔模曲面位于圆柱内的部分），此时系统显示一带箭头的光标，滑动箭头到修剪后需要保留的位置，再单击确定。

4）系统显示圆柱面被修剪后的图形。用户还可以在如图 4-59 所示的【修剪到曲面】对话框中设置参数来改变修剪效果，然后单击【确定】按钮 。

【修剪到曲面】对话框中部分选项含义如下：

（1）【第一/二组曲面】列表框：列出选择的第一/二组曲面。

1）【 （要保留的区域）】：单击该按钮，返回绘图区选择曲面要保留的部分。

2）【 （添加选择）】：单击该按钮，返回绘图区添加其他图素。

3）【 （全部重选）】：单击该按钮，移除之前选择的所有图素，返回绘图区重新选择图素。

122

（2）【设置】选项组：

1）【延伸到曲线边缘】：勾选该复选框，则系统自动延伸曲线至曲面边缘进行修剪/分割。此项只对开放曲线使用。

2）【分割模式】：只将曲面进行分割而不进行修剪。

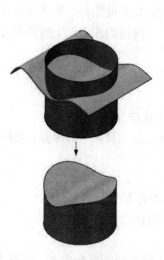

图 4-58　修剪到曲面　　　　　　　图 4-59　【修剪到曲面】对话框

2．修剪到曲线

修剪到曲线实际上就是从曲面上剪去封闭曲线在曲面上的投影部分，操作示例如图 4-60 所示。该操作需要在【修剪到曲线】对话框中设置曲线的投影方向，如图 4-61 所示。

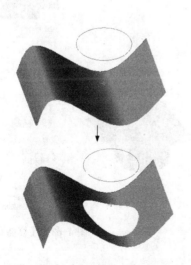

图 4-60　修整到曲线操作示例　　　　图 4-61　【修剪到曲线】对话框

其具体操作流程如下：

1）单击【曲面】→【修剪】→【修剪到曲线】按钮⊕。

2）根据系统提示依次选取曲面并按 Enter 键。系统弹出【线框串连】对话框，在绘图区选择一条或多条曲线。

3）根据系统提示指定曲面要保留的部分，此时系统显示一带箭头的光标，滑动箭头到修剪后需要保留的位置，再单击确定。

利用曲线修剪曲面时，曲线可以在曲面上，也可以在曲面外。当曲线在曲面外时，系统自动将曲线投影到曲面上，并利用投影曲线修剪曲面。曲线投影在曲面上有两种方式：一种是对绘图平面正交投影，另一种是对曲面法向正交投影。

【修剪到曲线】对话框中部分选项含义如下：

（1）【串连】列表框：列出选择的串连。

1）【 🔗（选择串连）】：单击该按钮，返回绘图区添加其他串连。

2）【 🔗（全部重新串连）】：单击该按钮，移除之前选择的所有串连，返回绘图区重新选择串连。

（2）【投影曲线到】选项组：

1）【绘图平面】：选择该项，则投影方向为当前绘图平面的法向。

2）【法向】：选择该项，则投影方向为投影曲线到选择的曲面的法向。

3．修剪到平面

修剪曲面到平面，实际上就是以平面为界，去除或分割部分曲面，在操作过程中可通过标尺调整平面边界位置，操作示例如图 4-62 所示。其具体操作流程如下：

1）单击【曲面】→【修剪】→【修剪到平面】按钮🥄。

2）根据系统提示依次选取曲面并按 Enter 键。系统弹出【修剪到平面】对话框，如图 4-63所示。

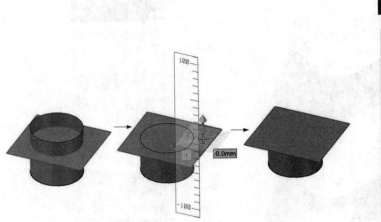

图 4-62　修剪到平面操作示例　　　　　图 4-63　【修剪到平面】对话框

3）单击【图素】按钮🔲，绘图区选取平面。

4）通过对话框的【方向】选项组中的【已定义】和【相反】两个选项，调整曲面要保留的部分。

【修剪到平面】对话框中各选项含义与【曲面圆角到平面】对话框中各选项含义基本相同，这里不再赘述。

4.3.3　曲面延伸

曲面延伸就是将选定的曲面延伸指定的长度，或延伸到指定的曲面，操作示例如图 4-64 所示。曲面延伸的操作流程如下：

1）单击【曲面】→【修剪】→【延伸】按钮 ，系统弹出【曲面颜色】对话框。

2）根据系统的提示选取要延伸的曲面。

3）系统显示带箭头的光标，拖动光标至要延伸的边界处单击。

4）在【曲面延伸】对话框中设置相应的延伸参数，如图 4-65 所示，然后单击【确定】按钮 。

【曲面延伸】对话框中选项的说明如下：

（1）【方式】选项组：

1）【依照距离】：依照指定距离延伸曲面。

2）【到平面】：选择该项，激活【平面】选项组，选择一个平面或创建一个平面，曲面延伸到该平面。

（2）【类型】选项组：

1）【线性】：沿当前平面的法线按指定距离进行线性延伸，或以线性方式延伸到指定平面。

2）【到非线】：按原曲面的曲率变化进行指定距离非线性延伸，或以非线性方式延伸到指定平面。

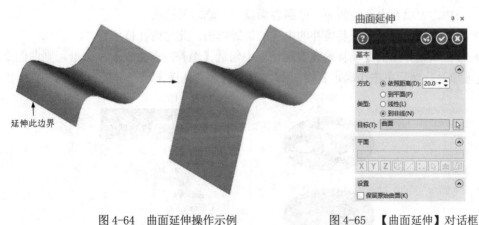

图 4-64　曲面延伸操作示例　　　　图 4-65　【曲面延伸】对话框

4.3.4　由实体生成曲面

在 Mastercam2023 中，实体造型和曲面造型可以相互转换。将创建好的实体模型转换为曲面可用【由实体生成曲面】命令来完成，图 4-66 所示即为用该命令将圆柱体生成圆柱曲面。其创

建流程如下：

1）单击【曲面】→【创建】→【由实体生成曲面】按钮。

2）根据系统提示在绘图区选择待转换实体的表面，按 Enter 键或单击【结束选取】按钮结束选择。

3）系统弹出【由实体生成曲面】对话框，如图 4-67 所示。在该对话框中取消勾选【保留原始实体】复选框，单击【确定】按钮，生成曲面。

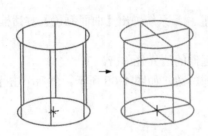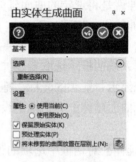

图 4-66　由实体生成曲面操作示例　　　图 4-67　【由实体生成曲面】对话框

4.3.5 填补内孔

此命令可以在曲面的内孔洞处创建一个新的曲面，操作示例如图 4-68 所示，其创建流程如下：

1）单击【曲面】→【修剪】→【填补内孔】按钮，系统弹出【填补内孔】对话框，如图 4-69 所示。

2）选择需要填补内孔的曲面，曲面表面显示一临时的箭头。

3）移动箭头的尾部到需要填补的内孔的边缘单击，此时内孔被填补。

4）若在系统弹出的【填补内孔】对话框中勾选【填补所有内孔】复选框，则曲面上的所有内孔均被填补。然后单击【确定】按钮，完成填补内孔操作。

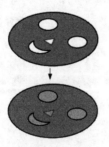

图 4-68　填补内孔操作示例　　图 4-69　【填补内孔】对话框

4.3.6 恢复到修剪边界

恢复到修剪边界是指将曲面的边界曲线移除。它和填补内孔有点类似，只是填补内孔是以选取的边缘为边界新建曲面，曲面中仍存在内孔的边界，而恢复到修剪边界则没有产生新的曲面，操作示例如图 4-70 所示。其创建流程如下：

1）单击【曲面】→【修剪】→【恢复到修剪边界】按钮 。

2）选择需要移除边界的修剪曲面，曲面表面显示一临时的箭头。

3）移动箭头的尾部到需要移除的边界的边缘单击，系统弹出【警告】对话框，单击【是】按钮，则移除所有的边界；单击【否】按钮，则移除所选的边界，此时边界被移除。

4.3.7 分割曲面

分割曲面是指将曲面在指定的位置分割开，从而将曲面一分为二，操作示例如图 4-71 所示，其创建流程如下：

1）单击【曲面】→【修剪】→【分割曲面】按钮。

2）根据系统提示在绘图区选择待分割处理的曲面，并按 Enter 键或单击【结束选取】按钮
【结束选取】。

3）系统提示【请将箭头移至要拆分的位置】，根据系统的提示在待分割的曲面上选择分割点，通过选择【分割曲面】对话框【方向】选项组中的【U】、【V】选项，设置拆分方向，如图 4-72 所示。然后单击【确定】，完成曲面分割。

 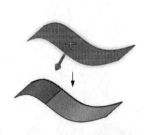 

图 4-70　恢复到修剪边界操作示例　　图 4-71　分割曲面操作示例　　图 4-72　【分割曲面】对话框

4.3.8 曲面熔接

曲面熔接是指将两个或三个曲面通过一定的方式连接起来。Mastercam2023 提供了 3 种熔接方式。

1. 两曲面熔接

两曲面熔接是指在两个曲面之间产生与两曲面相切的平滑曲面，操作示例如图 4-73 所示。其创建流程如下：

1）单击【曲面】→【修剪】→【两曲面熔接】按钮。

2）根据系统的提示在绘图区依次选择第一个曲面及其熔接位置，按 F 键反转熔接方向；第二个曲面及其熔接位置，按 F 键反转熔接方向。

3）弹出【两曲面熔接】对话框，如图 4-74 所示，在其中设置相应的参数，单击【确定】按钮，完成两曲面的熔接。

【两曲面熔接】对话框中各选项的含义如下：

1）1：用于重新选取第 1 个曲面。

2）2：用于重新选取第 2 个曲面。

3）【起始幅值】和【终止幅值】：用于设置第一个曲面和第二个曲面的起始和终止熔接值。默认为 1。

4）【相反】：调整曲面熔接的方向。

5）【修改】：修改曲线熔接位置。

6）【扭曲】：扭转熔接曲面。

7）【设置】选项组：用于设置第一个曲面和第二个曲面是否要修剪。它提供了 3 个选项：【两个曲面】，即修剪或保留两个曲面；【第一个曲面】即只修剪或保留第一个曲面；【第二个曲面】即只修剪或保留第二个曲面。

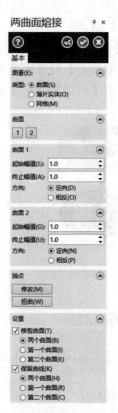

图 4-73　两曲面熔接操作示例　　　　图 4-74　【两曲面熔接】对话框

2．三曲面熔接

三曲面熔接是指在三个曲面之间产生与三曲面相切的平滑曲面。三曲面熔接与两曲面熔接的区别在于曲面的个数不同。三曲面熔接的结果是得到一个与三曲面都相切的新曲面，如图 4-75 所示。其操作与两曲面熔接类似。

3. 三圆角面熔接

圆角三曲面熔接是通过创建与三个圆角曲面相切的一个或多个曲面，来熔接三个相交的圆角曲面。该项命令类似于三曲面熔接操作，但三圆角面熔接能够自动计算出熔接曲面与圆角曲面的相切位置，这一点与三曲面熔接不同，图 4-76 所示为三圆角面熔接操作示例。

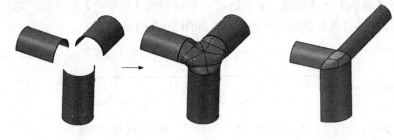
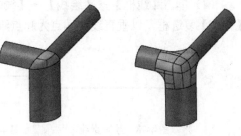

3 面熔接　　　　　　　6 面熔接

　　图 4-75　三曲面熔接　　　　　　　　图 4-76　圆角三曲面熔接

📖 4.3.9 操作实例——创建吹风机

本例将以如图 4-77 所示的吹风机外形为例，介绍运用扫描曲面、曲面修剪等功能创建曲面的过程。通过本例的介绍，希望用户能更好地掌握曲面的创建功能。

图 4-77　吹风机

参见
网盘　　　网盘\视频教学\第4章\吹风机.MP4

操作步骤如下：

1. 创建图层

单击操作管理器中的【层别】按钮，打开【层别】对话框。在该对话框的【号码】文本框中输入 1，在【名称】文本框中输入【图线】，创建图线层，再用同样的方法创建【曲面】层。将图层 1 设为当前层。

2. 创建旋转曲面

（1）单击【视图】→【屏幕视图】→【俯视图】按钮，将当前绘图平面设置为俯视图。

（2）单击【线框】→【绘线】→【线端点】按钮，系统弹出【线端点】对话框，以原点为起点绘制长度为 132 的水平线和长度为 20 的垂直线，如图 4-78 所示。

（3）单击【线框】→【圆弧】→【已知点画圆】按钮，系统弹出【已知点画圆】对话框，以点（100,0,0）为圆心绘制直径 64 的圆，如图 4-79 所示。

（4）单击【线框】→【绘线】→【线端点】按钮，系统弹出【线端点】对话框，勾选【相切】复选框，以垂直线的端点为起点绘制圆的切线，如图 4-80 所示。

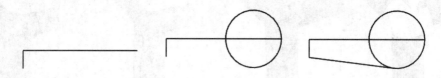

图 4-78　绘制直线　　　　　图 4-79　绘制圆　　　　　图 4-80　绘制切线

（5）单击【线框】→【修剪】→【分割】按钮，系统弹出【分割】对话框，类型选择【修剪】，删除多余的圆弧和垂直线，结果如图 4-81 所示。

（6）将图层 2 设置为当前图层。单击【曲面】→【创建】→【旋转】按钮，系统弹出【线框串连】对话框，单击【串连】按钮，绘图区拾取图 4-82 所示的串连。单击【确定】按钮，根据系统提示选择水平线作为旋转轴。

（7）单击【确定】按钮，旋转曲面创建完成，如图 4-83 所示。

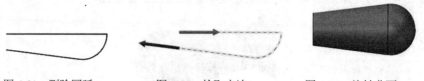

图 4-81　删除圆弧　　　　　图 4-82　拾取串连　　　　　图 4-83　旋转曲面

3. 创建举升曲面

（1）将图层 1 设置为当前图层。单击【视图】→【屏幕视图】→【左视图】按钮，将当前绘图平面设置为左视图。

（2）单击【线框】→【曲线】→【单边缘曲线】按钮，系统弹出【单边缘曲线】对话框，选择图 4-84 所示旋转曲面，移动箭头至图 4-84 所示的边缘处单击，则在此处生成边缘曲线，如图 4-85 所示。

（3）单击【线框】→【形状】→【圆角矩形】按钮，系统弹出【矩形形状】对话框，类型选择【矩形】，原点选择中心位置，如图 4-86 所示。以坐标原点为基准点绘制宽度位 30.25，高度为 62 的矩形，结果如图 4-87 所示。

（4）单击【线框】→【修剪】→【两点打断】按钮，选择圆，将其在与矩形相交的交点处打断。再选择矩形右侧的竖直线，将其在中点处打断。

（5）单击【转换】→【位置】→【平移】按钮，选择矩形作为要平移的图素，将其沿 Z 轴移动 25，结果如图 4-88 所示。

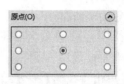

图 4-84 选择曲面和边缘　　　图 4-85 创建的边缘曲线　　　图 4-86 选择原点位置

（6）将图层 2 设置为当前图层。单击【曲面】→【创建】→【举升】按钮，选择图 4-89 所示的圆和矩形串连，注意串连拾取点对应，方向一致。系统弹出【直纹/举升曲面】对话框，方式选择【举升】，单击【确定】按钮，举升曲面创建完成，如图 4-90 所示。

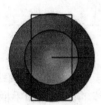

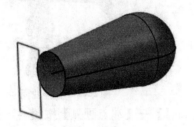

图 4-87 绘制矩形　　　　　　图 4-88 移动矩形　　　　　　图 4-89 选择串连

4. 创建扫描曲面

（1）将图层 1 设置为当前图层。单击【视图】→【屏幕视图】→【前视图】按钮，将当前绘图平面设置为前视图。

（2）单击【线框】→【绘线】→【线端点】按钮，系统弹出【线端点】对话框，以点 $(80,0,0)$ 为起点绘制长度为 110 的垂直线，如图 4-91 所示。

（3）单击【线框】→【曲线】→【手动画曲线】按钮，依次输入点 $(70,0,0)$，$(65,-20,0)$，$(70,-40,0)$，$(65,-60,0)$，$(70,-80,0)$，$(65,-100,0)$，$(65,-110,0)$ 绘制样条曲线，如图 4-92 所示。

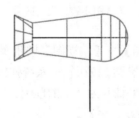

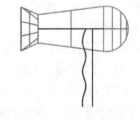

图 4-90 举升曲面　　　　　　图 4-91 绘制垂直线　　　　　图 4-92 绘制样条曲线

（4）单击【视图】→【屏幕视图】→【俯视图】按钮，将当前绘图平面设置为俯视图。

（5）单击【线框】→【圆弧】→【已知点画圆】按钮，系统弹出【已知点画圆】对话框，以垂直线的端点为圆心绘制直径 32 的圆，如图 4-93 所示。

（6）将图层 2 设置为当前图层。单击【曲面】→【创建】→【扫描】按钮，系统弹出【线框串联】对话框，选择圆作为截面曲线，单击【确定】按钮。

（7）系统再次弹出【线框串联】对话框，选择图 4-93 所示的两条引导线。单击【确定】

Mastercam 2023

按钮 ，系统弹出【扫描曲面】对话框，方式选择【两条导轨线】，单击【确定】按钮 ✅，扫描曲面创建完成，如图 4-94 所示。

5.创建旋转曲面

（1）将图层 1 设置为当前图层。单击【视图】→【屏幕视图】→【前视图】按钮，将当前绘图平面设置为前视图。

（2）单击【线框】→【绘线】→【线端点】按钮 ✏，以手柄底面圆心为起点绘制长度为【9】的直线，如图 4-95 所示。

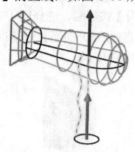

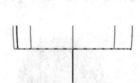

图 4-93　选择引导线　　　　　图 4-94　扫描曲面　　　　　图 4-95　选择直线

（3）单击【线框】→【圆弧】→【端点画弧】按钮，拾取直线的下端点和手柄底面圆的右象限点，绘制半径为 18 的圆弧，如图 4-96 所示。

（4）单击【曲面】→【创建】→【旋转】按钮，系统弹出【线框串连】对话框，在绘图区选择圆弧，单击【确定】按钮 ，在选择直线作为旋转轴，单击【确定】按钮 ✅，旋转曲面创建完成，如图 4-97 所示。

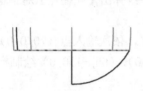

图 4-96　绘制圆弧　　　　　图 4-97　旋转曲面　　　　　图 4-98　绘制椭圆

6.曲面修剪

（1）单击【视图】→【屏幕视图】→【右视图】按钮，将当前绘图平面设置为右视图。

（2）单击【线框】→【形状】→【椭圆】按钮 ◯，系统弹出【椭圆】对话框，以点（10,0,150）为中心点，绘制长半轴 A 为 4.2，短半轴 B 为 2.7 的椭圆。同样的方法，在点（25,0,150）处绘制相同尺寸的椭圆，如图 4-98 所示。

（3）单击【转换】→【位置】→【旋转】按钮，旋转椭圆作为要旋转的图素，单击【结束选择】按钮，系统弹出【旋转】对话框，方式选择【移动】，在【实例】选项组中设置【编号】为 6，【角度】为 60，【距离】选择【两者之间的角度】，【方式】选择【旋转】，如图 4-99 所示。

（4）单击【确定】按钮 ✅，旋转完成，结果如图 4-100 所示。

（5）同样的方法，旋转点（25,0,150）处的椭圆，设置【编号】为 12，【角度】为 30，其他参数不变，结果如图 4-101 所示。

图 4-99　设置旋转参数　　　图 4-100　旋转椭圆 1　　　图 4-101　旋转椭圆 2

（6）单击【曲面】→【修剪】→【修剪到曲线】按钮⊕，选择图 4-102 所示的曲面作为要修剪的曲面，框选图 4-103 所示的曲线作为修剪曲线，在曲面上要保留的部分单击，修剪完成，关闭图层 1，结果如图 4-104 所示。

（7）单击【曲面】→【修剪】→【修剪到曲面】按钮，选择扫描曲面为第一组曲面并回车，选择旋转曲面为第二组曲面并回车。系统弹出【修剪到曲面】对话框，修剪选择【修剪第一组】，单击图 4-105 所示的位置作为第一组曲面要保留的部分，单击【确定】按钮，扫描曲面位于旋转曲面内部的部分被修剪掉了，结果如图 4-106 所示。

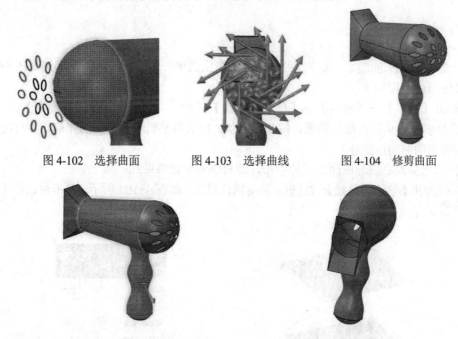

图 4-102　选择曲面　　　图 4-103　选择曲线　　　图 4-104　修剪曲面

图 4-105　选择第一组曲面要保留的部分　　　图 4-106　修剪曲面

4.4 空间曲线的创建

创建曲线功能可在曲面或实体上创建曲线，绝大部分曲线是曲面上的曲线，如创建曲面上的单一边界或所有边界，创建的剖切线等。执行【线框】→【曲线】命令，系统弹出【曲线】面板，其中包括了 11 项创建空间曲线的方法，即单边缘曲线、所有曲线边缘、按平面曲线切片、沿引导曲线切片、曲面交线、曲线流线、绘制指定位置曲面曲线、分模线、曲面曲线、动态曲线、曲线中心，如图 4-107 所示。

图 4-107　【曲线】面板

📖 4.4.1 单边缘曲线

该命令是指沿被选曲面、实体或者网格的边缘生成单一边界曲线，操作示例如图 4-108 所示。其具体操作流程如下：

1）单击【线框】→【曲线】→【单边缘曲线】按钮 ，系统提示【选择曲面】。

2）选择要创建边界曲线的曲面，按 Enter 键，接着系统显示带箭头的光标，并且提示【移动箭头到所需的曲面边缘处】。

3）移动光标到所需的曲面边界处单击，即可创建单边缘曲线。

4）系统弹出【单边缘曲线】对话框，采用默认设置，如图 4-109 所示。单击对话框中的"确定"按钮 ，完成操作。

图 4-108　单边缘曲线操作示例

图 4-109　【单边缘曲线】对话框

4.4.2 所有曲线边缘

该命令是指沿被选实体表面、曲面的所有边缘生成边界曲线，操作示例如图 4-110 所示。其具体操作流程如下：

1）单击【线框】→【曲线】→【所有曲线边缘】按钮，系统提示【选取曲面、实体和实体表面】。

2）选取曲面，按 Enter 键，系统提示【设置选项，按 Enter 键或"确定"键】。

3）系统弹出【所有曲线边缘】对话框，在【公差】文本框中输入公差，如图 4-111 所示。将生成的曲面边界按设定的公差打断。

图 4-110 所有曲线边缘操作示例   图 4-111 【所有曲线边缘】对话框

4）单击对话框中的【确定】按钮，生成所有曲线边缘。

4.4.3 按平面曲线切片

该命令是在曲面、实体和网格上创建曲线，或用于在曲线上创建点。操作示例如图 4-112 所示。其具体操作流程如下：

1）单击【线框】→【曲线】→【按平面曲线切片】按钮。

2）根据系统提示选取曲面，单击【结束选择】按钮，系统弹出【按平面曲线切片】对话框，如图 4-113 所示。在【平面】选项组中选择一种方式创建平面，本例中单击【命名的平面】按钮，系统弹出【平面选择】对话框，如图 4-114 所示。选择前视图。

3）单击【确定】按钮，返回【按平面曲线切片】对话框，设置间距和补正距离，将生成的曲面边界按设定的公差打断。

4）单击对话框中的【确定】按钮，生成剖切线。

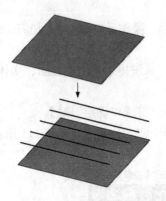

图 4-112　按平面曲线切片操作示例　图 4-113　【按平面曲线切片】对话框　图 4-114　【平面选择】对话框

【按平面曲线切片】对话框中部分选项含义如下：

（1）【间距】：设置剖切线的间距。

（2）【补正】：设置剖切线与曲面的偏移距离。

4.4.4　沿引导曲线切片

该命令通过曲、实体或网格沿选定串连创建线框切片。操作示例如图 4-115 所示。其具体操作流程如下：

1）单击【线框】→【曲线】→【沿引导曲线切片】按钮 。

2）根据系统提示选取曲面，单击【结束选择】按钮，系统弹出【线框串连】对话框，选择引导串连。

3）单击【确定】按钮 ，系统弹出【沿引导曲线切片】对话框，如图 4-116 所示。设置参数。

4）单击对话框中的【确定】按钮 ，生成剖切线。

【沿引导曲线切片】对话框中部分选项含义如下：

（1）【间距】选项组：

1）【编号】：确定要在引导曲线上创建的切片数。

2）【间距】：设置引导曲线上每个切片之间的距离。

3）【弦高】：根据引导曲线的曲率，调整每个切片平面之间的间距。

4）【点】：根据引导曲线在每个点上创建切片平面。

（2）【修改】选项组：

1）【添加】按钮：单击该按钮，返回图形窗口，添加切片平面到引导曲线。

2）【移除】按钮：单击该按钮，返回图形窗口，选择要从引导曲线中删除的切片平面。

3）【重置】按钮：单击该按钮，返回图形窗口，移除并恢复任何已添加或删除的切片平面到引导曲线。

（3）【边距】选项组：

1）【边距 1】：第一个切片到曲面起始端边缘的距离。

2）【边距 2】：最后一个切片到曲面末端边缘的距离。

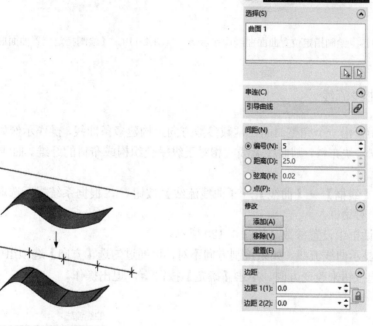

图 4-115　按平面曲线切片操作示例　　　　图 4-116　【按平面曲线切片】对话框

4.4.5 绘制指定位置曲面曲线

绘制指定位置曲面曲线是指在选择的位置沿着曲面的 UV 线创建曲线。操作示例如图 4-117 所示。其具体的操作流程如下：

1）单击【线框】→【曲线】→【绘制指定位置曲面曲线】按钮，系统提示【选取曲面】。

2）选取绘制指定位置曲面曲线的曲面，系统显示带箭头的光标。

3）移动光标到创建曲线所需的位置单击，系统弹出【绘制指定位置曲面曲线】对话框，在对话框中选择曲线方向，如图 4-118 所示。单击【确定】按钮，生成空间曲线。

【绘制指定位置曲面曲线】对话框各选项含义如下：

（1）【弦高公差】：输入一个公差值确定曲线质量。

（2）【方向】选项组：

1）【U】：选择该项，创建 U 向曲线。

2）【V】：选择该项，创建 V 向曲线。

3）【两者】：选择该项，同时创建 U 向和 V 向曲线。

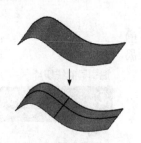

图 4-117　绘制指定位置曲面曲线操作示例　　　图 4-118　【绘制指定位置曲面曲线】对话框

4.4.6　曲线流线

　　该命令用于沿一个完整曲面在常数参数方向上构建多条曲线，操作示例如图 4-119 所示。如果把曲面看作一块布料，则曲线流线就相对于纵横交织构成布料的纤维。曲线流线的创建流程如下：

　　1）单击【线框】→【曲线】→【曲线流线】按钮，根据系统提示选取曲面，系统弹出【曲线流线】对话框。

　　2）在对话框中设置参数，如图 4-120 所示。

　　3）系统显示曲线流线。如果绘制方向不对，可通过勾选【方向】选项组中的【U】、【V】或【两者】单选按钮来改变方向。单击【确定】按钮，退出操作。

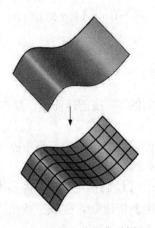

图 4-119　曲线流线操作示例　　　　　　　图 4-120　【曲线流线】对话框

　　【曲线流线】对话框中各选项含义如下：

　　（1）【弦高】：通过弦高数值确定流线位置。

　　（2）【距离】：设置流线间距。

　　（3）【数量】：定义要创建曲线的数量。

（4）【缀面边界】：在缀面边界上创建曲线。

4.4.7 动态曲线

该命令用于在曲面上绘制动态曲线。用户可以在曲面的任意位置单击，系统将根据这些单击的位置依次连接构成一条曲线，操作示例如图 4-121 所示。其具体的操作流程如下：

1）单击【线框】→【曲线】→【动态曲线】按钮，系统弹出【动态曲线】对话框，如图 4-122 所示。

2）根据系统提示选取要绘制动态曲线的曲面，系统显示带箭头的光标。

3）在曲面上依次单击曲线要经过的位置。每次单击，系统都会显示一个十字星。

4）单击曲线需经过的最后一个位置，接着按 Enter 键，系统将绘制出动态曲线。

5）单击【确定】按钮，退出操作。

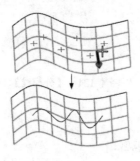

图 4-121　动态曲线操作示例

图 4-122　【动态曲线】对话框

4.4.8 曲面曲线

使用曲线构建曲面时，可以使用该命令将曲线转换成为曲面上的曲线。使用分析功能可以查看这条曲线是 Spline 曲线，还是曲面曲线。曲线转换成曲面上的曲线的操作流程如下：

1）单击【线框】→【曲线】→【曲面曲线】按钮。

2）选择一条曲线，则该曲线转换成曲面曲线。

4.4.9 分模线

该命令用于制作分型模具的分模线，在曲面的分模线处构建一条曲线。分模线将曲面（零件）分成两部分，上模和下模的型腔分别按零件分模线两侧的形状进行设计。简单地说，分模线就是指定平面上最大的投影线。操作示例如图 4-123 所示。

创建分模线的具体操作流程如下：

1）单击【线框】→【曲线】→【剖切线】→【分模线】按钮。

2）根据系统的提示，选择创建分模线的曲面并按 Enter 键。

3) 在【分模线】对话框中设置【弦高】为 0.02、分模线的【角度】为 0,如图 4-124 所示。其中分模线角度是指创建分模线的倾斜角度,它是曲面的法向矢量与构图平面间的夹角。

4) 单击【确定】按钮✅,结束分模线的创建。

图 4-123　分模线操作示例　　　　　　图 4-124　【分模线】对话框

【分模线】对话框中各选项含义如下:

(1)【曲线质量】选项组

1)【弦高】:设置分模线与实体或曲面的可分离的距离。

2)【距离】:设置分模线上的点之间的固定距离。分模线上的点位于曲面或实体上。

(2)【角度】:定义曲面或实体上的每条分模线对应的法线方向之间的夹角。若为 0°,则和当前绘图平面重合。

📖 4.4.10　曲面交线

该命令可创建曲面之间相交处的曲线,操作示例如图 4-125 所示。其具体的操作流程如下:

1) 单击【线框】→【曲线】→【剖切线】→【曲面交线】按钮📐。

2) 根据提示选取第一个曲面,按 Enter 键。

3) 选取第二个曲面,再按 Enter 键。

4) 系统弹出【曲面交线】对话框,设置参数,如图 4-126 所示。

5) 单击【确定】按钮✅,退出操作。

【曲面交线】对话框中各选项含义如下:

(1)【选择组 1/2】列表框:列出第一组图素。

(2)【补正】选项组:

1)【第一组】:设置与第一组曲面或实体相交位置的偏移距离。

2)【第二组】:设置与第二组曲面或实体相交位置的偏移距离。

曲面交线

图 4-125　曲面交线操作示例　　　　　图 4-126　【曲面交线】对话框

4.4.11　曲线中心

该命令可创建曲面之间相交处的曲线，操作示例如图 4-127 所示。其具体的操作流程如下：

1）单击【线框】→【曲线】→【曲线中心】按钮 🖋，系统弹出【线框串连】对话框，

2）根据提示选取两个或更多串连，按 Enter 键，系统弹出【曲线中心】对话框，如图 4-128 所示。

3）在对话框中可以设置【弦高公差】，单击【确定】按钮 ✅，生成中心曲线。

曲线中心

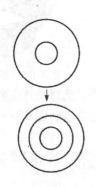

图 4-127　曲线中心操作示例　　　　　图 4-128　【曲线中心】对话框

4.4.12　操作实例——创建元宝

创建图 4-129 所示的元宝。

操作步骤如下：

1.创建举升曲面

（1）单击【视图】→【屏幕视图】→【俯视图】按钮，将当前绘图平面设置为俯视图。

（2）单击【线框】→【圆弧】→【已知点画圆】按钮⊕，以原点为圆心绘制半径 50 圆，如图 4-130 所示。

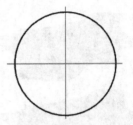

图 4-129　元宝　　　　　　　　图 4-130　绘制圆

（3）单击【线框】→【形状】→【椭圆】按钮○，系统弹出【椭圆】对话框，以点（0,0,80）为中心绘制长半轴 A 为 100，短半轴为 60 的椭圆，如图 4-131 所示。

（4）单击【曲面】→【创建】→【举升】按钮，系统弹出【线框串连】对话框，选中两条串连，单击【确定】按钮，生成举升曲面，结果如图 4-132 所示。

2.曲面修剪

（1）单击【视图】→【屏幕视图】→【前视图】按钮，将当前绘图平面设置为前视图。

（2）单击【线框】→【圆弧】→【三点画弧】按钮，绘制第一点坐标（-120,80,0），第二点坐标（0,50,0），第三点坐标（120,80,0）绘制圆弧，如图 4-133 所示。

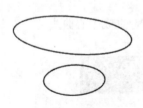

图 4-131　绘制椭圆　　　　　图 4-132　举升曲面　　　　　图 4-133　绘制圆弧

（3）单击【曲面】→【修剪】→【修剪到曲线】按钮⊕，选择举升曲面为要修剪的曲面，选择步骤（2）绘制的圆弧为修剪曲线，在圆弧下方的曲面上单击确定要保留的部分，结果如图 4-134 所示。

（4）单击操作管理器中的【层别】按钮，打开【层别】管理器，单击【添加新层别】按钮✚，新建图层 2。

（5）选中椭圆和圆弧，单击【主页】→【属性】→【设置全部】按钮，系统弹出【属性】对话框，如图 4-135 所示。

（6）单击对话框中的【选择】按钮，系统弹出【选择层别】对话框，在列表中选中图层 2，如图 4-136 所示。单击【确定】按钮，返回【属性】对话框，单击【确定】按钮，完成图素图层的转换。

图 4-134　修剪曲面　　图 4-135　【属性】对话框　　图 4-136　【选择层别】对话框

3.创建补正曲面

（1）将图层 1 设置为当前层，关闭图层 2。

（2）单击【曲面】→【创建】→【补正】按钮🪁，选中修剪后的曲面，设置补正距离为 10，补正方向向内，如图 4-137 所示。

4.创建旋转曲面

（1）单击【视图】→【屏幕视图】→【仰视图】按钮🪁，将当前绘图平面设置为仰视图。

（2）单击【线框】→【绘线】→【线端点】按钮／，捕捉圆的左右两个象限点，绘制连接线。

（3）单击【线框】→【修剪】→【分割】按钮✂，修剪掉上半部分圆弧，如图 4-138 所示。

（4）单击【曲面】→【创建】→【旋转】按钮🪆，系统弹出【线框串联】对话框，单击【单体】按钮　／　，绘图区选择圆弧，单击【确定】按钮🔘，选择直线作为旋转轴，设置旋转起始角度为 0，结束角度为 180，结果如图 4-139 所示。

图 4-137　补正曲面

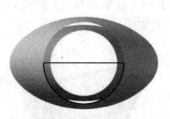

图 4-138　修剪圆弧

图 4-139　旋转曲面

5.创建曲面圆角

（1）单击【曲面】→【修剪】→【圆角到曲面】按钮🪟，选择图 4-139 所示的第一组曲面并按 Enter 键，然后选择第二组曲面并按 Enter 键，在【曲面圆角到曲面】对话框中设置圆角半径为 4，勾选【修剪曲面】复选框，【原始曲面】选择【删除】，【修剪曲面】选择【第一组】，如

图 4-140 所示。

（2）单击【确定】按钮，圆角结果如图 4-141 所示。

6.创建平面

（1）单击【线框】→【修剪】→【封闭全圆】按钮，选中图 4-142 所示的圆弧，单击【结束选择】按钮，结果如图 4-143 所示。

图 4-140　【曲面圆角到曲面】对话框　　　图 4-141　曲面倒圆角　　　图 4-142　选中圆弧

（2）单击【曲面】→【创建】→【平面修剪】按钮，选中圆，创建平面，如图 4-144 所示。

7.创建曲面圆角

（1）单击【线框】→【曲线】→【单边缘曲线】按钮，选中图 4-145 所示的曲面创建单边缘曲线。

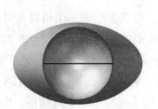

图 4-143　恢复全圆　　　　图 4-144　平面　　　　图 4-145　创建边缘曲线

（2）单击【线框】→【曲线】→【曲线中心】按钮，系统弹出【线框串连】对话框，选择步骤（1）创建的单边缘曲线作为串连，系统自动生成两曲线的中心曲线，如图 4-146 所示。

（3）单击【曲面】→【修剪】→【圆角到曲线】按钮，选择图 4-147 所示的曲面 1 和曲线，圆角半径设置为 5，圆角 1 结果如图 4-148 所示。

图 4-146　创建中心曲线　　　图 4-147　选择曲面　　　图 4-148　圆角 1

（4）同理，选择图 4-147 所示曲面 2 和曲线，圆角半径为 5。

（5）选中所有图线将其转换到图层2，结果如图4-149所示。

图4-149　圆角2

4.5　综合实例——茶壶

创建图4-150所示的茶壶。

图4-150　茶壶

操作步骤如下：

1.创建旋转曲面

（1）单击【视图】→【屏幕视图】→【前视图】按钮，将当前绘图平面设置为前视图。

（2）在【主页】→【属性】面板中修改线型为中心线，线宽为第一种，如图4-151所示。

（3）单击【线框】→【绘线】→【线端点】按钮，系统弹出【线端点】对话框，以原点为起点绘制一条竖直中心线。

（4）在【主页】→【属性】面板中修改线型为实线，线宽为第二种。

（5）单击【线框】→【曲线】→【手动画曲线】按钮，依次输入点（-18,79,0）、（-24,83,0）、（-32,78,0）、（-39,66,0）、（-45,50,0）、（-48,31,0）、（-47,21,0）、（-43,10,0）、（-31,0,0）、（-26,1,0），绘制样条曲线，如图4-152所示。

（6）单击【曲面】→【创建】→【旋转】按钮，系统弹出【线框串连】对话框，选中样条曲线，单击【确定】按钮，选择中心线作为旋转轴，系统弹出【旋转曲面】对话框，旋转起始角度设置为0，结束角度为360，结果如图4-153所示。

2.创建平面

（1）单击【线框】→【曲线】→【单边缘曲线】按钮，系统弹出【单边缘曲线】对话框，选择图4-154所示的茶壶底面边缘单击，生成边缘曲线。

（2）单击【曲面】→【创建】→【平面修剪】按钮，系统弹出【线框串连】对话框，选中步骤（1）创建的边缘曲线，如图4-155所示，系统自动创建平面，如4-156所示。

Mastercam 2023

图 4-151　设置线型

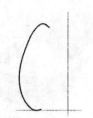

图 4-152　绘制样条曲线

图 4-153　旋转曲面

图 4-154　选择底面边缘

图 4-155　选中曲线

图 4-156　创建的平面

3.创建扫描曲面

（1）单击【视图】→【屏幕视图】→【前视图】按钮，将当前绘图平面设置为前视图。

（2）单击【线框】→【曲线】→【手动画曲线】按钮，依次输入点（35,55,0）、（46,55,0）、（56,65,0）、（61,75,0）、（68,85,0）、（80,91,0），绘制样条曲线1。

（3）同理，依次输入点（35,30,0）、（59,34,0）、（73,67,0）、（86,83,0）、（100,91,0），绘制样条曲线2，如图4-157所示。

（4）单击【线框】→【绘线】→【线端点】按钮，绘制两条直线连接两条样条曲线的端点，如图4-158所示。

（5）单击【视图】→【屏幕视图】→【左视图】按钮，将当前绘图平面设置为左视图。

（6）单击【线框】→【圆弧】→【已知点画圆】按钮，以下端直线的中点为圆心绘制半径12.5圆，如图4-159所示。

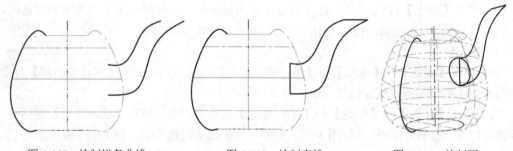

图 4-157　绘制样条曲线　　　　图 4-158　绘制直线　　　　图 4-159　绘制圆1

（7）单击【视图】→【屏幕视图】→【俯视图】按钮▣，将当前绘图平面设置为俯视图。

（8）单击【线框】→【圆弧】→【已知点画圆】按钮⊙，以上端直线的中点为圆心绘制半径10圆，如图4-160所示。

（9）单击【线框】→【修剪】→【分割】按钮✕，系统弹出【分割】对话框，类型选择【修剪】，修剪多余的图素，结果如图4-161所示。

（10）单击【曲面】→【创建】→【网格】按钮▦，系统弹出【线框串连】对话框，依次选中各条曲线，生成网格曲面，如图4-162所示。

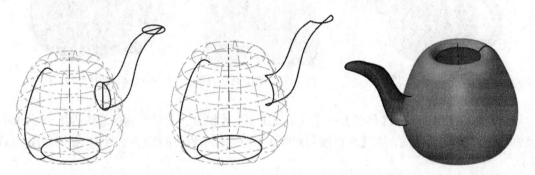

图4-160　绘制圆2　　　　　图4-161　修剪图素　　　　　图4-162　网格曲面

（11）单击【转换】→【位置】→【镜像】按钮⇉，选择所有曲面进行镜像，镜像轴为X轴，单击【确定】按钮✅，结果如图4-163所示。

4.创建扫描曲面

（1）单击【视图】→【屏幕视图】→【前视图】按钮▣，将当前绘图平面设置为前视图。

（2）单击【线框】→【曲线】→【手动画曲线】按钮〜，依次输入点（-30，63，0）、（-42，69，0）、（-54，71，0）、（-67，61，0）、（-73，42，0）、（-71，26，0）、（-64，16，0）、（-40，16，0），绘制样条曲线，如图4-164所示。

（3）单击【视图】→【屏幕视图】→【右视图】按钮▣，将当前绘图平面设置为右视图。

（4）单击【线框】→【形状】→【椭圆】按钮◯，以样条曲线的起点为中心绘制长半轴为8，短半轴为5.5的椭圆，如图4-165所示。

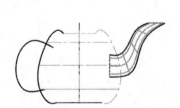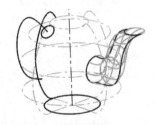

图4-163　镜像网格曲面　　　　图4-164　绘制样条曲线　　　　图4-165　绘制椭圆

（5）单击【曲面】→【创建】→【扫描】按钮◆，系统弹出【线框串连】对话框，选择椭圆作为截面曲线，单击【确定】按钮✅，根据系统提示再选择样条曲线作为引导线，在【扫描曲面】对话框中选择【方式】为【旋转】，单击【确定】按钮✅，生成扫描曲面，如图4-166所示。

5. 曲面修剪

（1）单击【曲面】→【修剪】→【修剪到曲面】按钮，选中网格曲面作为第一组曲面，选中旋转曲面作为第二组曲面，在网格曲面要保留的部分单击，修剪完成，结果如图 4-167 所示。

（2）单击【曲面】→【修剪】→【修剪到曲线】按钮，选中扫描曲面作为要修剪的曲面，选择图 4-168 所示的曲线作为修剪曲线，修剪结果如图 4-169 所示。

图 4-166　扫描曲面　　　　图 4-167　修剪网格曲面　　　　图 4-168　选择修剪曲线

6. 曲面倒圆角

（1）单击【曲面】→【修剪】→【圆角到曲面】按钮，选择网格曲面作为第一组曲面，旋转曲面作为第二组曲面，在【曲面圆角到曲面】对话框中设置圆角半径为 5，结果如图 4-170 所示。

（2）同理，将扫描曲面与旋转曲面进行圆角，圆角半径为 5，结果如图 4-171 所示。

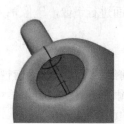

图 4-169　修剪扫描曲面　　　　图 4-170　圆角 1　　　　图 4-171　圆角 2

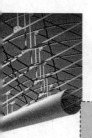

第5章

三维实体的创建与编辑

实体造型是目前比较成熟的造型技术，因其思想简单、过程直观、效果逼真，而被广泛应用。

Mastercam2023 提供了强大的三维实体造型功能，不仅可以创建最基本的三维实体，而且还可以通过挤出、扫描、旋转等操作创建复杂的三维实体。同时它还提供了强大的实体编辑功能。

本章着重讲述了实体的创建与编辑基本概念及方法。

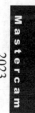
Mastercam

2023

重点与难点

- 实体绘图概述
- 三维实体的创建
- 三维实体的编辑

5.1 实体绘图概述

5.1.1 三维形体的表示

1. 线框模型

线框模型是计算机图形学和 CAD/CAM 领域中最早用来表达形体的模型,并且至今仍在广泛应用。20 世纪 60 年代初期的线框模型仅仅是二维的,用户需要逐点、逐线地构建模型,目的是用计算机代替手工绘图。由于图形几何变换理论的发展,人门认识到加上第三维信息再投影变换成平面视图是很容易的事,因此三维绘图系统迅速发展起来,但它同样仅限于点、线和曲线的组成。图 5-1 所示为线框模型在计算机中存储的数据结构原理,图中共有两个表,一个为顶点表,它记录了各顶点的坐标值;另一个为棱线表,记录了每条棱线所连接的两顶点。由此可见,三维物体是用它的全部顶点及边的集合来描述的,线框一词由此而得名。

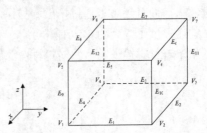

棱线号	顶点号	
1	1	2
2	2	3
3	3	4
4	4	1
5	5	6
6	6	7
7	7	8
8	8	5
9	1	5
10	2	6
11	3	7
12	4	8

顶点号	坐标值		
	x	y	z
1	1	0	0
2	1	1	0
3	0	1	0
4	0	0	0
5	1	0	1
6	1	1	1
7	0	1	1

图 5-1　线框模型在计算机中存储的数据结构原理

线框模型的优点如下:

1)由于有了物体的三维数据,因此可以产生任意视图,视图间能保持正确的投影关系,为生成多视图的工程图带来了很大方便。它还能生成任意视点或视向的透视图以及轴测图,这在二维绘图系统中是做不到的。

2）构造模型时操作简便，CPU反应时间短且存储消耗低。

3）用户几乎无须培训，使用系统就好像是人工绘图的自然延伸。

缺点如下：

1）线框模型的解释不唯一。因为所有棱线全都显示出来，物体的真实形状须由人脑的解释才能理解，因此会出现二义性理解。此外当形状复杂时，棱线过多，也会引起模糊理解。

2）缺少曲面轮廓线。

3）由于在数据结构中缺少边与面、面与体之间关系的信息，即所谓的拓扑信息，因此不能构成实体，无法识别面与体，更无法区别体内与体外。因此从原理上讲，此种模型不能消除隐藏线，不能做任意剖切，不能计算物性，不能进行两个面的求交，无法生成NC加工刀具轨迹，不能自动划分有限元网格，不能检查物体间的碰撞、干涉等。但目前有些系统从内部建立了边与面的拓扑关系，因此具有消隐功能。

尽管这种模型有许多缺点，但由于它仍能满足许多设计与制造的要求，加上前面所说的优点，因此在实际工作中使用很广泛，而且在许多CAD/CAM系统中仍将此种模型作为表面模型与实体模型的基础。线框模型系统一般具有丰富的交互功能，用于构图的图素是大家所熟知的点、线、圆、圆弧、二次曲线、Bezier曲线等。

2．边框着色模型

与线框模型相比，边框着色多了一个面表，它记录了边与面的拓扑关系，但它仍旧缺乏面与体之间的拓扑关系，无法区别面的哪一侧是体内还是体外，图5-2所示为以立方体为例的边框着色模型的数据结构原理图。

由于增加了有关面的信息，在提供三维实体信息的完整性、严密性方面，边框着色比线框模型进了一步，它克服了线框模型的许多缺点，能够比较完整地定义三维实体的表面，所能描述的零件范围广，特别是像汽车车身、飞机机翼等难以用简单的数学模型表达的物体均可以采用边框着色的方法构造其模型，而且利用边框着色能在图形终端上生成逼真的彩色图像，以便用户直观地从事产品的外形设计，从而避免表面形状设计的缺陷。另外，边框着色可以为CAD/CAM中的其他场合提供数据，如有限元分析中的网格的划分可以直接利用边框着色构造的模型。

边框着色的缺点是只能表示物体的表面及其边界，它还不是实体模型，因此不能实行剖切，不能计算物性，不能检查物体间的碰撞和干涉。

3．图形着色模型

边框着色存在的不足本质在于无法确定面的哪一侧是实体，哪一侧不存在实体（即空的），因此实体模型要解决的根本问题就是标识出一个面的哪一侧是实体，哪一侧是空的。为此，对实体建模中采用的法向矢量进行约定，即面的法向矢量指向物体之外。对于一个面，法向矢量指向的一侧为空，矢量指向的反方向为实体，这样对构成的物体的每个表面进行这样的判断，最终即可标识出各个表面包围的空间为实体。为了使得计算机能识别出表面的矢量方向，将组成表面的封闭边定义为有向边，每条边的方向顶点编号的大小确定，即由编号小的顶点（边的起点）指向编号大的顶点（边的终点）为正，然后用有向边的右手法则确定所在面的外法线的方向，如图5-3所示。

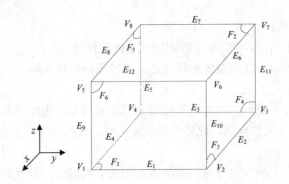

顶点号	坐标值		
	x	y	z
1	1	0	0
2	1	1	0
3	0	1	0
4	0	0	0
5	1	0	1
6	1	1	1
7	0	1	1
8	0	0	1

棱线号	顶点号	
1	1	2
2	2	3
3	3	4
4	4	1
5	5	6
6	6	7
7	7	8
8	8	5
9	1	5
10	2	6
11	3	7
12	4	8

表面	棱线号			
1	1	2	3	4
2	5	6	7	8
3	2	3	7	6
4	3	7	8	4
5	8	5	1	4
6	1	2	6	5

图 5-2   以立方体为例的边框着色模型的数据结构原理

　　图形着色的数据结构不仅记录了全部的几何信息，而且记录了全部点、线、面、体的拓扑信息，这是图形着色与边框着色的根本区别。正因为此，图形着色成了设计与制造自动化及集成的基础。依靠计算机内完整的几何和拓扑信息，所有前面提到的工作，从消隐、剖切、有限元网格划分直到数控刀具轨迹生成都能顺利实现，而且由于着色、光照以及纹理处理等技术的运用使得物体有着出色的可视性，使得它在 CAD/CAM 领域外也有广泛应用，如计算机艺术、广告、动画等。

　　图形着色目前的缺点是尚不能与线框模型以及表面模型间进行双向转化，因此还没能与系统中线框模型的功能以及表面模型的功能融合在一起，图形着色模块还时常作为系统的一个单独的模块。但近年来情况有了很大改善，真正以图形着色为基础的、融三种模型于一体的 CAD 系统已经得到了应用。

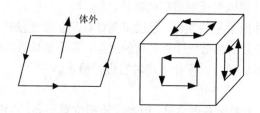

图 5-3　有向边决定外法线方向

📖5.1.2 Mastercam2023 的实体造型

三维实体造型是目前大多数 CAD/CAM 集成软件具有的一种基本功能。Mastercam 自增加实体设计功能以来，目前已经发展成为一套完整成熟的造型技术。它采用 Parasolid 为几何造型核心，可以在熟悉的环境下非常方便直观地快速创建实体模型。它具有以下几个主要特色：

1）通过参数快捷地创建各种基本实体。

2）利用拉伸、旋转、扫描、举升等命令创建形状比较复杂的实体。

3）强大的倒圆、倒角、修剪、抽壳、布尔运算等实体编辑功能。

4）可以计算表面积、体积以及重量等几何属性。

5）实体管理器使得实体创建、编辑等更加高效。

6）提供了与当前其他流行造型软件的无缝接口。

📖5.1.3 实体管理器

实体管理器可供用户观察并编辑实体的操作记录。它以阶层结构方式依产生顺序列出每个实体的操作记录。在实体管理器中，一个实体由一个或一个以上的操作组成，且每个操作分别有自己的参数和图形记录。

1．图素关联的概念

图素关联是指不同图素之间的关系。当第二个图素是利用第一图素来产生时，那么这两个图素之间就产生了关联的关系，即所谓的父子关系。由于第一个元素是产生者，因此称为父，第二个元素是被产生者，因此称为子。子元素是依存父元素而存在的，因此当父元素被删除或被编辑时，子元素也会跟着被删除或被编辑。实体的图素关联会发生在以下的情形：

➢ 　实体（子）和用于产生这个实体的串连外形（父）之间有图素关联关系。

➢ 　以旋转操作产生的实体（子）和其旋转轴（父）之间有图素关联关系。

➢ 　扫描实体（子）和其扫描路径（父）之间有图素关联关系。

如果对父图素做编辑，则实体成为待计算实体（系统会在实体和操作上用一红色【X】做标记）。如果试图删除一父图素，屏幕上会出现警告提示，选择【是】删除父图素时，系统会让实体成为无效实体，选择【否】则取消删除指令。

对于待计算实体，要看到编辑后的实体结果，必须要让系统重新计算。在实体管理器中选择【全部重建】让系统重新计算以生成编辑后的实体。

无效实体是指因对实体做了某些改变，经过重新计算后仍然无法产生的实体。当让系统重新计算实体遭遇问题时，系统会回到重新计算之前的状态，并于实体管理器中在有问题的实体和操作上以一红色的【？】号做标记，以便让用户对它进行修正。

2. 右键菜单

在操作管理器中右击，会弹出右键菜单，但光标所指位置不同，右键菜单的内容也有所不同。图5-4所示分别为实体、实体的某一操作和空白区域的右键菜单。菜单的内容大同小异，下面对主要选项进行说明。

1)【删除】：在列表中选取实体或实体操作，选择快捷菜单中的【删除】选项或直接按键盘的 Delete 键可将选取的实体或操作删除。

要注意的是，不能删除基本实体操作和工具实体。当删除了布尔操作时，其工具实体将不再与目标实体关联而成为一个单独的实体。

图 5-4   右键快捷菜单

2)【禁用】：在列表中选取一个或多个操作，选择快捷菜单中的【禁用】选项后，系统将该操作隐藏起来，并在绘图区显示出隐藏了操作的实体。再次选择【禁用】选项可以重新恢复该操作。

3)【移动停止操作到此处】：在实体管理器的所有实体操作列表中，都有一个结束标志。用户可以将结束标志拖动到该实体操作列表中允许的位置来隐藏后面的操作。

要注意的是，实体的结束标志只能拖动到该实体的某个操作后，即至少前面有该实体的基本操作，同时也不能拖动到其他的实体操作列表中。

4)【移除实体历史记录】：在实体管理器中可以用拖拉的方式移动一操作到某一新的位置以改变实体操作的顺序，从而产生不同的结果。当移动一被选择的操作（按住鼠标左键不放）越过其他操作时，如果这项移动系统允许，光标会变成向下箭头，移动到合适位置释放鼠标左键就可以将这项操作插入到该位置。如果系统不允许，则光标会变成🚫。

5.2　三维实体的创建

从 Mastercam 7.0 开始加入了实体绘图功能，它以 Parasolid 为几何造型核心。Mastercam 既可以利用参数创建一些具有规则的、固定形状的三维基本实体，包括圆柱、锥体、立方体、球体和圆环等，也可以利用拉伸、旋转、扫描、举升等先创建功能，再结合倒圆角、倒角、抽壳、修剪、布尔运算等编辑功能创建复杂的实体。【实体】选项卡如图 5-5 所示。由于基本实体的创建与三维基本曲面的创建大同小异，所以本节不再介绍，读者可以参考三维基本曲面创建的相关内容。

图 5-5　【实体】选项卡

📖5.2.1　拉伸实体

拉伸实体功能可以将空间中共平面的 2D 串连外形截面沿着一直线方向拉伸为一个或多个实体，或对已经存在的实体做切割（除料）或增加（填料）操作，如图 5-6 所示，其操作流程如下：

1）单击【实体】→【创建】→【拉伸】按钮，开始创建拉伸实体。

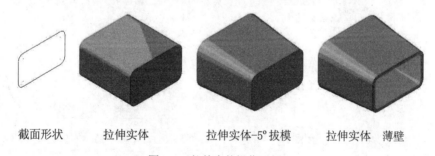

截面形状　　　　拉伸实体　　　　拉伸实体-5°拔模　　　　拉伸实体　薄壁

图 5-6　拉伸实体操作示例

2）利用系统弹出的【线框串连】对话框设置相应的串连方式，并在绘图区域内选择要拉伸实体的图素对象，然后单击该对话框中的【确定】按钮。

3）利用系统弹出的【实体拉伸】对话框设置相应的基本和高级选项参数，然后单击该对话框中的【确定】按钮。

【实体拉伸】对话框包含【基本】和【高级】两个选项卡，分别用于设置拉伸基本以及拔模壁厚的相关参数，具体含义如下：

1. 基本设置

【基本】选项卡主要用于拉伸基本实体出相关参数的设置，如图 5-7 所示。其主要选项的含义如下：

（1）【名称】：设置挤出实体的名称。该名称可以方便后续操作中识别。

（2）【类型】：设置拉伸操作的类型。包括：

1）【创建主体】：即创建一个新的实体。

2）【切割主体】：即将创建的实体去切割原有的实体。

3）【添加凸台】：即将创建的实体添加到原有的实体上。

（3）【串连】：用于选择创建拉伸实体的图形。

（4）【距离】：设置拉伸操作的距离拉伸方式

1）【距离】文本框：按照给定的距离与方向生成拉伸实体，其中拉伸的距离值为【距离】文本框中值。

2）【全部惯通】：拉伸并修剪至目标体。

3）【两端同时延伸】：以设置的拉伸方向及反方向同时来拉伸实体。

4）【修剪到指定面】：将创建或切割所建立的实体修整到目标实体的面上。这样可以避免增加或切割实体时贯穿到目标实体的内部。只有选择建立实体或切割实体时才可以选择该参数。

2．高级设置

【高级】选项卡（见图5-8）用于设置薄壁的相关参数，且所有的参数只有在勾选【拔模】复选框和【壁厚】复选框时系统才会允许设置。薄壁常用于创建加强筋或美工线。该选项卡中的各选项含义如下：

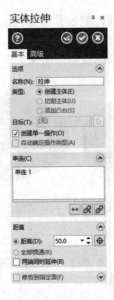
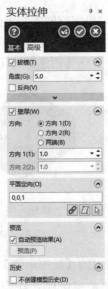

图 5-7　【基本】选项卡　　　　　图 5-8　【高级】选项卡

（1）【拔模】：勾选该复选框可对拉伸的实体进行拔模设置。其中，向外表示拔模的方向向外（见图5-9）。

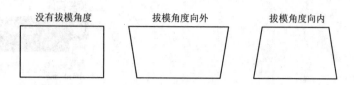

图 5-9 拔模角度的方向

1)【角度】：在该文本框中输入数值用以设置拔模角度。

2)【反向】：勾选该复选框用以调整拔模反向。

（2)【壁厚】：勾选该复选框可设置拉伸实体的壁厚。

1)【方向1】：以封闭式串连外形来创建薄壁实体时，厚度从串连选择的外形向内生成，且厚度值由【方向1（1)】文本框输入。

2)【方向2】：以封闭式串连外形来创建薄壁实体时，厚度从串连选择的外形向外生成，且厚度值由【方向2（2)】文本框输入。

3)【两端】：以封闭式串连外形来创建薄壁实体时，厚度从串连选择的外形向内和向外两个方向生成，且厚度值由【方向1（1)】文本框和【方向2（2)】文本框分别输入。

要注意的是：在进行拉伸实体操作时，可以选择多个串连图素，但这些图素必须在同一个平面内，而且必须是首尾相连的封闭图素，否则无法完成拉伸操作。但在拉伸薄壁时，则允许选择开式串连。

5.2.2 旋转实体

旋转实体功能可以将串连外形截面绕某一旋转轴并依照输入的起始角度和结束角度旋转成一个或多个新实体，或对已经存在的实体做切割（除料）或增加（填料）操作，如图 5-10 所示。其操作流程如下：

1）单击【实体】→【创建】→【旋转】按钮，开始创建旋转实体。

2）利用系统弹出的【线框串连】对话框设置相应的串连方式，并在绘图区域内选择要旋转实体的图素对象，然后单击该对话框中的【确定】按钮。

3）在绘图区域选择旋转轴。可利用系统弹出的【方向】对话框修改或确认刚选择的旋转轴。

4）利用系统弹出的【旋转实体】对话框，如图 5-11 所示。设置相应的旋转参数，然后单击该对话框中的【确定】按钮。

【旋转实体】对话框【基本】选项卡中的【角度】选项组可用于设置旋转操作的【起始】和【结束】角度，【高级】选项卡中的【壁厚】复选框与【实体拉伸】的对话框中的含义类似，这里不再赘述。

Mastercam 2023

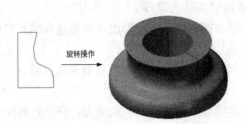

图 5-10 旋转实体操作示例   图 5-11 【旋转实体】对话框

5.2.3 扫描实体

扫描实体功能可以将封闭且共平面的串连外形沿着某一路径扫描以创建一个或一个以上的新实体或对已经存在的实体做切割（除料）或增加（填料）操作，断面和路径之间的角度从头到尾会被保持，如图 5-12 所示。其操作流程如下：

1）单击【实体】→【创建】→【扫描】按钮 ，开始创建扫描实体。

2）利用系统弹出的【线框串连】对话框设置相应的串连方式，并在绘图区域内选择要扫描实体的图素对象，然后单击该对话框中的【确定】按钮 。

3）在绘图区域选择扫描路径。

4）利用系统弹出的【扫描】对话框，如图 5-13 所示，设置相应的扫描参数，然后单击该对话框中的【确定】按钮 。

【扫描】对话框中部分选项含义如下：

（1）【对齐】选项组

1）【法向】：在扫描期间，保持轮廓和引导串连之间的原始角度关系。

2）【平行】：在扫描期间，保持横截面与原始轮廓平行。

（2）【轮廓串连】列表框：显示截面轮廓串连。

（3）【引导串连】列表框：显示引导串连。

（4）【终止轮廓串连】列表框：显示末端截面轮廓串连。

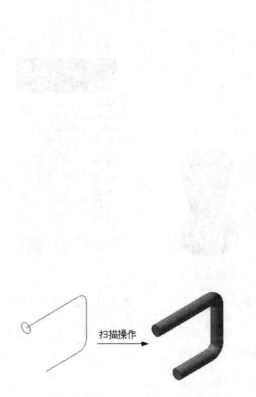

图 5-12　扫描实体操作示例　　　　图 5-13　【扫描】对话框

5.2.4　举升实体

举升实体功能可以以几个作为截面的封闭外形来创建一个新的实体，或对已经存在的实体进行增加或切割操作，系统依次按照串连外形的顺序以平滑或是线性（直纹）方式将外形之间熔接而创建实体，如图 5-14 所示。要成功创建一个举升实体，选择串连外形必须符合以下原则：

1）每一串连外形中的图素必须是共平面，串连外形之间不必共平面。

2）每一串连外形必须形成一封闭式边界。

3）所有串连外形的串连方向必须相同。

4）在举升实体操作中，一串连外形不能被选择两次或两次以上。

5）串连外形不能自我相交。

6）串连外形如有不平顺的转角，必须设定图素对应，以使每一串连外形的转角能相对应，这样后续处理倒角等编辑操作才能顺利执行。

升举实体操作的流程如下：

1）单击【实体】→【创建】→【举升】按钮 ，开始创建举升实体。

2）利用系统弹出的【线框串连】对话框设置相应的串连方式，并在绘图区域内选择要举升实体的图素对象（此时应注意方向的一致性），然后单击该对话框中的【确定】按钮 。

3）利用系统弹出的【举升】对话框（见图 5-15）设置相应的举升参数，然后单击该对话框

中的【确定】按钮。

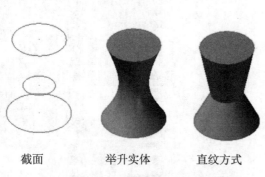

截面　　　　举升实体　　　　直纹方式

图 5-14　举升实体和直纹实体操作示例　　　　图 5-15　【举升】对话框

📖 5.2.5 操作实例——创建连接轴

创建图 5-16 所示的连接轴。

操作步骤如下：

1. 创建旋转实体

（1）单击【视图】→【屏幕视图】→【前视图】按钮🔲，将当前视图设置为前视图。

（2）单击【线框】→【绘线】→【线端点】按钮✏️，以（0,25,0）为起点，（0，-25,0）为终点，绘制一条垂直线作为旋转轴。

（3）单击【线框】→【形状】→【圆角矩形】按钮⬜，以原点为中心绘制宽度和高度分别为（75,50）的矩形，如图 5-17 所示。

（4）单击【转换】→【补正】→【单体补正】按钮↦，选中图 5-17 所示的矩形的右侧直线，将其向左偏移 15，结果如图 5-18 所示。

（5）单击【线框】→【圆弧】→【三点画弧】按钮🖌️，在绘图区拾取图 5-18 所示的第一点，然后在对话框中勾选【相切】复选框，再在绘图区选择图 5-18 所示的偏移直线。接下来在对话框中选择【点】选项，然后在绘图区拾取图 5-18 所示的第三点。单击【确定】按钮✅，圆弧绘制完成，如图 5-19 所示。

（6）单击【线框】→【修剪】→【分割】按钮✂️，对图形进行修剪，结果如图 5-20 所示。

（7）单击【实体】→【创建】→【旋转】按钮📑，系统弹出【线框串连】对话框，在绘图区选择所有图素，单击【确定】按钮✅，再选择直线作为旋转轴，单击【确定】按钮✅，结果如图 5-21 所示。

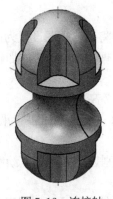
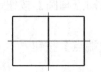
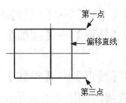

图 5-16 连接轴　　图 5-17 绘制矩形　　图 5-18 偏移直线

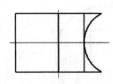

图 5-19 绘制圆弧　　图 5-20 修剪图形　　图 5-21 旋转实体

2．创建圆柱体

（1）单击【视图】→【屏幕视图】→【俯视图】按钮，将当前视图设置为俯视图。

（2）单击【实体】→【基本实体】→【圆柱】按钮，以旋转实体的上表面中心为中心绘制半径为 37.5，高度为 20 的圆柱体，如图 5-22 所示

3．创建球体

（1）单击【视图】→【屏幕视图】→【前视图】按钮，将当前视图设置为前视图。

（2）单击【实体】→【基本实体】→【球】按钮，以圆柱体的上表面中心点为球心，绘制半径为 37.5 的球，扫描【起始】角度为 0，【结束】角度为 180，结果如图 5-23 所示。

图 5-22 创建圆柱体　　图 5-23 创建球体

4．合并实体

单击【实体】→【创建】→【布尔运算】按钮，根据系统提示在绘图区选择圆柱体作为目标主体，系统弹出【布尔运算】对话框，单击【添加选择】按钮，系统弹出【实体选择】对话框，在绘图区选择球体作为工具实体，单击【确定】按钮，返回【布尔运算】对话框，设置【类型】为【结合】，单击【确定】按钮，实体合并完成。

5. 创建拉伸切除实体

（1）单击【视图】→【屏幕视图】→【俯视图】按钮，将当前视图设置为俯视图。

（2）在操作管理器中单击【层别】按钮，打开【层别】管理器，单击【添加新层别】按钮
，创建图层 2。将图层 2 设置为当前层，关闭图层 1。

（3）单击【主页】→【规划】→【Z】后的输入框，输入 Z 高度为 35。

（4）单击【线框】→【圆弧】→【已知点画圆】按钮，以（0, 0, 35）为圆心绘制直径
为 75 的圆。

（5）单击【线框】→【绘线】→【线端点】按钮，分别以圆心为起点绘制长度为 37.5
的水平线和垂直线，如图 5-24 所示。

（6）单击【转换】→【补正】→【单体补正】按钮，系统弹出【偏移图素】对话框，【方
式】选择【移动】，选中刚刚绘制的竖直直线，将其向右偏移 10，选中水平直线将其向上偏移 10，
结果如图 5-25 所示。

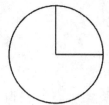
图 5-24 绘制直线

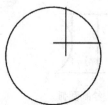
图 5-25 偏移直线

（7）单击【线框】→【修剪】→【图素倒圆角】按钮，选中偏移后的两条直线进行圆角，
圆角半径为 10，如图 5-26 所示。

（8）单击【线框】→【修剪】→【分割】按钮，修剪掉多余的图形，结果如图 5-27 所
示。

（9）单击【转换】→【位置】→【旋转】按钮，选中图 5-27 所示的所有图素，以原点
为旋转中心进行旋转复制，在弹出的【旋转】对话框中设置【编号】为 3，【角度】为 90，结果
如图 5-28 所示。

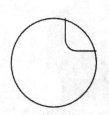
图 5-26 倒圆角

图 5-27 修剪结果

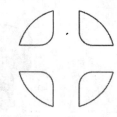
图 5-28 旋转复制

（10）打开图层 1。单击【实体】→【创建】→【拉伸】按钮，选中图 5-29 所示的 4 个
串连，在【实体拉伸】对话框中，【类型】选择【切割主体】，拉伸方向向上，【距离】设置为
50，单击【确定】按钮，完成拉伸切除，结果如图 5-30 所示。

6. 镜像实体

（1）单击【视图】→【屏幕视图】→【前视图】按钮，将当前视图设置为前视图。

（2）单击【主页】→【规划】→【Z】后的输入框，输入 Z 高度为 35。

（3）选中拉伸切除后的合并实体，如图 5-31 所示。单击【转换】→【位置】→【镜像】按钮 ⤵，以 X 轴为镜像轴，镜像实体，结果如图 5-32 所示。

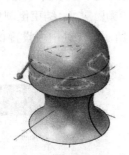

图 5-29　选中串连

图 5-30　拉伸切除结果

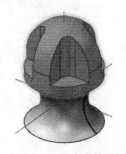

图 5-31　选中实体

图 5-32　镜像结果

5.3 三维实体的编辑

三维实体的编辑是指在创建实体的基础上，修改三维实体模型，它包括实体倒圆角、实体倒角、实体修剪以及实体间的布尔运算等操作。【实体】选项卡如图 5-33 所示。

图 5-33　【实体】选项卡

5.3.1　实体倒圆角

实体倒圆角是在实体的两个相邻的边界之间生成圆滑的过渡。Mastercam2023 可以用【固定半径倒圆角】、【面与面倒圆角】和【变化倒圆角】三种形式对实体边界进行倒圆角。

1. 固定半径倒圆角

固定半径倒圆角的操作流程如下：

1）单击【实体】→【修剪】→【固定半径倒圆角】按钮。

2）系统弹出【实体选择】对话框，如图 5-34 所示，该对话框中有 3 种选择方式，分别为【边缘】选择、【面】选择和【主体】选择。可根据系统的提示在绘图区域选择创建倒圆角特征的对象（边缘、面、主体）。单击对话框中的【确定】按钮，结束倒圆角对象的选择。

3）系统弹出【固定圆角半径】对话框，如图 5-35 所示。在其中可设置相应的倒圆角参数，然后单击该对话框中的【确定】按钮。

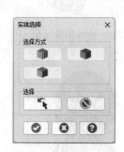

图 5-34 【实体选择】对话框   图 5-35 【固定圆角半径】对话框

对话框中的各选项含义如下：

1）【名称】：实体倒圆角操作的名称。

2）【沿切线边界扩展】：选择该选项，倒圆角自动延长至棱边的相切处。

3）【角落斜接】：用于处理 3 个或 3 个以上棱边相交的顶点。选择该项，顶点平滑处理；不选择该选项，顶点不平滑处理。

4）【半径】组：在该组中的文本框中输入数值，确定倒圆角的半径。

2．面与面倒圆角

面与面倒圆角是在两组面集之间生成圆滑的过渡，面与面倒圆角的操作流程如下：

1）单击【实体】→【修剪】→【面与面倒圆角】按钮。

2）系统弹出【实体选择】对话框，根据系统的提示在绘图区域选择创建倒圆角特征的第一组面对象（面、背面），单击对话框中的【确定】按钮，然后根据系统的提示在绘图区域选择创建倒圆角特征的第二组面对象（面、背面），单击对话框中的【确定】按钮，结束倒圆对象的选择。

3）系统弹出的【面与面倒圆角】对话框，如图 5-36 所示，设置相应的倒圆角参数，并单击该对话框中的【确定】按钮。

【面与面倒圆角】对话框和【固定圆角半径】对话框中的选项大同小异，所不同的是面倒圆角方式选项不同。面倒圆角有【半径】、【宽度】和【控制线】三种方式。

3．变化倒圆角

变化倒圆角的操作流程如下：

1）单击【实体】选项卡【修剪】面板【固定半径倒圆角】中的【变化倒圆角】按钮。

2）系统弹出【实体选择】对话框，根据系统的提示在绘图区域选择创建倒圆角特征的边界对象，然后单击对话框中的【确定】按钮 ，结束倒圆角对象的选择。

3）系统弹出【变化圆角半径】对话框，如图 5-37 所示。在其中可设置相应的倒圆角参数，然后单击该对话框中的【确定】按钮。

图 5-36 【面与面倒圆角】对话框　　图 5-37 【变化圆角半径】对话框

该对话框中各选项的含义如下：

1）名称：实体倒圆角操作的名称。

2）沿切线边界延伸：选择该选项，倒圆角自动延长至棱边的相切处。

3）线性：圆角半径采用线性变化。

4）平滑：圆角半径采用平滑变化。

5）中点：在选取边的中点插入半径点，并提示输入该点的半径值。

6）动态：在选取要倒圆角的边上移动光标来改变插入的位置。

示。

图 5-41　【不同距离倒角】对话框

图 5-42　不同距离倒角操作示例

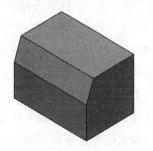

图 5-43　【距离与角度倒角】对话框　　图 5-44　距离与角度倒角操作示例

5.3.3　实体抽壳

实体抽壳可以将实体内部挖空，操作示例如图 5-45 所示。如果选择实体上的一个或多个面则将选择的面作为实体造型的开口，而没有被选择为开口的其他面则以指定值产生厚度；如果选择整个实体，则系统将实体内部挖空，不会产生开口。其创建流程如下：

1）单击【实体】→【修剪】→【抽壳】按钮 🔲。

2）弹出【实体选择】对话框，根据系统提示在绘图区选择要抽壳的主体或面，单击【结束选取】按钮。

3）利用系统弹出的【抽壳】对话框设置实体抽壳参数，如图 5-46 所示，然后单击该对话框中的【确定】按钮 ✅。

实体抽壳的选取对象可以是面或体。当选取面时，系统将面所在的实体做抽壳处理，并在选取面的地方有开口；当选取体时，系统将实体挖空，且没有开口。选取面进行实体抽壳操作时，可以选取多个开口面，但抽壳厚度是相同的，不能单独定义不同的面具有不同的抽壳厚度。

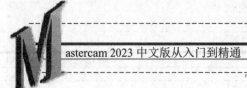

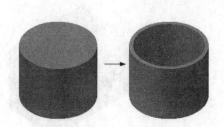

图 5-45　实体抽壳操作示例　　　　　　图 5-46　【抽壳】对话框

5.3.4　实体修剪

实体修剪是指使用平面、曲面或薄壁实体对实体进行切割，从而将实体一分为二。实体修剪既可以保留切割实体的一部分，也可以两部分都保留，Mastercam2023 可以用【修剪到平面】和【修剪到曲面/薄片】两种形式对实体进行修剪。

1. 修剪到平面

1）单击【实体】→【修剪】→【修剪到平面】按钮 。

2）系统弹出【实体选择】对话框，并提示【选择要修剪的主体】。

3）根据系统提示在绘图区选择要修剪的实体，系统弹出【修剪到平面】对话框，如图 5-47 所示，并提示【在修建对话框中修改设置】。

4）选择修剪平面后，单击对话框中的【确定】按钮 ，完成修剪。操作示例如图 5-48 所示。

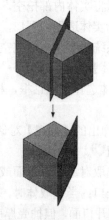

图 5-47　【修剪到平面】对话框　　　　图 5-48　修建到平面操作示例

2．修建到曲面/薄片

1）单击【实体】→【修剪】→【修剪到曲面/薄片】按钮 。

2）系统弹出【实体选择】对话框，根据系统的提示在绘图区域选择待修剪的实体（如果绘图区只有一个实体则不用选择），然后按 Enter 键或单击【结束选取】按钮。

3）系统提示【选择要修剪的曲面或薄片】，然后在绘图区域选择修剪曲面。

4）系统弹出【修剪到曲面/薄片】对话框，如图 5-49 所示。单击该对话框中的【确定】按钮 ，完成修剪操作示例如图 5-50 所示。

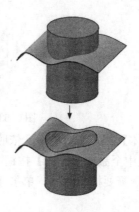

图 5-49　【修剪到曲面/薄片】对话框　　　图 5-50　修剪到曲面/薄片操作示例

5.3.5　薄片加厚

薄片是没有厚度的实体，薄片加厚功能可以将薄片赋予一定的厚度，操作示例如图 5-51 所示。其操作流程如下：

1）单击【实体】→【修剪】→【薄片加厚】按钮 ，系统弹出【加厚】对话框，如图 5-52 所示，选择加厚方向为【方向 1】，然后输入加厚尺寸。

2）单击【加厚】对话框中的【确定】按钮 。

图 5-51　薄片加厚操作示例　　　　　图 5-52　【加厚】对话框

5.3.6 拔模

拔模是指在选定的参考下，对已创建的实体面进行角度偏移。在【拔模】下拉菜单中拔模方式有 4 种，分别为【依照实体面拔模】、【边缘拔模】、【依照拉伸边拔模】和【依照平面拔模】，如图 5-53 所示。下面我们对每种方式进行详细的介绍。

1. 依照实体面拔模

选择一个平面作为参考，基于参照面设置角度对实体面进行拔模。操作示例如图 5-54 所示。其操作流程如下：

图 5-53 【拔模】下拉菜单

1）单击【实体】→【修剪】→【依照实体面拔模】按钮，系统弹出【实体选择】对话框，在选择方式组中至激活了【面】按钮 。

2）在绘图区选择要拔模的面，单击【确实】按钮 ，再在绘图区选择平端面作为参考面。

3）系统弹出【依照实体面拔模】对话框，设置拔模【角度】，如图 5-55 所示。单击【确定】按钮，拔模完成。

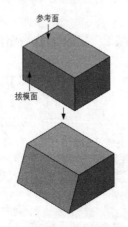

图 5-54 依照实体面拔模操作示例

图 5-55 【依照实体面拔模】对话框

2. 边缘拔模

选择一个边线作为参考，基于参考边线设置角度对实体面进行拔模。操作示例如图 5-56 所示。其操作流程如下：

1）单击【实体】→【修剪】→【依照实体面拔模】按钮，系统弹出【实体选择】对话框，在选择方式组中至激活了【面】按钮 。

2）在绘图区选择要拔模的面，单击【确实】按钮，再在绘图区选择一条边线作为参考。

3）系统弹出【边缘拔模】对话框，设置拔模【角度】，如图 5-57 所示。单击【确定】按钮，拔模完成。

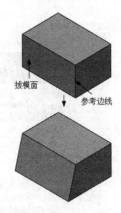

图 5-56　边缘拔模操作示例　　　　　图 5-57　【边缘拔模】对话框

3. 依照拉伸边拔模

选择实体或实体面进行拔模，该命令仅对拉伸实体有效。操作示例如图 5-58 所示。

其操作流程如下：

1）单击【实体】→【修剪】→【依照拉伸边拔模】按钮，系统弹出【实体选择】对话框，在选择方式组中至激活了【面】按钮。

2）在绘图区选择要拔模的面，单击【确实】按钮。

3）系统弹出【依照拉伸拔模】对话框，设置拔模【角度】，如图 5-59 所示。单击【确定】按钮，拔模完成。

图 5-58　依照拉伸边拔模操作示例　　　图 5-59　【依照拉伸拔模】对话框

4. 依照平面拔模

选择实体或实体面进行拔模，该命令仅对拉伸实体有效。操作示例如图 5-60 所示。其操作流程如下：

1）单击【实体】→【修剪】→【依照平面拔模】按钮，系统弹出【实体选择】对话框，在选择方式组中激活了【面】按钮。

2）在绘图区选择要拔模的面，单击【确实】按钮 。

3）系统弹出【依照平面拔模】对话框，单击【平面】选项组中的【依照图素平面】按钮，在绘图区选择圆柱的顶面边线作为平面参考。设置拔模【角度】，如图 5-61 所示。单击【确定】按钮，拔模完成。

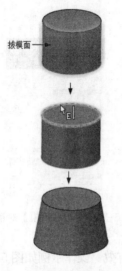

图 5-60　依照平面拔模操作示例　　　　　图 5-61　【依照平面】对话框

【依照平面拔模】对话框中选择平面的方法有 3 种：

（1）【依照直线平面】：单击该按钮，返回绘图区选择一条直线作为平面参考。

（2）【依照图素平面】：单击该按钮，返回绘图区选择一个图素平面、两直线或三点作为平面参考。

（3）【平面名称】：单击该按钮，系统弹出【平面选择】对话框，如图 5-62 所示。在对话框中选择要作为参考的基准平面。

图 5-62　【平面选择】对话框

📖5.3.7　移除实体面

移除实体面功能可以将实体或薄片上的其中一个面删除，操作示例如图 5-63 所示。被删除实体面的实体会转换为薄片。该功能常用于将有问题或设计需要变更的面删除。

1）单击【模型准备】→【修剪】→【移除实体面】按钮。

2）系统弹出【移除实体面】对话框，根据系统提示在绘图区选择实体上表面为需要移除的面，如图 5-64 所示，然后单击【移除实体面】对话框中的【确定】按钮。

3）系统弹出【发现实体历史记录】对话框，选择对话框中的【移除历史记录】按钮，如图 5-65 所示，系统弹出【移除实体面】对话框，单击【原始实体】选项组中的【删除】单选按钮，单击对话框中【确定】按钮，完成操作。

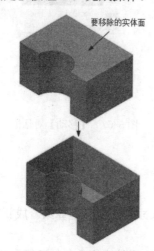

图 5-63　移除实体面操作示例

图 5-64　【移除实体面】对话框

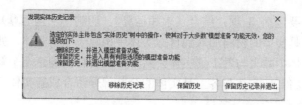

图 5-65　【发现实体历史记录】对话框

📖 5.3.8　移动实体面

移动实体面与拔模操作类似，即将实体的某个面绕旋转轴旋转指定的角度。旋转轴可以是牵引面与表面(或平面)的交线，也可以指定的边界。实体表面倾斜后，有利于实体脱模。其操作流程如下：

1）单击【模型准备】→【建模编辑】→【移动】按钮。

2）在视图区选择实体的前侧面为要移动的实体表面，如图 5-66 所示，然后按 Enter 键。

3）在弹出的【操控坐标】上选择【ZX】面上的旋转圆环，拖动-20°。

4）系统弹出【移动】对话框，如图 5-67 所示，勾选对话框【类型】中的【移动】单选按钮，然后单击【移动】对话框中的【确定】按钮，系统完成移动操作。

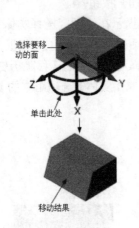

选择要移动的面

Z Y

X

单击此处

移动结果

图 5-66 移动实体面操作示例

图 5-67 【移动】对话框

5.3.9 布尔运算

布尔运算是利用两个或多个已有实体通过求和、求差和求交运算组合成新的实体并删除原有实体。

单击【实体】→【创建】→【布尔运算】按钮，系统弹出【布尔运算】对话框，如图 5-68 所示。

布尔操作类型主要包括 3 项：结合（求和运算）、切割（求差运算）、交集（求交运算）。布尔求和运算是将工具实体的材料加入到目标实体中构建一个新实体，如图 5-69a 所示；布尔求差运算是在目标实体中减去与各工具实体公共部分的材料后构建一个新实体，如图 5-69b 所示；布尔求交运算是将目标实体与各工具实体的公共部分组合成新实体，如图 5-69c 所示。

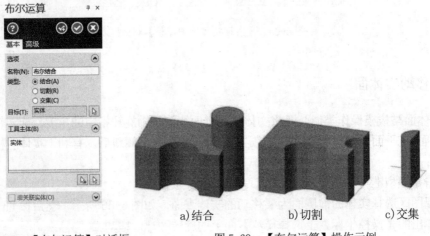

a) 结合　　　b) 切割　　　c) 交集

图 5-68 【布尔运算】对话框　　　图 5-69 【布尔运算】操作示例

5.3.10 直角阵列

直角阵列命令用于创建阵列实体主体或切割主体及特征。操作示例如图 5-70 所示。

直角阵列的操作流程如下：

1）单击【实体】→【创建】→【直角阵列】按钮，如果要阵列的对象是实体特征，系统提示选择要应用图案的目标主体，然后系统弹出【实体选择】对话框，在绘图区选择要复制的实体特征；如果要阵列的对象是切割实体特征，系统弹出【实体选择】对话框，在绘图区选择要复制的切割特征。

2）单击【实体选择】对话框中的【确定】按钮，系统弹出【直角坐标阵列】对话框，如图 5-71 所示。在【方向 1】和【方向 2】选项组中分别设置【阵列次数】、【距离】和【角度】，然后通过【反向】和【两端同时延伸】复选框调整方向。

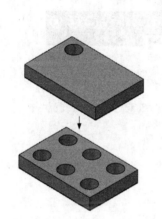

图 5-70 【直角阵列】操作示例　　图 5-71 【直角坐标阵列】对话框

3）单击该对话框中的【确定】按钮，完成阵列。

【直角坐标阵列】对话框中部分选项含义如下：

（1）【类型】选项组：

1）【实体主体凸台】：选择该项，则将工具主体添加到目标主体来创建阵列。若工具主体为切割特征则该项为灰色。

2）【切割实体主体】：选择该项，则从目标主体中移除工具主体来创建阵列，此时要求工具主体必须与目标主体相交。若工具主体为切割特征则该项为灰色。

（2）【方向 1/2】选项组：

1）【阵列次数】：输入从原始特征创建副本的次数。

2）【距离】：定义两个原副本之间的阵列距离。

3）【角度】：定义副本的向量方向。可输入一个在-360°～360°之间的值。

4）【反向】：选择当前状态的相反方向。

5）【两端同时延伸】：在阵列方向和相反方向同时阵列。

📖5.3.11 旋转阵列

旋转阵列命令用于复制一个实体主体或围绕某个中心点进行凸台或切割复制。操作示例如图 5-72 所示。

直角阵列的操作流程如下：

1）单击【实体】→【创建】→【旋转阵列】按钮❖，如果要阵列的对象是实体特征，系统提示选择要应用图案的目标主体，然后系统弹出【实体选择】对话框，在绘图区选择要复制的实体特征；如果要阵列的对象是切割实体特征，系统弹出【实体选择】对话框，在绘图区选择要复制的切割特征。

2）单击【实体选择】对话框中的【确定】按钮 ✅，系统弹出【旋转阵列】对话框，如图 5-73 所示，在【位置和距离】选项组中分别设置【阵列次数】、【中心点】和【分布】，然后通过【反向】复选框调整方向。

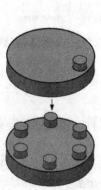

图 5-72　【旋转阵列】操作示例

图 5-73　【旋转阵列】对话框

3）单击该对话框中的【确定】按钮 ✅，完成阵列。

【旋转阵列】对话框中部分选项含义如下：

（1）【中心点】：显示旋转阵列的中心点。单击其后的【自动抓点】按钮 ⊕，则会返回图形窗口，重新选择中心点位置。

（2）【完整循环】：选择该项，则会围绕完整圆周创建等距的旋转阵列。

（3）【圆弧】：选择该项，则激活【角度】输入框，将根据给定的角度值和阵列次数进行阵列。

5.3.12 手动阵列

手动阵列命令是指在阵列时手动指定要阵列副本位置。操作实例如图 5-74 所示。

【手动阵列】的操作流程如下：

1）单击【实体】→【创建】→【手动阵列】按钮，如果要阵列的对象是实体特征，系统提示选择要应用图案的目标主体，然后系统弹出【实体选择】对话框，在绘图区选择要复制的实体特征；如果要阵列的对象是切割实体特征，系统弹出【实体选择】对话框，在绘图区选择要复制的切割特征。

2）单击【实体选择】对话框中的【确定】按钮 ，系统弹出【旋转阵列】对话框，如图 5-75 所示，单击【添加】按钮，返回绘图区选择基准点和放置副本的位置，完成后按 Enter 键，返回对话框。

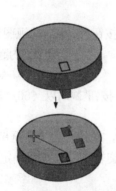 

图 5-74　【手动阵列】操作实例　　　图 5-75　【手动阵列】对话框

3）单击对话框中的【确定】按钮，完成手动阵列。

5.3.13 操作实例——创建转向盘

创建如图 5-76 所示的转向盘。

操作步骤如下：

1. 创建举升实体

（1）单击【视图】→【屏幕视图】→【俯视图】按钮，将当前视图设置为俯视图。

（2）按 F9 键，打开坐标系。

（3）单击【线框】→【圆弧】→【已知点画圆】按钮，系统弹出【已知点画圆】对话框，以原点为圆心绘制半径为 20 的圆。如图 5-77 所示。

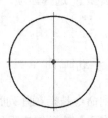

图 5-76 转向盘   图 5-77 绘制半径 20 的圆

（4）同理，以（0，0，15）为圆心绘制半径为 15 的圆，如图 5-78 所示。

（5）单击【实体】→【创建】→【举升】按钮，系统弹出【线框串连】对话框，在绘图区选择刚刚创建的两个圆，注意方向的一致性，结果如图 5-79 所示。

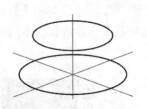

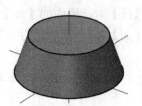

图 5-78 绘制半径 15 的圆   图 5-79 创建举升实体

2. 创建旋转实体

（1）单击【视图】→【屏幕视图】→【前视图】按钮，将当前视图设置为前视图。

（2）单击【线框】→【绘线】→【线端点】按钮，以（0，0，0）为起点，绘制一条垂直线作为旋转轴。

（3）单击【线框】→【圆弧】→【已知点画圆】按钮，以（60，15，0）为圆心绘制直径为 10 的圆，如图 5-80 所示。

（4）单击【实体】→【创建】→【旋转】按钮，系统弹出【线框串连】对话框，在绘图区选择圆，单击【确定】按钮，再选择直线作为旋转轴，单击【确定】按钮，结果如图 5-81 所示。

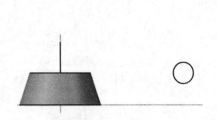

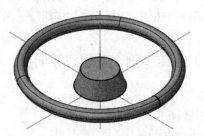

图 5-80 绘制圆   图 5-81 创建旋转实体

3. 创建扫描实体

（1）单击【视图】→【屏幕视图】→【前视图】按钮，将当前视图设置为前视图。

（2）单击【线框】→【曲线】→【手动画曲线】按钮，依次输入以下坐标点（13，6，0）、（17.5，7.5，0）、（32.5，12，0）、（45，14，0）和（60，15，0）绘制样条曲线，如图 5-82 所示。

（3）单击【视图】→【屏幕视图】→【左视图】按钮，将当前视图设置为左视图。

（4）单击【线框】→【圆弧】→【已知点画圆】按钮，以样条曲线的起点（13,6,0）为圆心绘制直径为 7.5 的圆，如图 5-83 所示。

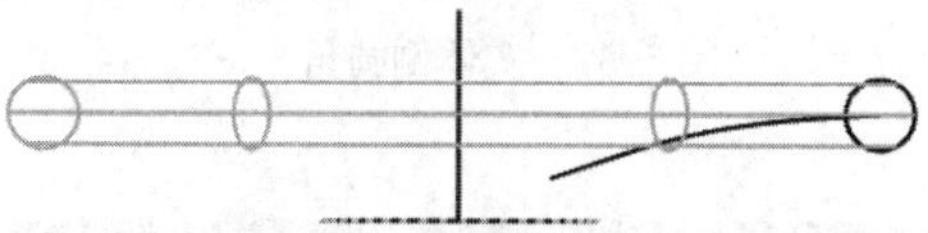

图 5-82　绘制样条曲线

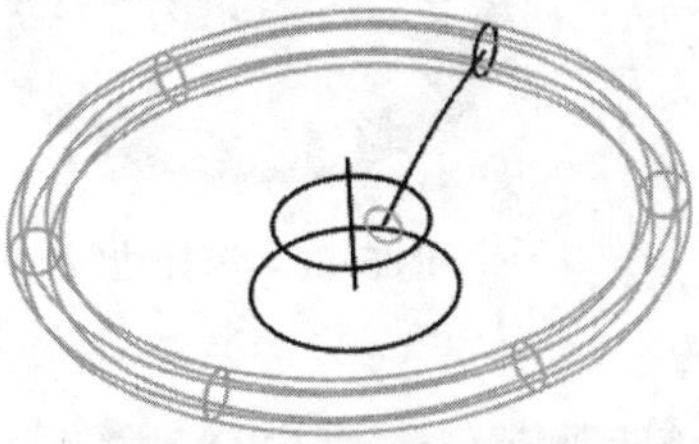

图 5-83　绘制圆

（5）单击【实体】→【创建】→【扫描】按钮，系统弹出【线框串连】对话框，在绘图区选择圆，单击【确定】按钮，再选择样条曲线，扫描实体如图 5-84 所示。

4. 旋转阵列扫描实体

（1）单击【视图】→【屏幕视图】→【俯视图】按钮，将当前视图设置为俯视图。

（2）单击【实体】→【创建】→【旋转阵列】按钮，在绘图区选择旋转实体为目标主体，选择扫描实体作为要旋转阵列的实体，以原点为旋转中心，在弹出的【旋转阵列】对话框中选择【类型】为【实体主体凸台】，设置【阵列次数】为 2，【分布】选择【完整循环】，单击【确定】按钮，结果如图 5-85 所示。

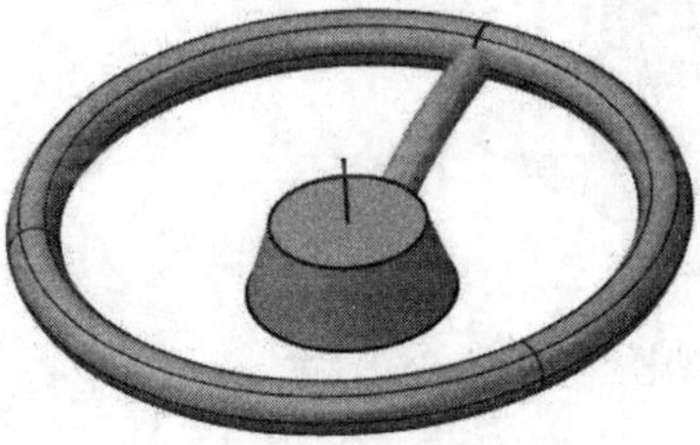

图 5-84　创建扫描实体

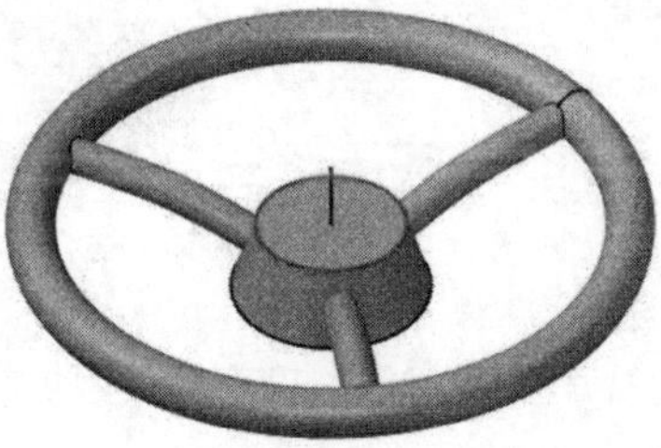

图 5-85　旋转复制结果

5. 合并实体

（1）单击【实体】→【创建】→【布尔运算】按钮，根据系统提示在绘图区选择举升实体作为目标主体，系统弹出【布尔运算】对话框，单击【添加选择】按钮，系统弹出【实体选择】对话框，在绘图区选择阵列后自动合并了的旋转实体和扫描实体，单击【确定】按钮，返回【布尔运算】对话框，设置【类型】为【结合】，单击【确定并创建新操作】按钮，实体合并完成。

（2）同理，选择步骤（1）合并后的实体为目标实体，选择举升实体为工具实体进行合并。

6. 实体倒圆角

单击【实体】→【修剪】→【固定半径倒圆角】按钮，系统弹出【实体选择】对话框，单击【边缘】按钮，在绘图区选中图 5-86 所示的边线并按 Enter 键，系统弹出【固定圆角半径】对话框，设置圆角半径为 2.5，单击【确定】按钮，结果如图 5-87 所示。

| 图 5-86　选择边线 | 图 5-87　实体倒圆角 |

5.4　综合实例——支架

支架模型如图 5-88 所示，其主要由底板、圆台孔、支撑部分以及连接孔等构成。通过本实例的操作，读者可以对构图深度的含义、平面的创建、图层的操作管理以及一些基本的二维、三维实体创建有进一步认识。

　网盘\动画演示\第 4 章\支架. MP4

图 5-88　支架模型

📖 5.4.1　创建底板特征

1. 创建矩形

（1）单击管理器中的【层别】选项，切换到【层别】对话框，在该对话框的【编号】文本框中输入 1，在【名称】文本框中输入【实线】，创建实线层。

（2）单击【视图】→【屏幕视图】→【俯视图】按钮，将当前视图设置为俯视图。然后在【主页】选项卡【规划】面板中设置构图深度【Z】为 0，在【属性】面板中设置【线框颜色】为 12（红色）。

（3）单击【线框】→【形状】→【矩形】按钮，系统弹出【矩形】对话框，勾选对话框中的【矩形中心点】复选框，以原点为中心绘制宽度和高度分别为 300 和 200 的矩形，单击【确定】按钮，完成矩形的绘制，如图 5-89 所示。

2．创建拉伸实体

（1）单击管理器中的【层别】选项，切换到【层别】管理器对话框，在该对话框的【编号】
文本框中输入 2，在【名称】文本框中输入【实体】，创建实体层，并将该图层设置为当前图层。

（2）单击【视图】→【屏幕视图】→【等视图】按钮，将视角调整为等视角；然后在【主
页】选项卡【属性】面板中设置【实体颜色】为 10（绿色）。

（3）单击【实体】→【创建】→【拉伸】按钮，系统弹出【线框串连】对话框，选择矩
形串连，并将拉伸方向设置为如图 5-90 所示（如果不是，则单击【实体拉伸】对话框中的【全
部反向】按钮）。

（4）在【实体拉伸】对话框【类型】中选择【创建主体】单选按钮，在【距离】选项组中
的【距离】文本框中输入 20，如图 5-91 所示。然后单击【确定】按钮。

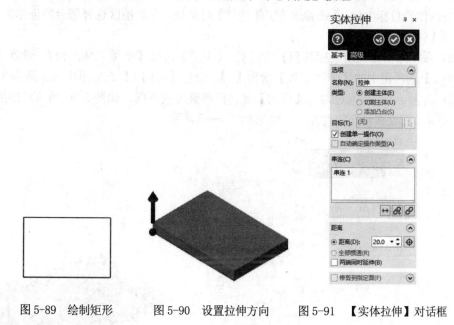

图 5-89　绘制矩形　　　图 5-90　设置拉伸方向　　　图 5-91　【实体拉伸】对话框

5.4.2 创建圆台孔特征

1．绘制截面图

（1）单击【视图】→【屏幕视图】→【俯视图】按钮，状态栏显示【绘图平面】为【俯视
图】。然后在【主页】选项卡【规划】面板中设置构图深度【Z】为 20、【层别】为 1。

（2）单击【线框】→【圆弧】→【已知点画圆】按钮，系统弹出【已知点画圆】对话框，
以点 (120,70) 为圆心绘制直径为 40 和 30 的同心圆，如图 5-92 所示。

2．创建拉伸特征

（1）将图层 2 设置为当前层。单击【实体】→【创建】→【拉伸】按钮，系统弹出【线
框串连】对话框，选择两个圆作为串连，如图 5-92 所示。

（2）系统弹出【实体拉伸】对话框，在【类型】中选择【创建主体】单选按钮，拉伸方向

向上，在【距离】组中的【距离】文本框中输入 10，然后单击【确定】按钮，结果如图 5-93 所示。

图 5-92　绘制同心圆　　　　　　　　　图 5-93　创建拉伸实体

3. 创建直角阵列特征

（1）单击【实体】→【创建】→【直角阵列】按钮，根据系统的提示在绘图区中选择拉伸的立方体作为目标主体，系统弹出【实体选择】对话框，在绘图区选择圆台特征作为工具主体，然后单击【确定】按钮。

（2）系统弹出【直角坐标阵列】对话框，【类型】选择【实体主体凸台】，设置【方向 1】和【方向 2】选项组中的【阵列次数】均为【1】，设置【方向 1】选项组中的距离为 240、【方向 2】中的距离为 140，可通过勾选【反向】复选框调整阵列方向，如图 5-94 所示。然后单击【确定】按钮，完成圆台孔阵列操作，结果如图 5-95 所示。

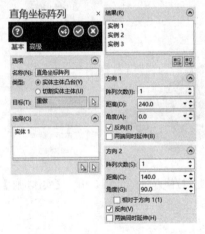
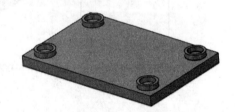

图 5-94　【直角阵列】对话框　　　　　　　　　图 5-95　阵列结果

5.4.3　创建支撑部分特征

1. 创建扫描实体

（1）单击【视图】→【屏幕视图】→【右视图】按钮，状态栏显示【绘图平面】为【右视图】。

（2）将图层 1 设置为当前层。单击【线框】→【绘线】→【线端点】按钮，以图 5-96 所示的立方体的棱边的中点为起点绘制长度为 50 的垂直线，再以该直线的终点为起点绘制长度为 60 的水平线，如图 5-96 所示。

（3）单击【线框】→【修剪】→【图素倒圆角】按钮，选中刚刚绘制的两条直线进行圆角处理，圆角半径设置为 10，结果如图 5-97 所示。

（4）单击【视图】→【屏幕视图】→【俯视图】按钮🗔，将当前视图设置为俯视图。

（5）单击【线框】→【形状】→【圆角矩形】按钮▢，在【矩形形状】对话框中原点设置如图 5-98 所示。在绘图区拾取垂直线的下端点作为基准点，绘制宽度和高度分别为 80 和 20 的矩形，如图 5-99 所示。

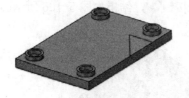 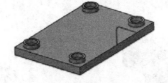 

图 5-96　绘制直线　　　　　　　图 5-97　倒圆角　　　　　　　图 5-98　原始设置

（6）单击【实体】→【创建】→【扫描】按钮✏，选择矩形为截面串连，选择图 5-100 所示的串连为引导串连，在【扫描】对话框中【对齐】选择【法向】，单击【确定】按钮✔，扫描结果如图 5-101 所示。

  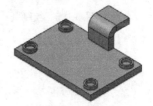

图 5-99　绘制矩形　　　　　　图 5-100　选择串连　　　图 5-101　扫描实体

2. 创建拉伸特征

（1）将图层 1 设置为当前层。单击【线框】→【圆弧】→【已知点画圆】按钮⊕，以图 5-102 所示的棱边的中点为圆心，绘制直径为 80 的圆，单击【确定】按钮✔。

（2）将图层 2 设置为当前层。单击【实体】→【创建】→【拉伸】按钮📤，系统弹出【线框串连】对话框，在绘图区选择圆，调整拉伸方向向下。

（3）系统弹出【实体拉伸】对话框，【类型】选择【添加凸台】，在【距离】选项组中的【距离】文本框中输入 30，然后单击【确定并创建新操作】按钮🔄，结果如图 5-103 所示。

（4）同理，在绘图区选择圆，拉伸方向向上，距离设置为 10，结果如图 5-104 所示。

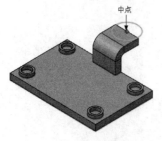 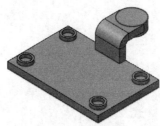 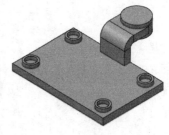

图 5-102　绘制圆　　　　　图 5-103　创建拉伸实体 1　　　图 5-104　创建拉伸实体 2

3. 创建拉伸切除特征

（1）将图层 1 设置为当前图层。单击【线框】→【圆弧】→【已知点画圆】按钮⊕，以圆台的圆心点为圆心，绘制直径为 60 的圆，单击【确定】按钮✓，结果如图 5-105 所示。

（2）将图层 2 设置为当前图层。单击【实体】→【创建】→【拉伸】按钮，系统弹出【线框串连】对话框，在绘图区选择直径 60 的圆，在【实体拉伸】对话框中【类型】选择【切割主体】，调整拉伸方向向下，【距离】设置为 50，单击【确定】按钮✓，结果如图 5-106 所示。

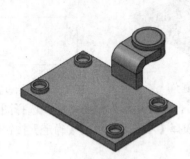 

图 5-105　绘制圆　　　　　　　　　　图 5-106　创建拉伸切除特征

第6章

CAM 通用设置

CAM 主要是根据工件的几何外形，通过相关的切削参数设置来生成刀具路径，进而生成数控程序。

虽然对于不同的加工方法，要设置的切削参数是不同的。但一些通用的设置，如刀具设置、材料设置等却是相同的，也是必不可少的。因此在介绍刀具路径生成之前，要对这些内容进行介绍。

重点与难点

- 刀具的设定与管理
- 材料的设定与管理
- 操作管理
- 工件的设定与管理
- 三维特定通用参数设置

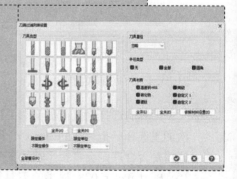

6.1 刀具设定与管理

6.1.1 机床和控制系统的选择

在 Mastercam2023 中,不同的加工设备对应不同的加工方式和后处理文件,因此在编制刀路前需要选择正确的加工设备(加工模块),这样生成的程序才能满足机床加工的需要,且修改量相对较小。

机床定义允许用户使用多个 Mastercam2023 产品类型,如铣床、车床、线切割,且不同的机床类型用不同的扩展名表示,即.MMD——铣床、.LMD——车床、.RMD——木雕、.WMD——线切割。用户可以方便地从【机床】选项卡【机床类型】面板中选择不同类型的机床以供使用,如图 6-1所示。

对于具体的机床,如果需要使用的机床定义在子菜单列表中,可以直接选择它,其中立式铣床的主轴垂直于机床工作台,卧式铣床的主轴平行于机床工作台。4 轴、5 轴联动数控铣床比 3轴联动数控铣床分别多了一个和两个旋转轴,因而加工范围更加广泛,一次装夹就可以完成多个面的加工任务,不仅提高了加工效率,也提高了加工精度。单击"机床列表管理"子菜单项,即可从弹出的对话框中选择需要定义的机床定义文件。对于初学者来说,选择默认铣床就可以了。

在 Mastercam2023 中,机床定义是刀路管理器中机床组参数的一部分。当选择一种机床类型时,就会创建一个新的机床组和刀路组,如图 6-2 所示,相应的刀路菜单也随之改变。

图 6-1 【机床类型】面板

图 6-2 刀路管理器

6.1.2 刀具选择

刀具的选择是机械加工中关键的环节之一,在设置每一种加工方法时,首要的工作就是为此次加工选择一把合适的刀具。合理地选择刀具不仅需要有专业的知识,还要有丰富的经验,而选择得是否合理则会直接影响加工的成败和效率。

Mastercam2023 提供的刀具管理器可以选择和管理加工中所有使用的刀具和刀具库中的刀具,用户既可以根据需要选择相应的刀具类型,也可以将加工中使用的刀具保存到刀具库中。

单击【刀路】→【工具】→【刀具管理】按钮，弹出【刀具管理】对话框，如图 6-3 所示。

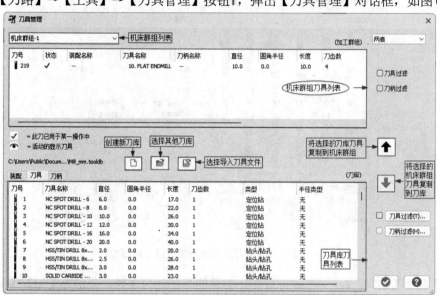

图 6-3　【刀具管理】对话框

1．机床群组刀具列表

机床组下拉列表中列出了当前刀路所使用的机床。选择任何一种机床，机床群组刀具列表中都会列出该机床在当前加工中使用的所有刀具。如果勾选【刀具过滤】复选项，则系统只显示以✔为标识的使用中的零件刀具。单击按钮⬆可以将选择的刀具库中的刀具复制到机床群组刀具列表中。

2．刀具库刀具列表

刀具库下拉列表中列出了所有刀具库。选择任何一个刀具库，都会在刀具库刀具列表中显示该刀具库中所有的刀具。单击按钮⬇也可以将机床群组刀具列表中选中的刀具复制到当前使用的刀具库中。

3．刀具过滤器

为了快速选择刀具，可以按照刀具的类型、材料或尺寸等条件过滤刀具。还可以通过在【刀具管理】对话框中单击按钮 [刀具过滤(T)...]，对过滤规则进行设置。【刀具过滤列表设置】对话框如图 6-4 所示。

对话框中各选项的含义如下：

1）【刀具类型】：提供了 29 种形状的刀具。用户可以将光标移到刀具按钮上面，观察刀具的名称，用户可以通过【限定操作】（包括【不限定的操作】、【已使用于操作】和【未使用于操作】三种选项）和【限定单位】（包括【不限定单位】、【英制】和【公制】三种选项）下拉列表快速选择需要的刀具。

2）【刀具直径】：用户可以用刀具直径限制刀具管理显示某种类型的刀具，Mastercam2023 中，刀具直径过滤有 5 种情形，分别为【忽略】、【等于】、【小于】、【大于】和【两者之间】。对于后 4 种情形，其限定值由文本框给定。

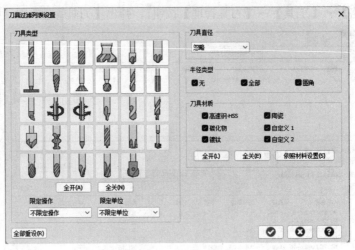

图 6-4 【刀具过滤列表设置】对话框

3)【半径类型】：在 Mastercam2023 中，刀具的半径分为 3 种，分别为【无】、【圆角】、【全部】。

4)【刀具材质】：刀具材质根据刀具材料限制刀具管理刀具的显示，用户可以选择下列的一种或多种材料：高速钢-HSS、碳化物、镀钛、陶瓷、自定义 1、自定义 2。

📖6.1.3 刀具参数设定

双击【刀具管理】对话框中的任何一个刀具，系统将弹出如图 6-5 所示的【编辑刀具】对话框。用户可以在该对话框中设置选定刀具的具体参数，设置完毕后单击按钮 完成 ，即可完成编辑刀具操作。

图 6-5 【编辑刀具】对话框 1

设置好刀具参数后，单击按钮 下一步 ，弹出如图6-6所示的对话框，在该对话框中可以设置刀具在加工时的有关参数，其主要选项的含义如下：

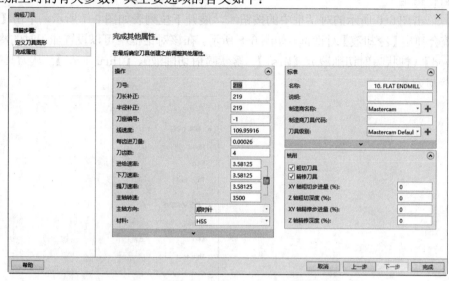

图6-6 【编辑刀具】对话框2

1)【XY 轴粗切步进量（%）】：设定粗加工时在 XY 轴轴方向的步距进给量。按照刀具直径的百分比设置该步进量。

2)【XY 轴精修步进量】：设定精加工时在 XY 轴轴方向的步距进给量。

3)【Z 轴粗切深度（%）】：设定粗加工时在 Z 轴方向的步距进给量。按照刀具直径的百分比设置该步进量。

4)【Z 轴精修深度（%）】：设定精加工时在 Z 轴方向的步距进给量。按照刀具直径的百分比设置该步进量。

5)【材料】：Mastercam2023 提供 Carbide（硬质合金）、Ceramic（陶瓷）、HSS（高速工具钢）、Ti Coated（镀钛）、User Def1（自定义1）和 User Def1（自定义2）六种材料。

6)【刀长补正】：用于在机床控制器补偿时设置在数控机床中的刀具长度补偿器号码。

7)【半径补正】：此号码为使用 G41、G42 语句在机床控制器补偿时，设置在数控机床中的刀具半径补偿号码。

8)【线速度】：依据系统参数所预设的建议平面切削速度百分比。

9)【每齿进刀量】：依据系统参数所预设进刀量的百分比。

10)【刀齿数】：设置刀具切削刃数。

11)【进给速率】：设置进给速度。

12)【下刀速率】：设置进刀速度。

13)【提刀速率】：设置退刀速度。

14)【主轴转速】、【主轴方向】：设定主轴转速和旋转方向，其中旋转方向包括顺时针和逆时针两种。

用户不需要指定所有的参数，只需给定部分信息，然后单击【点击重新计算进给速率和主轴

转速】按钮，系统即可自动计算出合适的其他参数。当然，如果用户对系统计算出的参数不满意，可以自行指定。

另外，单击图 6-6 所示的对话框中的按钮，展开下拉列表如图 6-7 所示。单击【冷却液】按钮，系统会弹出【冷却液】对话框，如图 6-8 所示。在该对话框中可以设置加工时的冷却方式，包括【Flood】（柱状喷射切削液）、【Mist】（雾状喷射切削液）、【Thru-tool】（从刀具喷出切削液）三种冷却方式。

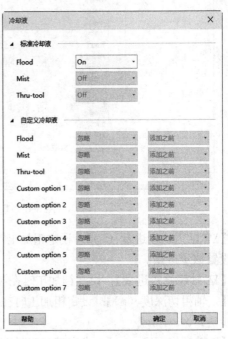

图 6-7　更多选项下拉列表　　　　　　图 6-8　【冷却液】对话框

6.2 材料设定与管理

在模拟加工时，材料的选择会直接影响主轴转速、进给速度等加工参数。在 Mastercam2023 中，用户既可以直接选择需要使用的材料，也可以根据需要自行设置。

6.2.1 材料选择

单击【机床】→【机床设置】→【材料】按钮，系统弹出【材料列表】对话框，如图 6-9 所示。通过设置该对话框中【显示选项】，可以在【原始】下拉列表中显示材料列表。也可以在该对话框中的任意位置右击，通过弹出的如图 6-10 所示的快捷菜单来显示材料列表。

1)【从材料中获取】：可以通过该选项显示材料列表，从中选择需要使用的材料并添加到当前材料列表中。

2)【保存到材料库】：可以将当前新建、编辑的材料保存到材料库中。

3）【新建】、【删除】、【编辑】：可以新建材料或对当前选中的材料进行删除、编辑。

图 6-9　【材料列表】对话框　　　　　　图 6-10　快捷菜单

6.2.2　材料参数设定

在材料库列表中双击任何一种材料，都会弹出如图 6-11 所示的【材料定义】对话框，在其中可修改材料参数。但是，当用户需要自行设置材料时，在【材料列表】对话框中右击，在弹出的快捷菜单中选择【新建…】命令，便可以根据需要自行设置材料参数。

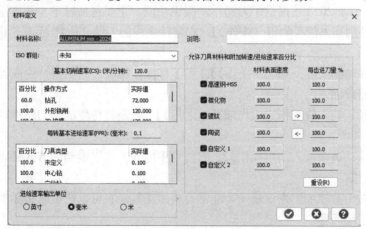

图 6-11　【材料定义】对话框

6.3　操作管理

在生成刀路以后，需要进行刀路的模拟和加工模拟，以便验证刀路的正确性。

Mastercam2023 提供了非常简便的操作管理方式——操作管理器，用户既可以用它来完成刀路的模拟和加工模拟，也可以通过它来编辑和修改刀路以及生成 CNC 可识别的 NC 代码。

6.3.1 按钮功能

利用操作管理器的按钮可以非常方便地实现对生成的刀路进行编辑与验证以及加工模拟和后处理等操作。图 6-12 所示为操作管理选项卡按钮。

图 6-12　操作管理选项卡按钮

1．刀路的选择、验证与移动

单击【选择全部操作】按钮，系统会选中模型中所有正确的刀路，被选中的操作以标识。如果要取消已经被选中的刀路，可以单击【选择全部失效操作】按钮，未被选中的操作以标识。

当用户对一个操作的相应参数进行修改以后，必须单击【重建全部已选择的操作】按钮，验证其有效性（验证前必须保证该路径被选中）。单击【重建全部已失效的操作】按钮，则可以验证未被选中的操作。

同时 Mastercam2023 还提供了刀路移动编辑功能，主要包括以下 4 种方法：

1)【▼（移动插入箭头到下一操作）】：它将待生成的刀路（用▶标识）移动到目前位置的下一个刀路之后。

2)【▲（移动插入箭头到上一操作）】：和下移操作相反，它是将待生成刀路移动到目前位置的上一个刀路前面。

3)【⌐（插入箭头位于指定操作或群组之后）】：它是将待生成的刀路移动到指定的刀路之后。

4)【⇕（滚动箭头插入指定操作）】：它将待生成的刀路以滚动的方式插入指定位置。

2．刀路模拟

刀路模拟对于数控加工来说是一个非常有用的工具，它可以在机床实际加工之前进行刀路的检验，提前发现问题。

单击【模拟已选择的操作】按钮，系统弹出【路径模拟】对话框及【刀路模拟播放】工具条，如图 6-13 所示。

【路径模拟】对话框中各选项的含义如下：

1)【（显示颜色切换）】：将刀路用各种颜色显示出来，以便于用户更加直观地观察刀路。

2)【（显示刀具）】：在刀路模拟过程中显示刀具，以便在加工过程中检验刀具是否与工件发生碰撞干涉。

3）【（显示刀柄）】：在刀路模拟过程中显示夹头，以便检验在加工过程中刀具以及刀具的夹头是否与工件发生碰撞干涉。该选项只有在  被选中后才能进行设置。

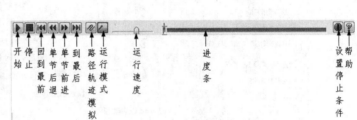

图6-13　【路径模拟】对话框及【刀路模拟播放】工具条

4）【（显示快速）】：显示在加工过程中的快速进给路径。

5）【（显示终止点）】：显示刀路的节点。

6）【（简单验证）】：快速校验刀路。

7）【（选项）】：单击此按钮，系统弹出【刀路模拟选项】对话框，如图 6-14 所示。在该对话框中可以对刀路模拟过程中的一些参数进行设置，如刀路显示和步进模式。

利用【路径模拟播放】工具条可以对模拟过程进行控制。单击【设置停止条件】按钮 ，系统弹出【暂停设定】对话框，如图 6-15 所示。利用该对话框可以对刀路模拟在某步加工、某步操作、换刀处以及具体坐标位置暂停模拟。

3．加工模拟

单击【实体仿真所选操作】按钮 ，系统弹出【Mastercam 模拟】对话框，如图 6-16 所示。利用该对话框可以在绘图区观察加工过程和加工结果。

4．后处理

刀路生成以后，经刀路检验无误后，就可以进行后处理操作了。后处理就是将刀路文件翻译成数控加工程序。单击【执行选择的操作进行后处理】按钮G1，弹出【后处理程序】对话框，如图 6-17 所示。

不同的数控系统所使用的加工程序的格式是不同的，用户应根据机床数控系统的类型选择相应的后处理器，系统默认的后处理器为日本 FANUC 数控系统控制器（MPFAN.PST）。若要使用

其他的后处理器，可以单击【选择后处理】按钮，然后在弹出的对话框中选择与用户数控系统相对应的后处理器。

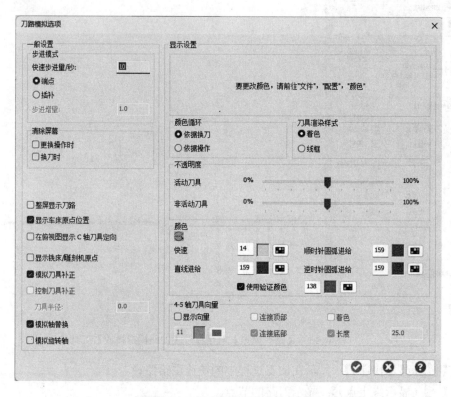

图 6-14 【刀路模拟选项】对话框

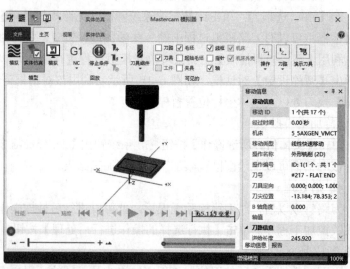

图 6-15 【暂停设定】对话框　　　　图 6-16 【Mastercam 模拟】对话框

NCI 文件是一种过渡性质的文件，即刀路文件，而 NC 文件则是传递给机床的数控 G 代码程序文件，因此输出 NC 文件是非常有用的。选择【覆盖】选项，系统自动对原来的 NCI 文件或 NC 文件进行更新；选择【询问】选项，则系统在更新 NCI 文件或 NC 文件前提示用户。选择【编辑】选项，则系统在生成 NCI 文件或 NC 文件后自动打开文件编辑器，用户可以查看或编辑 NCI 文件或 NC 文件。选中【传输到机床】复选框，则在生成并存储 NC 文件的同时将 NC 文件通过串口或网络传输至机床设备的数控系统中。单击按钮 ，弹出【传输】对话框，用户可以在该对话框中对 NC 文件的通信参数进行设置。传输参数设置如图 6-18 所示。

图 6-17　【后处理程序】对话框　　　图 6-18　【传输】对话框

5. 快速进给

在输入加工参数时，同一步刀路一般采用同一种加工速度，而在具体加工过程中，同一步刀路中刀具有时走直线有时走圆弧线或曲线，有时还是空行程，因此采用同一种加工速度会浪费很多的加工时间。用户可以通过【快速进给】命令来调节加工速度，如在进行直线加工和空行程时加速而在圆弧加工时减速等，以提高加工速度，优化加工程序。

在刀具管理器中单击【省时高效率加工】按钮 ，系统弹出【省时高效率加工】对话框，如图 6-19 所示。该对话框包含两个选项卡，利用这两个选项卡可以优化参数，对材料进行设置。

设置完成以后，单击【省时高效率加工】对话框中的【确定】按钮 ，弹出【省时高效加工】对话框，如图 6-20 所示。单击对话框中的【步进】按钮 或【运行】按钮 ，系统会重新计算轨迹参数，并将优化后的效果进行汇报。注意，快速进给只对 G0~G03 的功能代码段有效。

6. 其他功能按钮

除了上述的功能按钮外，Mastercam2023 还提供了很多非常实用的功能按钮。

1)【 （删除所有操作群组和刀具）】：删除所有选中的操作。

2)【 （帮助）】：提供相关的帮助信息。

3)【 （切换锁定选择的操作）】：锁定所有选中的操作，被锁定的操作不能被编辑修改。

4)【≈（切换显示已选择的刀路操作）】：隐藏或显示所有选中的刀路。

5)【▥（切换已选择的操作不后处理）】：关闭所有选中的操作，不生成后处理程序。在选中的操作被关闭后，如果再次单击该按钮则恢复所有被关闭的操作。

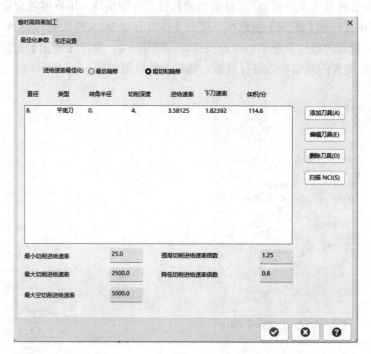

图 6-19　【省时高效率加工】对话框

6)【▧（仅显示已选择的刀路）】：单击该按钮，则只显示被选中的刀路。

7)【▢（仅显示关联图形）】：单击该按钮，则只显示被选中操作的关联图形。

📖6.3.2　树状图功能

为了方便用户进行各种操作,操作管理器中的树状图 6-21 显示了机床组以及刀路的树状关系,单击其中的任何一个选项都会打开相应的对话框。同时，在每一项上或空白区域右击，也会弹出相应的快捷菜单。

在操作管理器的空白区域或每个选项上右击，都会弹出一个快捷菜单，如图 6-22 所示。该菜单包含了许多 CAM 功能，利用它可以方便快捷地完成刀路编辑、后处理等一系列操作。

1. 铣床刀路子菜单

选择树状图右键快捷菜单中的【铣床刀路】选项，将弹出如图 6-23 所示的铣床刀路子菜单，该菜单包含了主菜单【刀路】中的主要内容，通过它可以完成铣削加工的各种刀路的创建。

如果选择其他功能模块，则该类型的刀路选项将被激活，如选择线切割模块，则【线切割刀路】选项被激活。

2. 编辑选项操作

选择【编辑已经选择的操作】选项，则弹出如图 6-24 所示的子菜单，用户可以利用它完成各选项的编辑工作。

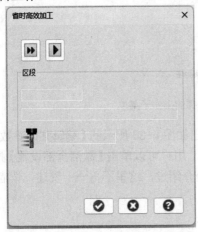

图 6-20 【省时高效加工】对话框

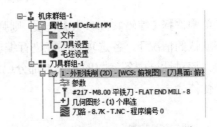

图 6-21 树状图

图 6-22 树状图右键快捷菜单

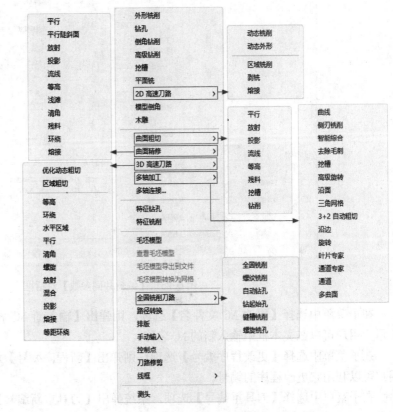

图 6-23 铣削刀路子菜单

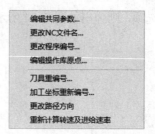

图 6-24　编辑已经选择的操作子菜单

在子菜单中选择【编辑共同参数】选项，则弹出如图 6-25 所示的【编辑共同参数】对话框，该对话框在默认的情况下，各选项都不能进行编辑，用户可以单击【激活全部设置】按钮 ⬛，激活所有项。该对话框中各参数的含义大部分已经介绍过，这里不再一一赘述，读者可以结合相关内容自行体会。

图 6-25　【编辑共同参数】对话框

在子菜单中选择【更改 NC 文件名】选项，则弹出【输入新 NC 名称】对话框，如图 6-26 所示，用户可以在文本框中输入新的 NC 名称。

在子菜单中选择【更改程序编号】选项，则弹出【新程序编号】对话框，如图 6-27 所示，用户可以利用它更改程序的编号。

在子菜单中选择【刀具重编号】选项，系统弹出【刀具重新编号】对话框，在其中可以对刀具重新编号，如图 6-28 所示。

在子菜单中选择【加工坐标重新编号】选项，则系统弹出【加工坐标系重新编号】对话框，在其中可以对加工坐标编号进行重排，如图 6-29 所示。

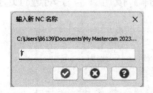

图 6-26　【输入新 NC 名称】对话框

图 6-27　【新程序编号】对话框

图 6-28　【刀具重新编号】对话框

图 6-29　【加工坐标系重新编号】对话框

在子菜单中选择【更改路径方向】选项，则系统将刀路头尾反过来。

在子菜单中选择【重新计算转速及进给速率】选项，则系统重新计算进给量和进给速度。

3．机床群组

选择树状图右键快捷菜单中的【群组】选项，将弹出如图 6-30 所示的新建机床群组子菜单，通过它可以完成机床群组、刀具群组的创建、删除等操作。

图 6-30　新建机床群组子菜单

4．常规编辑功能

树状图的右键快捷菜单还提供了一些常规的编辑功能，如剪切、复制、粘贴、删除、恢复删除等，这些功能和 Windows 的操作方法相同，不再赘述。

展开和折叠功能可以快速地展开或折叠树状结构图，利用它可以更加方便地观察操作的结构层次。

5．操作选择

选择树状图右键快捷菜单中的【操作选择】选项，系统弹出如图 6-31 所示的【操作选择】

对话框。在该对话框中可以设置一些有关刀路的参数，系统会自动选中符合要求的所有刀路。用户既可以通过下拉列表进行选择，也可以单击【选择】按钮，手动进行选择。

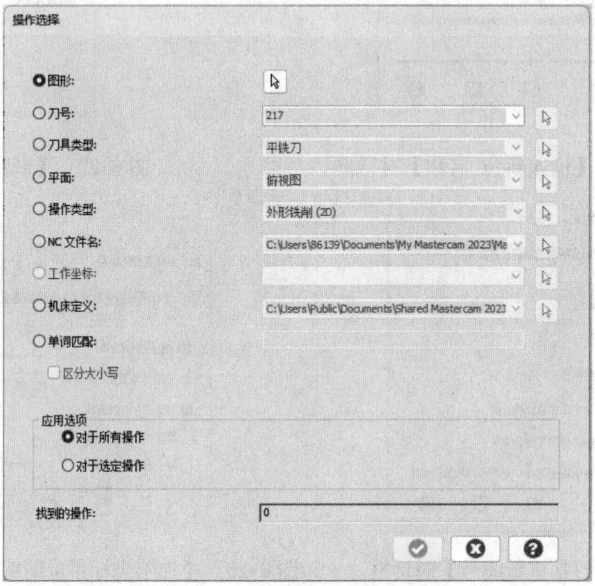

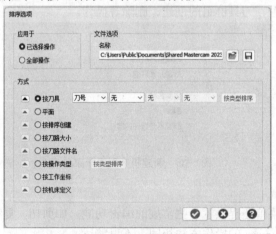

图 6-31　【操作选择】对话框

6. 排序

选择树状图右键快捷菜单中的【排序】→【排序】选项，系统弹出如图 6-32 所示的【排序选项】对话框，在该对话框中可按 8 种方式对刀路进行排序。

图 6-32　【批处理刀路操作】对话框

7. 导入

选择树状图右键快捷菜单中的【导入】选项，系统弹出【导入刀路操作】对话框，如图 6-33 所示。在该对话框中可将保存的刀路操作导入到当前的文件中。

8. 导出

选择树状图右键快捷菜单中的【导出】选项，系统弹出【导出刀路操作】对话框，如图 6-34 所示。在该对话框中可将刀路操作导出到操作库中。

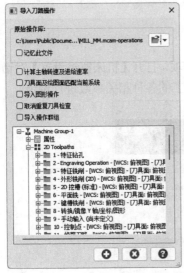 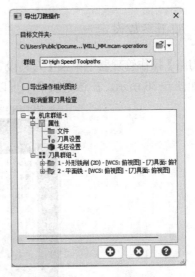

图 6-33 【导入刀路操作】对话框　　　　图 6-34 【导出刀路操作】对话框

9. 显示选项

选择树状图右键快捷菜单中的【显示选项】选项，系统弹出【显示选项】对话框，如图 6-35 所示，在该对话框中可以对树状图的显示方式进行设置。

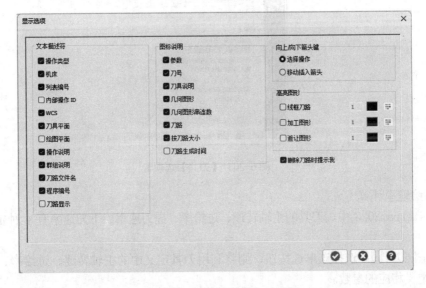

图 6-35 【显示选项】对话框

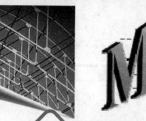
6.4 工件设定与管理

6.4.1 加工参数设定

在【刀路】操作管理器中单击【刀具设置】选项，打开【机床群组设置】对话框中的【刀具】选项卡，如图 6-36 所示。在该选项卡中可以对加工的各种相关参数进行设定。

图 6-36 【刀具】选项卡

1. 进给速率计算

在 Mastercam2023 中，刀具的主轴转速、进给率、提刀速率、下刀速率有 4 种定义方法，分别为：

1)【依照刀具】：选择该单选按钮，则将利用刀具定义中的主轴转速、进给率、下刀速率、提刀速率定义相应的参数。

2)【依照材料】：选择该单选按钮，则通过工件材料计算刀具的主轴转速、进给率、下刀速率、提刀速率。

3）【依照默认值】：选择该单选按钮，则刀具的主轴转速、进给率、下刀速率、提刀速率均使用默认值。

4）【用户定义】：选择该单选按钮，则激活【主轴转速】、【进给率】、【提刀速率】、【下刀速率】文本框，用户可以在这些文本框中直接设置相应的参数。

【圆弧进给调整】选项用于设置当加工圆弧时，是否将当前的直线进给速率调整到加工圆弧时的进给速率。这个进给速率的改变发生在圆弧的起点处。且这个改变值既不能超过线性进给速率，也不能低于最小圆弧进给速率（最小圆弧进给速率可由【最小圆弧进给】文本框设定）。

2．刀路配置

1）【按顺序指定刀号】：用于设置是否分配刀具序号。选中该复选框，将为被创建或从刀具库中选中的新刀具分配一个可用的刀具号，系统将用这个新值覆盖保存在刀具库中的旧值，否则系统将直接利用保存在刀具库中的数值。

2）【刀号重复时显示警告信息】：用于设置是否警告重复刀具号。选中后，当刀具号被重复输入时，系统将提示警告信息。

3）【使用刀具步进量、啄钻和冷却液】：用于设置是否使用刀具定义的步进量、啄钻和冷却液等参数。当选择该选项时，系统将忽略保存在刀路中的默认值。

4）【输入刀号后搜索刀库】：用于设置是否当输入刀具号时，搜索刀具库并提刀。

3．刀路的其他设置

【以模式值取代默认值】：选中该选项，系统将使用上一次的设置作为默认值，可以勾选【安全高度】、【提刀高度】、【进给下刀位置】3 个复选框确定模式值。否则系统的默认值不变，为 Mastercam2023 初始设置的值。

6.4.2 毛坯设置

在模拟加工时，为了使模拟效果更加真实，一般都要对工件进行设置。另外，如果需要软件自动计算进给速度、进给速率，则设置毛坯也是必需的。毛坯设置包括材料视角、工件材料形状、工件尺寸、显示方式、材料原点等。

在【刀路】管理器中单击【毛坯设置】选项，系统弹出【机床群组设置】对话框【毛坯设置】选项卡，可以进入材料参数设定区域，如图 6-37 所示，各选项的含义如下：

（1）【选择】：显示毛坯的形状，默认为矩形。

1）⬜（从边界框添加）：单击该按钮，系统弹出【边界框】对话框，如图 6-38 所示。在该对话框中可设置毛坯的形状，尺寸，原点及显示方式等。该对话框中各选项的含义：

①【选择】：设置选择图形的方式。

● 【手动】：选择该项，单击其后的【选择图素】按钮🗟，返回图形窗口选择要包含在边界框中的图素。

● 【全部显示】：选择该项，所有图素均包含在边界框中。

②【形状】：用于设置毛坯的形状。包括立方体、圆柱体、球体和缠绕。

③【创建图形】：用于设置创建的毛坯的显示方式。

● 【线和圆弧】：勾选该复选框，则以线框的形式显示毛坯。

- 【角点】：勾选该复选框，则在边界框的转角或边界处创建角点。
- 【中心点】：勾选该复选框，则创建边界框的中心点。对于矩形边界框，将在每个面的中心创建一个中心点。对于圆柱形边界框，将在两个平面上创建一个中心点。
- 【端面中心点】：勾选该复选框，则在各端面中心创建点。
- 【实体】：创建一个实体边界框或圆柱体。
- 【网格】：从网格图素创建模型。

2)【 （从文件添加）】：单击该按钮，系统弹出【打开】对话框，在该对话框中选择一个*.stl、*.amf 或*.3mf 文件。

3)【 （从选择添加）】：单击该按钮，返回图形窗口，选择一个实体或网格作为毛坯。

4)【 （重置）】：单击该按钮，删除选择，将毛坯重置到初始状态。

（2）【毛坯平面转换】选项组：在该对话框的当前列表中直接选择相应的视角名，如图 6-39 所示。也可以单击按钮 ，打开【新建平面】对话框，新建平面。然后在绘图区中选择视图图标。一般情况下，采用为默认设置（即俯视图）即可。原点的 X、Y、Z 坐标控制平面坐标原点的位置。

图 6-37　【毛坯设置】选项卡　　图 6-38　【边界框】对话框　图 6-39　【选择平面】对话框

（3）【属性】选项组：用于设置毛坯的颜色。

1）【颜色】：在该列表中显示当前已定义的毛坯颜色。

2）【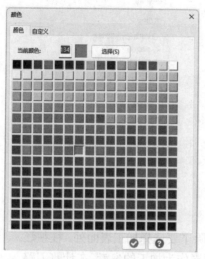（选择颜色）】：单击该按钮，系统弹出【颜色】对话框，如图 6-40 所示。在该对话框中设置毛坯的颜色。

图 6-40　【颜色】对话框

（4）【预览设置】选项组：

1）【显示线框图素】：勾选该复选框，显示要加工的线框图形。

2）【显示毛坯平面】：勾选该复选框，在毛坯上显示毛坯平面。

（5）【工程信息】选项组：该选项组中列出了材料、体积和重量信息，均为只读内容。

6.5 三维特定通用参数设置

区别于二维刀路规划的通用参数设置，三维加工针对不同的曲面或实体，还需要对一些三维特定的参数进行设置，本节将对这些参数进行介绍。

6.5.1 曲面的类型

Mastercam2023 提供了 3 种曲面类型描述，即【凸】、【凹】和【未定义】，如图 6-41 所示。这里所说的工件形状其实并不一定是工件实际的凸凹形状，其作用是用于自动调整一些加工参数。

凸表面不允许刀具在 Z 轴做负方向移动时进行切削。选择【凸】选项时，默认【切削方向】为【单向】，【下刀控制】为【双侧切削】，【允许沿面上升切削（＋Z）】复选框被选中，如图 6-42 所示。

凹表面则没有不允许刀具在 Z 轴做负方向移动时进行切削的限制。选择【凹】选项时，默认【切削方向】为【双向】，【下刀控制】为【切削路径允许多次切入】，【允许沿面下降切削（−Z）】

和【允许沿面上升切削（+Z）】复选框同时被选中，如图 6-43 所示。

【未定义】则采用默认参数，一般为上一次加工设置的参数。

图 6-41　曲面类型

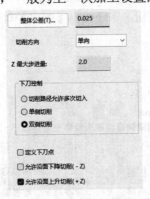

图 6-42　凸表面的默认参数

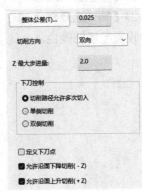

图 6-43　凹表面的默认参数

6.5.2　加工面的选择

在指定曲面加工面时，除了要选择加工表面外，往往还需要指定一些相关的图形要素作为加工的参考。在计算刀路时，要系统保护不被过切而用来挡刀的面称为干涉面，要加工产生刀路的曲面称为加工面。

图 6-44 所示为【刀路曲面选择】对话框，在其中可以设置加工面和干涉面等。其中，加工面既可以单击【选择】

按钮  ，在绘图区直接选取，也可以单击【CAD 文件】

按钮，从 STL 文件中读取；而干涉面只提供了直接从绘图区选取的一种方式。

选择完加工面或干涉面后，该对话框会显示已经选取的加工面或干涉面的个数。单击按钮 [显示...]，可以在绘图区高亮显示选取的加工面或干涉面；单击【移除】按钮 [⊗]，可以取消已经选择的加工面或干涉面。

图 6-44　【刀路曲面选择】对话框

该对话框还可以对切削加工的范围和下刀点进行设置。

6.5.3　加工参数设置

在三维加工方法参数设置对话框中的第二个选项卡为【曲面参数】选项卡，如图 6-45 所示。该选项卡中的内容有一部分是通用设置的加工参数（这些参数可以参考相关内容），还有一部分是三维加工特有的内容，下面将对这些参数进行介绍。

1. 加工面/干涉面毛坯预留量

在加工曲面或实体时，为了提高曲面的表面质量往往还需要精加工，为此粗加工曲面时必须预留一定的加工量。同样，为了保证加工区域与干涉区域有一定的距离，从而避免干涉面被破坏，在粗加工干涉面时也必须预留一定的距离。

在定义加工面或干涉面的预留量之前，必须预先定义加工面或干涉面。如果还没有定义，也可以单击【曲面参数】选项卡中的【选择】按钮，此时系统会弹出如图 6-44 所示的【刀路曲面选择】对话框，用户可以在该对话框中对加工面或干涉面进行选取或修改。

2．刀具切削范围

在加工曲面时，用户可以用切削范围来限制加工的范围，这样安排出来的刀路就不会超过指定的加工区域了。这个范围可以画在与曲面对应的不同构图深度的视图上，但必须保证该图形是封闭的。

在 Mastercam2023 中，刀具位置有 3 种情况：

1）【内】：刀具在切削范围内。利用该方法，刀具决不会切到切削范围外，如图 6-46a 所示。

2）【中心】：刀具中心在切削范围上。利用这种方法意味着单边会超出切削范围半个刀具半径，如图 6-46b 所示。

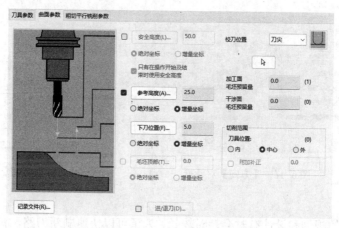

图 6-45　【曲面参数】选项卡

3）【外】：刀具在切削范围外。利用这种方法意味着单边会超出切削范围一个刀具直径，如图 6-46c 所示。

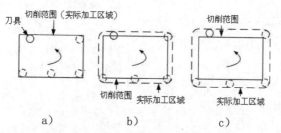

图 6-46　刀具切削范围补偿示意

当刀具与切削范围的位置关系设为【内】或【外】时，将激活【附加补正】文本框，用户可以输入一个补偿量，从而将刀具运动的范围比设定的切削边界小（【内】关系时）或大（【外】关系时）一个补偿量。

3．进/退刀向量

在曲面加工刀路中可以设置刀具的进刀和退刀动作。选中【曲面参数】选项卡中的【进/退刀】复选框并单击【进/退刀】按钮，系统弹出【方向】对话框，如图 6-47 所示。对话框中各选项的含义如下：

1）【进刀角度】：定义进刀或退刀时的刀路在 Z 方向（立式铣床的主轴方向）的角度。

2）【XY 角度】：定义进刀或退刀时的刀路与 XY 平面的夹角。

3）【进刀引线长度】：定义进刀或退刀时的刀路的长度。

4）【相对于刀具】：定义以上定义的角度是相对于什么基准方向而言的。有两个选项：

➤ 【切削方向】：即定义 XY 角度是相对于切削方向而言的。

➤ 【刀具平面 X 轴】：即定义 XY 角度是相对于刀具平面 X 正轴方向而言的。

5） 向量(V)... / 向量(E)... ：单击该按钮，系统弹出【向量】对话框，如图 6-48 所示，其中的【X 方向】、【Y 方向】、【Z 方向】分别用于设置刀路向量的 3 个分量。

6） 参考线(L)... / 参考线(I)... ：单击该按钮，通过在绘图区选择一条已经存在的直线作为定义进刀和退刀的刀路方向。

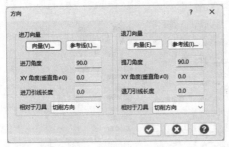

图 6-47　【方向】对话框

图 6-48　【向量】对话框

4．记录文件

由于曲面刀路的规划和设计有时会耗时较长，为了可以快速刷新刀路，需在生成曲面加工刀路时，设置一个记录该曲面加工刀路的文件，这个文件就是记录文件。

单击【记录文件】按钮，此时系统弹出【打开】对话框，在该对话框中可以设置该记录文件的名称和保存位置。

第7章

传统二维加工与刀路编辑

二维加工是指所产生的刀具路径在切削深度方向是不变的，它是生产实践中使用得最多的一种加工方法。

在 Mastercam2023 中，二维刀具路径加工方法主要有 6 种，分别为面铣、外形铣削、挖槽、钻孔、圆弧铣削和木雕加工。本章将对这些方法及参数设置进行介绍。

刀路编辑是对已生成的刀路进行镜像、平移、旋转和修剪等操作。

重点与难点

- 面铣和外形铣削的基本方法及参数设置
- 挖槽和孔加工的基本方法及参数设置
- 圆弧铣削和木雕加工的基本方法及参数设置
- 刀具路径的编辑

7.1 面铣

零件材料一般都是毛坯，故顶面不是很平整，因此加工的第一步常常要将顶面铣平，从而提高工件的平面度、平行度以及降低工件的表面粗糙度。

面铣为快速移除毛坯顶部的一种加工方法，当所要加工的工件面积较大时，使用该指令可以节省加工时间。使用时要注意刀具偏移量必须大于刀具直径50%以上，才不会在工件边缘留下残料。

7.1.1 面铣削参数

绘制好轮廓图形或打开已经存在的图形，在【机床】选项卡【机床类型】面板中选择【铣床】→【默认】，在【刀路】管理器中将生成机床群组文件，同时打开【刀路】选项卡，单击【刀路】→【2D】→【面铣】按钮，或在【刀路】管理器的树状结构图空白区域右击，在弹出的快捷菜单中选择【铣床刀路】→【面铣】命令，弹出【线框串连】对话框，单击【串连】按钮 ，在绘图区选择几何模型串连后单击【线框串连】对话框中的【确定】按钮 ，系统打开【2D刀路-面铣削】对话框，下面对部分选项卡进行讨论。

1. 【切削参数】选项卡

选择【2D刀路-面铣削】对话框中的【切削参数】选项卡，弹出如图7-1所示对话框。

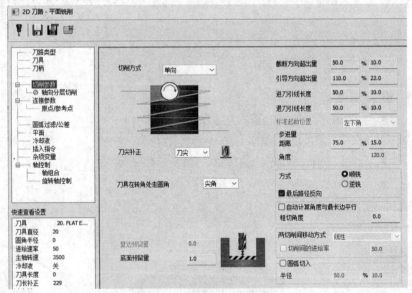

图7-1　【切削参数】选项卡

（1）【切削方式】：在进行面铣削加工时，可以根据需要选取不同的铣削方式。在Mastercam2023中，可以在【类型】下拉列表中选择不同的铣削方式，包括：

1）【双向】：刀具在加工中可以往复走刀，来回均进行铣削。

2）【单向】：刀具进刀时切削，退刀时走空程。当选择【顺铣】时，切加工中刀具旋转方向与刀具移动的方向相反；当选择【逆铣】时，切加工中刀具旋转方向与刀具移动的方向相同。

3)【一刀式】：仅进行一次铣削，刀路的位置为几何模型的中心位置，用这种方式，刀具的直径必须大于铣削毛坯顶部的宽度才可以。

4)【动态】：刀具在加工中可以沿自定义路径自由走刀。

（2）刀具移动方式：当选择切削方式为【双向】时，可以设置刀具在两次铣削间的过渡方式。在【两切削间移动方式】下拉列表中，系统提供了 3 种刀具的移动方式，分别为：

1)【高速环】：选择该选项时，刀具按照圆弧的方式移动到下一个铣削的起点。

2)【线性】：选择该选项时，刀具按照直线的方式移动到下一个铣削的起点。

3)【快速进给】：选择该选项时，刀具以直线的方式快速移动到下一次铣削的起点。

同时，如果勾选【切削间的进给率】复选框，则可以在后面的文本框中设定两切削间的移动进给率。

（3）粗切角度：粗切角度是指刀具前进方向与 X 轴方向的夹角，它决定了刀具是平行于工件的某边切削还是倾斜一定角度切削，为了改善面加工的表面质量，通常编制两个加工角度互为 90°的刀路。

在 Mastercam2023 中，粗切角度有自动计算角度和手工输入两种设置方法，默认为手工输入方式。使用自动方式时，手工输入角度将不起作用。

（4）开始和结束间隙：面铣削开始和结束间隙设置包括 4 项内容，分别为【截断方向超出量】、【引导方向超出量】、【进刀引线长度】、【退刀引线长度】，各选项的含义如图 7-2 所示。为了兼顾保证毛坯顶部质量和加工效率，进刀延伸长度和退刀延伸长度一般不宜太大。

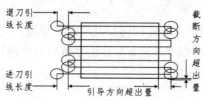

图 7-2　开始和结束间隙含义示意

2.【轴向分层切削】选项卡

如果要切除的材料较深，在轴向参加切削的刀具长度会过大，为了避免刀具损坏，应将材料分几次切除。

选择【2D 刀路 - 外形铣削】对话框中的【轴向分层切削】选项卡，如图 7-3 所示。在该选项卡中可以完成轮廓加工中分层轴向铣削深度的设定。对话框中各选项的含义如下：

（1）【最大粗切步进量】：用于设定去除材料在 Z 轴方向的最大铣削深度。

（2）【切削次数】：用于设定精加工的次数。

（3）【步进】：设定每次精加工时，去除材料在 Z 轴方向的深度。

（4）【不提刀】复选框：设置刀具在一次切削后是否回到下刀位置。选中该选项，则在每层切削完毕后不退刀，直接进入下一层切削，否则，刀具在切削每层后都先退回到下刀位置，然后移动到下一个切削深度进行加工。

（5）【使用子程序】复选框：选择该选项，则在 NCI 文件中生成子程序。

（6）【轴向分层切削排序】选项组：用于设置深度铣削的次序。

1)【依照外形】：选择该项，则先在一个外形边界铣削设定的深度，再进行下一个外形边界

铣削；

2）【依照深度】：选择该项，则先在一个深度上铣削所有的外形边界，再进行下一个深度的铣削。

（7）【锥度斜壁】复选框：选择该选项，则【锥度角】文本框被激活，铣削加工从毛坯顶部按照【锥度角】文本框中的设定值切削到最后的深度。

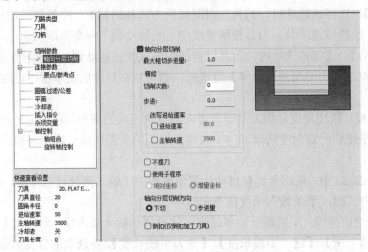

图 7-3　【轴向分层切削】选项卡

3．【连接参数】选项卡

Mastercam2023 铣削的各种加工方式都需要设置高度参数。选择【2D 刀路 - 外形铣削】对话框中的【连接参数】选项卡，如图 7-4 所示，高度参数的设置包括【安全高度】、【提刀】、【下刀位置】、【毛坯顶部】、【深度】5 种。

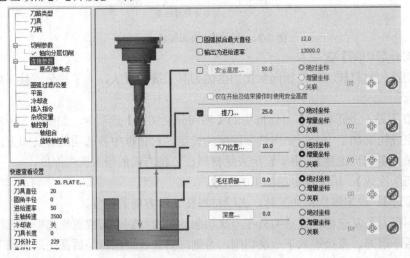

图 7-4　【连接参数】选项卡

（1）【安全高度】：刀具在此高度以上可以随意运动而不会发生碰撞。这个高度一般设置得较高，加工时如果每次都提刀至安全高度，将会浪费很多加工时间，为此可以仅在开始和结束时使用【安全高度】选项。

（2）【提刀】：即退刀高度，它是指开始下一个刀路之前刀具回退的位置。退刀高度设置一般考虑两点，一是保证提刀安全，不会发生碰撞；二是为了缩短加工时间，在保证安全的前提下退刀高度不要设置得太高，因此退刀高度的设置应低于安全高度并高于进给下刀位置。

（3）【下刀位置】：指刀具从安全高度或退刀高度下刀铣削工件时，下刀速度由 G00 速度变为进给速度的平面高度。加工时为了使得刀具安全切入工件，需设置一个进给高度来保证刀具安全切入工件。为了提高加工效率，进给高度也不要设置太高。

（4）【毛坯顶部】：毛坯顶面在坐标系 Z 轴的坐标值。

（5）【深度】：最终的加工深度值。

要注意的是，每个高度值均可以用绝对坐标或相对坐标进行输入。绝对坐标是相对于工件坐标系而定的，而相对坐标则是相对于毛坯顶部的高度来设置的。

4.【圆弧过滤/公差】选项卡

过滤设置是通过删除共线的点和不必要的刀具移动来优化刀路，简化 NCI 文件。

选择【2D 刀路 - 外形铣削】对话框中的【圆弧过滤/公差】选项卡，如图 7-5 所示，主要选项的含义如下：

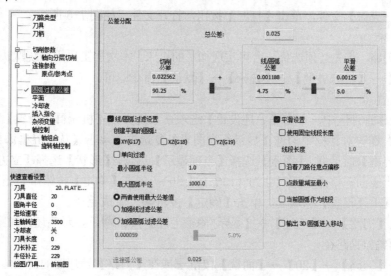

图 7-5　【圆弧过滤/公差】选项卡

（1）【切削公差】：设定在进行过滤时的公差值。当刀路中的某点与直线或圆弧的距离不大于该值时，系统将自动删除到该点的移动。

（2）【线/圆弧过滤设置】：设定每次过滤时可删除点的最大数量。线/圆弧过滤设置数值越大，过滤速度越快，但优化效果越差，建议该值应小于 100。

（3）【创建平面的圆弧】选项组：

1）【XY（G17）】：选择该选项使后置处理器配置适于处理 XY 平面上的圆弧。通常在 NC 代码中指定为 G17。

2）【XZ（G18）】：选择该选项使后置处理器配置适于处理 XZ 平面上的圆弧。通常在 NC 代码中指定为 G18。

3）【YZ（G19）】：选择该选项使后置处理器配置适于处理 YZ 平面上的圆弧。通常在 NC 代码

中指定为 G19。

（4）【最小圆弧半径】：用于设置在过滤操作过程中圆弧路径的最小圆弧半径，但圆弧半径小于该输入值时，用直线代替。注意，只有在产生 XY、XZ、YZ 平面的圆弧中至少一项被选中时该选项才被激活。

（5）【最大圆弧半径】：用于设置在过滤操作过程中圆弧路径的最大圆弧半径，但圆弧半径大于该输入值时，用直线代替。注意，只有在产生 XY、XZ、YZ 平面的圆弧中至少一项被选中时该选项才被激活。

📖 7.1.2 操作实例——壳盖平面铣削

本例对图 7-6 所示的壳盖零件进行面铣加工。

操作步骤如下：

1. 打开文件

单击快速访问工具栏中的【打开】按钮📂，在弹出的【打开】对话框中选择【网盘→原始文件→第 7 章→壳盖】文件，单击【打开】按钮，打开文件，如图 7-6 所示。

2. 选择机床

为了生成刀路，首先必须选择一台可实现加工的机床。本次加工采用系统默认的铣床，即直接执行【机床】→【机床类型】→【铣床】→【默认】命令即可。

3. 毛坯设置

（1）在操作管理区中，单击【毛坯设置】选项，系统弹出【机床群组设置】对话框【毛坯设置】选项卡；在该对话框中勾选【显示线框图素】复选框，单击【从边界框添加】按钮📦，系统弹出【边界框】对话框，【图素】选择【全部显示】选项，【形状】选择【立方体】，【原点】选择立方体的上表面，修改毛坯尺寸为（135, 163, 30）；单击【确定】按钮✅，返回【机床群组设置】对话框【毛坯设置】选项卡。单击【确定】按钮✅，生成毛坯。

（2）单击【刀路】→【毛坯】→【显示/隐藏毛坯】按钮✂，显示毛坯，如图 7-7 所示。

4. 创建面铣刀具路径

（1）单击【刀路】→【2D】→【面铣】按钮🔲或在【刀路】管理器的树状结构图空白区域右击，在弹出的快捷菜单中选择【铣床刀路】→【平面铣】命令，系统弹出【线框串连】对话框，单击【串连】按钮🔗，在绘图区选择图 7-8 所示的串连，单击【确定】按钮✅。

 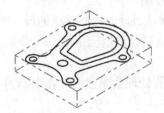 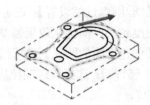

图 7-6 壳盖　　　　　　图 7-7 设置毛坯　　　　　图 7-8 选择串连

（2）系统弹出【2D 刀路-平面铣削】对话框，单击【刀具】选项卡，进入刀具参数设置区。单击【选择刀库刀具】按钮，系统弹出【选择刀具】对话框，选择【直径】为 50 的面铣刀，如

图7-9所示。单击【确定】按钮 ，返回【刀具】选项卡，其他设置采用默认，如图7-10所示。

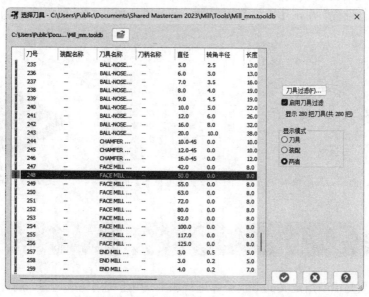

图7-9 【选择刀具】对话框

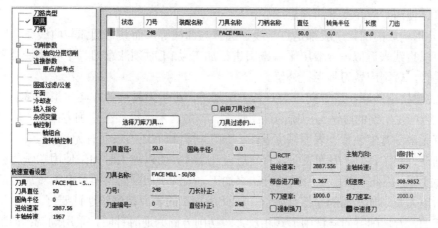

图7-10 【刀具】选项卡

（3）单击【切削参数】选项卡，设置【切削方式】为【双向】，【底面预留量】设置为 0，其他参数均采用默认设置。

（4）单击【连接参数】选项卡，设置【提刀】为25，【增量坐标】；【下刀位置】为10，【增量坐标】；【毛坯顶部】为0，【绝对坐标】；【深度】为-2，【绝对坐标】。

（5）设置完成后，单击【确定】按钮 ，系统将立即在绘图区生成刀路，如图7-11所示为面铣刀路路径。

4. 加工模拟

单击【实体仿真已选择的操作】按钮，系统弹出【Mastercam 模拟器】对话框，在【主页】选项卡【可见的】面板中可以设置刀路、刀具、毛坯、线框、轴等的显示、半透明和隐藏状

态。当这些项前面的复选框为☑时，则为显示状态；当复选框为▣时，则为半透明状态；当复选框为☐时，则为隐藏状态。如图 7-12 所示。在对话框下方的【播放控制条】中可对模拟加工速度、精度等进行设置。单击【播放】按钮▶，开始模拟加工，图 7-13 所示为平面铣削加工模拟结果。

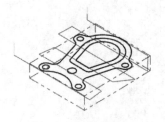

图 7-11　面铣刀具路径　　　　图 7-12　【可见的】面板　　　　图 7-13　模拟结果

7.2 外形铣削

外形铣削主要是沿着所定义的形状轮廓进行加工，用于铣削轮廓边界、倒直角和清除边界残料等。其操作简单实用，在数控铣削加工中应用非常广泛，所使用的刀具通常有平铣刀、圆角刀和斜度刀等。使用时应注意下面几点：

（1）外形构成的图素一般都是点、线、圆弧与曲线等，而其中圆弧与曲线在一定的允许误差范围内可以直线来近似，一般用平端铣刀进行加工.加工时须注意刀具中心路径是否与切削外形路径相重合，否则应做刀具半径补偿。

（2）注意铣削的顺、逆方向。当刀具在切削时，由于刀具旋转方向与工件移动方向的相对运动关系，会产生所谓的顺铣与逆铣的加工情况。一般在考虑粗加工切削方向时，应该先了解铣削的机器有无消除背隙装置、表面精度要求、加工材料和毛坯的表面有无硬化层等情形。

当切削铸件等工件时，因为表面含有一层硬化黑皮，所以加工时如果使用顺铣将会导致刀具破裂、工件损坏，因此一般都使用逆铣方法来加工。顺铣所切削的材料厚度随着加工的进行将逐渐减少，所以刀具与加工面的摩擦会降低，因此所加工的表面精度较逆铣要好。

对于凹面，若切削方向与铣削形式相反，即切削方向为逆时针时，采用顺铣；切削方向为顺时针时，采用逆铣。对于凸面，若切削方向与铣削形式相同，即切削方向为顺时针时，采用顺铣；切削方向为逆时针时，采用逆铣。

7.2.1 外形铣削参数

单击【刀路】→【2D】→【2D 铣削】→【外形】按钮▣或在【刀路】管理器的树状结构图空白区域右击，在弹出的快捷菜单中选择【铣床刀路】→【外形铣削】命令，弹出【线框串连】对话框，单击【串连】按钮🔗，在绘图区采用串连方式对几何模型串连后单击【线框串连】对话框中的【确定】按钮✅，系统弹出【2D 刀路 - 外形铣削】对话框。

1. 【切削参数】选项卡

选择【2D 刀路 - 外形铣削】对话框中的【切削参数】选项卡。该选项卡中部分参数的含义如下：

（1）【外形铣削方式】：

1）【2D 倒角】：用于对零件上的锐利边界进行倒角，利用倒角加工可以完成对零件边界的倒角。倒角加工必须使用倒角刀，倒角的角度由倒角刀的角度决定，倒角的宽度则通过倒角对话框确定。设置【外形铣削方式】为【2D 倒角】时（见图 7-14），可以在对话框中的【倒角宽度】和【底部偏移】文本框中设置倒角的宽度和刀尖伸出的长度。

2）【斜插】：所谓斜插加工是指刀具在 XY 方向走刀时，在 Z 轴方向也按照一定的方式进行进给，从而加工出一段斜坡面。【切削参数】选项卡中设置【外形铣削方式】为【斜插】，如图 7-15 所示。

【斜插方式】包含【角度】方式、【深度】方式和【垂直进刀】三种方式。【角度】方式是指刀具沿设定的倾斜角度加工到最终深度，选择该选项则激活【斜插角度】文本框，可以在该文本框中输入倾斜的角度值；【深度】方式是指刀具在 XY 平面移动的同时，进刀深度逐渐增加（但刀具铣削深度始终保持设定的深度值），达到最终深度后刀具不再下刀而沿着轮廓铣削一周加工出轮廓外形；【垂直进刀】方式是指刀具先下到设定的铣削深度，再在 XY 平面内移动进行切削。选择后两者斜插方式，则激活【斜插深度】文本框，可以在该文本框中指定每一层铣削的总进刀深度。

3）【残料】：为了提高加工速度，当铣削加工的铣削量较大时，开始加工时可以采用大尺寸刀具和大进给量，再采用残料加工来得到最终的加工形状。残料可以是以前加工中预留的部分，也可以是以前加工中由于采用大直径的刀具在转角处不能被铣削的部分。

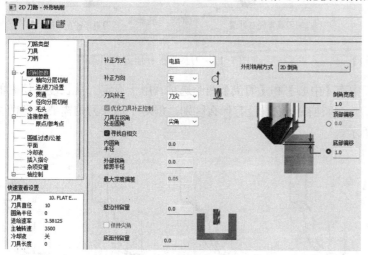

图 7-14　【切削参数】选项卡　　　　　图 7-15　【外形铣削】方式为【斜插】

在【切削参数】选项卡中设置【外形铣削方式】为【残料】，如图 7-16 所示。

【剩余毛坯计算根据】包含以下 3 种方式：

①【所有先前操作】：通过计算在操作管理器中先前所有加工操作所去除的材料来确定残料加工中的残余材料。

②【前一个操作】：通过计算在操作管理器中前面一种加工操作所去除的材料来确定残料加工中的残余材料。

③【粗切刀具直径】：根据粗加工刀具直径计算残料加工中的残余材料。输入的值为粗加工的刀具直径（文本框内显示的初始值为粗加工的刀具直径），该直径要大于残料加工中使用的刀具直径，否则残料加工无效。

（2）补正：刀具补正（或刀具补偿）是数控加工中的一个重要的概念，它的功能可以让用户在加工时补偿刀具的半径值以免发生过切。

1）【补正方式】：下拉列表中有【电脑】、【控制器】、【磨损】、【反向磨损】和【关】5 种方式。其中电脑补偿是指直接按照刀具中心轨迹进行编程，此时无需进行左、右补偿，程序中无刀具补偿指令 G41、G42。控制器补偿是指按照零件轨迹进行编程，在需要的位置加入刀具补偿指令以及补偿号码，机床执行该程序时，根据补偿指令自行计算刀具中心轨迹线。

2）【补正方向】：下拉列表中有【左】、【右】两个选项，用于设置刀具半径补偿的方向，示意图如图 7-17 所示。

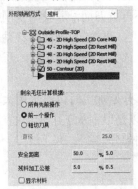

图 7-16 【外形铣削方式】为【残料】

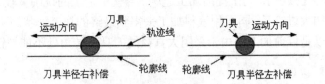

图 7-17 刀具半径补偿方向示意图

3）【刀尖补正】：下拉列表中有【中心】和【刀尖】两个选项，用于设定刀具长度补偿时的相对位置。对于端铣刀或圆鼻刀，两种补偿位置没有什么区别，但对于球头刀则需要注意两种补偿位置的不同，如图 7-18 所示。

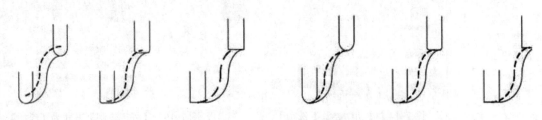

球头刀（球心）　圆鼻刀（球心）　端铣刀（球心）　球头刀（刀尖）　圆鼻刀（刀尖）　端铣刀（刀尖）

图 7-18 长度补偿相对位置

（3）【壁边预留量】/【底面预留量】：为了兼顾加工精度和加工效率，一般把加工分为粗加工和精加工，如果工件精度过高时还有半精加工。在粗加工或半精加工时，必须为半精加工或精加工留出加工预留量。预留量包括 XY 平面内的预留量和 Z 方向的预留量两种，其值可以分别在【壁边预留量】和【底面预留量】文本框中设置，其值的大小一般根据加工精度和机床精度而定。

（4）转角过渡处理：刀路在转角处，机床的运动方向会发生突变，切削力也会发生很大的变化，对刀具不利，因此要求在转角处进行圆弧过渡。

在 Masterca:2023 中，转角处圆弧过渡方式可以通过【刀具在拐角处走圆角】下拉列表中的选项来设置，共有 3 种方式：

1）【无】：系统在转角过渡处不进行处理，即不采用弧形刀路。

2）【尖角】：系统只在尖角处（两条线的夹角小于 135º）时采用弧形刀路。

3）【全部】：系统在所有转角处都进行处理。

2.【径向分层切削】选项卡

如果要切除的材料较厚，刀具在直径方向切入量将较多，可能会超过刀具的许可切削深度，这时宜将材料分几层依次切除。

选择【2D 刀路-外形铣削】对话框中的【径向分层切削】选项卡，如图 7-19 所示。对话框中各选项的含义如下：

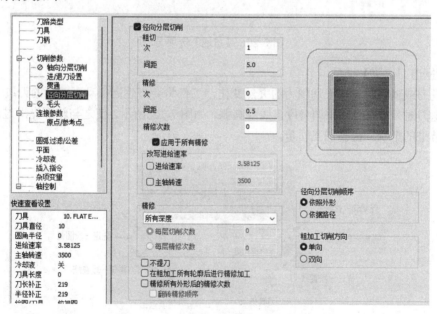

图 7-19　【径向分层切削】选项卡

（1）【粗切】选项组：用于设置粗加工的参数。

1）【次】：用于设定粗加工的次数。

2）【间距】：用于设置粗加工的间距。

（2）【精修】选项组：用于设置精加工的参数。

1）【次】：用于设定精加工的次数。

2）【间距】：用于设置精加工的间距。

（3）【应用于所有精修】复选框：用于设置在最后深度进行精加工和每层进行精加工。

（4）【不提刀】复选框：设置刀具在一次切削后，是否回到下刀位置。选中该选项，则在每层切削完毕后不退刀，直接进入下一层切削，否则，刀具在切削每层后都先退回到下刀位置，然后移动到下一个切削深度进行加工。

3．【贯通】选项卡

贯通用来指定刀具完全穿透工件后的伸出长度，这有利于清除加工的余屑。系统会自动在进给深度上加入这个贯穿距离。

选择【2D 刀路 - 外形铣削】对话框中的【贯通】选项卡，如图 7-20 所示。在该选项卡指针可以设置贯穿距离。

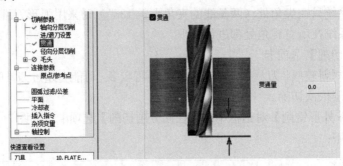

图 7-20　【贯通】选项卡

4．【进/退刀设置】选项卡

刀具进刀或退刀时，由于切削力的突然变化，工件将会产生因振动而留下的刀迹。因此，在进刀和退刀时，可以自动添加一段直线或圆弧，如图 7-21 所示，使之与轮廓光滑过渡，从而消除振动带来的影响，提高加工质量。

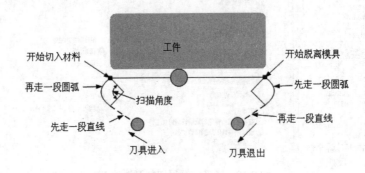

图 7-21　进/退刀方式参数含义

选择【2D 刀路 - 外形铣削】对话框中的【进/退刀设置】选项卡，如图 7-22 所示。

5．【毛头】选项卡

在加工时，可以指定刀具在一定阶段脱离加工面一段距离，以形成一个台阶。有时这是一项非常重要的功能，如在加工路径中有一段突台需要跨过时。

选择【2D 刀路 - 外形铣削】对话框中的【毛头】选项卡，如图 7-23 所示。

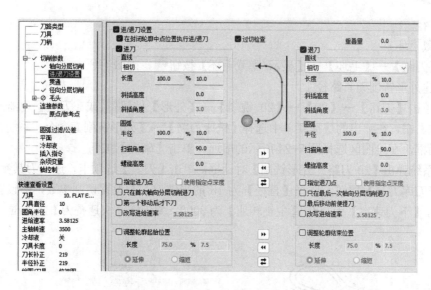

图 7-22　【进/退刀设置】选项卡

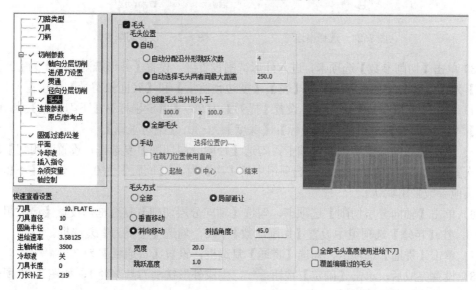

图 7-23　【2D 刀路 - 外形铣削】对话框中的【毛头】选项卡

7.2.2　操作实例——壳盖外形铣削

本例在面铣的基础上进行外形铣削加工。

操作步骤如下：

1. 承接面铣加工结果

2. 隐藏面铣刀路径

选中面铣刀路，单击【刀路】操作管理器中的【切换显示已选择的刀路操作】按钮≋，隐藏

面铣刀具路径。

3．隐藏毛坯

单击【刀路】→【毛坯】→【显示/隐藏毛坯】按钮，隐藏毛坯。

4．创建外形铣削刀具路径 1

（1）单击【刀路】→【2D】→【2D 铣削】→【外形】按钮，或在刀具管理器的树状结构图空白区域右击，在弹出的快捷菜单中选择【铣床刀路】→【外形铣削】命令，系统弹出【线框串连】对话框，在绘图区选择图 7-24 所示的串连。单击【确定】按钮。

（2）系统弹出【2D 刀路 - 外形铣削】对话框，单击【刀具】选项卡，进入刀具参数设置区。单击【选择刀库刀具】按钮，选择【直径】为 16 的平铣刀，并设置切削参数，即设置【进给速率】为 500，【下刀速率】为 200，【主轴转速】为 3000，并勾选【快速提刀】复选框，如图 7-25 所示。

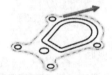

图 7-24　选择串连　　　　　图 7-25　设置切削参数

（3）单击【切削参数】选项卡，进入外形铣削设置区。设置【外形铣削方式】为【2D】、【补正方式】为【电脑】、【补正方向】为【左】，【壁边预留量】和【底面预留量】均设置为 0。

（4）单击【连接参数】选项卡，设置【提刀】为 25，【增量坐标】；【下刀位置】为 10，【增量坐标】；【毛坯顶部】为 0，【绝对坐标】；【深度】为-30，【绝对坐标】。

（5）单击【径向分层切削】选项卡，勾选【径向分层切削】复选框，设置【粗切】选项组中的【次】为 5，【间距】为 8，精修选项组中的【次】为 1，【间距】为 0.5，勾选【不提刀】复选框，其他参数采用默认。

（6）单击【轴向分层切削】选项卡，勾选【轴向分层切削】复选框，设置【最大粗切步进量】为 5，在【精修】选项组中设置【切削次数】为 0，勾选【不提刀】复选框。

（7）单击【贯通】选项卡，勾选【贯通】复选框，设置【贯通量】为 1

（8）设置完成后，单击【确定】按钮，生成外形铣削刀具路径 1，如图 7-26 所示。

5．创建外形铣削刀具路径 2

（1）单击【视图】→【屏幕视图】→【仰视图】按钮，当前刀具平面设置为仰视图。

（2）参照以上创建外形铣削刀具路径 1 的步骤，选择图 7-27 所示的串连进行外形铣削。

（3）单击【连接参数】选项卡，设置【提刀】为 25，【增量坐标】；【下刀位置】为 10，【增量坐标】；【毛坯顶部】为 30，【绝对坐标】；【深度】为 10，【绝对坐标】。

（4）单击【径向分层切削】选项卡，勾选【径向分层切削】复选框，设置【粗切】选项组中的【次】为 6，【间距】为 12，精修选项组中的【次】为 1，【间距】为 0.5，勾选【不提刀】复选框，其他参数采用默认。

（5）其他选项卡参数设置同上，单击【确定】按钮，生成外形铣削刀具路径 2，如图 7-28 所示。

6．加工模拟及后处理

（1）在【刀路】操作管理器中单击【选择全部操作】按钮 和【实体仿真已选择的操作】按钮 ，单击【播放】按钮 ，开始模拟加工，图 7-29 所示为面铣和外形铣削模拟加工结果。

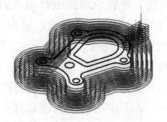

图 7-26　外形铣削刀具路径 1

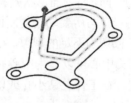

图 7-27　选择串连

图 7-28　外形铣削刀具路径 2

图 7-29　模拟加工结果

（2）单击【执行选择的操作进行后处理】按钮 ，系统弹出【后处理程序】对话框，如图 7-30 所示。单击【确定】按钮 。

（3）系统弹出【另存为】对话框，设置文件名和保存路径后，就可以生成 NC 程序，如图 7-31 所示。

图 7-30　【后处理程序】对话框

图 7-31　NC 程序

7.3 挖槽加工

挖槽加工一般又称为口袋型加工，它是由点、直线、圆弧或曲线组合而成的封闭区域，其特征为上下形状均为平面，而剖面形状则有垂直边、推拔边、垂直边含 R 角以及推拔边含 R 角 4 种。在加工时一般多半选择与所要切削的断面边缘具有相同外形的铣刀，如果选择不同形状的刀具，则可能会产生过切或切削不足的现象。挖槽加工与外形铣削相同进退刀的方法。这里附带说明一点，一般端铣刀刀刃中心可以分为中心有切刃与中心无切刃两种，中心无切刃的端铣刀是不适用于直接进刀，宜先行在工件上钻小孔或以螺旋方式进刀，而中心有切刃者，对于较硬的材料则不宜直接垂直铣入工件。

7.3.1 挖槽加工参数

单击【刀路】→【2D】→【挖槽】按钮 或在【刀路】管理器的树状结构图空白区域右击，在弹出的快捷菜单中选择【铣床刀路】→【挖槽】命令，在绘图区选择串连，单击【线框串连】对话框中的【确定】按钮 ，系统弹出【2D 刀路 - 2D 挖槽】对话框。对话框中各选项卡参数含义如下：

1. 【切削参数】选项卡

单击【切削参数】选项卡，如图 7-32 所示。与外形铣削相同，这里只对特定参数的选项卡进行讨论。

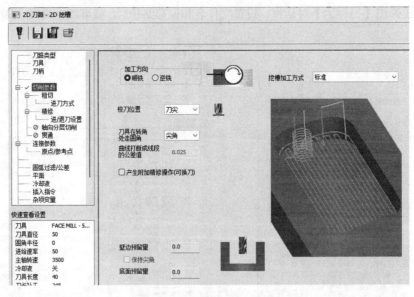

图 7-32 【切削参数】选项卡

【挖槽加工方式】共有 5 种，分别为【标准】、【平面铣】、【使用岛屿深度】、【残料】、【开放式挖槽】。当选取的所有串连均为封闭串连时，可以选择前 4 种加工方式。选择【标准】选项时，系统采用标准的挖槽方式，即仅铣削定义凹槽内的材料，而不会对边界外或岛屿的材料进行铣削；选择【面铣】选项时，相当于面铣削模块（Face）的功能，在加工过程中只保证加工出选择的表面，而不考虑是否会对边界外或岛屿的材料进行铣削；选择【使用岛屿深度】选项时，不会对边界外进行铣削，但可以将岛屿铣削至设置的深度；选择【残料】选项时，将进行残料挖槽加工，其设置方法与残料外形铣削加工中的参数设置相同。当选取的串连中包含有未封闭串连时，只能选择【开放式挖槽】加工方式，在采用【开放式挖槽】加工方式时，实际上系统是将未封闭的串连先进行封闭处理，再对封闭后的区域进行挖槽加工。

（1）当选择【平面铣】加工方式时，【切削参数】选项卡如图 7-33 所示。该对话框中各选项的含义如下：

1）【重叠量】：用于设置以刀具直径为基数计算刀具超出的比例。例如，刀具直径 4mm，设定的超出比例为 50%，则超出量为 2mm。它与超出比例的大小有关，等于超出比例乘以刀具直径。

2）【进刀引线长度】：用于设置下刀点到有效切削点的距离。

3）【退刀引线长度】：用于设置退刀点到有效切削点的距离。

4）【岛屿上方预留量】：用于设置岛屿的最终加工深度。该值一般要高于凹槽的铣削深度。只有挖槽加工方式为【使用岛屿深度】时，该选项才被激活。

（2）当选择【使用岛屿深度】加工方式时，【切削参数】选项卡与选择【面铣】加工方式【切削参数】选项卡类似。

（3）当选择【开放式挖槽】加工方式时，【切削参数】选项卡如图 7-34 所示。选中【使用开放轮廓切削方式】复选框时，则采用开放轮廓加工的走刀方式，否则采用【粗加工/精加工】选项卡中的走刀方式。

对于其他选项，其含义和外形铣削参数的相关内容相同，读者可以结合外形铣削加工参数自行领会。

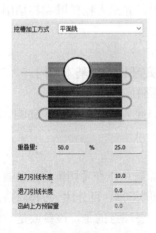

图 7-33　挖槽加工方式选择【平面铣】

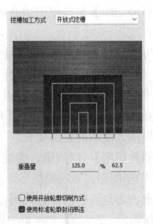

图 7-34　挖槽加工方式选择【开放式挖槽】

2.　【粗切】选项卡

在挖槽加工中加工余量一般都比较大，为此，可以通过设置粗切的参数来提高加工精度。选择【2D 刀路 - 2D 挖槽】对话框中的【粗切】选项卡，如图 7-35 所示。

（1）切削方式设置：选中【粗切】选项卡中的【粗切】复选框，则可以进行粗切切削设置。系统提供了【双向】、【等距环切】、【平行环切】、【平行环切清角】、【渐变环切】、【高速切削】、【单向】、【螺旋切削】8 种粗切削的走刀方式。这 8 种方式又可以分为直线切削和螺旋切削两大类。

1）直线切削包括【双向】切削和【单向】切削。

①【双向】切削产生一组平行切削路径并来回都进行切削，其切削路径的方向取决于切削路径的角度（Roughing）的设置。

②【单向】切削所产生的刀路与双向切削基本相同，所不同的是单向切削按同一个方向进行切削。

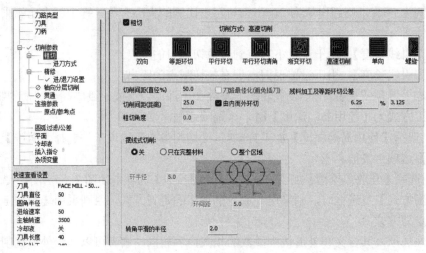

图 7-35 【粗切】选项卡

2）【螺旋切削】是以挖槽中心或特定挖槽起点开始进刀，并沿着挖槽壁螺旋切削。螺旋切削有 5 种方式：

①【等距环切】：产生一组螺旋式间距相等的切削路径。

②【平行环切】：产生一组平行螺旋式切削路径，与等距环切路径基本相同。

③【平行环切清角】：产生一组平行螺旋且清角的切削路径。

④【依外形环切】：根据轮廓外形产生螺旋式切削路径，此方式至少有一个岛屿，且生成的刀路比其他模式生成的刀路要长。

⑤【螺旋切削】：以圆形、螺旋方式产生切削路径。

（2）切削间距：系统提供了两种输入切削间距的方法。既可以在【切削间距（直径%）】文本框中指定占刀具直径的百分比间接指定切削间距（此时切削间距=百分比×刀具直径），也可以在【切削间距（距离）】文本框中直接输入切削间距数值。要注意的是，该参数是与切削间距（直径%）相关联的，更改任何一个，另一个也随之改变。

3.【进刀方式】选项卡

单击【进刀方式】选项卡。在挖槽粗加工路径中下刀方式分为 3 种：

【关】：即刀具从零件上方垂直下刀。

【斜插】：即以斜线方式向工件进刀。

【螺旋】：即以螺旋下降的方式向工件进刀。

打开【进刀方式】选项卡，选中【螺旋】单选按钮（用于设置螺旋式下刀）或【斜插】单选按钮（用于设置斜插下刀），分别如图 7-36、图 7-37 所示。这两个选项卡中的内容基本相同，下面对主要的选项进行介绍。

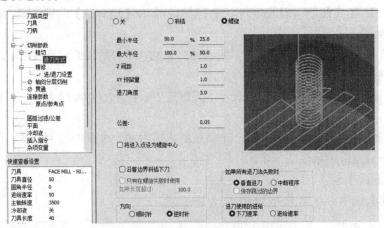

图 7-36　【进刀方式】选择【螺旋】

（1）【最小半径】：进刀螺旋的最小半径或斜线刀路的最小长度。可以输入与刀具直径的百分比或者直接输入半径值。

（2）【最大半径】：进刀螺旋的最大半径或斜线刀路的最大长度。可以输入与刀具直径的百分比或者直接输入半径值。

（3）【Z 间距】：指定开始螺旋式或斜插进刀时距毛坯顶部的高度。

（4）【XY 预留量】：指定螺旋槽或斜线槽与凹槽在 X 向和 Y 向的安全距离。

（5）【进刀角度】：对于螺旋式下刀，只有进刀角度，该值为螺旋线与 XY 平面的夹角，角度越小，螺旋的圈数越多，一般设置为 5°～20°；对于斜插下刀，该值为刀具切入角度或切出角度，如图 7-38 所示，它通常选择 30°。

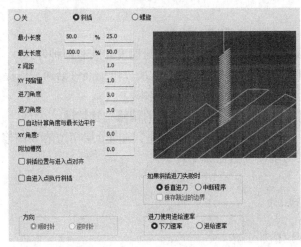

图 7-37　【进刀方式】选择【斜插】

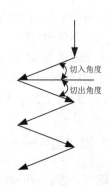

图 7-38　切入、切出角度

（6）【如果所有进刀法失败时】（或【如果斜插进刀失败时】）：设置螺旋或斜插下刀失败时的处理方式，既可以是【垂直进刀】，也可以是【中断程序】。

（7）【进刀使用的进给】：（或【进刀使用进给速率】）既可以是采用刀具的 Z 向进刀速率作为进刀或斜插下刀的速率，也可以采用刀具水平切削的进刀速率作为进刀或斜插下刀的速率。

（8）【方向】：指定螺旋下刀的方向，有【顺时针】和【逆时针】两种选项。该选项仅对螺旋下刀方式有效。

（9）【由进入点执行斜插】：设定刀具沿着边界移动，即刀具在给定高度沿着边界逐渐下降刀路的起点。该选项仅对斜插下刀方式有效。

（10）【将进入点设为螺旋中心】：表示下刀螺旋中心位于刀路起始点（下刀点）处，下刀点位于挖槽中心。

（11）【附加槽宽】：指定刀具在每一个斜线的末端附加一个额外的倒圆弧，使刀路平滑。圆弧的半径等于文本框中数值的一半。

4. 【精修】选项卡

单击【精修】选项卡，如图 7-39 所示。

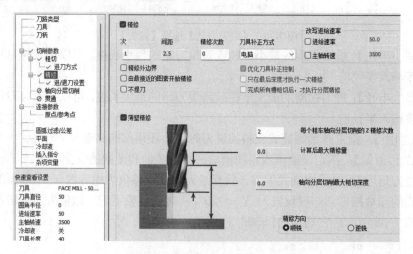

图 7-39 【精修】选项卡

（1）【改写进给速率】：该选项组用于重新设置精加工进给速度。它有两种方式：

1）【进给速率】：在精修阶段，由于去除的材料通常较少，所以可提高进给速率以提高加工效率。在该文本框中可输入一个与粗切阶段不同的精修进给速率。

2）【主轴转速】：该文本框中可输入一个与粗切阶段不同的精修主轴转速。

（2）【薄壁精修】：该选项组用于设置以下参数：【每个粗车轴向分层切削的 Z 精修次数】、【计算后最大精修量】和【轴向分层切削最大粗切深度】。

7.3.2 操作实例——壳盖挖槽

本例在面铣和外形铣削的基础上进行挖槽加工。

操作步骤如下：

1. 承接外形铣削加工结果

2. 隐藏面铣刀具路径

选中所有刀路，单击【刀路】操作管理器中的【切换显示已选择的刀路操作】按钮≋，隐藏面铣刀具路径。

3. 刀具平面设置

单击【视图】→【屏幕视图】→【俯视图】按钮，当前刀具平面设置为俯视图。

4. 创建挖槽刀具路径

（1）单击【刀路】→【2D】→【挖槽】按钮或在【刀路】管理器的树状结构图空白区域右击，在弹出的快捷菜单中选择【铣床刀路】→【挖槽】命令。

（2）系统弹出【线框串连】对话框，单击【串连】按钮，在绘图区选择如图 7-40 所示的串连。单击【确定】按钮，系统弹出【2D 刀路 - 2D 挖槽】对话框。

（3）单击【刀具】选项卡，进入刀具参数设置区。在刀具列表中选择直径为 16 的平铣刀，并设置相应的刀具参数，即设置【进给速率】为 500、【下刀速率】为 200、【主轴转】为 3000，勾选【快速提刀】复选框。

（4）单击【切削参数】选项卡，进行挖槽参数设置，设置【挖槽加工方式】为【标准】，【壁边预留量】和【底面预留量】均设置为 0。

（5）单击【连接参数】选项卡，设置【提刀】为 25，【增量坐标】；【下刀位置】为 10，【增量坐标】；【毛坯顶部】为 0，【绝对坐标】；【深度】为-25，【绝对坐标】。

（6）单击【轴向分层切削】选项卡，勾选【轴向分层切削】复选框，将【最大粗切步进量】设置为 5，勾选【不提刀】复选框。

（7）单击【粗切】选项卡，设置【切削方式】为【平行环切】、【切削间距（直径%）】为 75%，勾选【刀路最佳化（避免插刀）】复选框和【由内而外环切】复选框。

（8）单击【进刀方式】选项卡，单击【斜插】单选按钮，将【最小长度】设置为 3、【最大长度】设置为 5，【Z 间距】设置为 1，【进刀角度】设置为 2。

（9）单击【精修】选项卡，勾选【精修】复选框，参数设置采用默认。单击【确定】按钮，系统会立即在绘图区生成刀路，如图 7-41 所示。

5. 模拟加工及后处理

（1）在【刀路】操作管理器中单击【选择全部操作】按钮和【实体仿真已选择的操作】按钮，单击【播放】按钮，开始模拟加工，图 7-42 所示为真实加工模拟的效果图。

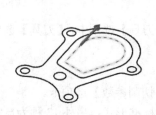 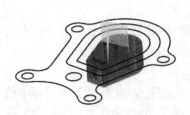 

图 7-40 选择串连 　　　　图 7-41 挖槽加工刀具路径 　　　　图 7-42 模拟加工结果

（2）单击【执行选择的操作进行后处理】按钮G1，设置相应的参数、文件名和保存路径后，就可以所有刀路的加工程序，详见电子文件。

7.4 孔加工

孔加工是机械加工中使用较多的一个工序，孔加工的方法也很多，包括钻孔、镗孔、攻螺纹、绞孔等。Mastercam2023 提供了丰富的钻孔方法，而且可以自动输出相应的钻孔固定循环。

7.4.1 钻孔加工参数

单击【刀路】→【2D】→【钻孔】按钮 或在【刀路】管理器的树状结构图空白区域右击，在弹出的快捷菜单中选择【铣床刀路】→【钻孔】命令，弹出【刀路孔定义】对话框，如图 7-43 所示。在绘图区采用手动方式选取钻孔位置，然后单击【刀路孔定义】对话框中的【确定】按钮，系统弹出【2D 刀路-钻孔/全圆铣削 深孔钻-无啄孔】对话框。

图 7-43 【刀路孔定义】对话框

1. 【刀具】选项卡

选择【2D 刀路-钻孔/全圆铣削 深孔钻-无啄孔】对话框中的【刀具】选项卡，【刀具】选项卡中的选项已经在前面章节介绍过，这里不再赘述。

2. 【切削参数】选项卡

选择【2D 刀路-钻孔/全圆铣削 深孔钻-无啄孔】对话框中的【切削参数】选项卡。

循环方式：Mastercam2023 提供了 20 种钻孔方式，其中 7 种为标准形式，另外 13 种为自定义形式，如图 7-44 所示。

（1）【钻头/沉头钻】：钻头从起始高度快速下降至提刀，然后以设定的进给量钻孔，到达孔底后，暂停一定时间后返回。钻通孔/镗孔常用于孔深度小于3倍刀具直径的浅孔。

选择【循环方式】下拉列表中的【钻头/沉头钻】选项，将激活【暂留时间】文本框，它用于设置暂停时间，默认为0，即没有暂停时间。

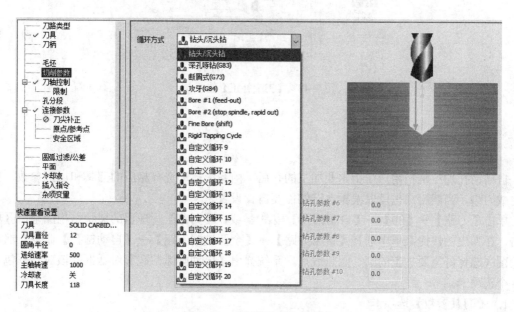

图7-44 【切削参数】选项卡

（2）【深孔啄钻】：钻头从起始高度快速下降至提刀，然后以设定的进给量钻孔，钻到第一次步距后，快速退刀至起始高度以完成排屑，然后再次快速下降至前一次步距上部的一个步进间隙处，再按照给定的进给量钻孔至下一次步距，如此反复，直至钻至要求的深度。深孔啄钻一般用于孔深大于3倍刀具直径的深孔。

（3）【断屑式】：和深孔啄钻类似，该方法也需要多次退刀来完成排屑，只是退刀的距离较短。该方法适用于孔深大于3倍直径刀具的孔，参数设置和深孔啄钻类似。

（4）【攻牙】：可以攻左旋和右旋螺纹，左旋和右旋主要取决于选择的刀具和主轴旋向。

（5）【Bore#1（feed-out）（镗孔 #1-进给退刀）】：进给速率进行镗孔和退刀，该方法可以获得表面较光滑的直孔。

（6）【Bore#2（stop spindle, rapid out）（镗孔#7-主轴停止-快速退刀）】：用进给速率进行镗孔，至孔底主轴停止旋转，刀具快速退回。

（7）【Fine Bore（shift）（其他 #1）】：镗孔至孔底时，主轴停止旋转，将刀具旋转一个角度（即让刀，它可以避免刀尖与孔壁接触）后再退刀。

3. 刀尖补偿

选择【2D刀路-钻孔/全圆铣削 深孔钻-无啄孔】对话框中的【刀尖补正】选项卡，如图7-45所示。可以在该对话框中设置补偿量。

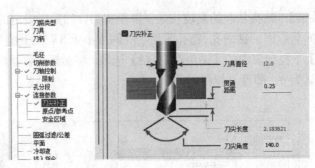

图 7-45 【刀尖补正】选项卡

📖 7.4.2 自动钻孔

自动钻孔加工是指用户在指定要加工的孔后，由系统自动选择相应的刀具和加工参数，自动生成刀路。当然用户也可以根据自己的需要自行设置。

单击【刀路】→【2D】→【自动钻孔】按钮 或在【刀路】管理器的树状结构图空白区域右击，在弹出的快捷菜单中选择【铣床刀路】→【全圆铣削刀路】→【自动钻孔】命令，然后在绘图区选择好需要加工的圆、圆弧或点，系统弹出【自动圆弧钻孔】对话框。该对话框包含了 4 个选项卡。

1. 【刀具参数】选项卡

在该选项卡中可设置刀具参数。在【精修刀具类型】下拉列表中选择本次加工使用的刀具类型，则系统自动生成刀具具体的参数（如直径），如图 7-46 所示。

图 7-46 【刀具参数】选项卡

2.　【深度、群组及数据库】选项卡

在该选项卡中可设置钻孔深度、钻孔群组以及刀库，如图 7-47 所示。

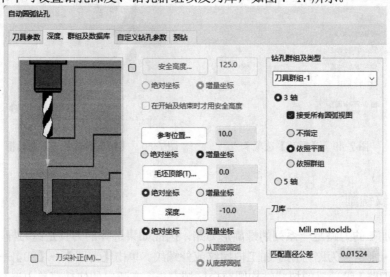

图 7-47　【深度、群组及数据库】选项卡

3.　【自定义钻孔参数】选项卡

在该选项卡中可设置用户自定义的钻孔参数，如图 7-48 所示。初学者一般不用定义该参数。

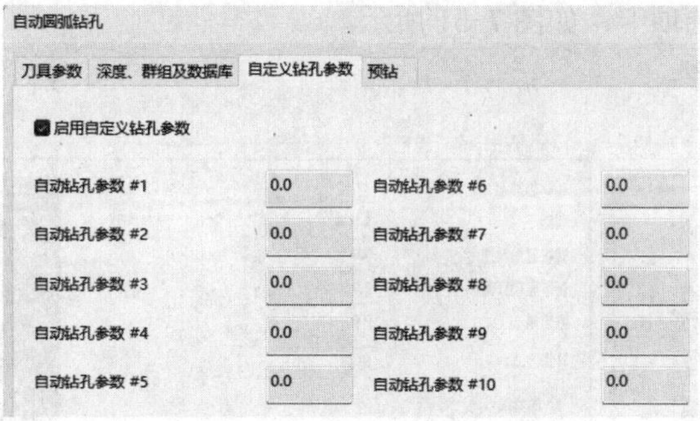

图 7-48　【自定义钻孔参数】选项卡

4.　【预钻】选项卡

预钻操作是指当孔较大而且精度要求较高时，在钻孔之前先钻出一个小孔。参数设置如图
7-49 所示。

（1）【预钻刀具最小直径】：用于设置预钻刀具的最小直径。

（2）【预钻刀具直径增量】：用于设置预钻的次数大于两次时，两次预钻钻头的直径差。

（3）【精修预留量】：用于设置为精加工预留的单边余量。

（4）【刀尖补正】：用于设置刀尖补偿。单击【刀尖补正】按钮，系统弹出【钻头尖部补正】
对话框，如图 7-50 所示。在该对话框中设置贯通距离。

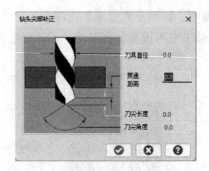

图 7-49 【预钻】选项卡　　　　图 7-50 【钻头尖部补正】对话框

7.4.3 螺纹铣削

螺纹铣削加工的刀路是一系列的螺旋形刀路，因此如果选择的刀具是镗刀杆，其上装有螺纹加工的刀头，则这种刀路可用于加工内螺纹或外螺纹。单击【刀路】→【2D】→【螺纹铣削】按钮 或在【刀路】管理器的树状结构图空白区域右击，在弹出的快捷菜单中选择【铣床刀路】→【全圆铣削刀路】→【螺纹铣削】命令，然后在绘图区选择需要加工的圆、圆弧或点，系统弹出【2D 刀路 - 螺旋铣削】对话框。

1. 【切削参数】选项卡

单击【切削参数】选项卡，如图 7-51 所示。

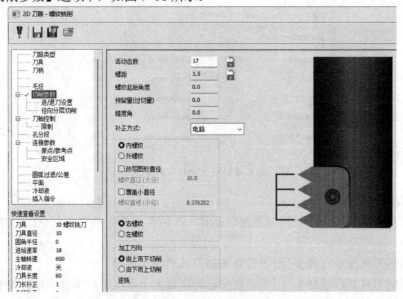

图 7-51 【切削参数】选项卡

（1）【活动齿数】：该值由设置的刀具【刀齿长度】和来确定。【刀齿长度】除以【螺距】就等于活动齿数，余数遵循四舍五入的原则。

（2）【预留量（过切量）】用于设置允许的过切值。

（3）【改写图形直径】：勾选该复选框可以修改螺纹的直径尺寸。

2. 【进/退刀设置】选项卡

单击【2D 刀路 - 螺纹铣削】对话框中的【进/退刀设置】选项卡，如图 7-52 所示。

【进/退刀引线长度】：该项用于设置进/退刀时的引线的长度。只有当取消勾选【在中心结束】复选框时该项才被激活。

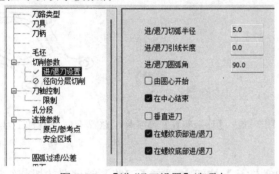
图 7-52　【进/退刀设置】选项卡

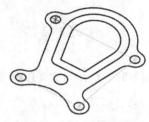
图 7-53　选择圆心

7.4.4 操作实例——壳盖孔加工

本节在壳盖面铣加工、外形铣削加工和挖槽加工的基础上进行钻孔加工、自动钻孔加工及螺纹铣削加工。

操作步骤如下：

1. 承接外形铣削加工结果

2. 隐藏面铣刀具路径

选中所有刀路，单击【刀路】操作管理器中的【切换显示已选择的刀路操作】按钮≈，隐藏面铣刀具路径。

3. 创建钻孔刀具路径

（1）单击【刀路】→【2D】→【钻孔】按钮或在【刀路】管理器的树状结构图空白区域右击，在弹出的快捷菜单中选择【铣削刀路】→【钻孔】命令，系统弹出【刀路孔定义】对话框，选择图 7-53 所示的 4 个圆的圆心。此时，在【刀路孔定义】对话框中的【功能】列表中列出了选择的圆的直径，也就是要进行钻孔的直径，如图 7-54 所示。单击【确定】按钮，系统弹出【2D 刀路-钻孔/全圆铣削 深孔钻-无啄孔】对话框。

（2）单击【刀具】选项卡，进入刀具参数设置区。单击【选择刀库刀具】按钮，选择【刀号】为 70，【直径】为 12 的钻头，并设置相应的刀具参数，即设置【进给速率】为 500、【主轴转速】为 1000。

（3）单击【切削参数】选项卡，循环方式选择【钻头/沉头钻】。

（4）单击【连接参数】选项卡，进入钻孔加工设置区，设置【参考高度】为 10，【增量坐标】；【毛坯顶部】为 0，【绝对坐标】；【深度】为-20，【绝对坐标】；如图 7-55 所示。

（5）单击【刀尖补正】选项卡，勾选【刀尖补正】复选框，设置【贯通距离】为 1。

（6）设置完成后，单击【确定】按钮 ，生成钻孔加工刀具路径，如图 7-56 所示。

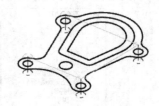

图 7-54　【刀路孔定义】对话框　　图 7-55　【连接参数】选项卡　　图 7-56　钻孔加工刀具路径

4. 创建自动钻孔刀具路径

（1）单击【刀路】→【2D】→【自动钻孔】按钮 或在【刀路】管理器的树状结构图空白区域右击，在弹出的快捷菜单中选择【铣削刀路】→【全圆铣削刀路】→【自动钻孔】命令，系统弹出【刀路孔定义】对话框，选择图 7-57 所示的圆的圆心，此时，在【刀路孔定义】对话框中的【功能】列表中列出了选择的圆的直径为 16，也就是要进行钻孔的直径。单击【确定】按钮，系统弹出【自动圆弧钻孔】对话框。

（2）在【刀具参数】选项卡中勾选【改写图形直径】复选框，修改【圆直径】为 14.5，为后面的螺纹加工留 1.5 的余量，其他参数采用默认。

（3）单击【深度、群组及数据库】选项卡，设置【参考高度】为 10，【增量坐标】；【毛坯顶部】为 0，【绝对坐标】；【深度】为-20，【绝对坐标】。

（4）单击【预钻】选项卡，勾选【建立预钻操作】复选框，设置【预钻刀具最小直径】为 10，【预钻刀具直径增量】为 4.5，勾选【刀尖补正】复选框，单击【刀尖补正】按钮，系统弹出【钻头尖部补正】对话框，在该对话框中设置【贯通距离】为 1，【确定】按钮 ，返回【自动圆弧钻孔】对话框。

（5）单击【确定】按钮 ，在【刀路】操作管理器中生成预钻和自动钻孔刀路操作，如图 7-58 所示。此时的刀路并不能运行，单击【刀路】管理器中的【重新生成已选择的全部操作】按钮 ，对刀路重新计算，生成刀具路径，如图 7-59 所示。

5. 创建螺纹铣削刀具路径

（1）单击【刀路】→【2D】→【螺纹铣削】按钮 或在【刀路】管理器的树状结构图空白区域右击，在弹出的快捷菜单中选择【铣床刀路】→【全圆铣削刀路】→【螺纹铣削】命令，系统弹出【刀路孔定义】对话框，在绘图区选择直径 16 的圆的圆心，如图 7-60 所示。单击【确定】按钮，系统弹出【2D 刀路 - 螺旋铣削】对话框。

（2）单击【刀具】选项卡，进入刀具参数设置区。在刀具列表空白处中右击，在弹出的快捷菜单中选择【创建刀具】命令，系统弹出【定义刀具】对话框，选择【螺纹铣刀】，单击【下一步】按钮，设置【螺距】为 1.5，【外径】为 10，【刀肩直径】为 9，【刀杆直径】为 10，其他参数采用默认，如图 7-61 所示。单击【完成】按钮，完成刀具的设置。

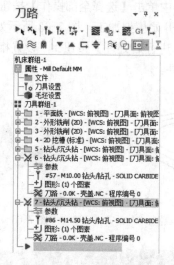

图 7-57　选择圆心

图 7-58　生成的刀路操作

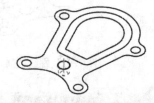
图 7-59　自动钻孔刀具路径

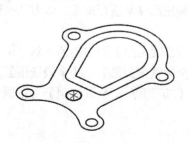
图 7-60　选择圆心

图 7-61　设置螺纹铣刀参数

（3）单击【切削参数】选项卡，设置【螺距】，螺纹为【内螺纹】和【右螺纹】，【加工方向】选择【右上而下切削】。

（4）单击【进/退刀设置】选项卡，设置【进/退刀切弧半径】为 0，勾选【垂直进刀】和【在螺纹顶部进/退刀】复选框。

（5）单击【径向分层切削】选项卡，取消勾选【径向分层切削】复选框。

（6）单击【连接参数】选项卡，设置【提刀】为 25，【增量坐标】；【下刀位置】为 10，【增量坐标】；【毛坯顶部】为 0，【绝对坐标】；【深度】为 -20，【绝对坐标】。

（7）单击【确定】按钮，生成螺纹铣削刀具路径，如图 7-62 所示。

4. 模拟加工及后处理

（1）在【刀路】操作管理器中单击【选择全部操作】按钮 и 和【实体仿真已选择的操作】按钮 ，单击【播放】按钮 ，开始模拟加工，图 7-63 所示为模拟加工结果图。

（2）单击【执行选择的操作进行后处理】按钮 G1，设置相应的参数、文件名和保存路径，可以生成加工程序，详见电子文件。

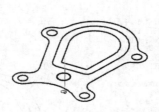

图 7-62　螺纹铣削刀具路径　　　　　　　图 7-63　模拟加工结果

7.5　圆弧铣削加工

圆弧铣削主要以圆或圆弧为图形元素生成加工路径。它可以分为 3 种形式，分别为全圆铣削、螺旋铣削和铣键槽。

7.5.1　全圆铣削

全圆铣削是刀具从圆心移动到圆轮廓，然后绕圆轮廓移动进行加工。该方法一般用于扩孔（用铣刀扩孔，而不是用扩孔钻头扩孔）。

单击【刀路】→【2D】→【全圆铣削】按钮 或在【刀路】管理器的树状结构图空白区域右击，在弹出的快捷菜单中选择【铣床刀路】→【全圆铣削刀路】→【全圆铣削】命令，然后在绘图区选择需要加工的圆、圆弧或点，系统弹出【2D 刀路 - 全圆铣削】对话框。下面对其部分选项卡进行介绍。

1. 【切削参数】选项卡

选择【2D 刀路-全圆铣削】对话框中的【切削参数】选项卡，设置参数如图 7-64 所示。

（1）【改写图形直径】：勾选该复选框，可激活【圆柱直径】输入框。

（2）【圆柱直径】：如果在绘图区选择的图素是点，则该项用于设置全圆铣削刀路的直径；如果在绘图区中选择的图素是圆或圆弧，则采用选择的圆或圆弧直径作为全圆铣削刀路的直径。

（3）【起始角度】：用于设置全圆刀路的起始角度。

2. 【粗切】选项卡

选择【2D 刀路-全圆铣削】对话框中的【粗切】选项卡，如图 7-65 所示。在该对话框中进行全圆铣削粗切径向步进量及螺旋进刀参数的设置。

3. 【进刀方式】选项卡

选择【2D 刀路-全圆铣削】对话框中的【进刀方式】选项卡，如图 7-66 所示。

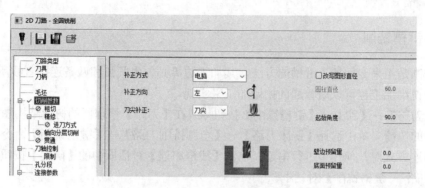

图 7-64 【切削参数】选项卡

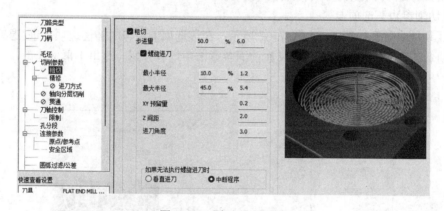

图 7-65 【粗切】选项卡

（1）【高速进刀】：勾选该复选框，则激活【角度】输入框。

（2）【角度】：定义两次切削之间过渡线的角度。

（3）【进/退刀设置】复选框，勾选该复选框，激活所有进/退刀参数设置。

（4）【进/退刀圆弧扫描角度】：设置每个进刀切入弧和退刀切出弧之间的夹角。如果该角度小于 180°，则为进/退刀直线。

（5）【由圆心开始】：勾选该复选框，则以圆心作为全圆铣削刀路的起点。

（6）【在中心结束】：勾选该复选框，则以圆心作为全圆铣削刀路的终点。

（7）【垂直进刀】：勾选该复选框，则在进刀时采取垂直的方向。

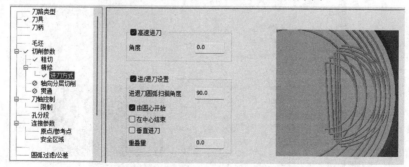

图 7-66 【进刀方式】选项卡

7.5.2 键槽铣削

键槽铣削是用来专门加工键槽的方法，其加工边界必须由圆弧和两条连接直线所构成。实际上，键槽铣削加工也可以用普通的挖槽加工来实现。

单击【刀路】→【2D】→【键槽铣削】按钮或在【刀路】管理器的树状结构图空白区域右击，在弹出的快捷菜单中选择【铣床刀路】→【全圆铣削刀路】→【键槽铣削】命令，然后在绘图区采用串连方式对几何模型进行串连，单击【线框串连】对话框中的【确定】按钮，系统弹出【2D 刀路 - 键槽铣削】对话框。

下面对部分选项卡进行介绍。

1.【切削参数】选项卡

单击【切削参数】选项卡，如图 7-67 所示。在该选项卡中可对补偿选项，进/退刀参数，预留量等进行设置。其参数的具体含义在前面各章节中均有介绍，这里不再赘述。

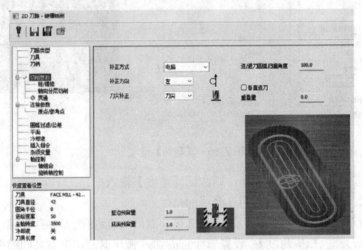

图 7-67　【切削参数】选项卡

2.【粗/精修】选项卡

单击【粗/精修】选项卡，如图 7-68 所示。在该选项卡中可设置铣键槽加工的粗、精加工参数以及进刀方式和角度等。

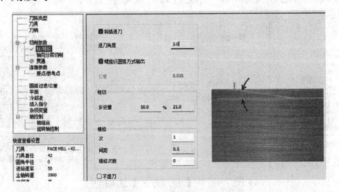

图 7-68　【粗/精修】选项卡

7.5.3 螺旋铣孔

用钻头钻孔，钻头多大，则孔就多大，如果要加工出比钻头大的孔，除了上面用铣刀挖槽加工或全圆铣削外，还可以用螺旋铣孔加工的方式来实现。螺旋铣孔加工时，整个刀杆除了自身旋转外，还可以整体绕某旋转轴旋转。这又和螺纹铣削动作有点类似，但实际上螺旋钻孔时，下刀量要比螺纹铣削小得多。

单击【刀路】→【2D】→【螺旋铣孔】按钮或在【刀路】管理器的树状结构图空白区域右击，在弹出的快捷菜单中选择【铣床刀路】→【全圆铣削刀路】→【螺旋铣孔】命令，系统弹出【刀路孔定义】对话框，在绘图区选择圆、圆弧或实体孔，系统弹出【2D 刀路 - 螺旋铣孔】对话框。

下面对部分选项卡进行介绍。

1.【切削参数】选项卡

单击【切削参数】选项卡，如图 7-69 所示。该选项卡用于设置螺旋铣孔的补偿选项，进/退刀参数及预留量。

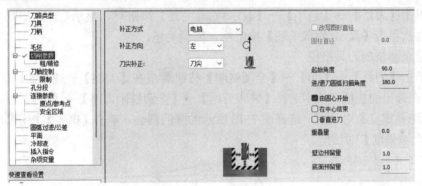

图 7-69　【切削参数】选项卡

2.【粗/精修】选项卡

单击【粗/精修】选项卡，如图 7-70 所示。在该选项卡中可设置螺旋铣孔加工的粗切及精修参数。

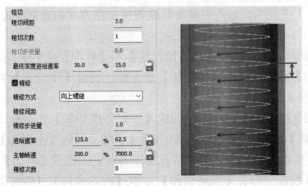

图 7-70　【粗/精修】选项卡

241

📖7.5.4 操作实例——安装板加工

本节对图 7-71 所示的安装板进行加工。源文件中已对安装板模型进行了面铣加工和外形铣削加工，本例中将进行键槽加工、全圆铣削加工和螺旋铣孔加工。

操作步骤如下：

1. 打开文件

单击快速访问工具栏中的【打开】按钮，在弹出的【打开】对话框中选择【网盘→原始文件→第 7 章→安装板】文件，单击【打开】按钮，打开文件，如图 7-71 所示。

2. 毛坯设置

（1）在操作管理区中，单击【毛坯设置】选项，系统弹出【机床群组设置】对话框【毛坯设置】选项卡；在该对话框中勾选【显示线框图素】复选框，单击【从边界框添加】按钮，系统弹出【边界框】对话框，【图素】选择【全部显示】选项，【形状】选择【立方体】，【原点】选择立方体的上表面，修改毛坯尺寸为（124,84,30）；单击【确定】按钮，返回【机床群组设置】对话框【毛坯设置】选项卡。单击【确定】按钮，生成毛坯。

（2）单击【刀路】→【毛坯】→【显示/隐藏毛坯】按钮，显示毛坯，如图 7-72 所示。

（3）再次单击【显示/隐藏毛坯】按钮，隐藏毛坯。

3. 创建全圆铣削刀具路径

（1）单击【刀路】→【2D】→【全圆铣削】按钮或在【刀路】管理器的树状结构图空白区域右击，在弹出的快捷菜单中选择【铣床刀路】→【全圆铣削刀路】→【全圆铣削】命令，系统弹出【刀路孔定义】对话框，选择图 7-73 所示的圆的圆心。单击【确定】按钮，系统弹出【2D 刀路-全圆铣削】对话框。

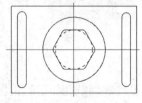 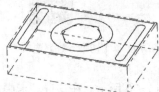 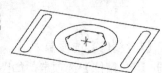

图 7-71　安装板　　　　　　图 7-72　创建的毛坯　　　　　　图 7-73　选择圆心

（2）单击【刀具】选项卡，进入刀具参数设置区。在刀具列表框中选择【直径】为 12 的平铣刀。

（3）单击【切削参数】选项卡，【壁边预留量】和【底面预留量】均设置为 0。

（4）单击【粗切】选项卡，勾选【粗切】复选框，设置【步进量】为 60%，勾选【螺旋进刀】复选框，参数设置采用默认。

（5）单击【轴向分层切削】选项卡，勾选【轴向分层切削】复选框，设置【最大粗切步进量】为【5】，在【精修】选项组中设置【切削次数】为 0，勾选【不提刀】复选框。

（6）单击【连接参数】选项卡，进入钻孔加工设置区，设置【提刀】为 25，【增量坐标】；【下刀位置】为 10，【增量坐标】；【毛坯顶部】为 0，【绝对坐标】；【深度】为-10，【绝对坐标】。

（7）单击【确定】按钮，生成刀具路径，如图 7-74 所示。

4. 创建键槽铣削刀具路径

（1）选中所有刀路，单击【刀路】操作管理器中的【切换显示已选择的刀路操作】按钮 ≋，隐藏面铣刀具路径。

（2）单击【刀路】→【2D】→【键槽铣削】按钮 □ 或在【刀路】管理器的树状结构图空白区域右击，在弹出的快捷菜单中选择【铣床刀路】→【全圆铣削刀路】→【键槽铣削】命令，系统弹出【线框串连】对话框，在绘图区选择图 7-75 所示的串连，单击【确定】按钮 ⊘ ，系统弹出【2D 刀路 – 键槽铣削】对话框。

（3）单击【刀具】选项卡，进入刀具参数设置区。单击【选择刀库刀具】按钮，选择【直径】为 6 的平铣刀。

（4）单击【切削参数】选项卡，【壁边预留量】和【底面预留量】均设置为 0，勾选【垂直进刀】复选框。

（5）单击【粗/精修】选项卡，取消勾选【斜插进刀】复选框，设置粗切【步进量】为 60%，精修【次】为 1，【间距】为 0.5。

（6）单击【轴向分层切削】选项卡，勾选【轴向分层切削】复选框，设置【最大粗切步进量】为【6】，在【精修】选项组中设置【切削次数】为 0，勾选【不提刀】复选框。

（7）单击【连接参数】选项卡，进入钻孔加工设置区，设置【提刀】为 25，【增量坐标】；【下刀位置】为 10，【增量坐标】；【毛坯顶部】为 0，【绝对坐标】；【深度】为-30，【绝对坐标】。

（8）单击【确定】按钮 ⊘ ，生成键槽铣削加工刀具路径，如图 7-76 所示。

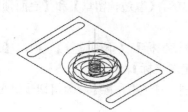 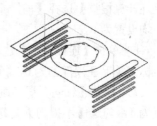

图 7-74　全圆铣削刀具路径　　　　图 7-75　选择串连　　　　图 7-76　键槽铣削刀具路径

5. 创建螺旋铣孔刀具路径

（1）选中所有刀路，单击【刀路】操作管理器中的【切换显示已选择的刀路操作】按钮 ≋，隐藏面铣刀具路径。

（2）单击【刀路】→【2D】→【螺旋铣孔】按钮 ▤ 或在【刀路】管理器的树状结构图空白区域右击，在弹出的快捷菜单中选择【铣床刀路】→【全圆铣削刀路】→【螺旋铣孔】命令，系统弹出【刀路孔定义】对话框，在绘图区选择图 7-77 所示的六边形内切圆的圆心，单击【确定】按钮 ⊘ ，系统弹出【2D 刀路 – 螺旋铣孔】对话框。

（3）单击【刀具】选项卡，进入刀具参数设置区。在刀具列表中选择【直径】为 12 的平铣刀。

（4）单击【切削参数】选项卡，【壁边预留量】和【底面预留量】均设置为 0，勾选【由圆心开始】和【垂直进刀】复选框，其他参数采用默认值。

（5）单击【粗/精修】选项卡，设置【粗切间距】为 6，【粗切次数】为 3，【粗切步进量】为 6，【最终深度的进给速率】为 30%。

（6）单击【连接参数】选项卡，进入钻孔加工设置区，设置【提刀】为25，【增量坐标】；【下刀位置】为10，【增量坐标】；【毛坯顶部】为0，【绝对坐标】；【深度】为-25，【绝对坐标】。

（7）单击【确定】按钮，生成螺旋铣孔刀具路径，如图 7-78 所示。

6. 创建挖槽加工刀具路径

（1）选中所有刀路，单击【刀路】操作管理器中的【切换显示已选择的刀路操作】按钮≈，隐藏面铣刀具路径。

（2）单击【刀路】→【2D】→【挖槽】按钮回或在【刀路】管理器的树状结构图空白区域右击，在弹出的快捷菜单中选择【铣床刀路】→【挖槽】命令。

（3）系统弹出【线框串连】对话框，单击【串连】按钮，在绘图区选择图 7-79 所示的串连。单击【确定】按钮，系统弹出【2D 刀路 - 2D 挖槽】对话框。

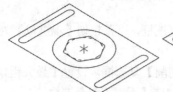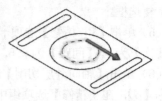

图 7-77　选择圆心　　　　　　图 7-78　螺旋铣孔刀具路径　　　　　图 7-79　选择串连

（4）单击【刀具】选项卡，在刀具列表中选择【直径】为6的平铣刀。

（5）单击【切削参数】选项卡，进行挖槽参数设置，设置【挖槽加工方式】为【残料】，【剩余毛坯计算根据】选择【前一个操作】，【安全距离】设置为110%，【壁边预留量】和【底面预留量】均设置为0。

（6）单击【连接参数】选项卡，设置【提刀】为25，【增量坐标】；【下刀位置】为10，【增量坐标】；【毛坯顶部】为0，【绝对坐标】；【深度】为-25，【绝对坐标】。

（7）单击【轴向分层切削】选项卡，勾选【轴向分层切削】复选框，将【最大粗切步进量】设置为1，勾选【不提刀】复选框。

（8）单击【粗切】选项卡，设置【切削方式】为【平行环切】、【切削间距（直径%）】为60%，勾选【刀路最佳化（避免插刀）】复选框和【由内而外环切】复选框。

（9）单击【精修】选项卡，勾选【精修】复选框，参数设置采用默认。单击【确定】按钮，系统会立即在绘图区生成挖槽加工刀具路径，如图 7-80 所示。

7. 模拟加工及后处理

（1）在【刀路】操作管理器中单击【选择全部操作】按钮和【实体仿真已选择的操作】按钮，单击【播放】按钮▶，开始模拟加工，图 7-81 所示为模拟加工结果图。

图 7-80　挖槽刀具路径　　　　　　图 7-81　模拟加工结果

（2）单击【执行选择的操作进行后处理】按钮 G1，设置相应的参数、文件名和保存路径，可以生成加工程序，详见电子文件。

7.6 木雕加工

木雕加工应该属于铣削加工的一个特例，属于铣削加工范围。雕刻平面上的各种图案和文字，属于二维铣削加工，本节将以示例的形式介绍 Mastercam2023 提供的这种功能。

木雕加工对文字类型、刀具、刀具参数设置的要求比较高，因为如果设计的文字类型使得文字间的图素间距太小，造成铣刀不能加工如此纤细的笔画，还有刀具参数设计的不合理，则可能雕刻的太浅，显示不出雕刻的美观。

7.6.1 木雕加工参数介绍

单击【刀路】→【2D】→【木雕】按钮，系统弹出【线框串连】对话框，同时提示【选择面铣串连1】，选取串连后，单击【线框串连】对话框中的【确定】按钮。系统弹出【木雕】对话框。

下面对【木雕】对话框中部分选项卡进行介绍。

1. 【木雕参数】选项卡

单击【木雕】对话框中【木雕参数】选项卡，如图 7-82 所示。

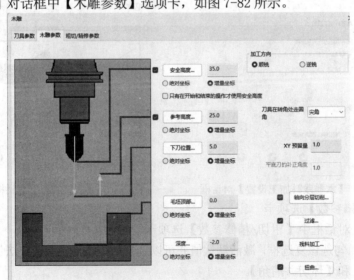

图 7-82　【木雕参数】选项卡

（1）【XY 预留量】：在 X 轴和 Y 轴上留下材料以进行精加工，同时允许 Mastercam 2023 显示正确的刀具直径。

（2）【轴向分层切削】：选中该复选框，则切削时将总深度划分为多个深度。单击【轴向分层切削】按钮，弹出【轴向分层切削】对话框，如图 7-83 所示。该对话框用于设置轴向分层切削参数。

（3）【过滤】：选中该复选框，可以消除刀具路径中不必要的刀具移动以创建更平滑的移动。 单击【过滤】按钮，弹出【过滤设置】对话框，如图 7-84 所示。该对话框用于设置过滤参数。

图 7-83　【轴向分层切削】对话框　　　　图 7-84　【过滤设置】对话框

（4）【残料加工】：选中该复选框，单击【残料加工】按钮，弹出【木雕残料加工设置】对话框，如图 7-85 所示。使用该对话框选择残料加工方法。残料加工刀具路径使用较小的刀具去除粗加工刀具无法去除的材料，然后进行精加工。 Mastercam 2023 可以计算要从先前操作或粗加工刀具尺寸中去除的材料。

（5）【扭曲】：选中该复选框，单击【扭曲】按钮，弹出【缠绕刀路】对话框，如图 7-86 所示。该对话框用于设置将刀具路径包裹到曲面上或两条曲线之间的参数。

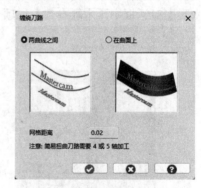

图 7-85　【木雕残料加工设置】对话框　　　图 7-86　【缠绕刀路】对话框

2．【粗切/精修参数】选项卡

单击【木雕】对话框中【粗切/精修参数】选项卡，如图 7-87 所示。

（1）【粗切】：勾选该复选框，激活默认值并可以选择加工方法。加工方法包括【双向】、【单向】、【平行环切】和【环切并清角】。

（2）【在深度】：选择该项，则木雕加工是将几何体投影到刀具路径深度。 将几何投影到雕刻参数选项卡中指定的刀具路径深度的 Z 值，刀具路径可能会超出几何的边界。

（3）【在顶部】：选择该项，则木雕加工是将几何体投影到毛坯顶部。 在雕刻参数选项卡中指定的坯料顶部的 Z 值处投影几何图形。 刀具路径可能无法达到最终深度，因为这样做会使刀具路径超出几何边界。

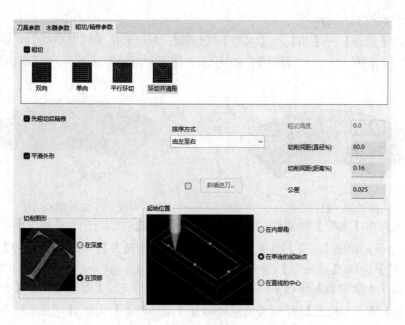

图 7-87 【粗切/精修参数】选项卡

7.6.2 操作实例——匾额木雕加工

本例对图 7-88 所示的匾额进行木雕加工。

操作步骤如下：

1. 打开文件

单击快速访问工具栏中的【打开】按钮，在弹出的【打开】对话框中选择【源文件→原始文件→第7章→匾额】文件，如图 7-88 所示。

2. 设置机床

为了生成刀路，首先必须选择一台可实现加工的机床。本次加工采用系统默认的铣床，即直接执行【机床】→【机床类型】→【铣床】→【默认】命令即可。

3. 毛坯设置

（1）在操作管理区中，单击【毛坯设置】选项，系统弹出【机床群组设置】对话框【毛坯设置】选项卡。单击【从选择添加】按钮，在绘图区选择图 7-89 所示的实体，单击【确定】按钮，生成毛坯。

图 7-88 匾额

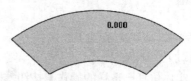

图 7-89 选择实体

（2）单击【刀路】→【毛坯】→【显示/隐藏毛坯】按钮，显示毛坯，如图 7-90 所示。

（3）单击【显示/隐藏毛坯】按钮，隐藏毛坯。

4. 创建木雕加工刀具路径

（1）单击【刀路】→【2D】→【木雕】按钮，系统弹出【线框串连】对话框，在对话框内选择【窗口】按钮 [____]，窗选图 7-91 所示的图形并指定搜寻点，单击【确定】按钮 。

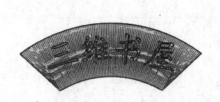

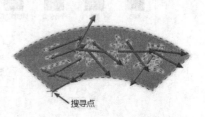

图 7-90　创建毛坯　　　　　　　　　图 7-91　选取雕刻字样

（2）系统弹出【木雕】对话框，单击【刀具参数】选项卡，在刀具列表框中右击，选择【创建刀具】命令，弹出【定义刀具】对话框，选择【雕刻铣刀】，单击【下一步】按钮，设置雕刻铣刀【外径】为3，【总长度】为50，【刀肩长度】为30，其他参数设置如图 7-92 所示。

（3）单击【木雕参数】选项卡，设置【安全高度】为 35，【增量坐标】；【参考高度】为25，【增量坐标】；【下刀位置】为5，【增量坐标】；【工件表面】为0，【增量坐标】；【深度】为-2，【增量坐标】。

（4）单击【粗切/精修参数】选项卡，选择切削方式为【环切并清角】，勾选【先粗切后精修】复选框和【平滑外形】复选框，【切削间距（直径%）】为80，【切削图形】选择【在顶部】，【起始位置】选择【在串连的起始点】。

（5）【确定】按钮 ，生成木雕加工刀具路径，如图 7-93 所示。

图 7-92　设置雕刻铣刀参数

图 7-93　木雕加工路径

5. 仿真加工

单击【实体仿真已选择的操作】按钮 ，系统弹出【Mastercam 模拟器】对话框，单击【播放】按钮 ▶，开始模拟加工，图 7-94 所示为仿真加工结果。

图 7-94 仿真加工结果

7.7 刀具路径的编辑

刀具路径的编辑就是对已经生成的刀具路径进行编辑，在不改变原造型的基础上改变刀具路径的形态特征，使其生成新的刀具路径。

7.7.1 刀具路径的修剪

刀具路径的修剪用于对已经完成的刀具路径进行修剪。修剪时边界可以是任何形状和尺寸。

单击【刀路】选项卡【工具】面板中的【刀路修剪】按钮，系统弹出【线框串连】对话框，如图 7-95 所示。拾取修剪串联，指定保留部分，弹出【修剪刀路】对话框，如图 7-96 所示。

【修剪刀路】对话框各选项介绍如下：

1)【选择要修剪的操作】：该列表框中列出了所有已创建好的操作，在其中选择一项或多项要进行修剪的操作。

2)【保留的位置】：返回到图形窗口选择一个点。系统会在选择的点所在的修剪边界的同一侧保留刀具路径。其后的框中会显示选择的点的坐标。

3)【提刀】：在刀具路径的每个交点处将刀具提升到当前的深度。

4)【不提刀】：强制刀具在刀具路径的每个交点处保持向下。此选项可能会导致修剪功能穿过某些修剪边界。

7.7.2 操作实例——砚台刀路修剪

本例在面铣和外形铣削的基础上对外形铣削刀具路径进行修剪。

操作步骤如下：

1. 打开文件

单击快速访问工具栏中的【打开】按钮，在弹出的【打开】对话框中选择【源文件→原始文件→第 7 章→砚台刀路修剪】文件，单击【打开】按钮，打开文件，如图 7-97 所示。

2. 创建修剪边界

(1) 单击【视图】→【屏幕视图】→【俯视图】按钮，将当前视图设置为俯视图。

(2) 单击【线框】→【形状】→【矩形】按钮，输入角点坐标(-110, 110, 0)和(217, -110, 0)，绘制如图 7-98 所示的矩形。该矩形将作为修剪刀路的边界。

249

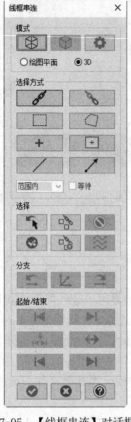

图 7-95 【线框串连】对话框

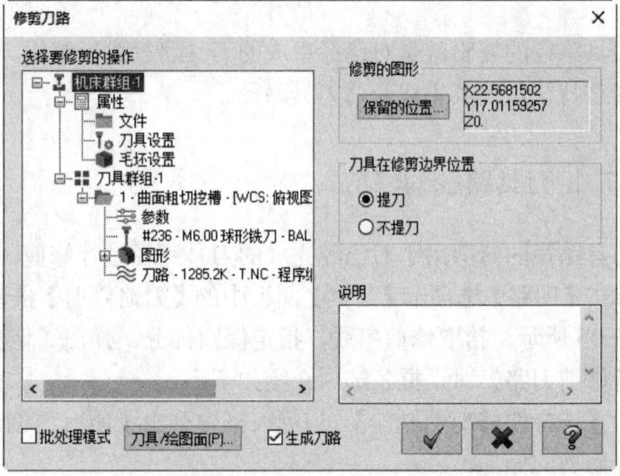

图 7-96 【修剪刀路】对话框

3. 修剪刀路

（1）单击【刀路】→【工具】→【刀路修剪】按钮，系统弹出【线框串连】对话框，选择刚刚绘制的矩形，单击【确定】按钮 ，在矩形内侧单击确定要保留的部分，系统弹出【修剪刀路】对话框，在【选择要修剪的操作】下拉列表框中选择刀路 2，单击【确定】按钮 ，即可完成修剪。

（2）修剪后的刀路如图 7-99 所示。

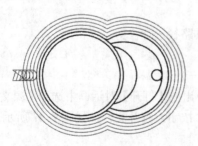

图 7-97 砚台外形铣削刀具路径

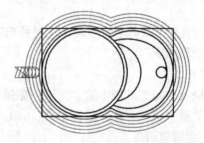

图 7-98 绘制矩形

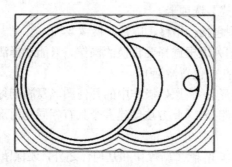

图 7-99 修剪后的刀路

7.7.3 刀具路径的转换

刀具路径的转换就是通过将一个现有的刀具路径进行平移、旋转或镜像出来，生成新的刀具路径。

单击【刀路】→【工具】→【刀路转换】按钮，系统弹出【转换操作参数】对话框，如图 7-100 所示。

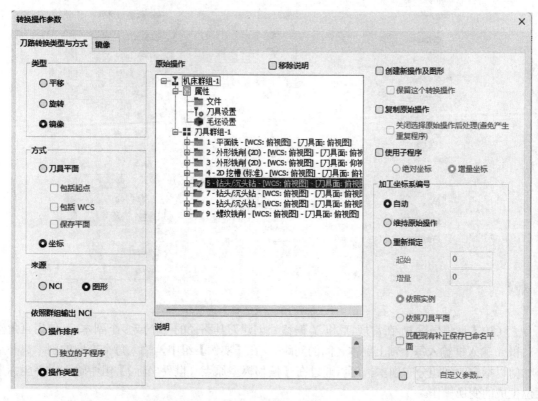

图 7-100 【转换操作参数】对话框

【转换操作参数】对话框各选项介绍如下：

1.【刀路转换类型与方式】选项卡

(1)【类型】：转换类型包括：平移、旋转、镜像3种。

(2)【原始操作】：使用列表框选择要转换的操作。只能选择活动机床组中的操作（机床组由刀具路径管理器中红色箭头的位置激活）。

(3)【创建新操作及图形】：将原始操作中的几何图形复制到每个变换位置，并将原始操作中的参数应用到每个新刀具路径。 此方法创建多个具有相同几何形状和参数的新独立操作，而不是单个变换操作。

(4)【保留这个转换操作】：除了新操作和几何体之外，还保留转换操作。 允许通过重新生成转换操作来快速重新生成所有结果操作。 仅在启用【创建新操作及图形】时可用。

(5)【复制原始操作】： 在源操作的正上方创建一个重复的操作。

(6)【关闭选择原始操作后处理（避免产生重复程序）】：通过禁用源操作的后处理程序来防止源操作被生成两次。 仅在启用【复制原始操作】时可用。

2.【平移】选项卡

该选项卡用于设置如何在一个或多个新位置运行操作。可用的选项取决于选择的平移方式，如图7-101所示。

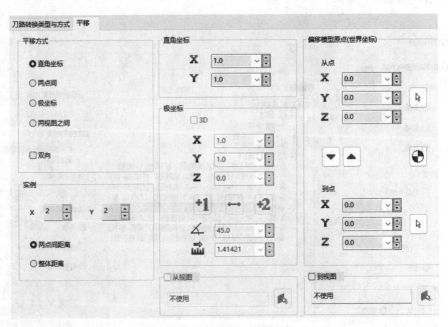

图7-101 【平移】选项卡

(1)【直角坐标】：在常规 X 和 Y 偏移处创建刀具路径的一个或多个副本。 使用直角坐标 X 和 Y 输入框输入每个轴上副本之间的间距。 在【实例】组中，输入每个方向的副本数并定义如何以指定的间距分布副本。可以通过在【偏移模型原点（世界坐标）】组中输入世界坐标来定位生成的变换操作。

(2)【两点间】：将选定刀具路径从一个参考点复制到另一个参考点。在【从点】和【到点】输入框中输入源点和目标点的坐标。通过在【实例】组中输入值来创建刀具路径的多个副本。

（3）【极坐标】：使用极坐标而不是 X 和 Y 距离在径向方向上增量平移选定的刀具路径。直接在 XYZ 字段中输入坐标，或输入极角和距离来定义它们。 或者通过在图形窗口中选择一条线或起点和终点来定义坐标。可以通过在【偏移模型原点（世界坐标）】组中输入世界坐标来定位生成的变换操作。

（4）【两视图之间】：将选定的操作转换到一个新平面，而无需制作多个副本。使用【从平面】和【到平面】选项来指定源平面和目标平面。如果不选择【从视图】，Mastercam 将使用源操作的工具平面。 Mastercam2023 根据所选平面（源和目标）之间的关系转换所有操作。例如，如果目标平面从源平面绕 Y 轴顺时针旋转 90º，Mastercam2023 将绕 Y 轴旋转平移90º，而不管操作是在哪个实际平面中创建或平移到的。可以通过在【偏移模型原点（世界坐标）】组中输入世界坐标来定位生成的变换操作。

3. 【旋转】选项卡

使用此选项卡设置刀具路径变换的旋转选项。当在【刀路转换类型与方式】选项卡上选择【旋转】时，此选项卡可用，如图 7-102 所示。

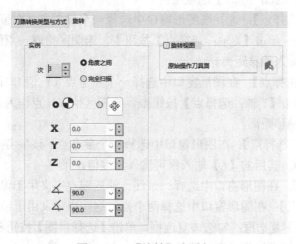

图 7-102　　【旋转】选项卡

（1）【次】：要创建的刀具路径的副本数。

（2）【角度之间】/【完成扫描】：选择如何测量刀具路径副本之间的间距。可以选择设置每个副本之间的角度，或从第一个副本到最后一个副本的总扫描。例如，如果要创建 4 个副本并且总扫描为 240，则刀具路径副本将间隔 60º。

（3）【原点⬤】：使用构建平面的原点作为旋转中心。

（4）【定义中心点✛】：选择该项，单击【定义中心点】按钮✛，返回到图形窗口，选择要用作旋转中心的点。

4. 【镜像】选项卡

该选项卡通过相对于定义的轴或点对称地反射刀具路径来创建刀具路径的镜像，如图 7-103 所示。

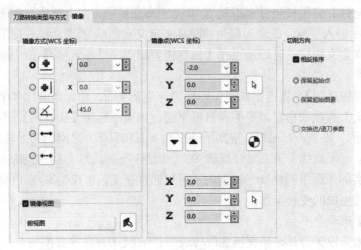

图 7-103 【镜像】选项卡

（1）【镜像方式（WCS 坐标）】选项组：

1）【X 轴：选择点】：选择在图形窗口中选择一个参考点（X 值），该参考点定义用于镜像所选操作的垂直轴。单击【X 轴：选择点】按钮，绘图区拾取一点作为镜像轴通过的点。其后的【Y】输入框可输入偏移距离。

2）【Y 轴：选择点】：在图形窗口中选择一个参考点（Y 值），该参考点定义用于镜像所选操作的水平轴。单击【Y 轴：选择点】按钮，绘图区拾取一点作为镜像轴通过的点。其后的【X】输入框可输入偏移距离。

3）【极坐标：选择点】：在图形窗口中选择一个参考点，该参考点以指定的角度定义用于镜像选定操作的角轴。其后的【A】输入框可输入角度值。

4）【选择线】：在图形窗口中选择一条线。线的端点定义用于镜像选定操作的轴。

5）【选择两点】：在图形窗口中选择两个点，这些点定义用于镜像选定操作的轴。

（2）【镜像视图】复选框：勾选该复选框，单击【选择视图】按钮，可选择与源操作的刀具平面不同的平面上镜像转换的刀具路径。

（3）【镜像点（WCS 坐标）】选项组：

1）【X-Y-Z（从点）】：设置原始刀具路径的参考点坐标。单击【选择】按钮，可以从图形窗口中选择一个点。

2）【X-Y-Z（到点）】：设置目标刀具路径的参考点坐标。单击【选择】按钮，可以从图形窗口中选择一个点。

（4）【切削方向】选项组：

1）【相反排序】：选择此选项后，系统将镜像转换刀具路径的起点与源刀具路径保持相同。但是，它会颠倒镜像转换刀具路径的几何实体的顺序，包括链方向、点顺序以及曲面刀具路径的选择顺序。这也会反转镜像转换操作中的切割方向和刀具补偿设置。如果选择反向顺序，系统将选择【保留起始点】选项。

取消选择此选项可将源刀具路径中相同的切削方向和刀具补偿设置应用于镜像转换操作。可以选择是保持相同的起点，还是保持与源刀具路径相同的镜像转换刀具路径的起始实体。

2）【保留起始点】：当希望镜像转换操作使用与源操作相同的起点时，请选择此选项。但是，切割方向可能会有所不同，具体取决于是否也选择反转顺序。如果选择【相反排序】，系统将选择【保留起始点】选项。

3）【保留起始图素】：仅当取消选择【相反排序】时可用。当希望镜像变换操作在链接几何体中使用与源操作相同的实体和相同的切割方向时，请选择此选项。

7.7.4　操作实例——颜料盘加工

本例已在源文件中进行了外形铣削、挖槽和钻孔加工，本节利用【刀路转换】命令对钻孔加工刀具路径进行平移和镜像，对挖槽刀具路径进行旋转复制，

操作步骤如下：

1．打开文件

单击快速访问工具栏中的【打开】按钮 ，在弹出的【打开】对话框中选择【源文件→原始文件→第 7 章→颜料盘】文件。单击【打开】按钮，打开文件，如图 7-104 所示。

2．平移刀路

（1）单击【刀路】→【工具】→【刀路转换】按钮 ，系统弹出【转换操作参数】对话框，【类型】选择【平移】，在【原始操作】下拉列表中选中刀路 3（即钻孔刀路），如图 7-105 所示。

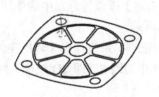

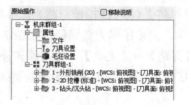

图 7-104　颜料盘　　　　　　　　　图 7-105　选中刀路 3

（2）单击【平移】选项卡，【平移方式】选择【两点间】，单击【从点】选项组中的【选择点】按钮 ，在绘图区选择图 7-106 所示的圆心点作为平移的起始点。

（3）系统返回【转换操作参数】对话框，单击【到点】选项组中的【选择点】按钮 ，在绘图区选择图 7-107 所示的圆心点作为平移的终止点。

（4）单击【确定】按钮 ，平移结果如图 7-108 所示。

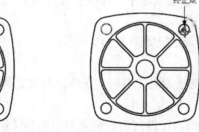

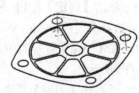

图 7-106　选择起始点　　　　　图 7-107　选择终止点　　　　图 7-108　平移结果

3．镜像刀路

（1）单击【刀路】→【工具】→【刀路转换】按钮，系统弹出【转换操作参数】对话框，【类型】选择【镜像】，在【原始操作】下拉列表中选中刀路 3 和刀路 4（即钻孔刀路和转换/平移刀路），如图 7-109 所示。

（2）单击【镜像】选项卡，【镜像方式】选择【选择两点】，在绘图区选择图 7-110 所示的第一点和第二点，两点的连线被视为镜像线。

（3）单击【确定】按钮，镜像结果如图 7-111 所示。

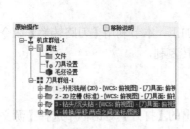

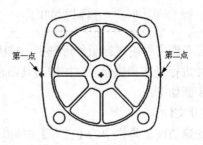

图 7-109　选中刀路 3 和刀路 4　　　　　　图 7-110　选择两点

4．旋转刀路

（1）选中所有刀路，两次单击【刀路】操作管理器中的【切换显示已选择的刀路操作】按钮，隐藏所有刀具路径。

（2）再选中刀路 2（即 2D 挖槽刀路），单击【刀路】操作管理器中的【切换显示已选择的刀路操作】按钮，显示挖槽刀具路径，如图 7-112 所示。

（3）单击【刀路】→【工具】→【刀路转换】按钮，系统弹出【转换操作参数】对话框，【类型】选择【旋转】，在【原始操作】下拉列表中选中刀路 2（即 2D 挖槽刀路），如图 7-113 所示。

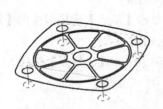
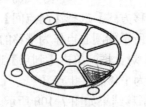

图 7-111　镜像结果　　　图 7-112　挖槽刀具路径　　　　图 7-113　选中刀路 2

（4）单击【旋转】选项卡，【实例】选项组中的【次】设置为 7，选择【角度之间】选项，设置【角度】值均为 45，如图 7-114 所示。

（5）单击【确定】按钮，旋转结果如图 7-115 所示。

5．复制刀路

（1）在【刀路】管理器中，选中挖槽刀路 2 右击，在弹出的快捷菜单中选择【复制】命令，如图 7-116 所示。

（2）再次在【刀路】管理器中右击，在弹出的快捷菜单中选择【粘贴】命令，此时在【刀路】管理器中增加了挖槽刀路 7，如图 7-117 所示。

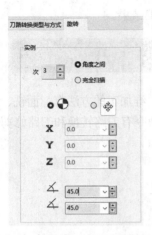

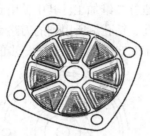

图 7-114　【旋转】选项卡参数设置　　　图 7-115　旋转结果　　　图 7-116　选择【复制】命令

（3）单击挖槽刀路 7 下的【几何图形—（1）个串连】，系统弹出【串连管理】对话框，如图 7-118 所示。在对话框中选中【串连 1】，右击，在弹出的快捷菜单中选择【删除】命令，删除串连 1。再次右击，在弹出的快捷菜单中选择【添加】命令，系统弹出【线框串连】对话框，在绘图区中选择图 7-119 所示的串连。

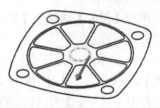

图 7-117　增加的刀路 7　　　图 7-118　【串连管理】对话框　　　图 7-119　选择串连

（4）单击【确定】按钮，返回【串连管理】对话框，单击【确定】按钮，单击【刀路】管理器中的【重新生成全部已选择的操作】按钮，对刀路 7 重新进行计算，生成的刀具路径如图 7-120 所示。

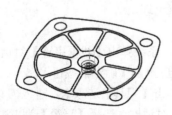

图 7-120　挖槽刀路 7 刀具路径　　　图 7-121　模拟加工结果

6. 加工模拟

在【刀路】操作管理器中单击【选择全部操作】按钮和【实体仿真已选择的操作】按钮，

单击【播放】按钮 ▶，开始模拟加工，图 7-121 所示为模拟加工结果。

7.8 综合实例——手轮加工

本节对图 7-122 所示的手轮进行二维加工。其中使用到的二维加工的方法有：面铣、外形铣削、挖槽、全圆铣削、螺旋铣孔、钻孔。所用到的刀路编辑命令有刀路转换和刀路修剪，通过本实例，希望读者对 Mastercam2023 二维加工有进一步的认识。

图 7-122 手轮

操作步骤如下：

1. 打开文件

单击快速访问工具栏中的【打开】按钮 ，在弹出的【打开】对话框中选择【源文件→原始文件→第 7 章→手轮】文件，如图 7-122 所示。

2. 选择机床

单击【机床】选项卡【机床类型】面板中的【铣床】按钮 ，选择【默认】选项即可。

3. 工件设置

（1）在操作管理区中，单击【毛坯设置】选项，系统弹出【机床群组设置】对话框【毛坯设置】选项卡；在该对话框中勾选【显示线框图素】复选框，单击【从边界框添加】按钮 ，系统弹出【边界框】对话框。选择【手动】选项，单击其后的【选择图素】按钮 ，在绘图区选择图 7-123 所示的图素。【形状】选择【圆柱体】，【原点】选择圆柱体的中间部位，修改圆柱半径为（324，30），【轴心】选择【Z】；单击【确定】按钮 ，返回【机床群组设置】对话框【毛坯设置】选项卡。单击【确定】按钮 ，生成毛坯。

（2）单击【刀路】→【毛坯】→【显示/隐藏毛坯】按钮 ，显示毛坯，如图 7-124 所示。

（3）再次单击【显示/隐藏毛坯】按钮 ，隐藏毛坯。

4. 面铣加工

（1）单击【刀路】→【2D】→【面铣】按钮 ，系统弹出【线框串连】对话框，单击【串连】按钮 ，在绘图区选择图 7-125 所示的串连，单击【确定】按钮 。

（2）系统弹出【2D 刀路-平面铣削】对话框，单击【刀具】选项卡，进入刀具参数设置区。单击【选择刀库刀具】按钮，系统弹出【选择刀具】对话框，选择【直径】为 63 的面铣刀，单击【确定】按钮 ，返回【刀具】选项卡，其他设置采用默认。

（3）单击【切削参数】选项卡，设置【类型】为【双向】，【底面预留量】设置为 0，其他参数均采用默认设置。

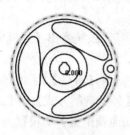 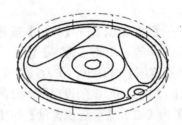 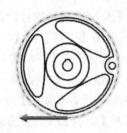

　　图 7-123　选择图素　　　　图 7-124　生成的毛坯　　　　图 7-125　选择面铣串连

　　（4）单击【连接参数】选项卡，设置【提刀】为 25，【增量坐标】；【下刀位置】为 10，【增量坐标】；【毛坯顶部】为 35，【绝对坐标】；【深度】为 32，【绝对坐标】。

　　（5）设置完成后，单击【确定】按钮 ，生成面铣刀具路径，如图 7-126 所示。

　　5．外形铣削加工 1

　　（1）为了方便操作，单击【刀路管理器】中的【切换显示已选择的刀路操作】按钮 ，可以将上面生成的刀具路径隐藏。

　　（2）单击【刀路】→【2D】→【2D 铣削】→【外形】按钮 ，系统弹出【线框串连】对话框，在绘图区选择图 7-127 所示的串连。单击【确定】按钮 。

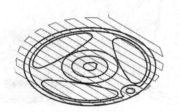 

　　　图 7-126　面铣刀具路径　　　　　　图 7-127　选择外形铣削串连

　　（3）系统弹出【2D 刀路 - 外形铣削】对话框，单击【刀具】选项卡，进入刀具参数设置区。单击【选择刀库刀具】按钮，选择【直径】为 40 的平铣刀。双击平铣刀图标，在弹出的【编辑刀具】对话框中修改【总长度】为 100，【刀肩长度】为 75。

　　（4）单击【切削参数】选项卡，进入外形铣削设置区。设置【外形铣削方式】为【2D】、【补正方式】为【电脑】、【补正方向】为【左】，【壁边预留量】和【底面预留量】均设置为 0。

　　（5）单击【连接参数】选项卡，设置【提刀】为 25，【增量坐标】；【下刀位置】为 10，【增量坐标】；【毛坯顶部】为 35，【绝对坐标】；【深度】为 -35，【绝对坐标】。

　　（6）单击【径向分层切削】选项卡，勾选【径向分层切削】复选框，设置【粗切】选项组中的【次】为 1，【间距】为 5，精修选项组中的【次】为 1，【间距】为 0.5，勾选【不提刀】复选框，其他参数采用默认。

　　（7）单击【轴向分层切削】选项卡，勾选【轴向分层切削】复选框，设置【最大粗切步进量】为 6，在【精修】选项组中设置【切削次数】为 0，勾选【不提刀】复选框。

　　（8）单击【贯通】选项卡，勾选【贯通】复选框，设置【贯通量】为 1

　　（9）设置完成后，单击【确定】按钮 ，生成外形铣削刀具路径 1，如图 7-128 所示。

　　6．外形铣削加工 2

（1）为了方便操作，单击【刀路管理器】中的【切换显示已选择的刀路操作】按钮 ≋，可以将上面生成的刀具路径隐藏。

（2）单击【刀路】→【2D】→【2D 铣削】→【外形】按钮 ▦，系统弹出【线框串连】对话框，在绘图区选择图 7-129 所示的串连。单击【确定】按钮 ✓ 。

（3）系统弹出【2D 刀路 - 外形铣削】对话框，在刀具列表中选择【直径】为 40 的平铣刀。

（4）单击【切削参数】选项卡，进入外形铣削设置区。设置【外形铣削方式】为【2D】、【补正方式】为【电脑】、【补正方向】为【右】、【壁边预留量】和【底面预留量】均设置为 0。

（5）单击【连接参数】选项卡，设置【提刀】为 25，【增量坐标】；【下刀位置】为 10，【增量坐标】；【毛坯顶部】为 35，【绝对坐标】；【深度】为 20，【绝对坐标】。

（6）单击【径向分层切削】选项卡，勾选【径向分层切削】复选框，设置【粗切】选项组中的【次】为 6，【间距】为 35，精修选项组中的【次】为 0，勾选【不提刀】复选框，其他参数采用默认。

（7）单击【轴向分层切削】选项卡，勾选【轴向分层切削】复选框，设置【最大粗切步进量】为 6，在【精修】选项组中设置【切削次数】为 0，勾选【不提刀】复选框。

（8）设置完成后，单击【确定】按钮 ✓ ，生成外形铣削刀具路径 2，如图 7-130 所示。

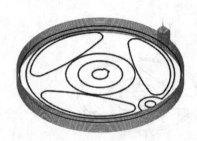 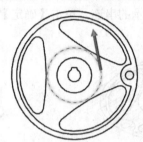 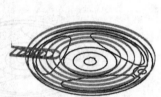

图 7-128　外形铣削刀具路径 1　　图 7-129　选择外形铣削串连　图 7-130　外形铣削刀具路径 2

7. 创建挖槽刀具路径

（1）单击【刀路】→【2D】→【挖槽】按钮 ▣，系统弹出【线框串连】对话框，单击【串连】按钮 🔗 ，在绘图区选择图 7-131 所示的串连。单击【确定】按钮 ✓ ，系统弹出【2D 刀路 - 2D 挖槽】对话框。

（3）单击【刀具】选项卡，在刀具列表中选择【直径】为 40 的平铣刀。

（4）单击【切削参数】选项卡，设置【挖槽加工方式】为【标准】，【壁边预留量】和【底面预留量】均设置为 0。

（5）单击【粗切】选项卡，设置【切削方式】为【等距环切】、【切削间距（直径%）】为 75%，勾选【由内而外环切】复选框。

（6）单击【轴向分层切削】选项卡，勾选【轴向分层切削】复选框，将【最大粗切步进量】设置为 5，勾选【不提刀】复选框。

（7）单击【进刀方式】选项卡，单击【关】单选按钮。

（8）单击【精修】选项卡，取消勾选【精修】复选框。

（9）单击【连接参数】选项卡，设置【提刀】为 55，【下刀位置】为 45，【毛坯顶部】为 35，【深度】为 6，均为【绝对坐标】。

（10）单击【确定】按钮![确定]，生成挖槽刀具路径，如图 7-132 所示。

8．创建全圆铣削刀具路径

（1）单击【刀路】→【2D】→【全圆铣削】按钮![全圆铣削]，系统弹出【刀路孔定义】对话框，选择图 7-133 所示的圆的圆心,。单击【确定】按钮![确定]，系统弹出【2D 刀路-全圆铣削】对话框。

图 7-131　选择串连　　　图 7-132　挖槽刀具路径　　　图 7-133　选择圆心

（2）单击【刀具】选项卡，进入刀具参数设置区。单击【选择刀库刀具】按钮，系统弹出【选择刀具】对话框，选择【直径】为 20 的平铣刀，单击【确定】按钮![确定]，返回【2D 刀路 - 2D 挖槽】对话框。双击平铣刀图标，在弹出的【编辑刀具】对话框中修改【总长度】为 100，【刀肩长度】为 75。

（3）单击【切削参数】选项卡，【壁边预留量】和【底面预留量】均设置为 0。

（4）单击【粗切】选项卡，勾选【粗切】复选框，设置【步进量】为 80%，勾选【螺旋进刀】复选框，参数设置采用默认。

（5）单击【轴向分层切削】选项卡，勾选【轴向分层切削】复选框，设置【最大粗切步进量】为 5，在【精修】选项组中设置【切削次数】为 0，勾选【不提刀】复选框。

（6）单击【连接参数】选项卡，进入钻孔加工设置区，设置【提刀】为 55，【下刀位置】为 45，【毛坯顶部】为 35，【深度】为 24，均为【绝对坐标】。

（7）单击【确定】按钮![确定]，生成全圆铣削刀具路径，如图 7-134 所示。

9．设置刀具平面

单击【视图】→【屏幕视图】→【仰视图】按钮![仰视图]，当前刀具平面设置为仰视图。

10．设置创建刀具路径

参照步骤 4、步骤 6、步骤 7 和步骤 8 参数设置创建刀具路径

11．创建挖槽加工刀具路径

（1）单击【刀路】→【2D】→【挖槽】按钮![挖槽]，系统弹出【线框串连】对话框，单击【串连】按钮![串连]，在绘图区选择图 7-135 所示的串连。单击【确定】按钮![确定]，系统弹出【2D 刀路 - 2D 挖槽】对话框。

（2）单击【刀具】选项卡，在刀具列表中选择【直径】为 40 的平铣刀。

（3）单击【切削参数】选项卡，进行挖槽参数设置，设置【挖槽加工方式】为【标准】，【壁边预留量】和【底面预留量】均设置为 0。

（4）单击【连接参数】选项卡，设置【提刀】为 55，【下刀位置】为 45，【毛坯顶部】为【35】，【深度】为-10，均为【绝对坐标】。

（5）单击【轴向分层切削】选项卡，勾选【轴向分层切削】复选框，将【最大粗切步进量】

设置为 5，勾选【不提刀】复选框。

（6）单击【粗切】选项卡，设置【切削方式】为【平行环切】、【切削间距（直径%）】为【60】%，勾选【刀路最佳化（避免插刀）】复选框和【由内而外环切】复选框。

（7）单击【进刀方式】选项卡，单击【关】单选按钮。

（8）单击【确定】按钮 ，系统会立即在绘图区生成刀路，如图 7-136 所示。

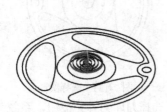  

图 7-134　全圆铣削刀具路径　　　　图 7-135　选择串连　　　　图 7-136　挖槽加工刀具路径

12. 旋转复制挖槽刀具路径

（1）单击【刀路】→【工具】→【刀路转换】按钮，系统弹出【转换操作参数】对话框，【类型】选择【旋转】，在【原始操作】列表中选中刀路【10-2D 挖槽（标准）】，如图 7-137 所示。

（2）单击【旋转】选项卡，在【实例】选项组中设置【次】为 2，选中【角度之间】选项，单击【定义中心（点）旋转】按钮，在绘图区选择图 7-138 所示的圆心点，将角度值均设置为 120，勾选【旋转视图】复选框，如图 7-139 所示。

（3）单击【确定】按钮，刀具路径旋转复制结果如图 7-140 所示。

 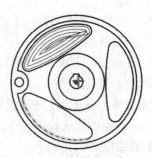

图 7-137　选择刀路　　　　　　　　图 7-138　选择圆心点

13. 创建螺旋铣孔刀具路径

（1）选中所有刀路，单击【刀路】操作管理器中的【切换显示已选择的刀路操作】按钮，隐藏面铣刀具路径。

（2）单击【刀路】→【2D】→【螺旋铣孔】按钮，系统弹出【刀路孔定义】对话框，在绘图区选择图 7-141 所示的圆弧的圆心，单击【确定】按钮，系统弹出【2D 刀路 - 螺旋铣孔】对话框。

（3）单击【刀具】选项卡，在刀具列表中选择【直径】为 40 的平铣刀。

（4）单击【切削参数】选项卡，【壁边预留量】和【底面预留量】均设置为 0，勾选【由圆心开始】和【垂直进刀】复选框，其他参数采用默认值。

（5）单击【粗/精修】选项卡，设置【粗切间距】为 6，【粗切次数】为 1，【粗切步进量】为 6，【最终深度的进给速率】为 30%。

图 7-139 【旋转】选项卡

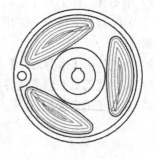

图 7-140 旋转复制刀具路径

（6）单击【连接参数】选项卡，进入钻孔加工设置区，设置【提刀】为 25，【增量坐标】；【下刀位置】为 10，【增量坐标】；【毛坯顶部】为 35，【绝对坐标】；【深度】为-35，【绝对坐标】。

（7）单击【确定】按钮 ⚪，生成螺旋铣孔刀具路径，如图 7-142 所示。

14.创建挖槽刀具路径

（1）单击【刀路】→【2D】→【挖槽】按钮 回，系统弹出【线框串连】对话框，单击【串连】按钮 🔗，在绘图区选择图 7-143 所示的串连。单击【确定】按钮 ⚪，系统弹出【2D 刀路 - 2D 挖槽】对话框。

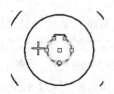

图 7-141 选择圆心

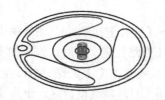

图 7-142 螺旋铣孔刀具路径

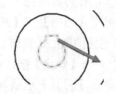

图 7-143 选择挖槽串连

（2）单击【刀具】选项卡，单击【选择刀库刀具】按钮，系统弹出【选择刀具】对话框，选择【直径】为 5 的平铣刀，单击【确定】按钮 ⚪，返回【2D 刀路 - 2D 挖槽】对话框。双击平铣刀图标，在弹出的【编辑刀具】对话框中修改【总长度】为 100，【刀肩长度】为 75。

（3）单击【切削参数】选项卡，进行挖槽参数设置，设置【挖槽加工方式】为【残料】，【壁边预留量】和【底面预留量】均设置为 0，【剩余毛坯计算根据】选择【前一个操作】。

（4）单击【连接参数】选项卡，设置【提刀】为 55，【下刀位置】为 45，【毛坯顶部】为 35，【深度】为-35，均为【绝对坐标】。

（5）单击【轴向分层切削】选项卡，勾选【轴向分层切削】复选框，将【最大粗切步进量】设置为5，勾选【不提刀】复选框。

（6）单击【粗切】选项卡，设置【切削方式】为【平行环切】、【切削间距（直径%）】为75%，勾选【刀路最佳化（避免插刀）】复选框和【由内而外环切】复选框。

（7）单击【进刀方式】选项卡，单击【关】单选按钮。

（8）单击【确定】按钮 ，系统会立即在绘图区生成刀路，如图7-144所示。

15. 修剪挖槽刀具路径

（1）单击【线框】→【圆弧】→【已知点画圆】按钮⊙，以原点为圆心绘制半径为32的圆，如图7-144所示。

（2）单击【刀路】→【工具】→【刀路修剪】按钮，系统弹出【线框串连】对话框，选择步骤（1）绘制的半径为32的圆，单击【确定】按钮 ，根据系统提示在圆外单击，确定要保留的部分。

（3）系统弹出【修剪刀路】对话框，在【选择要修剪的操作】列表中选中刀路【13—2D挖槽（残料）】，【刀具在修剪边界位置】选择【提刀】，如图7-145所示。

（4）单击【确定】按钮 ，修剪结果如图7-146所示。

图7-144 挖槽刀具路径

图7-145 【修剪刀路】对话框

16. 创建钻孔刀具路径

（1）单击【刀路】→【2D】→【钻孔】按钮，系统弹出【刀路孔定义】对话框，选择图7-147所示的圆的圆心。此时，在【刀路孔定义】对话框中的【功能】列表中列出了选择的圆的直径为43，单击【确定】按钮 ，系统弹出【2D刀路-钻孔/全圆铣削 深孔钻-无啄孔】对话框。

（2）单击【刀具】选项卡，进入刀具参数设置区。单击【选择刀库刀具】按钮，选择【直径】为43的钻头。

（3）单击【切削参数】选项卡，循环方式选择【钻头/沉头钻】。

（4）单击【连接参数】选项卡，进入钻孔加工设置区，设置【参考高度】为10，【增量坐标】；【毛坯顶部】为35，【绝对坐标】；【深度】为-35，【绝对坐标】。

（5）单击【确定】按钮 ，钻孔刀具路径如图7-148所示。

图 7-146　修剪刀具路径　　　图 7-147　选择圆心　　图 7-148　钻孔刀具路径

17. 模拟加工及后处理

（1）单击【实体仿真已选择的操作】按钮，系统弹出【Mastercam 模拟器】对话框，单击【播放】按钮，开始模拟加工，图 7-149 所示为模拟加工结果。

（2）单击【执行选择的操作进行后处理】按钮G1，设置相应的参数、文件名和保存路径，可以生成加工程序，如图 7-150 所示。

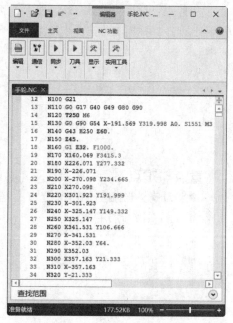

图 7-149　模拟加工结果　　　　　　　图 7-150　加工程序

第8章

高速二维加工

　　高速二维加工包括动态外形加工、动态铣削加工、剥铣加工、区域加工和熔接加工 5 种加工方法。本章主要讲解这几种加工方法的参数设置和加工应用。

重点与难点

- ■ 动态外形加工
- ■ 动态铣削加工
- ■ 剥铣加工
- ■ 区域加工
- ■ 熔接加工

8.1 动态外形加工

动态外形是利用刀刃长度进行切削，可以有效地铣掉材料及壁边，支持封闭或开放串连，此种加工方法与传统的外形铣削相比刀具轨迹更稳定，效率更高，对机床的磨损更小，是常用的高速切削方法之一。 铸造毛坯和锻造毛坯的开粗加工和精修加工。

8.1.1 动态外形参数介绍

单击【刀路】→【2D】→【动态外形】按钮，系统弹出【串连选项】对话框，单击加工范围的【选择】按钮，系统弹出【线框串连】对话框，选取完加工边界后，单击【线框串连】对话框中的【确定】按钮 和【串连选项】对话框中的【确定】按钮 ，系统弹出【2D 高速刀路-动态外形】对话框。对话框中部分选项卡介绍如下：

1. 【切削参数】选项卡

单击【2D 高速刀路-动态外形】对话框中的【切削参数】选项卡，如图 8-1 所示。

【进刀引线长度】：在第一次切削的开始处增加一个额外的距离，以刀具直径的百分比的形式输入距离。其后的下拉列表框用于设置进刀位置。

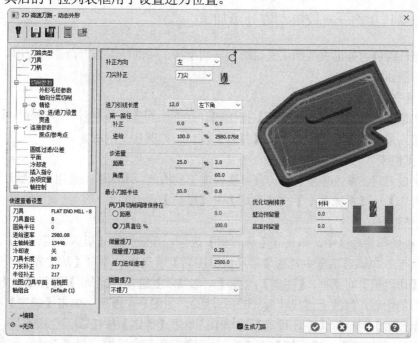

图 8-1 【2D 高速刀路-动态外形】对话框

2. 【外形毛坯参数】选项卡

单击【2D 高速刀路-动态外形】对话框中的【外形毛坯参数】选项卡，如图 8-2 所示，该对话框用于去除由先前操作形成的毛坯残料和粗加工的预留量。

（1）【由刀具半径形成的预留量】：如果轮廓毛坯已被另一条刀具路径切削，则输入该刀具

路径中使用的刀具半径。

（2）【最小刀路半径形成的预留量】：如果轮廓毛坯已被另一条刀具路径切割，则输入用于去除残料所需的刀具路径半径。

（3）【毛坯厚度】：用于输入开粗所留余量。

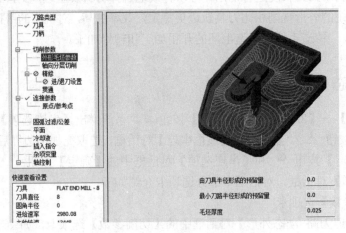

图 8-2 　【外形毛坯参数】选项卡

📖8.1.2 操作实例——铰链动态外形加工

本例通过铰链的外形铣削加工来讲解高速切削加工中的动态外形命令的使用。

操作步骤如下：

1. 打开文件

单击快速访问工具栏中的【打开】按钮📁，在弹出的【打开】对话框中选择【源文件→原始文件→第 8 章→铰链】文件，单击【打开】按钮，如图 8-3 所示。

2. 选择机床

为了生成刀路，首先必须选择一台可实现加工的机床。本次加工采用系统默认的铣床，即直接执行【机床】→【机床类型】→【铣床】→【默认】命令即可。

3. 毛坯设置

（1）在操作管理区中，单击【毛坯设置】选项，系统弹出【机床群组设置】对话框【毛坯设置】选项卡。在该对话框中勾选【显示线框图素】复选框，单击【从边界框添加】按钮📦，系统弹出【边界框】对话框，【图素】选择【全部显示】选项，【形状】选择【立方体】，【原点】选择立方体的中心，修改毛坯尺寸为（62, 32, 80），如图 8-4 所示。单击【确定】按钮✅，返回【机床群组设置】对话框【毛坯设置】选项卡。单击【确定】按钮✅，生成毛坯。

（2）单击【刀路】→【毛坯】→【显示/隐藏毛坯】按钮🔖，显示毛坯，如图 8-5 所示。

（3）再次单击【显示/隐藏毛坯】按钮🔖，隐藏毛坯。

4. 创建动态外形刀具路径

（1）单击【刀路】→【2D】→【动态外形】按钮🔖，系统弹出【串连选项】对话框，如图 8-6 所示。单击【加工范围】选项组中的【选择】按钮，系统弹出【线框串连】对话框，拾取如图 8-7 所示的串连。单击【线框串连】对话框中的【确定】按钮 和【串连选项】对话框中的【确定】按钮 。

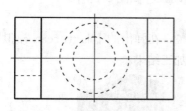

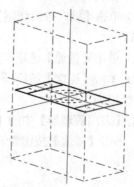

图 8-3 铰链　　　　　　　图 8-4 选择毛坯设置　　　图 8-5 创建的毛坯

（2）系统弹出【2D 高速刀路-动态外形】对话框，单击【刀具】选项卡，在【刀具】选项卡中单击【选择刀库刀具】按钮 ，系统弹出【选择刀具】对话框，选取【直径】为 8 的平铣刀，单击【确定】按钮 ，返回【2D 高速刀路-动态外形】对话框。

（3）双击平铣刀图标，弹出【编辑刀具】对话框。修改刀具【总长度】为 120，【刀肩长度】为 100；单击【完成】按钮，返回【2D 高速刀路-动态外形】对话框。

图 8-6 【串连选项】对话框

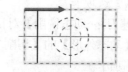

图 8-7 选取外形边界

（4）单击【连接参数】选项卡，设置【提刀】为 25，【增量坐标】；【下刀位置】为 10，【增量坐标】；【毛坯顶部】为 40，【绝对坐标】；【深度】为-40，【绝对坐标】。

（5）单击【切削参数】选项卡，【补正方向】选择【左】，【壁边预留量】和【底面预留量】

Mastercam 2023

均设置为 0，【两刀具切削间隙保持在】选择【刀具直径%】，并在其后的输入框中输入 100，其他参数采用默认值。

（6）单击【轴向分层切削】选项卡，勾选【轴向分层切削】复选框，设置【最大粗切步进量】为 6。

（7）单击【贯通】选项卡，勾选【贯通】复选框，设置【贯通量】为 1。

（8）单击【确定】按钮 ⊙ ，生成动态外形铣削刀具路径。如图 8-8 所示。

5. 模拟加工

单击【刀路管理器】中的【验证已选择的操作】按钮 ，在弹出的【Mastercam 模拟器】对话框，单击【播放】按钮 ▶ ，得到如图 8-9 所示的模拟加工结果。

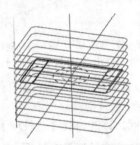

图 8-8 动态外形刀具路径

图 8-9 模拟加工结果

8.2 动态铣削加工

动态铣削是完全利用刀具刃长进行切削，快速加工封闭型腔、开放凸台或先前操作剩余的残料区域，此种加工方法可以进行凸台外形铣削、2D 挖槽加工，还可以进行开放串连的阶梯铣。

8.2.1 动态铣削参数介绍

单击【刀路】→【2D】→【动态铣削】按钮 ，系统弹出【串连选项】对话框，单击加工范围的【选择】按钮 ，系统弹出【线框串连】对话框，选取完加工边界后，单击【线框串连】对话框中的【确定】按钮 ⊙ 和【串连选项】对话框中的【确定】按钮 ⊙ ，系统弹出【2D 高速刀路-动态铣削】对话框。对话框中部分选项卡介绍如下：

1.【切削参数】选项卡

单击【2D 高速刀路-动态铣削】对话框中的【切削参数】选项卡，如图 8-10 所示。

该选项卡与【动态外形】的【切削参数】选项卡相似，这里不再进行介绍。

2.【毛坯】选项卡

单击【2D 高速刀路-动态铣削】对话框中的【毛坯】选项卡，如图 8-11 所示，该对话框用于去除由先前操作形成的毛坯残料和粗加工的预留量。

（1）【剩余毛坯】：勾选该复选框，则会对前面操作剩余的毛坯进行加工处理。

（2）【计算剩余毛坯依照】：计算剩余毛坯的方法有两种：

1)【所有先前的操作】：选择该项则会对先前所有操作的残留进行加工处理。此时【调整剩余毛坯】项激活。剩余毛坯的调整方法有 3 种，分别是【按计算使用】、【忽略小块残料】和【铣削小块残料】。

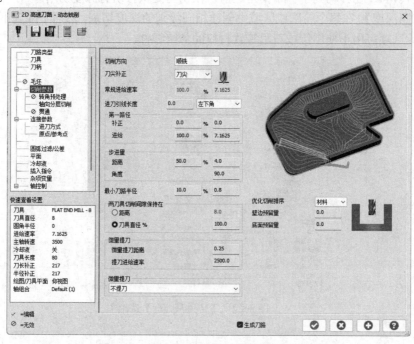

图 8-10　【2D 高速刀路-动态铣削】对话框

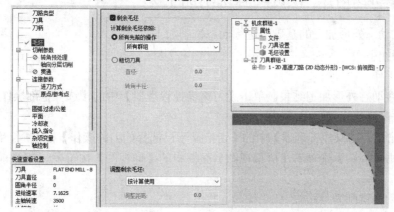

图 8-11　【毛坯】选项卡

2)【粗切刀具】：选择该项则会依照粗切刀具的直径和转角半径计算残料。

3.【转角预处理】选项卡

单击【2D 高速刀路-动态铣削】对话框中的【转角预处理】选项卡，如图 8-12 所示，该对话框是在为动态铣削刀具路径加工零件的其余部分之前，使用拐角预处理页面为选定加工区域中的拐角设置加工参数。

（1）【转角】

1)【包括转角】：加工所有选定的几何体，包括角。

2）【仅转角】：仅加工选定几何体的角。

（2）【轴向分层切削排序】

1）【按转角】：在移动到下一个拐角之前，在拐角处执行所有深度切削。

2）【依照深度】：在每个轮廓或区域中创建相同级别的深度切割，然后下降到下一个深度切割级别。 此选项可用于使用铝或石墨等软材料的薄壁零件。

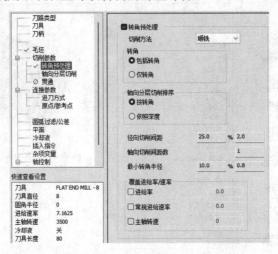

图 8-12 【转角预处理】选项卡

8.2.2 操作实例——铰链动态铣削加工

本例将在动态外形加工的基础上进行动态铣削加工。

操作步骤如下：

1．准备工作

（1）承接动态外形加工结果。单击【刀路操控管理器】中的【选择全部操作】按钮，将上面创建的铣削操作全部选中。

（2）单击【刀路操控管理器】中的【切换显示已选择的刀路操作】按钮，隐藏刀具路径。

（3）单击【视图】选项卡【屏幕视图】面板中的【仰视图】按钮，将当前视图切换为仰视图。

2．创建动态铣削刀具路径

（1）单击【刀路】→【2D】→【动态铣削】按钮，系统弹出【串连选项】对话框，单击【加工范围】的【选择】按钮，系统弹出【线框串连】对话框，拾取如图 8-13 所示的串连。单击【线框串连】对话框中的【确定】按钮，返回【串连选项】对话框，加工区域策略选择【开放】。单击【避让范围】的【选择】按钮，系统弹出【线框串连】对话框，拾取如图 8-14 所示的串连。单击【确定】按钮。

（2）系统弹出【2D 高速刀路-动态铣削】对话框，单击【刀具】选项卡，在刀具列表中选择【直径】为 8 的平铣刀。

（3）单击【连接参数】选项卡，设置【提刀】为 25，【增量坐标】；【下刀位置】为 10，【增量坐标】；【毛坯顶部】为 40，【绝对坐标】；【深度】为 10，【绝对坐标】。

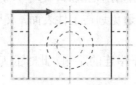

图 8-13 选取加工范围串连

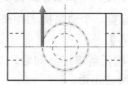

图 8-14 选取避让串联

（4）单击【切削参数】选项卡，【壁边预留量】和【底面预留量】均设置为 0，【两刀具切削间隙保持在】选择【刀具直径%】，并在其后的输入框中输入 100，其他参数采用默认值。

（5）单击【轴向分层切削】选项卡，勾选【轴向分层切削】复选框，设置【最大粗切步进量】为 6。

（6）单击【确定】按钮 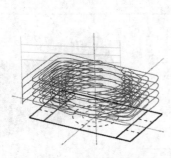，生成动态铣削刀具路径。如图 8-15 所示。

图 8-15 动态铣削刀具路径

图 8-16 仿真加工结果

3．模拟加工

单击【刀路操控管理器】中的【选择全部操作】按钮 和【验证已选择的操作】按钮 ，在弹出的【Mastercam 模拟器】对话框。单击【播放】按钮 ，得到如图 8-16 所示的仿真加工结果。

8.3 剥铣加工

剥铣主要是在两条边界内或沿一条边界进行摆线式加工，主要用于通槽的加工。其操作简单实用，在数控铣削加工中应用非常广泛，所使用的刀具通常有平铣刀、圆角刀、端铣刀等。

8.3.1 剥铣参数介绍

单击【机床】→【机床类型】→【铣床】按钮 ，选择默认选项，在【刀路】管理器中生成机群组属性文件，同时弹出【刀路】选项卡。单击【刀路】选项卡【2D】面板【孔加工】组中的【剥铣】按钮 ，系统弹出【刀路孔定义】对话框，然后在绘图区选择好需要加工的圆、圆弧或点，并单击【确定】按钮 后，系统弹出【2D 刀路 - 剥铣】对话框。

单击【2D 刀路 - 螺纹铣削】对话框中的【切削参数】选项卡，如图 8-17 所示。

（1）【微量提刀距离】：指刀具在完成切削退出切削范围时，与下一切削区域之间的刀具路径，此时可以设置一个微量提刀距离，这样既可以避免划伤工件表面，又可以方便排屑和散热。

（2）【对齐】：

1）【左】：指沿着串连方向看，刀具中心点位于串连的左侧。此时的刀具位置由串连方向是顺时针还是逆时针决定。

2）【中心】：指刀具中心点正好位于串连上。

3）【右】：指沿着串连方向看，刀具中心点位于串连的右侧。此时的刀具位置由串连方向是顺时针还是逆时针决定。

（3）【附加补正距离】：该值用于设置剥铣的宽度。如果拾取的是两条串连，则该项为灰色，不需要设置。

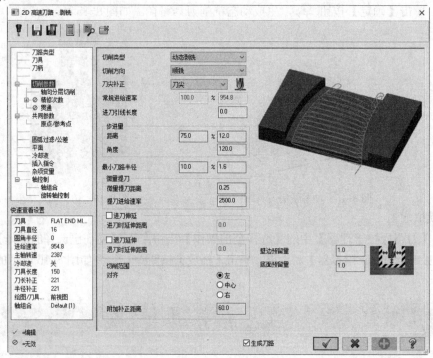

图 8-17 【切削参数】选项卡

8.3.2 操作实例——铰链剥铣加工

本节将在动态外形铣削和动态铣削加工的基础上进行剥铣加工。

操作步骤如下：

1. 承接上节铰链动态外形铣削加工

2. 隐藏平面铣削刀具路径

刀路管理器中选中所有刀路，单击【切换显示已选择的刀路操作】按钮 ≈，隐藏平面铣削刀具路径。

3. 创建剥铣刀具路径 1

（1）单击【视图】→【屏幕视图】→【俯视图】按钮📦，将当前【绘图平面】和【刀具平面】切换为俯视图

（2）单击【刀路】→【2D】→【剥铣】按钮，系统弹出【线框串连】对话框，单击【单体】按钮　╱　，在绘图区选择图 8-18 所示的两条直线，单击【确定】按钮✅。

（3）系统弹出【2D 高速刀路 -剥铣】对话框，选择【直径】为 8 的平铣刀，单击【确定】按钮✅，返回【2D 高速刀路-剥铣】对话框。

（4）单击【连接参数】选项卡，设置【提刀】为 25，【增量坐标】；【下刀位置】为 10，【增量坐标】；【毛坯顶部】为 40，【绝对坐标】；【深度】为 0，【绝对坐标】。

（5）单击【切削参数】选项卡，【切削类型】选择【动态剥铣】，【壁边预留量】和【底面预留量】均设置为 0。

（6）单击【轴向分层切削】选项卡，勾选【轴向分层切削】复选框，设置【最大粗切步进量】为 6。

（7）单击【确定】按钮✅，生成剥铣刀具路径，如图 8-19 所示。

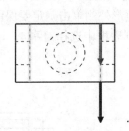 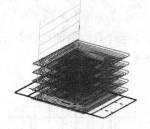

图 8-18　拾取串连　　　　图 8-19　剥铣刀具路径

4．创建剥铣刀具路径 2

（1）单击【视图】选项卡【屏幕视图】面板中的【左视图】按钮🔲，将当前【绘图平面】和【刀具平面】切换为左视图。

（2）打开图层 2，图形如图 8-20 所示。

（3）单击【刀路】→【2D】→【剥铣】按钮，系统弹出【线框串连】对话框，单击【单体】按钮　╱　，拾取图 8-21 所示的串联。

（4）系统弹出【2D 高速刀路 -剥铣】对话框，选择【直径】为 8 的平铣刀，单击【确定】按钮✅，返回【2D 高速刀路-剥铣】对话框。

（5）单击【连接参数】选项卡，设置【提刀】为 50，【下刀位置】为 40，【毛坯顶部】为 30，【深度】为-30，均为【绝对坐标】。

（6）单击【切削参数】选项卡，【切削类型】选择【动态剥铣】【壁边预留量】和【底面预留量】均设置为 0，【切削范围】选项组中的【对齐】选择【左】，【附加补正距离】设置为 30。

（7）单击【轴向分层切削】选项卡，勾选【轴向分层切削】复选框，设置【最大粗切步进量】为 6。

（8）单击【确定】按钮✅，生成剥铣刀具路径，如图 8-22 所示。

275

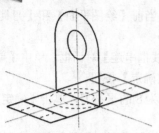
图 8-20　绘制剥铣图形

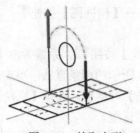
图 8-21　拾取串联

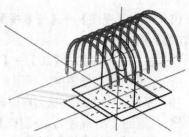
图 8-22　生成的刀具路径

5．修剪刀具路径

（1）单击【视图】→【屏幕视图】→【俯视图】按钮，将当前【绘图平面】和【刀具平面】切换为俯视图。

（2）单击【线框】→【形状】→【矩形】按钮□，矩形的第一个角点在第 2 条刀具路径的右侧，第二个角点在第 8 条刀具路径的右侧，矩形的尺寸要大于刀具路径范围，如图 8-23 所示。

（2）单击【刀路】→【工具】→【刀路修剪】按钮，系统弹出【线框串连】对话框，选择刚刚绘制的矩形，单击【确定】按钮，在矩形外侧单击确定要保留的部分，系统弹出【修剪刀路】对话框，在【选择要修剪的操作】下拉列表框中选择刀路 4，单击【确定】按钮，修剪后的刀具路径如图 8-24 所示。

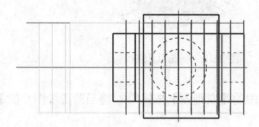
图 8-23　绘制矩形

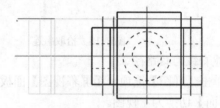
图 8-24　修剪后的刀具路径

6．模拟加工

单击【刀路操控管理器】中的【选择全部操作】按钮和【验证已选择的操作】按钮，在弹出的【Mastercam 模拟器】对话框。单击【播放】按钮，得到如图 8-25 所示的仿真加工结果。

图 8-25　仿真加工结果

8.4 区域加工

区域加工是完全利用刀具刃长进行切削，快速加工封闭型腔、开放凸台或先前操作剩余的残料区域，此种加工方法的主要特点是最大限度的提供材料去除率并降低刀具磨损。

📖 8.4.1 区域加工参数介绍

单击【刀路】→【2D】→【区域】按钮 ▣，系统弹出【串连选项】对话框，单击加工范围的【选择】按钮 ▯，系统弹出【线框串连】对话框，选取完加工边界后，单击【线框串连】对话框中的【确定】按钮 ✅ 和【串连选项】对话框中的【确定】按钮 ✅，系统弹出【2D 高速刀路-区域】对话框。

1. 【切削参数】选项卡

单击【2D 高速刀路-区域】对话框中的【切削参数】选项卡，，如图 8-26 所示

图 8-26　【切削参数】选项卡

（1）【刀具在转角处走圆角】：勾选该复选框，则将尖角替换为圆弧，以实现平滑过渡。

1）【最大半径】：输入替换圆弧的最大半径。

2）【轮廓公差】：用于设置刀具路径的最外层轮廓可以偏离原始刀具路径的最大距离。

3）【补正公差】：用于设置刀具路径的轮廓与原始刀具路径的最大偏差。适用于除最外层外的所有轮廓。

（2）【XY 步进量】：用于设置 XY 方向的步进量。可以有 3 种表示方法：【直径百分比】、【最小】和【最大】。

2. 【摆线方式】选项卡

单击【2D 高速刀路-区域】对话框中的【摆线方式】选项卡，如图 8-27 所示。Mastercam2023 的高速刀具路径专为高速加工和硬铣削应用而设计，特别是区域粗加工和水平区域刀具路径。

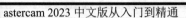

因此，重要的是要检测并避免刀具不切削或过切的情况。

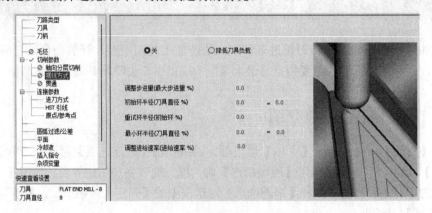

图 8-27　【摆线方式】选项卡

（1）【关】：不使用摆线方式。

（2）【降低刀具负载】：在刀具接近两个凸台之间的区域时采用摆线方式，系统计算出更小的循环。

3．【HTS 引线】选项卡

单击【2D 高速刀路-区域】对话框中的【HTS 引线】选项卡，如图 8-28 所示，该对话框用于指定二维高速面铣刀路径的进入和退出圆弧半径值。　垂直创建圆弧以引导和切断材料。　这些值可以不同，以满足加工要求。

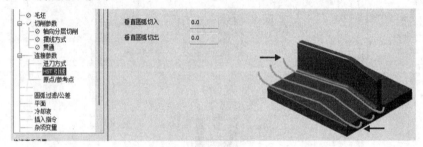

图 8-28　【HTS 引线】选项卡

（1）【垂直圆弧切入】：用于设置切入圆弧的长度。

（2）【垂直圆弧切出】：用于设置切出圆弧的长度。

📖 8.4.2　操作实例——铰链区域加工

本例在动态外形、动态铣削和剥铣的基础上对铰链进行区域加工。

操作步骤如下：

1．承接剥铣加工结果

2．创建区域加工刀具路径 1

（1）在刀路管理器中选中所有刀路，单击【切换显示已选择的刀路操作】按钮 ≈，隐藏所有刀具路径。

（2）单击【视图】选项卡【屏幕视图】面板中的【左视图】按钮，将当前【绘图平面】和【刀具平面】切换为左视图。

（3）单击【刀路】→【2D】→【区域】按钮，系统弹出【串连选项】对话框，单击加工范围【选择】按钮，系统弹出【线框串连】对话框，拾取如图 8-29 所示的串连。单击【线框串连】对话框中的【确定】按钮，返回【串连选项】对话框，单击【确定】按钮。

（4）系统弹出【2D 高速刀路-区域】对话框，在刀具列表中选择【直径】为 8 的平铣刀。

（5）单击【连接参数】选项卡，设置【提刀】为 50，【下刀位置】为 40，【毛坯顶部】为 30，【深度】为-30，均为【绝对坐标】。

（6）单击【切削参数】选项卡，【壁边预留量】和【底面预留量】均设置为 0，【XY 步进量】选项组中【直径百分比】设置为 50，【两刀具切削间隙保持在】选择【刀具直径%】，在其后的输入框输入 100。

（7）单击【轴向分层切削】选项卡，勾选【轴向分层切削】复选框，设置【最大粗切步进量】为 5。

（8）单击【贯通】选项卡，勾选【贯通】复选框，设置【贯通量】为 1。

（9）单击【进刀方式】选项卡，【进刀方式】选择【螺旋进刀】，半径设置为 3，【进刀使用的进给】选择【进给速率】。

（10）单击【确定】按钮，生成区域加工刀具路径，如图 8-30 所示。

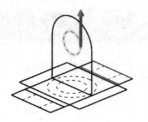
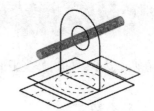

图 8-29　选取串连　　　　图 8-30　区域加工刀具路径 1

3．创建区域加工刀具路径 2

（1）单击【视图】→【屏幕视图】→【仰视图】按钮，将当前视图切换为仰视图。

（2）关闭图层 2。

（3）单击【刀路】→【2D】→【区域】按钮，系统弹出【串连选项】对话框，单击加工范围【选择】按钮，系统弹出【线框串连】对话框，拾取如图 8-31 所示的串连。单击【线框串连】对话框中的【确定】按钮，返回【串连选项】对话框，单击【确定】按钮。

（4）系统弹出【2D 高速刀路-区域】对话框，在刀具列表中选择【直径】为 8 的平铣刀。

（5）单击【连接参数】选项卡，设置【提刀】为 50，【下刀位置】为 45，【毛坯顶部】为 40，【深度】为 10，均为【绝对坐标】。

（6）单击【切削参数】选项卡，【壁边预留量】和【底面预留量】均设置为 0，【XY 步进量】选项组中【直径百分比】设置为 50，【两刀具切削间隙保持在】选择【刀具直径%】，在其后的输入框输入 100。

（7）单击【轴向分层切削】选项卡，勾选【轴向分层切削】复选框，设置【最大粗切步进量】为 5。

（8）单击【进刀方式】选项卡，【进刀方式】选择【螺旋进刀】，【半径】设置为3，【进刀使用的进给】选择【进给速率】

（9）单击【确定】按钮 ☑，生成区域加工刀具路径，如图8-32所示。

3. 模拟加工

单击【刀路操控管理器】中的【选择全部操作】按钮 和【验证已选择的操作】按钮，在弹出的【Mastercam 模拟器】对话框。单击【播放】按钮，得到如图8-33所示的仿真加工结果。

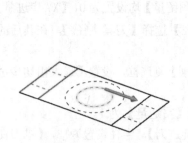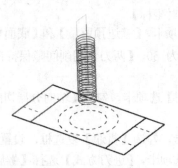

图 8-31　选择串连　　　图 8-32　区域加工刀具路径2　　　图 8-33　仿真加工结果

8.5 熔接加工

熔接加工是在两个边界之间，产生平滑渐变的刀路。

📖8.5.1 熔接参数介绍

单击【刀路】→【2D】→【熔接】按钮，然后在绘图区采用串连方式对几何模型串连后单击【线框串连】对话框中的【确定】按钮 ☑，系统弹出【2D 高速刀路 -熔接】对话框。

单击【切削参数】选项卡，如图8-34所示。该选项卡可为槽铣刀路径输入切削参数和补偿选项。

（1）【补正方向】：　刀具补正（或刀具补偿）是数控加工中的一个重要的概念，它的功能可以让在加工时补偿刀具的半径值以免发生过切。

【补正方向】下拉列表中有【关】【左】【右】【内部】和【外部】5种选项。

1）【关】：允许刀具中心移动到选定的串连。

2）【左】：允许刀具移动到选定的串连左侧。

3）【右】：允许刀具移动到选定的串连右侧。

4）【内部】：允许刀具在选定的串连之间切削。

5）【外部】：允许刀具移动到选定的串连外部。

图 8-34　【切削参数】选项卡

（2）【截断】：从一个串连切削到另一个串连，从第一个选定串连的起点开始。

（3）【引导】：沿串连方向切削。

8.5.2　操作实例——旋钮熔接加工

本例在动态外形、动态铣削加工的基础上对旋钮进行熔接加工。

操作步骤如下：

1. 打开文件

单击快速访问工具栏中的【打开】按钮 ，在弹出的【打开】对话框中选择【源文件→原始文件→第 8 章→旋钮】文件，如图 8-35 所示。

2. 选择机床

为了生成刀路，首先必须选择一台可实现加工的机床。本次加工采用系统默认的铣床，即直接执行【机床】→【机床类型】→【铣床】→【默认】命令即可。

3. 毛坯设置

（1）在操作管理区中，单击【毛坯设置】选项，系统弹出【机床群组设置】对话框【毛坯设置】选项卡。单击【从边界框添加】按钮 ，系统弹出【边界框】对话框，【形状】选择【圆柱体】，【轴心】选择【Z】。【图素】选择【全部显示】选项，修改毛坯尺寸为（64，25），单击【确定】按钮 ，返回【机床群组设置】对话框【毛坯设置】选项卡。在【毛坯平面转换】选项组中设置【Z】值为 26，单击【确定】按钮 ，生成毛坯。

（2）单击【刀路】→【毛坯】→【显示/隐藏毛坯】按钮 ，显示毛坯，如图 8-36 所示。

（3）再次单击【显示/隐藏毛坯】按钮 ，隐藏毛坯。

4. 创建熔接加工刀具路径

（1）打开图层 2。

（2）单击【刀路】→【2D】→【熔接】按钮 ，系统弹出【线框串连】对话框，在对话

框内选择【串连】按钮 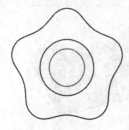，拾取图 8-37 所示的两条串连，拾取时串连方向应一致。单击
【线框串连】对话框中的【确定】按钮 。

图 8-35　旋钮

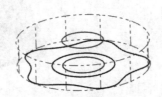
图 8-36　创建毛坯

图 8-37　拾取熔接串连

（3）系统弹出【2D 高速刀路 -熔接】对话框，单击【刀具】选项卡，在刀具列表中选择
直径为 6 的平铣刀，单击【确定】按钮 ，返回【2D 高速刀路 -熔接】对话框。

（4）单击【连接参数】选项卡，设置【提刀】为 40，【下刀位置】为 35，【毛坯顶部】为
25，【深度】为 9，均为【绝对坐标】。

（5）单击【切削参数】选项卡，【切削方式】选择【双向】，【补正方向】选择【内部】，【壁
边预留量】和【底面预留量】均设置为 0。

（6）单击【轴向分层切削】选项卡，勾选【轴向分层切削】复选框，设置【最大粗切步进
量】为 5。

（7）单击【确定】按钮 ，生成熔接刀具路径。如图 8-38 所示。

4．模拟加工

单击【刀路操控管理器】中的【选择全部操作】按钮 和【验证已选择的操作】按钮 ，
在弹出的【Mastercam 模拟器】对话框。单击【播放】按钮 ，得到如图 8-39 所示的仿真加工
结果。

图 8-38　生成的刀具路径

图 8-39　模拟加工结果

8.6　综合实例——连杆

本节对图 8-52 所示的连杆模型进行加工。其中使用到的二维高速加工方法有：动态外形、
剥铣、区域、键槽铣削、自动钻孔。通过本实例，希望读者对 Mastercam2023 二维加工有进一
步的认识。

操作步骤如下：

1．打开文件

单击快速访问工具栏中的【打开】按钮 ，在弹出的【打开】对话框中选择【源文件→原

始文件→第8章→连杆】文件，如图8-40所示。

2．选择机床

单击【机床】→【机床类型】→【铣床】按钮，选择【默认】选项即可。

3．毛坯设置

（1）在操作管理区中，单击【毛坯设置】选项，系统弹出【机床群组设置】对话框【毛坯设置】选项卡；在该对话框中勾选【显示线框图素】复选框，单击【从边界框添加】按钮，系统弹出【边界框】对话框，【图素】选择【全部显示】选项，【形状】选择【立方体】，【原点】选择立方体的上表面，修改毛坯尺寸为（162,50,35），单击【确定】按钮，返回【机床群组设置】对话框【毛坯设置】选项卡。单击【确定】按钮，生成毛坯。

（2）单击【刀路】→【毛坯】→【显示/隐藏毛坯】按钮，显示毛坯，如图8-41所示。

（3）再次单击【显示/隐藏毛坯】按钮，隐藏毛坯。

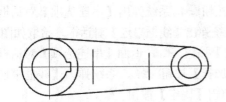

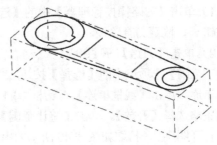

图8-40　连杆　　　　　　　　　图8-41　创建的毛坯

4．创建动态外形加工刀具路径

（1）关闭图层2。

（2）单击【刀路】选项卡【2D】面板中的【动态外形】按钮，系统弹出【串连选项】对话框，单击加工范围【选择】按钮，系统弹出【线框串连】对话框，拾取如图8-42所示的串连。单击【线框串连】对话框中的【确定】按钮和【串连选项】对话框中的【确定】按钮。

（3）系统弹出【2D高速刀路-动态外形】对话框，单击【刀具】选项卡，在【刀具】选项卡中单击【选择刀库刀具】按钮，则系统弹出【选择刀具】对话框，选择直径为【16】的平铣刀，单击【确定】按钮，返回【2D高速刀路-动态外形】对话框。

（4）双击平铣刀图标，弹出【编辑刀具】对话框。修改【刀肩长度】为50，单击【完成】按钮，返回【2D高速刀路-动态外形】对话框。

（5）单击【连接参数】选项卡，设置【提刀】为25，【增量坐标】；【下刀位置】为10，【增量坐标】；【毛坯顶部】为0，【绝对坐标】；【深度】为-35，【绝对坐标】。

（6）单击【切削参数】选项卡，【补正方向】选择【左】，【壁边预留量】和【底面预留量】均设置为0，【两刀具切削间隙保持在】选择【刀具直径%】，并在其后的输入框中输入100，其他参数采用默认值。

（7）单击【轴向分层切削】选项卡，勾选【轴向分层切削】复选框，设置【最大粗切步进量】为【5】。

（8）单击【贯通】选项卡，勾选【贯通】复选框，设置【贯通量】为1。

283

（9）单击【确定】按钮 ✅，生成动态外形刀具路径。如图 8-43 所示。

（10）单击【刀路管理器】中的【验证已选择的操作】按钮 🔲，在弹出的【Mastercam 模拟器】对话框。单击【播放】按钮 ▶，得到如图 8-44 所示的仿真加工结果。

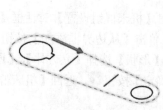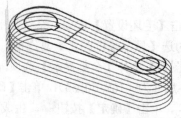

图 8-42　选取串连　　　图 8-43　动态外形刀具路径　　　图 8-44　仿真加工结果

5.创建动态铣削刀具路径

（1）单击【刀路操控管理器】中的【选择全部操作】按钮 ▶ 和【切换显示已选择的刀路操作】按钮 ≋，隐藏刀具路径。

（2）单击【刀路】→【2D】→【动态铣削】按钮 🔘，系统弹出【串连选项】对话框，单击【加工范围】选项组中的【选择】按钮 🔲，系统弹出【线框串连】对话框，拾取如图 8-45 所示的串连。单击【线框串连】对话框中的【确定】按钮 ✅，返回【串连选项】对话框，加工区域策略选择【开放】。单击【避让范围】的【选择】按钮 🔲，系统弹出【线框串连】对话框，打开图层 2，拾取如图 8-46 所示的串连。单击【确定】按钮 ✅。

（3）系统弹出【2D 高速刀路-动态铣削】对话框，单击【刀具】选项卡，在【刀具】选项卡中单击【选择刀库刀具】按钮，则系统弹出【选择刀具】对话框，选择【直径】为 10 的平铣刀，单击【确定】按钮 ✅，返回【2D 高速刀路-动态外形】对话框。

（4）双击平铣刀图标，弹出【编辑刀具】对话框。修改【刀肩长度】为 50，单击【完成】按钮，返回【2D 高速刀路-动态外形】对话框。

（5）单击【连接参数】选项卡，设置【提刀】为 25，【增量坐标】；【下刀位置】为 10，【增量坐标】；【毛坯顶部】为 0，【绝对坐标】；【深度】为-12，【绝对坐标】。

（6）单击【切削参数】选项卡，【壁边预留量】和【底面预留量】均设置为 0，【两刀具切削间隙保持在】选择【刀具直径%】，并在其后的输入框中输入 100，其他参数采用默认值。

（7）单击【轴向分层切削】选项卡，勾选【轴向分层切削】复选框，设置【最大粗切步进量】为 5。

（8）单击【确定】按钮 ✅，生成动态铣削刀具路径。如图 8-47 所示。

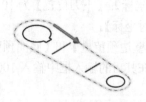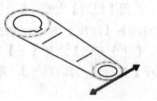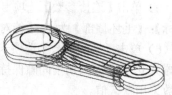

图 8-45　选取加工范围串连　　图 8-46　选取避让串联　　图 8-47　动态铣削刀具路径

6.　创建区域加工刀具路径

（1）单击【刀路】选项卡【2D】面板中的【区域】按钮 🔲，系统弹出【串连选项】对话框，单击加工范围【选择】按钮 ⬚，系统弹出【线框串连】对话框，拾取如图 8-48 所示的串连。单击【线框串连】对话框中的【确定】按钮 ✅，返回【串连选项】对话框，【加工区域策略】选择【封闭】，单击【确定】按钮 ✅。

（2）系统弹出【2D 高速刀路-区域】对话框，在【刀具】选项卡中单击【选择刀库刀具】按钮，则系统弹出【选择刀具】对话框，选择【直径】为5的平铣刀，单击【确定】按钮 ✅，返回【2D 高速刀路-动态外形】对话框。

（3）双击平铣刀图标，弹出【编辑刀具】对话框。修改【总长度】为80，【刀肩长度】为50，单击【完成】按钮，返回【2D 高速刀路-动态外形】对话框。

（4）单击【连接参数】选项卡，设置【提刀】为25，【增量坐标】；【下刀位置】为10，【增量坐标】；【毛坯顶部】为0，【绝对坐标】；【深度】为-35，【绝对坐标】。

（5）单击【切削参数】选项卡，【壁边预留量】和【底面预留量】均设置为0，【XY 步进量】选项组中【直径百分比】设置为 50，【两刀具切削间隙保持在】选择【刀具直径%】，在其后的输入框输入 100。

（6）单击【轴向分层切削】选项卡，设置【最大粗切步进量】为5。

（7）单击【贯通】选项卡，勾选【贯通】复选框，设置【贯通量】为1。

（8）单击【确定】按钮 ✅，生成刀具路径，如图 8-49 所示。

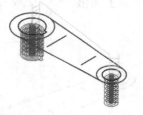

图 8-48　选取加工范围串连　　　　　图 8-49　区域铣削刀具路径

7. 创建熔接加工刀具路径

（1）单击【刀路】→【2D】→【熔接】按钮，系统弹出【线框串连】对话框，在对话框内选择【串连】按钮 🔗，拾取图 8-50 所示的两条串连，拾取时串连方向应一致。单击【线框串连】对话框中的【确定】按钮 ✅。

（2）系统弹出【2D 高速刀路 -熔接】对话框，单击【刀具】选项卡，在刀具列表中选择【直径】为5的平铣刀，单击【确定】按钮 ✅，返回【2D 高速刀路 -熔接】对话框。

（3）单击【连接参数】选项卡，设置【提刀】为25，【增量坐标】；【下刀位置】为10，【增量坐标】；【毛坯顶部】为0，【绝对坐标】；【深度】为-15，【绝对坐标】。

（4）单击【切削参数】选项卡，【切削方式】选择【双向】，【补正方向】选择【关】，【壁边预留量】和【底面预留量】均设置为0。

（5）单击【轴向分层切削】选项卡，勾选【轴向分层切削】复选框，设置【最大粗切步进量】为5。

（6）单击【确定】按钮 ✅，生成熔接加工刀具路径，如图 8-51 所示。

8. 剥铣

（1）单击【视图】选项卡【屏幕视图】面板中的【仰视图】按钮 ⬚，将当前视图切换为仰视图。

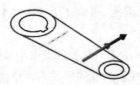

图 8-50　拾取熔接串连

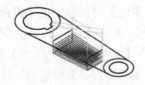

图 8-51　熔接加工刀具路径

（2）关闭图层 2，打开图层 3。

（3）单击【刀路】选项卡【2D】面板中的【剥铣】按钮，系统弹出【线框串连】对话框，根据系统提示选取串连，如图 8-52 所示。单击【确定】按钮。

（4）系统弹出【2D 高速刀路 -剥铣】对话框，单击【刀具】选项卡，在刀具列表中选择【直径】为 5 的平铣刀。单击【确定】按钮，返回【2D 高速刀路 -剥铣】对话框。

（5）单击【连接参数】选项卡，设置【提刀】为 25，【增量坐标】；【下刀位置】为 10，【增量坐标】；【毛坯顶部】为 35，【绝对坐标】；【深度】为 23，【绝对坐标】。

（6）单击【切削参数】选项卡，【切削类型】选择【动态剥铣】，【步进量】选项组中【距离】设置为 50%，【最小刀路半径】为 10，【壁边预留量】和【底面预留量】均设置为 0。

（7）单击【轴向分层切削】选项卡，设置【最大粗切步进量】为 5。

（8）单击【确定】按钮，生成刀具路径，如图 8-53 所示。

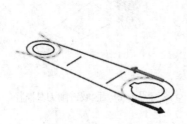

图 8-52　拾取串连

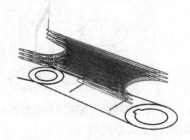

图 8-53　剥铣刀具路径

9. 创建熔接刀具路径

（1）关闭图层 3。

（2）单击【刀路】→【2D】→【熔接】按钮，系统弹出【线框串连】对话框，在对话框内选择【串连】按钮，拾取图 8-54 所示的两条串连，拾取时串连方向应一致。单击【线框串连】对话框中的【确定】按钮。

（3）系统弹出【2D 高速刀路 -熔接】对话框，单击【刀具】选项卡，在刀具列表中选择【直径】为 5 的平铣刀，单击【确定】按钮，返回【2D 高速刀路 -熔接】对话框。

（4）单击【连接参数】选项卡，设置【提刀】为 25，【增量坐标】；【下刀位置】为 10，【增量坐标】；【毛坯顶部】为 35，【绝对坐标】；【深度】为 20，【绝对坐标】。

（5）单击【切削参数】选项卡，【切削方式】选择【双向】，【补正方向】选择【关】，【壁边预留量】和【底面预留量】均设置为 0。

（6）单击【轴向分层切削】选项卡，勾选【轴向分层切削】复选框，设置【最大粗切步进量】为 5。

（7）单击【确定】按钮✓，生成熔接加工刀具路径，如图 8-55 所示。

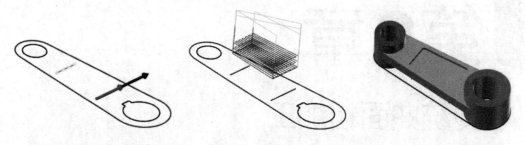

图 8-54　选择串连　　　　图 8-55　熔接加工刀具路径　　图 8-56　模拟加工结果

10. 模拟加工

（1）单击【刀路操控管理器】中的【选择全部操作】按钮和【验证已选择的操作】按钮，在弹出的【Mastercam 模拟器】对话框。单击【播放】按钮▶，得到如图 8-56 所示的仿真加工结果。

Mastercam
2023

第9章

传统曲面粗加工

传统曲面粗加工包括平行粗加工、放射粗加工、投影粗加工、流线粗加工、等高外形粗加工、残料粗加工、挖槽粗加工和钻削式粗加工 8 种加工方法。本章主要讲解这几种加工方法的参数设置和加工应用。

Mastercam

2023

重点与难点

- 平行粗加工、放射粗加工
- 投影粗加工、流线粗加工
- 等高粗加工、残料粗加工
- 挖槽粗加工
- 钻削式粗加工

9.1 平行粗加工

平行粗加工即利用相互平行的刀路逐层进行加工。平行粗加工方式对于平坦曲面的铣削加工效果比较好，对于凸凹程度比较小的曲面也可以进行铣削加工。

9.1.1 平行粗加工参数介绍

单击【刀路】→【3D】→【粗切】→【平行】按钮 ，弹出【选择工件形状】对话框。选择工件形状之后，单击【确定】按钮 。根据系统提示选择加工曲面后，单击按钮 结束选取 ，弹出【刀路曲面选择】对话框，单击【确定】按钮 ，弹出【曲面粗切平行】对话框，在该对话框中可设置曲面参数和曲面加工范围。该对话框中主要选项卡含义如下：

1．【曲面参数】选项卡

单击【曲面参数】选项卡，如图 9-1 所示。在该选项卡中可以设置加工面毛坯预留量等参数。加工面毛坯预留量在一般加工过程中预留正值。在加工过程中为了将边界加工完全，经常通过控制刀具选项来延伸刀路边界。

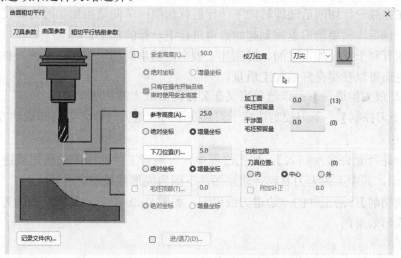

图 9-1　【曲面粗切平行】对话框

（1）【加工面毛坯预留量】：指材料边界与粗加工完成面所残留的未切削量，它可以设定预留给精加工的量。

（2）【干涉面毛坯预留量】：对干涉面不发生过切的量。

（3）【切削范围】：在对话框中可以设定刀具切削的边界，而刀具将会限于该区域中加工。

2．【粗切平行铣削参数】选项卡

单击【粗切平行铣削参数】选项卡，如图 9-2 所示。

（1）【整体公差】：【整体公差】按钮后的编辑框可以设定刀具路径的精度公差。公差值越小，加工得到曲面就越接近真实曲面，当然加工时间也就越长。在粗加工阶段，可以

设定较大的公差值以提高加工效率。

图 9-2　【粗切平行铣削参数】选项卡

（2）【切削方向】：在切削方向下拉菜单中，有双向和单向两种方式可选。其中，双向是指刀具在完成一行切削后随即转向下一行进行切削；单向是指加工时刀具仅沿一个方向进给，完成一行后，需要抬刀返回到起始点再进行下一行的加工。

双向切削有利于缩短加工时间、提高加工效率，而单向切削则可以保证一直采用顺铣或逆铣加工，进而可以获得良好的加工质量。

（3）【Z 最大步进量】：该选项定义在 Z 方向上最大的切削厚度。

（4）【下刀控制】：下刀控制决定了刀具在下刀和退刀时在 Z 方向的运动方式，包含 3 种方式：

1）【切削路径允许多次切入】：加工过程中，可顺着工件曲面的起伏连续进刀或退刀，如图 9-3a 所示，其中上图为刀具路径轨迹图，下图为成形效果图。

2）【单侧切削】：沿工件的一边进刀或退刀，如图 9-3b 所示，其中上图为刀具路径轨迹图，下图为成形效果图。

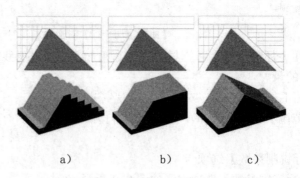

a)　　　　　　　　b)　　　　　　　　c)

图 9-3　下刀控制方式刀路示意图

3）【双侧切削】：沿工件的两个外边向内进刀或退刀，如图 9-3c 所示，其中上图为刀具路径轨迹图，下图为成形效果图。

（5）【最大切削间距】：最大切削间距可以设定同一层相邻两条刀具路径之间的最大距离，亦即 XY 方向上两刀具路径之间的最大距离。用户可以直接在【最大切削间距】文本框中输入指定值。

（6）【切削深度】：单击【切削深度】按钮，系统弹出【切削深度设置】对话框。利用该对话框可以控制曲面粗加工的切削深度以及首次切削深度等，如图 9-4 所示。

该对话框用于设置粗加工的切削深度。当选择【绝对坐标】时，要求用户输入最高点和最底点的位置，或者利用光标直接在图形上进行选择。如果选择【增量坐标】，则需要输入顶部预留量和切削边界的距离，同时输入其他部分的切削预留量。

（7）【间隙设置】：间隙是指曲面上有缺口或曲面有断开的地方，它一般由 3 个方面的原因造成，一是相邻曲面间没有直接相连；二是由曲面修剪造成的；三是删除过切区造成的。

单击【间隙设置】按钮，系统弹出【刀路间隙设置】对话框，如图 9-5 所示，利用该对话框可以设置不同间隙时的刀具运动方式。该对话框中各选项的含义如下：

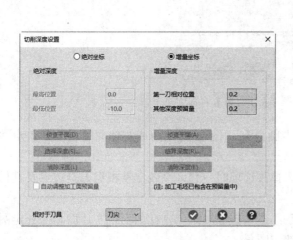

图 9-4　【切削深度设置】对话框　　图 9-5　【刀具间隙设置】对话框

1）【允许间隙大小】：用来设置系统容许的间隙，可以由两种方法来设置，其一是直接在【距离】文本框中输入，其二是通过输入步进量的百分比间接输入。

2）【移动小于允许间隙时，不提刀】：用于设置当偏移量小于允许间隙时，可以不进行提刀而直接跨越间隙，Mastercam2023 提供了 4 种跨越方式。

①【不提刀】：是将刀具从间隙一边的刀具路径的终点，以直线的方式移动到间隙另一边刀具路径的起点。

②【打断】：将移动距离分成 Z 方向和 XY 方向两部分来移动，即刀具从间隙一边的刀具路径的终点在 Z 方向上上升或下降到间隙另一边的刀具路径的起点高度，然后再从 XY 平面内移动到所处的位置。

③【平滑】：是指刀具路径以平滑的方式越过间隙，常用于高速加工。

④【沿着曲面】：是指刀具根据曲面的外形变化趋势，在间隙两侧的刀具路径间移动。

3）【移动大于允许间隙时，提刀至安全高度】：选中该复选项，则当移动量大于允许间隙时，系统自动提刀，且检查返回时是否过切。

4）【切削排序最佳化】：选中该选项时，刀具路径将会被分成若干区域，在完成一个区域的加工后，才对另一个区域进行加工。

同时为了避免刀具切入边界太突然，还可以采用与曲面相切圆弧或直线设置刀具进刀/退刀动作。设置为圆弧时，圆弧的半径和扫描角度可分别在【切弧半径】、【切弧扫描角度】文本框中给定；设置为直线时，直线的长度可由【切线长度】文本框指定。

（8）【高级设置】：所谓高级设置主要是设置刀具在曲面边界的运动方式。单击【高级设置】按钮，系统弹出【高级设置】对话框，如图 9-6 所示。该对话框中各选项的含义如下：

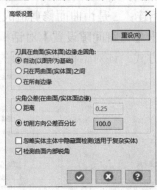

图 9-6　【高级设置】对话框

1）【刀具在曲面（实体面）边缘走圆角】：用于设置曲面或实体面的边缘是否走圆角，它有三个选项：

①【自动（以图形为基础）】：选择该选项时，允许系统自动根据刀具边界及几何图素决定是否在曲面或实体面边缘走圆角。

②【只在两曲面（实体面）之间】：选择该选项时，则在曲面或实体面相交处走圆角。

③【在所有边缘】：在所有边缘都走圆角。

2）【尖角公差（在曲面/实体面边缘）】：用于设置刀具在走圆弧时移动量的误差，值越大，则生成的锐角越平缓。系统提供了两种设置方法：

①【距离】：它将圆角打断成很多小直线，直线长度为设定值，因此距离越短，则生成直线的数量越多，反之，则生成直线的数量越少。

②【切削方向公差百分比】：用切削误差的百分比来表示直线长度值。

（9）其他参数设定：

1）【加工角度】：指定刀具路径与 X 轴的夹角，该角度定向使用逆时针方向。一般在加工时将粗加工和精加工的刀路相互错开，这样铣削的效果要好一些。

2）【定义下刀点】：此选项是要求输入一个下刀点。注意：选下刀点要在一个封闭的角上，且要相对于加工方向。

3）【允许沿面下降切削(-Z)／ 允许沿面上升切削(+Z) 】：用于指定刀具是在上升还是下降时进行切削。

下面以加工直纹曲面为例来说明平行粗加工预留量设置和边界设置，加工曲面如图 9-7 所示，刀具为 D=10mm 的球形铣刀。具体操作步骤如下：

图 9-7　加工曲面

1）选择直纹曲面作为加工曲面，四周边界线为加工范围线，如图 9-8 所示。

2）将【曲面粗切平行】对话框【曲面参数】选项卡中的【加工面预留量】设为 0.3，表示在曲面上预留 0.3mm 的残料，留给下一步加工或精加工进行铣削。

3）在【刀具位置】选项组中选择【外】单选钮，表示刀具的中心向曲面边界偏移一个刀具半径，这样就不会在边界留下毛刺或有切不到的地方。

4）单击【确定】按钮 ✅，系统根据所设置的参数生成刀路，如图 9-9 所示，刀路超过曲面边界。

图 9-8　切削范围线

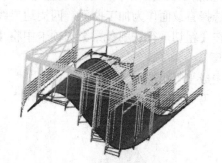

图 9-9　生成刀路

📖9.1.2 下刀控制

利用【曲面粗切平行】对话框【粗切平行铣削参数】选项卡中的【下刀的控制】选项组可以控制下刀方式。

利用该选项组可以控制曲面斜坡处的下刀方式为单侧、双侧或连续，以及是否允许沿面上升或下降切削。这些参数对斜面下刀的控制效果非常明显，能够起到优化刀路的作用。

下面以加工 V 形曲面为例，来说明平行粗加工下刀控制选项的设置步骤，V 形曲面如图 9-10 所示。

1）选择 V 形曲面作为加工曲面，四周边界线为加工范围线，如图 9-11 所示。

2）在【下刀控制】选项组中选择【切削路径允许多次切入】单选按钮，并勾选【允许沿

面下降切削】和【允许沿面上升切削】复选框。

3）单击【确定】按钮 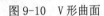，系统根据所设置的参数生成平行粗加工刀路，如图 9-12 所示。

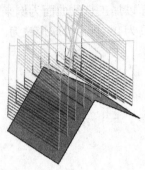

图 9-10　V 形曲面　　　　图 9-11　选择切削范围线　　图 9-12　平行粗加工刀具路径

9.1.3　加工角度

在【粗切平行铣削参数】选项卡的【加工角度】文本框中可以输入角度值，来控制刀具切削方向相对于 X 轴的夹角。一般在加工时将粗加工和精加工的刀路相互错开，这样铣削的效果要好一些。

下面以加工直纹面为例来说明设置【加工角度】参数的效果，直纹面如图 9-13 所示。

1）选择直纹面作为加工曲面，四周边界线作为加工范围线，如图 9-14 所示。

2）在【粗切平行铣削参数】选项卡中将【加工角度】设为 45°，表示切削方向与 X 轴的夹角为 45°。

3）生成平行粗加工刀路。

4）对刀路进行模拟加工，仔细观察可看，出刀路与 X 轴成 45°夹角，如图 9-15 所示。

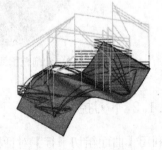

图 9-14　直纹面　　　　　图 9-14　选择加工范围线　　　图 9-15　平行粗切刀路

9.1.4　操作实例——油烟机平行粗加工

本例对图 9-16 所示的油烟机进行平行粗加工。

操作步骤如下：

1．打开文件

（1）单击快速访问工具栏中的【打开】按钮 ，在弹出的【打开】对话框中选择【网盘
→原始文件→第9章→油烟机】文件，单击【打开】按钮，打开文件。

（2）打开图层2。填补内孔后的油烟机模型如图9-17所示。

 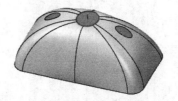

图9-16　油烟机　　　　　　　　图9-17　打开图层2后的油烟机

2. 选择机床

为了生成刀路，首先必须选择一台可实现加工的机床。本次加工采用系统默认的铣床，即
直接执行【机床】→【机床类型】→【铣床】→【默认】命令即可。

3. 毛坯设置

（1）在操作管理区中，单击【毛坯设置】选项，系统弹出【机床群组设置】对话框【毛
坯设置】选项卡。单击【从边界框添加】按钮 ，系统弹出【边界框】对话框，【图素】选择
【手动】选项，单击其后的【选择图素】按钮 ，绘图区选择油烟机实体，单击【结束选择】
按钮，返回【边界框】对话框；【形状】选择【立方体】，【原点】选择立方体的下表面中心，
修改毛坯尺寸为（246,126,84），单击【确定】按钮 ，返回【机床群组设置】对话框【毛坯
设置】选项卡。单击【确定】按钮 ，生成毛坯。

（2）单击【刀路】→【毛坯】→【显示/隐藏毛坯】按钮 ，显示毛坯，如图9-18所示。

（3）再次单击【显示/隐藏毛坯】按钮 ，隐藏毛坯。

4. 创建平行粗加工刀具路径

（1）单击【刀路】→【3D】→【粗切】→【平行】按钮 ，系统弹出【选择工件形状】
对话框，选择【未定义】选项，如图9-19所示。单击【确定】按钮 。根据系统提示选择
外表面作为加工曲面，如图9-20所示。单击【结束选择】按钮，弹出【刀路曲面选择】对话
框，如图9-21所示。单击【确定】按钮 。

图9-18　创建毛坯　　　图9-19　【选择工件形状】对话框　　　图9-20　选择加工曲面

（2）系统弹出【曲面粗切平行】对话框，单击【刀具参数】选项卡中的【选择刀库刀具】
按钮，系统弹出【选择刀具】对话框，在其中选择【直径】为10的球形铣刀，单击【确定】
按钮 。

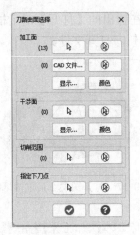

图 9-21 【刀路曲面选择】对话框　　　　图 9-22 设置切削速率

（3）返回【刀具参数】选项卡，在该选项卡中设置【进给速率】为 500、【下刀速率】为 200、【主轴转速】为 3500，勾选【快速提刀】复选框，如图 9-22 所示。

（4）单击【曲面参数】选项卡，在该选项卡中设置【参考高度】为 25，【下刀位置】为 10，【刀具位置】设置为【中心】，【加工面毛坯预留量】和【干涉面毛坯预留量】均为 0。

（5）单击【粗切平行铣削参数】选项卡，在该选项卡中设置【切削方式】为【双向】、【Z 最大步进量】为 2，【最大切削间距】为 2，【加工角度】为 45，【下刀控制】选择【双层切削】，勾选【允许沿面上升切削】和【允许沿面下降切削】复选框。

（6）单击【间隙设置】按钮，系统弹出【刀路间隙设置】对话框，【允许间隙大小】选择【步进量%】，其值设置为 80，【移动小于允许间隙时，不提刀】选择【沿着曲面】。单击【确定】按钮 ，返回【曲面粗切平行】对话框。

（7）单击【确定】按钮 ，系统即可根据所设置的参数生成平行粗切刀具路径，结果如图 9-23 所示。

图 9-23 平行粗切刀具路径　　　　　　图 9-24 模拟加工结果

5.模拟加工

在【刀路】管理器中单击【验证已选择的操作】按钮 ，并在弹出的【Mastercam 模拟器】对话框中单击【播放】按钮 ，系统即可进行模拟，模拟加工结果如图 9-24 所示。

Mastercam 2023

9.2 放射粗加工

放射粗加工可用来加工回转体或者类似于回转体的工件。采用的是从中心一点向四周发散的加工方式。

9.2.1 放射粗加工参数介绍

在进行放射粗加工参数介绍之前，要先将面板中没有的命令添加到新建面板中。具体操作步骤如下：

（1）在任意空白面板处右击，选择【自定义功能区】命令，打开【选项】对话框，在右侧【定义功能区】选择【全部选项卡】。

（2）在【铣床】选项组中选择【3D】面板，单击【新建组】按钮，则在【3D】后新建了一个名称为【新建组】的面板，单击【重命名】按钮，名称修改为【粗切】。

（3）在左侧列表中找到要添加的【粗切放射刀路】命令，单击【添加】按钮，即可将命令添加到【新建组】面板中。

（4）同理，添加【粗切等高外形加工】、【粗切残料加工】和【粗切流线加工】命令。

（5）单击【确定】按钮 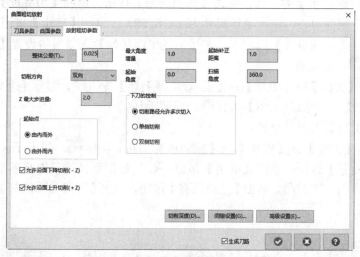，即在【刀路】选项卡中添加了【粗切】面板。

单击【刀路】→【自定义】→【粗切放射刀路】按钮 ，弹出【选择工件形状】对话框。选择加工曲面后，单击按钮 ，弹出【刀路曲面选择】对话框。单击【确定】按钮 ，弹出【曲面粗切放射】对话框，如图9-25所示。

单击【放射粗切参数】选项卡。

图9-25　【曲面粗切放射】对话框

（1）【最大角度增量】：是指相邻两条刀具路径之间的夹角。由于刀具路径是放射状的，因此，往往在中心部分刀具路径过密，而在外围则比较分散。工件越大，最大角度增量值也设得较大时，则越可能发生工件外围有些地方加工不到的情形；但反过来，如果最大角

度值取得较小，则刀具往复次数又太多，就会降低加工效率低，因此，必须综合考虑工件大小、表面质量要求以及加工效率三个方面的因素来选用最大角度增量。

（2）【起始补正距离】：是指刀具路径开始点距离刀具路径中心的距离。由于中心部分刀具路径集中，所以要留下一段距离不进行加工，可以防止中心部分刀痕过密。

（3）【起始角度】：是指起始刀具路径的角度，以与 X 方向的角度为准。

（4）【扫描角度】：是指起始刀具路径与终止刀具路径之间的角度。

9.2.2 操作实例——水果盘放射粗加工

本例对图 9-26 所示的水果盘进行放射粗加工。

操作步骤如下：

1．打开文件

单击快速访问工具栏中的【打开】按钮，在弹出的【打开】对话框中选择【网盘→原始文件→第 9 章→水果盘】文件，单击【打开】按钮，打开文件。

2．选择机床

为了生成刀路，首先必须选择一台可实现加工的机床。本次加工采用系统默认的铣床，即直接执行【机床】→【机床类型】→【铣床】→【默认】命令即可。

3．毛坯设置

（1）在操作管理区中，单击【毛坯设置】选项，系统弹出【机床群组设置】对话框【毛坯设置】选项卡。单击【从边界框添加】按钮，系统弹出【边界框】对话框，【形状】选择【圆柱体】，【轴心】选择【Z】。【图素】选择【手动】选项，单击其后的【选择图素】按钮，在绘图区选择水果盘实体，单击【结束选择】按钮，返回【边界框】对话框；【原点】选择圆柱体的下表面中心，修改毛坯尺寸为（176,50），单击【确定】按钮，返回【机床群组设置】对话框【毛坯设置】选项卡。在【毛坯平面转换】选项组中设置【Z】值为 26，单击【确定】按钮，生成毛坯。

（2）单击【刀路】→【毛坯】→【显示/隐藏毛坯】按钮，显示毛坯，如图 9-27 所示。

（3）单击【显示/隐藏毛坯】按钮，隐藏毛坯。

4．创建放射粗加工刀具路径

（1）单击【刀路】→【粗切】→【粗切放射刀路】按钮，弹出【选择工件形状】对话框。选择【未定义】选项，单击【确定】按钮。根据系统提示选择图 9-28 所示的水果盘框选所有曲面作为加工曲面，单击【结束选择】按钮，弹出【刀路曲面选择】对话框，单击【确定】按钮。

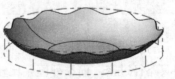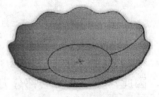

图 9-26 水果盘　　　　图 9-27 显示毛坯　　　　图 9-28 选择曲面

（2）系统弹出【曲面粗切放射】对话框，单击【刀具参数】选项卡中的【选择刀库刀具】按钮，系统弹出【选择刀具】对话框，选择【直径】为 12 的球形铣刀。单击【确定】按钮 ◯ 。

（3）返回【刀具参数】选项卡。在该选项卡中设置【进给速率】为 600，【下刀速率】为 400，【主轴转速】为 3000，勾选【快速提刀】复选框。

（4）单击【曲面参数】选项卡，设置【参考高度】为 25，【下刀位置】为 10，【加工面毛坯预留量】和【干涉面毛坯预留量】均为 0，【刀具位置】选择【外】，勾选【附加补正】复选框，【距离】设置为 10。

（5）单击【放射粗切参数】选项卡，在该选项卡中设置【切削方向】为【双向】，【Z 最大步进量】为 1，【起始点】选择【由内而外】，【最大角度增量】为 1，【起始补正距离】为 0，【下刀的控制】选择【双侧切削】，勾选【允许沿面下降切削】和【允许沿面上升切削】复选框。

（6）单击【间隙设置】按钮，系统弹出【刀路间隙设置】对话框，【允许间隙大小】选择【步进量%】，设置为【80】，【移动小于允许间隙时，不提刀】选择【沿着曲面】。单击【确定】按钮 ◯ ，返回【曲面粗切放射】对话框。

（7）单击【确定】按钮 ◯ ，根据系统提示选择图 9-29 所示的放射中心点，系统即可根据所设置的参数生成放射粗切刀路，结果如图 9-30 所示。

5. 模拟加工

在【刀具】管理器中单击【验证已选择的操作】按钮 ，并在弹出的【Mastercam 模拟器】对话框中单击【播放】按钮 ▶，系统即可进行模拟，模拟结果如图 9-31 所示。

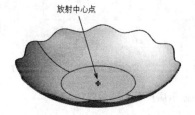

　　图 9-29　选择放射中心点　　　　图 9-30　放射粗切刀路　　　　图 9-31　模拟结果

9.3　投影粗加工

投影粗加工是将已经存在的粗加工刀路或几何图形投影到曲面上生成刀路。投影加工的类型有 NCI 文件投影加工、曲线投影加工和点集投影加工。

9.3.1　投影粗加工参数介绍

单击【刀路】→【3D】→【粗切】→【投影】按钮 ，系统弹出【选择工件形状】对话框。设置工件的形状并选择加工曲面后，单击【结束选择】按钮，弹出如图 9-32 所示的【刀路曲面选择】对话框，在该对话框中可选择加工面、干涉面、投影曲线等。

选择加工曲面和投影曲线后，在【刀路曲面选择】对话框单击【确定】按钮 ，系统弹出如图 9-33 所示的【曲面粗切投影】对话框。在该对话框中可设置投影加工参数。

针对投影加工的参数主要有投影方式和原始操作两个。其中，【投影方式】用于设置投影粗加工对象的类型。在 Mastercam2023 中，可用于投影对象的类型包括以下 3 种：

1）【NCI】：选择已有的 NCI 文件作为投影的对象。选择该类型，可以在【原始操作】列表栏中选择 NCI 文件。

2）【曲线】：选择已有的曲线作为投影的对象。选择该类型后，系统会关闭该对话框并提示用户在绘图区中选取要用于投影的一组曲线。

3）【点】：选择已有的点进行投影。同选取曲线一样，选择该类型后，系统会关闭该对话框并提示用户在绘图区中选取要用于投影的一组点。

图 9-32　【刀路曲面选择】对话框　　　　　　图 9-33　【曲面粗切投影】对话框

9.3.2 操作实例——水果盘投影粗加工

本例在放射加工的基础上对水果盘进行投影粗加工。

操作步骤如下：

1. 承接投影加工结果

2. 打开图层 1

图层 1 中是要进行投影的曲线，如图 9-34 所示。

3. 创建投影粗加工刀具路径

（1）单击【视图】→【屏幕视图】→【仰视图】按钮 ，将当前【绘图平面】和【刀具平面】设置为仰视图。

（2）单击【刀路】→【3D】→【粗切】→【投影】按钮 ，系统弹出【选择工件形状】对话框，选择【未定义】选项，单击【确定】按钮 。根据系统提示选择图 9-35 所示的曲面为加工曲面，单击【结束选择】按钮，弹出【刀路曲面选择】对话框，单击【选择曲线】选项组中的【选择】按钮 ⬚，弹出【线框串连】对话框，单击【窗选】按钮 ⬚，在绘图区窗选图 9-36 所示的曲线为投影曲线，指定任意一条串连上的点为起始点即可。单击【确定】按钮 ⬚，返回【刀路曲面选择】对话框，单击【确定】按钮 ⬚。

图 9-34 水果盘

图 9-35 选择加工曲面

（3）系统弹出【曲面粗切投影】对话框，单击【刀具参数】选项卡，在刀具列表中选择【直径】为 12 的球形铣刀。单击【确定】按钮 ⬚。

（4）单击【曲面参数】选项卡，在该选项卡中设置【加工面毛坯预留量】为-3，其他参数采用默认。

（5）单击【投影粗切参数】选项卡，【Z 最大步进量】设置为 2，【投影方式】选择【曲线】，勾选【两切削间提刀】复选框，【下刀的控制】选择【双侧切削】，勾选【允许沿面下降切削】和【允许沿面上升切削】复选框。

（6）单击【间隙设置】按钮，系统弹出【刀路间隙设置】对话框，【允许间隙大小】选择【步进量%】，设置为 80，【移动小于允许间隙时，不提刀】选择【沿着曲面】。单击【确定】按钮 ⬚，返回【曲面粗切投影】对话框。

（7）单击【确定】按钮 ⬚，系统根据用户所设置的参数生成投影粗加工刀路，结果如图 9-37 所示。

4. 模拟加工

在【刀具】管理器中，单击【刀路操控管理器】中的【选择全部操作】按钮 ⬚ 和【验证已选择的操作】按钮 ⬚，并在弹出的【Mastercam 模拟器】对话框中单击【播放】按钮 ▶，系统即可进行模拟，模拟仿真结果如图 9-38 所示。

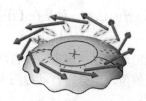
图 9-36 投影曲线和起始点

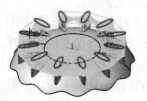
图 9-37 投影粗加工刀路

图 9-38 模拟仿真结果

9.4 流线粗加工

流线粗加工主要用于加工流线非常规律的曲面，其能顺着曲面流线方向产生粗加工刀路。

9.4.1 流线粗加工参数介绍

单击【刀路】→【自定义】→【粗切流线加工】按钮，系统会依次弹出【选择工件形状】和【刀路曲面选择】对话框，根据需要设定相应的参数和选择相应的图素后，单击【确定】按钮，弹出如图 9-39 所示的【曲面粗切流线】对话框，在该对话框中可设置流线粗加工参数。

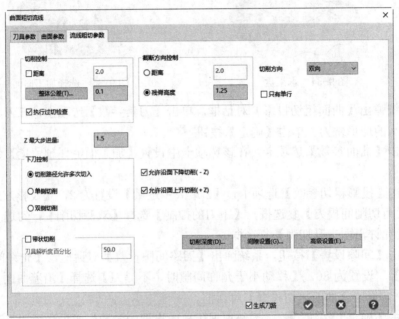

图 9-39 【曲面粗切流线】对话框

流线粗加工参数主要包括【切削控制】和【截断方向控制】。用球形铣刀铣削曲面时，两刀路之间存在残脊，可以通过控制残脊高度来控制残料余量。另外，通过控制两切削路径之间的距离也可以控制残料余量。采用距离控制刀路之间的残料要更直接、更简单，因此一般采用此方法来控制残料余量。

该对话框中针对流线加工的参数含义如下：

（1）【切削控制】：刀具在流线方向上切削的进刀量有两种设置方法：一种是在【距离】文本框中直接指定，另一种是按照要求的整体误差进行计算。

（2）【执行过切检查】：选中该复选项，则系统将检查可能出现的过切现象，并自动调整刀具路径以避免过切。如果刀具路径移动量大于设定的整体误差值，则会用自动提刀的方法避免过切。

（3）【截断方向控制】：截断方向的控制与切削方向控制类似，只不过它控制的是刀具在垂直于切削方向的切削进刀量，它也有两种方法：一种是直接在【距离】文本框中输入一个指定值，作为横断方向的进刀量；另一种是在【残脊高度】文本框中设置刀具的残脊高度，然后由系统自动计算该方向的进刀量。

（4）【只有单行】：在相邻曲面的一行（而不是一个小区域）的上方创建流线加工刀具

路径。

9.4.2 操作实例——卡通造型流线粗加工

本例对图 9-40 所示的卡通造型进行流线粗加工。

操作步骤如下：

1. 打开文件

单击快速访问工具栏中的【打开】按钮，在弹出的【打开】对话框中选择【网盘→原始文件→第 9 章→卡通造型】文件，单击【打开】按钮，打开文件。

2. 选择机床

为了生成刀路，首先必须选择一台可实现加工的机床。本次加工采用系统默认的铣床，即直接执行【机床】→【机床类型】→【铣床】→【默认】命令即可。

3. 毛坯设置

（1）打开图层 3，图层 3 中放置的是毛坯实体，如图 9-41 所示。

（2）在操作管理区中，单击【毛坯设置】选项，系统弹出【机床群组设置】对话框【毛坯设置】选项卡。单击【从选择添加】按钮，在绘图区选择毛坯实体，单击【确定】按钮，生成毛坯。

（3）关闭图层 3。

（4）单击【刀路】→【毛坯】→【显示/隐藏毛坯】按钮，显示毛坯，如图 9-42 所示。

（5）再次单击【显示/隐藏毛坯】按钮，隐藏毛坯。

 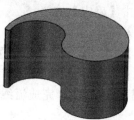 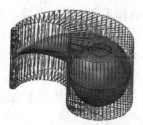

图 9-40　卡通造型　　　　图 9-41　毛坯实体　　　　图 9-42　创建的毛坯

4. 创建流线粗加工刀具路径 1

（1）单击【刀路】→【粗切】→【粗切流线加工】按钮，系统弹出【选择工具形状】对话框，选择【未定义】选项，单击【确定】按钮，根据系统提示选择图 9-43 所示的曲面作为加工曲面，单击【结束选择】按钮。

（2）系统弹出【刀路曲面选择】对话框。单击【流线】选项组中的【流线参数】按钮，弹出【流线数据】对话框，如图 9-44 所示。单击【补正方向】和【切削方向】按钮，设置切削方向和补正方向，如图 9-45 所示，单击【确定】按钮，完成流线选项设置。

（3）系统弹出【曲面粗切流线】对话框，单击【刀具参数】选项卡中的【选择刀库刀具】按钮，系统弹出【选择刀具】对话框，选择【直径】为 4 的球形铣刀。单击【确定】按钮。

（4）单击【曲面参数】选项卡，在该选项卡中设置【参考高度】为 10，【下刀位置】

为 5，【校刀位置】为【中心】，【加工面毛坯预留量】和【干涉面毛坯预留量】均为 0。

（5）单击【曲面流线粗切参数】选项卡，在该选项卡中设置【切削方向】为【双向】，【截断方向控制】中的【距离】为 1，【Z 最大步进量】为 1，【下刀的控制】选择【双侧切削】，勾选【允许沿面下降切削】和【允许沿面上升切削】复选框。

图 9-43　选择加工曲面　　　　图 9-44　【流线数据】对话框　　　图 9-45　流线设置

（6）单击【间隙设置】按钮，系统弹出【刀路间隙设置】对话框，【允许间隙大小】选择【步进量%】，设置为 80，【移动小于允许间隙时，不提刀】选择【沿着曲面】。单击【确定】按钮 ，返回【曲面粗切流线】对话框。

（7）单击【确定】按钮，系统即可根据所设置的参数生成曲面流线粗切刀具路径，如图 9-46 所示。

5．创建流线粗加工刀具路径 2

（1）单击【刀路】→【粗切】→【粗切流线加工】按钮，系统弹出【选择工具形状】对话框，选择【未定义】选项，单击【确定】按钮，根据系统提示选择图 9-47 所示的曲面作为加工曲面，单击【结束选择】按钮。

（2）系统弹出【刀路曲面选择】对话框。单击【流线】选项组中的【流线参数】按钮，弹出【流线数据】对话框，单击【补正方向】和【切削方向】按钮，设置切削方向和补正方向，如图 9-48 所示，单击【确定】按钮，完成流线选项设置。

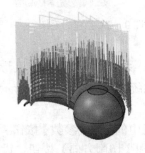

图 9-46　流线粗加工刀具路径 1　　　图 9-47　选择曲面　　　图 9-48　流线设置

（3）系统弹出【曲面粗切流线】对话框，在刀具列表中选择【直径】为 4 的球形铣刀。

（4）其他参数会沿用步骤 3 中的设置，单击【确定】按钮，生成流线粗加工刀具路径，如图 9-49 所示。

6．创建流线粗加工刀具路径 3

（1）单击【刀路】→【粗切】→【粗切流线加工】按钮，系统弹出【选择工具形状】对话框，选择【未定义】选项，单击【确定】按钮，根据系统提示选择图 9-50 所示的曲面作为加工曲面，单击【结束选择】按钮。

（2）系统弹出【刀路曲面选择】对话框。单击【流线】选项组中的【流线参数】按钮，弹出【流线数据】对话框，单击【补正方向】和【切削方向】按钮，设置切削方向和补正方向，如图 9-51 所示，单击【确定】按钮，完成流线选项设置。

（3）系统弹出【曲面粗切流线】对话框，单击【刀具参数】选项卡中的【选择刀库刀具】按钮，系统弹出【选择刀具】对话框，选择【直径】为 3 的球形铣刀。单击【确定】按钮。

（4）双击该铣刀图标，系统弹出【编辑刀具】对话框，修改【刀齿直径】为 1。单击【完成】按钮，返回【刀具参数】选项卡。

（5）单击【曲面流线粗切参数】选项卡，在该选项卡中设置【切削方向】为【双向】，【截断方向控制】中的【距离】为 0.05，【Z 最大步进量】为 0.05，【下刀的控制】选择【双侧切削】，勾选【允许沿面下降切削】和【允许沿面上升切削】复选框。

（6）单击【确定】按钮，生成流线粗加工刀具路径，如图 9-52 所示。

图 9-49 流线粗加工刀具路径 2　　　图 9-50 选择曲面　　　图 9-51 流线设置

7. 创建流线粗加工刀具路径 4

（1）单击【视图】→【屏幕视图】→【仰视图】按钮，将当前【绘图平面】和【刀具平面】设置为仰视图。

（2）重复【粗切流线刀路】命令，选择图 9-53 所示的曲面，参照步骤 3 设置参数，生成流线粗加工刀具路径，如图 9-54 所示。

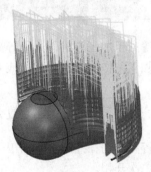

图 9-52 流线粗加工刀具路径 3　　　图 9-53 选择曲面　　　图 9-54 流线粗加工刀具路径 4

8. 创建流线粗加工刀具路径 5

重复【粗切流线加工】命令，选择图 9-55 所示的曲面，参照步骤 4 设置参数，生成流线粗加工刀具路径，如图 9-56 所示。

9. 创建流线粗加工刀具路径 6

重复【粗切流线加工】命令，选择图 9-57 所示的曲面，参照步骤 5 设置参数，生成流线粗加工刀具路径，如图 9-58 所示。

 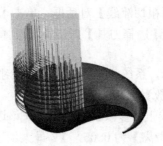 

图 9-55　选择曲面　　　　图 9-56　流线粗加工刀具路径 5　　　图 9-57　曲面

10. 模拟加工

在【刀路操控管理器】中，单击【选择全部操作】按钮 和【验证已选择的操作】按钮 ，并在弹出的【Mastercam 模拟器】对话框中单击【播放】按钮 ，系统即可进行模拟，模拟加工结果如图 9-59 所示。

图 9-58　流线粗加工刀具路径 6　　　　图 9-59　模拟加工结果

9.5 等高粗加工

等高粗加工方式即采用等高线的方式进行逐层加工，曲面越陡，等高粗加工效果越好。等高粗加工常作为二次开粗，或者用于铸件毛坯的开粗。

9.5.1 等高粗加工参数介绍

等高粗切在外形上只加工一层，一般不做首次开粗，可以作为铸件的开粗，或者一般工件的二次开粗。

单击【刀路】→【自定义】→【粗切等高外形加工】按钮 ，选择加工曲面后，单击按钮，弹出【刀路曲面选择】对话框。单击【确定】按钮 ⊘ ，弹出【曲面粗切等高】对话框。在该对话框中可设置等高粗加工参数。

单击【等高粗切参数】选项卡，如图 9-60 所示。各选项的含义如下：

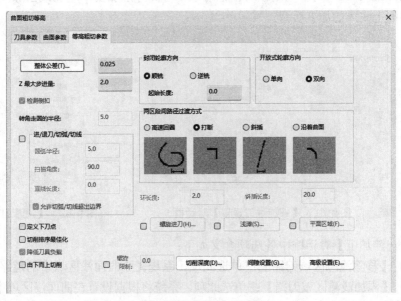

图 9-60　【曲面粗切等高】对话框

（1）【封闭轮廓方向】：用于设置封闭式轮廓外形加工时得到加工方式是顺铣还是逆铣。同时【起始长度】文本框还可以设置加工封闭式轮廓时下刀的起始长度。

（2）【开放式轮廓方向】：加工开放式轮廓时，因为没有封闭，所以加工到边界时刀具就需要转弯以避免在无材料的空间做切削动作，Mastercam2023 提供了两种动作方式：

1）【单向】：刀具加工到边界后，提刀，快速返回到另一头，再下刀沿着下一条刀具路径进行加工。

2）【双向】：刀具在顺方向和反方向都进行切削，即来回切削。

（3）【两区段间路径过渡方式】：当要加工的两个曲面相距很近时或一个曲面因某种原因被隔开一定距离时，就需要考虑刀具如何从这个区域过渡到另一个区域。【两区区段间路径过渡方式】选项就是用于设置当刀具移动量小于设定的间隙时，刀具如何从一条路径过渡到另一条路径上。Mastercam2023 提供了 4 种过渡方式：

1）【高速回圈】：是指刀具以平滑的方式从一条路径过渡到另一条路径上。

2）【打断】：将移动距离分成 Z 方向和 XY 方向两部分来移动，即刀具从间隙一边的刀具路径的终点在 Z 方向上上升或下降到间隙另一边的刀具路径的起点高度,然后再从 XY 平面内移动到所处的位置。

3）【斜插】：是将刀以直线的方式从一条路径过渡到另一条路径上。

4）【沿着曲面】：是指刀具根据曲面的外形变化趋势，从一条路径过渡到另一条路径上。

当选择高速回圈或插降过渡方式时，则【回圈长度】或【斜插长度】文本框被激活，具体含义可参考对话框中红线标识。

307

（4）【螺旋进刀】：该功能可以实现螺旋进刀功能，选中【螺旋进刀】复选框并单击其按钮，系统弹出【螺旋进刀设置】对话框，如图 9-61 所示。

（5）【浅滩】：是指曲面上的较为平坦的部分。单击【浅滩】按钮，系统弹出【浅滩加工】对话框，如图 9-62 所示，利用该对话框可以在等高外形加工中增加或去除浅滩刀具路径，从而保证曲面上浅滩的加工质量。

图 9-61　【螺旋进刀设置】对话框　　　　图 9-62　【浅滩加工】对话框

【浅滩加工】对话框中各选项含义如下：

1）【移除浅滩区域刀路】：单选此项，系统去除曲面浅区域中的道路。

2）【添加浅滩区域刀路】：单选此项，系统将根据设置在曲面浅区域中增加道路。

3）【分层切削最小切削深度】：该输入框中设置限制刀具 Z 向移动的最小值。

4）【角度限制】：在此输入框中定义曲面浅区域的角度（默认值 45°）。系统去除或增加从 0°到该设定角度之间曲面浅区域中的刀路。

5）【步进量限制】：该输入框中的值在向曲面浅区域增加刀路时，作为刀具的最小进刀量；去除曲面浅区域的刀路时，作为刀具的最大进刀量。如果输入 0，曲面的所有区域都被视为曲面浅区域，此值与加工角度极限相关联，两者设置一个即可。

6）【允许局部切削】：该复选框与【移出浅滩区域刀路】和【增加浅滩区域刀路】选项配合使用，如图 9-62 所示。复选此项，则在曲面浅区域中增加刀路时，不产生封闭的等 Z 值切削。不选此复选项，曲面浅区域中增加刀路时，可产生封闭的等 Z 值切削。

（6）【平面区域】：单击【平面区域】按钮，系统弹出【平面区域加工设置】对话框，如图 9-63 所示。选择 2D 方式时，切削间距为刀具路径在二维平面的投影。

（7）【螺旋限制】：螺旋限制功能可以将一系列的等高切削转换为螺旋斜坡切削，从而消除切削层之间移动带来的刀痕，对于陡斜壁加工效果尤为明显。

图 9-63　【平面区域加工设置】对话框

📖9.5.2 浅滩

由于用等高粗加工方式加工陡斜面效果非常好,而加工浅滩效果很差,因此 Mastercam2023 系统专门设置了浅滩功能来解决浅滩加工问题。

下面以加工椭球面为例,说明浅滩加工参数的设置步骤。

(1) 选择椭球面作为加工曲面。

(2) 在【等高粗切参数】选项卡中勾选按钮 [浅滩(S)...] 前的复选框,并设置【Z 最大步进量】为 2,【两区段间路径过渡方式】选择【打断】。

(3) 勾选【浅滩】复选框,单击【浅滩】按钮,系统弹出【浅滩加工】对话框,选择【添加浅滩区域刀路】单选按钮,设置【分层切削最小切削深度】为 0.1,即增加部分的刀路 Z 轴方向分层为每层进给 0.1mm,如图 9-64 所示。单击【确定】 [✓],按钮完成参数设置。

(4) 系统根据所设置的参数生成等高粗切刀路,结果如图 9-65 所示。

图 9-64　【浅滩加工】对话框

图 9-65　等高粗切刀路

📖9.5.3 平面区域

在【等高粗切参数】选项卡中勾选【平面区域】按钮前的复选框,再单击【平面区域】按钮,在弹出的【平面区域加工设置】对话框中设置参数。

下面以加工椭球面为例,说明平面区域加工参数的设置步骤。

(1) 选择椭球面作为加工曲面。

(2) 在【等高粗切参数】选项卡中勾选【平面区域】按钮前的复选框,并设置【Z 最大步进量】为 1,【两区段间路径过渡方式】选择【打断】。

(3) 勾选【平面区域】复选框,单击【平面区域】按钮,系统弹出【平面区域加工设置】对话框,在该对话框中可设置加工平面类型为【3d】(即加工曲面是比较浅的 3D 曲面)、设置【平面区域步进量】为 0.1(即浅滩区域上两路径之间的距离为 0.1mm),如图 9-66 所示。单击【确定】按钮 [✓],完成参数设置。

(4) 系统根据所设置的参数生成等高粗切刀路,结果如图 9-67 所示。

📖9.5.4 操作实例——灯罩等高粗加工

本例对图 9-68 所示的灯罩进行等高粗加工。

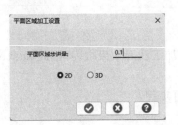

图 9-66 【平面区域加工设置】对话框

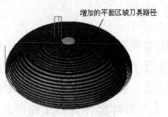

图 9-67 等高粗切刀路

操作步骤如下：

1. 打开文件

单击快速访问工具栏中的【打开】按钮，在弹出的【打开】对话框中选择【网盘→原始文件→第 9 章→灯罩】文件，单击【打开】按钮，打开文件。

2. 选择机床

为了生成刀路，首先必须选择一台可实现加工的机床。本次加工采用系统默认的铣床，即直接执行【机床】→【机床类型】→【铣床】→【默认】命令即可。

3. 毛坯设置

（1）在操作管理区中，单击【毛坯设置】选项，系统弹出【机床群组设置】对话框【毛坯设置】选项卡。单击【从边界框添加】按钮，系统弹出【边界框】对话框，【形状】选择【圆柱体】，【轴心】选择【Z】。【图素】选择【全部显示】选项，单击【确定】按钮，返回【机床群组设置】对话框【毛坯设置】选项卡。单击【确定】按钮，生成毛坯。

（2）单击【刀路】→【毛坯】→【显示/隐藏毛坯】按钮，显示毛坯，如图 9-69 所示。

图 9-68 灯罩

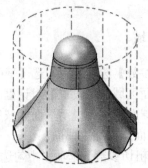

图 9-69 创建毛坯

（3）单击【显示/隐藏毛坯】按钮，隐藏毛坯。

4. 创建等高粗加工刀具路径

（1）单击【刀路】→【粗切】→【粗切等高外形加工】按钮，选择图 9-70 所示的外曲面和底部的圆角曲面作为加工曲面，单击【结束选择】按钮，弹出【刀路曲面选择】对话框，单击【确定】按钮。

（2）系统弹出【曲面粗切等高】对话框，单击【刀具参数】选项卡中的【选择刀库刀具】按钮，系统弹出【选择刀具】对话框，选择【直径】为 12 的球形铣刀。单击【确定】按钮。

（3）单击【曲面参数】选项卡，在该选项卡中设置【参考高度】为 25，【下刀位置】为【5】，均为【增量坐标】。【校刀位置】设置为【刀尖】、【加工面毛坯预留量】和【干涉面毛坯预留量】均为0，在【切削范围】选项组【刀具位置】中选择【外】单选按钮。

（4）单击【等高粗切参数】选项卡，在该选项卡【开放式轮廓方向】选项组中选择【双向】单选按钮，将【Z 最大步进量】设置为2，【两区段间过渡方式】设置为【沿着曲面】，勾选【由下而上切削】复选框。

（5）勾选【浅滩】复选框，单击【浅滩】按钮，弹出【浅滩加工】对话框。选择【添加浅滩区域刀路】单选按钮，设置【分层切削最小切削深度】为0.2，【角度限制】为45，即所有夹角小于45°的曲面被认为是浅滩，系统都将移除刀路不予加工。【步进量】设置为2。

（6）单击【确定】按钮 ⊘，返回【等高粗切参数】选项卡，单击【确定】按钮 ⊘，系统即可根据所设置的参数生成等高粗加工刀具路径，结果如图9-71所示。

5. 模拟加工

在【刀具】管理器中，单击【验证已选择的操作】按钮，并在弹出的【Mastercam 模拟器】对话框中单击【播放】按钮▶，系统即可进行模拟，模拟结果如图9-72所示。

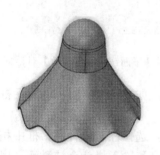  

图9-70 选择加工曲面　　图9-71 等高粗加工刀具路径　　图9-72 模拟结果

9.6 挖槽粗加工

三维挖槽粗加工主要用于三维曲面开粗，一般用于曲面的首次开粗。挖槽粗加工刀路计算量比较小，去残料效率比其他粗加工高，因此是非常好的开粗刀路。

挖槽加工也是等高加工的一种形式，因此适用于加工陡斜面，对浅滩加工的效果不是很好，会留下很多梯田状残料。不过由于挖槽加工属于粗加工，还可以用二次开粗继续清除残料，因此，即使是浅滩，依然可以使用挖槽加工开粗。

单击【刀路】→【3D】→【粗切】→【挖槽】按钮，选择加工曲面后，单击按钮 结束选取，弹出【刀路曲面选择】对话框，单击【确定】按钮 ⊘，系统弹出【曲面粗切挖槽】对话框。

9.6.1 挖槽粗加工参数介绍

在【曲面粗切挖槽】对话框中单击【粗切参数】选项卡，设置进刀和进给量等粗切参数，如图9-73所示。

该选项卡中各选项含义如下：

（1）【进刀选项】：此项是用来设置刀具的进刀方式，分别如下：

1）【指定进刀点】：系统在加工曲面前，以指定的点作为切入点。

2）【由切削范围外下刀】：选择此项，刀具将从指定边界以外下刀。

3）【下刀位置对齐起始孔】：表示下刀位置会跟随起始孔排序而定位。

（2）【铣平面】：复选此项，将根据图 9-74 所示对话框中设置的参数加工平面，此对话框中的参数可以设置不同的值，通过模拟来理解它们的意义。

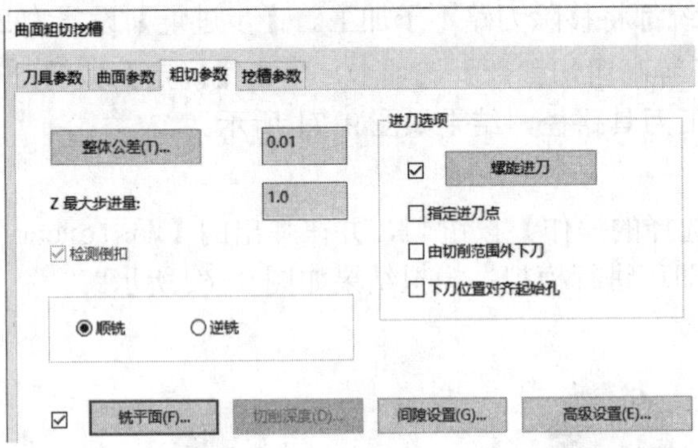

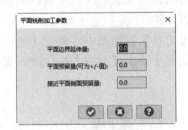

图 9-73 【曲面粗切挖槽】对话框　　　图 9-74 【平面铣削加工参数】对话框

单击【曲面粗切挖槽】对话框中的【挖槽参数】选项卡，如图 9-75 所示。对话框中的部分参数说明如下：

【切削方式】：系统为挖槽粗加工提供了 8 种走刀方式，选择任意一种对话框中相应的参数就会被激活。例如选择【双向】则对话框中的【粗切角度】输入栏就会被激活，用户可以输入角度值，此值代表切削方向与 X 向的角度。

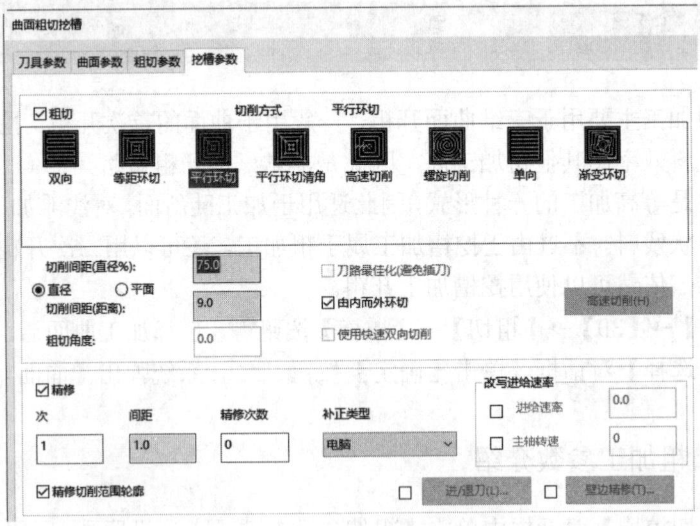

图 9-75 【挖槽参数】选项卡

9.6.2 挖槽粗加工计算方式

用垂直于 Z 轴的平面去剖切三维曲面，剖切所得的交线即是挖槽的加工范围，系统会利用最少的刀路以最快的方式将残料去除掉。三维挖槽粗加工在每一个剖切层上都可以看成是二维挖槽加工。

下面通过三个例子来说明挖槽加工计算方式。图 9-76 所示为一个凹槽形工件，它的剖切线是一个圆，相当于四周都有曲面来限定刀具范围，所以加工这种标准槽形不需要选择加工范围线。图 9-77 所示为一个岛屿槽形工件，剖切线是两个封闭的环，挖槽时在外侧和内侧都有曲面作为限制，只能在两个曲面之间进行加工，因此不需要选择加工范围线。图 9-78 所示为一个凸形工件，其剖切线是一个封闭环，但是与槽形不一样，槽形是控制刀具在环内，而凸形是控制刀具在环外，刀具只能在曲面外走刀，而且曲面外没有任何限制，此种情况如果不选择加工范围线将无法限制刀具，系统无法计算，挖槽刀路就会出现错误。因此，挖槽加工从理论上可以说是万能的粗加工。

图 9-76　凹槽形工件

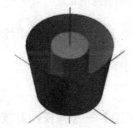
图 9-77　岛屿槽形工件

图 9-78　凸形工件

9.6.3 铣平面

在【曲面粗切挖槽】对话框的【粗切参数】选项卡中勾选【铣平面】复选框，单击【铣平面】按钮，弹出如图 9-79 所示的【平面铣削加工参数】对话框，在该对话框中可设置平面加工参数。

下面通过实例来说明平面加工参数的设置步骤，加工图形如图 9-80 所示。

1）选择所有曲面作为加工曲面，选择矩形边界作为加工范围线，如图 9-81 所示。

2）在【粗切参数】选项卡中勾选【由切削范围外下刀】复选框（即刀具从曲面外进刀），再勾选【铣平面】复选框。

图 9-79　【平面铣削加工参数】对话框

图 9-80　加工图形

3）在【粗切参数】选项卡中单击【铣平面】按钮，系统弹出【平面铣削加工参数】对话框，设置【平面边界延伸量】为0，单击【确定】按钮 ✓，完成参数设置。

4）系统根据所设置的参数生成刀路，结果如图9-82所示。

图9-81　选择加工范围线　　　　　图9-82　生成刀具路径结果

📖 9.6.4 操作实例——灯罩挖槽粗加工

本例在9.5节等高粗加工的基础上对灯罩进行挖槽粗加工。

操作步骤如下：

1. 承接等高粗加工结果

2. 创建挖槽粗加工刀具路径

（1）单击【视图】→【屏幕视图】→【仰视图】按钮 🎲，将当前【绘图平面】和【刀具平面】设置为仰视图。

（2）单击【刀路】→【3D】→【粗切】→【挖槽】按钮 🔷，选择如图9-83所示的加工曲面后，单击【结束选择】按钮，弹出【刀路曲面选择】对话框，单击【切削范围】选项组中的【选择】按钮 🔖，系统弹出【线框串连】对话框。打开图层2，在绘图区选择图9-84所示的加工范围。单击【确定】按钮 ✓，返回【刀路曲面选择】对话框，单击【确定】按钮 ✓，完成曲面的选择。

（3）系统弹出【曲面粗切挖槽】对话框，在刀具列表中选择【直径】为12的球形铣刀。

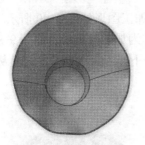 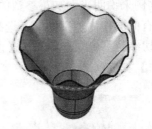

图9-83　选择加工曲面　　　　　图9-84　选择加工范围

（4）单击【曲面参数】选项卡，在该选项卡中设置【安全高度】为50，【绝对坐标】；【参考高度】为25，【下刀位置】为5，均为【增量坐标】。【校刀位置】设置为【刀尖】、【加工面毛坯预留量】和【干涉面毛坯预留量】均为0，【刀具位置】选择【中心】。

（5）单击【粗切参数】选项卡，在该选项卡中设置【Z 最大步进量】为2，采用【顺铣】

加工方式。

（6）单击【挖槽参数】选项卡，在该选项卡中设置【切削方式】为【螺旋切削】，勾选【精修】复选框，设置【间距】为 0.5，勾选【精修切削范围轮廓】复选框。

（7）单击【确定】按钮 ，生成曲面挖槽粗切刀路，结果如图 9-85 所示。

3. 模拟加工

在【刀具】管理器中，单击【选择全部操作】按钮 和【验证已选择的操作】按钮 ，并在弹出的【Mastercam 模拟器】对话框中单击【播放】按钮 ，系统即可进行模拟，模拟结果如图 9-86 所示。

图 9-85　挖槽粗加工刀具路径　　　　　图 9-86　模拟结果

9.7　残料粗加工

残料粗加工主要是对前一步操作或所有先前操作留下来的局部大量余料进行清除。此外，由于开粗所用的刀具过大，导致某些较小的区域刀具无法进入而产生的残料也可以用残料粗加工进行铣削。残料粗加工一般用于二次开粗，但是由于计算量比较大，走刀不是很规则，所以一般用其他刀路代替。

9.7.1　残料粗加工参数介绍

单击【刀路】→【自定义】→【粗切残料加工】按钮 ，选择加工曲面后，单击按钮 结束选取 ，弹出【刀路曲面选择】对话框。单击【确定】按钮 ，弹出【曲面残料粗切】对话框，在该对话框中可设置残料粗加工参数。残料粗加工主要需要设置两个方面的参数，一个是残料加工参数，另一个是剩余毛坯参数。下面对主要选项卡进行介绍：

1. 【残料加工参数】选项卡

单击【残料加工参数】选项卡，在该选项卡中设置步进量、进/退刀/切弧/切线、过渡方式等参数，如图 9-87 所示。

2. 【剩余毛坯参数】选项卡

单击【剩余毛坯参数】选项卡，在该选项卡中设置计算剩余毛坯依据，如图 9-88 所示。

（1）【计算剩余毛坯依照】：用于设置计算残料粗加工中需清除的材料的方式，Mastercam2023 提供了以下 4 种计算残余材料的方法：

1）【所有先前操作】：将前面各加工模组不能切削的区域作为残料粗加工需切削的区域。

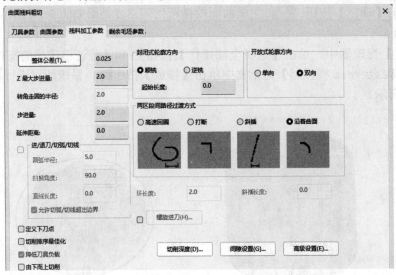

图 9-87　【残料加工参数】选项卡

2）【指定操作】：将某一个加工模组不能切削的区域作为残料粗加工需切削的区域。

3）【粗切刀具】：根据刀具直径和刀角半径来计算出残料粗加工需切削的区域。

4）【STL 文件】：使用该选项，则用户可以指定一个 STL 文件作为残余材料的计算来源。同时设置毛坯解析度还可以设置残料粗加工的误差值。

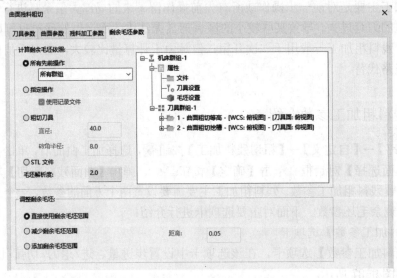

图 9-88　【剩余毛坯参数】选项卡

（2）【调整剩余毛坯】：用于放大或缩小定义的残料粗加工区域。包括以下 3 种方式：

1）【直接使用剩余毛坯范围】：不改变定义的残料粗加工区域。

2）【减少剩余毛坯范围】：允许残余小的尖角材料通过后面的精加工来清除，这种方式可以提高加工速度。

3）【添加剩余毛坯范围】：在残料粗加工中需清除小的尖角材料。

9.7.2 操作实例——灯罩残料粗加工

本例在等高粗加工和挖槽粗加工的基础上对灯罩进行残料加工。

操作步骤如下：

1. 承接挖槽粗加工结果

2. 创建残料粗加工刀具路径

（1）单击【刀路】→【粗切】→【粗切残料加工】按钮，选择如图 9-89 所示的加工曲面，单击【结束选择】按钮，弹出【刀路曲面选择】对话框。单击【切削范围】选项组中的【选择】按钮，系统弹出【线框串连】对话框，在绘图区选择图 9-90 所示的加工范围，单击【确定】按钮，返回【刀路曲面选择】对话框。单击【确定】按钮。

（2）系统弹出【曲面残料粗切】对话框，选择【直径】为 12 的球形铣刀。

（3）单击【曲面参数】选项卡，参数采用默认即可。

（4）单击【残料加工参数】选项卡，在该选项卡中设置【Z 最大步进量】为 1、【步进量】为 1，在【两区段间路径过渡方式】选项组中选择【沿着曲面】单选按钮，勾选【切削排序最佳化】复选框。

（5）单击【剩余毛坯参数】选项卡，在该选项卡【计算剩余毛坯依照】选项组中选择【指定操作】，在刀路列表中勾选刀路 2（曲面粗切挖槽），【调整剩余毛坯】选择【直接使用剩余毛坯范围】。

（6）单击【确定】按钮，系统即可根据所设置的参数生成曲面残料粗加工刀具路径，结果如图 9-91 所示。

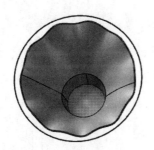

图 9-89 选择加工曲面　　　　　图 9-90 选择加工范围

3. 模拟加工

在【刀具】管理器中，单击【选择全部操作】按钮和【验证已选择的操作】按钮，并在弹出的【Mastercam 模拟器】对话框中单击【播放】按钮，系统即可进行模拟，模拟加工结果如图 9-92 所示。

图 9-91 残料粗加工刀具路径

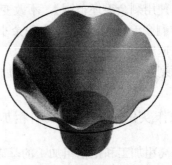

图 9-92 模拟加工结果

9.8 钻削式粗加工

钻削式粗加工主要是采用类似于钻孔的方式去除残料,适用于加工比较深的槽形工件或较硬并且需要去除的残料比较多的工件。钻削式粗加工需要采用专用钻削刀具,此处采用钻头代替。

9.8.1 设置钻削式粗加工参数

单击【刀路】→【3D】→【粗切】→【钻削式】按钮,选择加工曲面后,单击【结束选择】按钮,弹出【刀路曲面选择】对话框。单击【确定】按钮 ,系统弹出如图 9-93 所示的【曲面粗切钻削】对话框,在该对话框中可设置钻削式粗加工相关参数。

钻削式粗加工主要需要设置【Z 最大步进量】,最大 Z 轴进给量一般根据实际加工经验进行设置,刀路之间的最大距离一般给定刀具直径的 60% 即可。

单击【钻削式粗切参数】选项卡,如图 9-93 所示。该选项卡中【下刀路径】的确定有以下两种方式:

图 9-93 【曲面粗切钻削】对话框

（1）【NCI】：是指用其他加工方法产生的 NCI 文件（如挖槽加工，其中已有刀具的运动轨迹记录）来获取钻削加工的刀具路径轨迹。值得注意的是，必须针对同一个表面或同一个区域的加工才行。

（2）【双向】：刀具的下降深度由要加工的曲面控制，顺着加工区域的形状来回往复运动；刀具在水平方向进给距离由用户在【最大步进量】文本框中指定。

9.8.2 操作实例——碗钻削粗加工

本例对图 9-94 所示的碗进行钻削粗加工。

图 9-94 碗

操作步骤如下：

1. 打开文件

单击快速访问工具栏中的【打开】按钮，在弹出的【打开】对话框中选择【网盘→原始文件→第 9 章→碗】文件，单击【打开】按钮，打开文件。

2. 选择机床

为了生成刀路，首先必须选择一台可实现加工的机床。本次加工采用系统默认的铣床，即直接执行【机床】→【机床类型】→【铣床】→【默认】命令即可。

3. 创建边界框

（1）单击【线框】→【形状】→【边界框】按钮，系统弹出【边界框】对话框，根据系统提示在绘图区选择碗实体，单击【结束选择】按钮。

（2）在对话框中选择【形状】选择【立方体】，【原点】选择立方体的下表面中心，单击【确定】按钮，返回【机床群组设置】对话框【毛坯设置】选项卡。单击【确定】按钮，边界框创建完成，如图 9-95 所示。

4. 毛坯设置

（1）在操作管理区中，单击【毛坯设置】选项，系统弹出【机床群组设置】对话框【毛坯设置】选项卡。单击【从边界框添加】按钮，系统弹出【边界框】对话框，【形状】选择【圆柱体】，【原点】选择圆柱体的下表面中心，【轴心】选择【Y】。【图素】选择【手动】选项，单击其后的【选择图素】按钮，在绘图区选择碗实体，单击【结束选择】按钮，返回【边界框】对话框，修改毛坯的高度值为 56；单击【确定】按钮，返回【机床群组设置】对话框【毛坯设置】选项卡。在【毛坯平面转换】选项组中设置原点的【Y】值为-1。单击【确定】按钮，生成毛坯。

（2）单击【刀路】→【毛坯】→【显示/隐藏毛坯】按钮，显示毛坯，如图 9-96 所示。

图 9-95　创建边界框

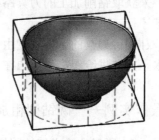

图 9-96　创建的毛坯

（3）单击【显示/隐藏毛坯】按钮，隐藏毛坯。

5.创建钻削粗加工刀具路径 1

（1）单击【视图】→【屏幕视图】→【后视图】按钮，将当前【绘图平面】和【刀具平面】设置为后视图。

（2）单击【刀路】→【3D】→【粗切】→【钻削】按钮，框选所有曲面作为加工曲面，单击【结束选择】按钮，弹出【刀路曲面选择】对话框。单击【网格】选项组中的【选择】按钮，根据系统提示选择左下角下刀点和右上角下刀点，如图 9-97 所示。单击【确定】按钮。

（3）系统弹出【曲面粗切钻削】对话框，单击【刀具参数】选项卡中的【选择刀库刀具】按钮，系统弹出【选择刀具】对话框，选择【刀号】为 57，【直径】为 10 的钻头。

（4）单击【曲面参数】选项卡，参数采用默认。

（5）单击【钻削式粗切参数】选项卡，在该选项卡中设置【Z 最大步进量】为 5，【最大距离步进量】为 5。

（6）单击【确定】按钮，系统即可根据所设置的参数生成曲面钻削粗加工刀具路径 1，如图 9-98 所示。

图 9-97　选择下刀点

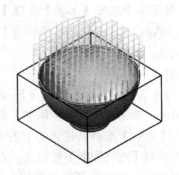

图 9-98　钻削粗加工刀具路径 1

6.创建钻削粗加工刀具路径 2

（1）单击【视图】→【屏幕视图】→【前视图】按钮，将当前【绘图平面】和【刀具平面】设置为前视图。

（2）单击【刀路】→【3D】→【粗切】→【钻削】按钮，参照步骤 3，设置参数生成钻削粗加工刀具路径 2，如图 9-99 所示。

7．模拟加工

在【刀具】管理器中，单击【验证已选择的操作】按钮，并在弹出的【Mastercam 模拟器】对话框中单击【播放】按钮，系统即可进行模拟，模拟加工结果如图 9-100 所示。

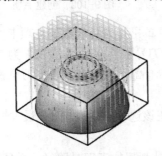
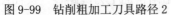
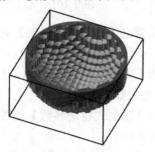

图 9-99　钻削粗加工刀具路径 2　　　　图 9-100　模拟加工结果

9.9　综合实例——飞机

本节对图 9-101 所示的飞机进行加工。其中使用到的曲面粗加工方法有：钻削、等高、放射和投影命令。通过本实例，希望读者对 Mastercam2023 曲面粗加工有进一步的认识。

操作步骤如下：

1．打开文件

单击快速访问工具栏中的【打开】按钮，在弹出的【打开】对话框中选择【源文件→原始文件→第 9 章→飞机】文件，如图 9-101 所示。

2．选择机床

单击【机床】→【机床类型】→【铣床】按钮，选择【默认】选项即可。

3．毛坯设置

（1）打开图层 9。在操作管理区中，单击【毛坯设置】选项，系统弹出【机床群组设置】对话框【毛坯设置】选项卡；单击【从选择添加】按钮，在绘图区选择毛坯实体，单击【确定】按钮，生成毛坯。

（2）关闭图层 9。单击【刀路】→【毛坯】→【显示/隐藏毛坯】按钮，显示毛坯，如图 9-102 所示。

（3）再单击【显示/隐藏毛坯】按钮，隐藏毛坯。

4．创建钻削粗加工刀具路径

（1）单击【刀路】→【3D】→【粗切】→【钻削】按钮，框选所有曲面作为加工曲面，单击【结束选择】按钮，弹出【刀路曲面选择】对话框。单击【网格】选项组中的【选择】按钮，打开图层 8。根据系统提示选择左下角下刀点和右上角下刀点，如图 9-103 所示。

单击【确定】按钮  。

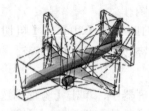

图 9-101 飞机   图 9-102 创建毛坯

（2）系统弹出【曲面粗切钻削】对话框，单击【刀具参数】选项卡中的【选择刀库刀具】按钮，系统弹出【选择刀具】对话框，选择【刀号】为 95，【直径】为 16 的钻头。

（3）单击【曲面参数】选项卡，设置【参考高度】为 25，【下刀位置】为 5，均采用【绝对坐标】，其他参数采用默认。

（4）单击【钻削式粗切参数】选项卡，在该选项卡中设置【Z 最大步进量】为 3，【最大距离步进量】为 4。

（5）单击【确定】按钮 ，生成曲面钻削粗加工刀具路径，关闭图层 8，如图 9-104 所示。

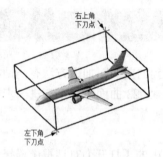

图 9-103 选择下刀点   图 9-104 钻削粗加工刀具路径

5．创建等高粗加工刀具路径

（1）单击【刀路】→【粗切】→【粗切等高外形加工】按钮 ，框选所有曲面作为加工曲面，单击【结束选择】按钮，弹出【刀路曲面选择】对话框，单击【确定】按钮 。

（2）系统弹出【曲面粗切等高】对话框，单击【刀具参数】选项卡中的【选择刀库刀具】按钮，系统弹出【选择刀具】对话框，选择【直径】为 12 的球形铣刀。单击【确定】按钮 。

（3）单击【曲面参数】选项卡，在该选项卡中设置【参考高度】为 25，【下刀位置】为 5，均为【绝对坐标】，其他参数采用默认。

（4）单击【等高粗切参数】选项卡，在该选项卡【开放式轮廓方向】选项组中选择【双向】单选按钮，将【Z 最大步进量】设置为 2，【两区段间过渡方式】设置为【沿着曲面】。

（5）勾选【浅滩】复选框，单击【浅滩】按钮，弹出【浅滩加工】对话框。选择【添加浅滩区域刀路】单选按钮，设置【分层切削最小切削深度】为 0.2，【角度限制】为 45，即所有夹角小于 45°的曲面被认为是浅滩，系统都将移除刀路不予加工。【步进量】设置为 2，单击【确定】按钮 ，返回【等高粗切参数】选项卡。

（6）勾选【平面区域】复选框，单击【平面区域】按钮，系统弹出【平面区域加工设置】对话框，设置【平面区域步进量】为1，选择【3D】选项，单击【确定】按钮 ，返回【等高粗切参数】选项卡。

（7）单击【确定】按钮，生成等高粗加工刀具路径，如图9-105所示。

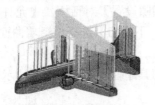

图9-105　等高粗加工刀具路径

图9-106　选择放射中心点

6．创建放射粗加工刀具路径

（1）单击【刀路】→【粗切】→【粗切放射刀路】按钮，弹出【选择工件形状】对话框。选择【未定义】选项，单击【确定】按钮。框选所有曲面作为加工曲面，单击【结束选择】按钮，弹出【刀路曲面选择】对话框，单击【定义中心点】按钮，在绘图区选择图9-106所示的放射中心点，单击【结束选择】按钮，返回【刀路曲面选择】对话框，单击【确定】按钮。

（2）系统弹出【曲面粗切放射】对话框，单击【刀具参数】选项卡中的【选择刀库刀具】按钮，系统弹出【选择刀具】对话框，选择【直径】为3的球形铣刀。单击【确定】按钮。

（3）单击【曲面参数】选项卡，设置【参考高度】为25，【下刀位置】为10，均为【绝对坐标】；其他参数采用默认。

（4）单击【放射粗切参数】选项卡，在该选项卡中设置【切削方向】为【双向】，【Z最大步进量】为1，【起始点】选择【由内而外】，【最大角度增量】为1，【起始补正距离】为0，【下刀的控制】选择【双侧切削】，勾选【允许沿面下降切削】和【允许沿面上升切削】复选框。

（5）单击【间隙设置】按钮，系统弹出【刀路间隙设置】对话框，【允许间隙大小】选择【步进量%】，设置为80，【移动小于允许间隙时，不提刀】选择【沿着曲面】。单击【确定】按钮，返回【曲面粗切放射】对话框。

（6）单击【确定】按钮，生成放射粗加工刀具路径，结果如图9-107所示。

7．创建投影粗加工刀具路径

（1）单击【视图】→【屏幕视图】→【仰视图】按钮，将当前【绘图平面】和【刀具平面】设置为仰视图。

（2）单击【刀路】→【3D】→【粗切】→【投影】按钮，系统弹出【选择工件形状】对话框，选择【未定义】选项，单击【确定】按钮。框选所有曲面作为加工曲面，单击【结束选择】按钮，弹出【刀路曲面选择】对话框，单击【确定】按钮。

（3）系统弹出【曲面粗切投影】对话框，单击【刀具参数】选项卡，在刀具列表中选择【直径】为12的球形铣刀。单击【确定】按钮。

（4）单击【曲面参数】选项卡，设置【参考高度】为25，【下刀位置】为10，均为【增

量坐标】；其他参数采用默认。

（5）单击【投影粗切参数】选项卡，【Z 最大步进量】设置为 3，【投影方式】选择【NCI】，【下刀的控制】选择【双侧切削】，勾选【允许沿面下降切削】和【允许沿面上升切削】复选框；在【原始操作】列表中选择刀路 2（曲面粗切等高）。

（6）单击【间隙设置】按钮，系统弹出【刀路间隙设置】对话框，【允许间隙大小】选择【步进量%】，设置为 80，【移动小于允许间隙时，不提刀】选择【沿着曲面】。单击【确定】按钮 ⊘ ，返回【曲面粗切投影】对话框。

（7）单击【确定】按钮 ⊘ ，生成投影粗加工刀具路径，如图 9-108 所示。

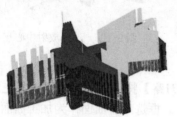

图 9-107　放射粗加工刀具路径　　　　图 9-108　投影粗加工刀具路径

8．创建放射粗加工刀具路径

（1）单击【刀路】→【粗切】→【粗切放射刀路】按钮 ，弹出【选择工件形状】对话框。选择【未定义】选项，单击【确定】按钮 ⊘ 。框选所有曲面作为加工曲面，单击【结束选择】按钮，弹出【刀路曲面选择】对话框，单击【定义中心点】按钮 ，在绘图区选择图 9-106 所示的放射中心点，单击【结束选择】按钮，返回【刀路曲面选择】对话框，单击【确定】按钮 ⊘ 。

（2）系统弹出【曲面粗切放射】对话框，单击【刀具参数】选项卡中的【选择刀库刀具】按钮，系统弹出【选择刀具】对话框，选择【直径】为 3 的球形铣刀。单击【确定】按钮 ⊘ 。

（3）单击【曲面参数】选项卡，设置【参考高度】为 25，【下刀位置】为 10，均为【增量坐标】；其他参数采用默认。

（4）单击【确定】按钮 ⊘ ，生成放射粗加工刀具路径，结果如图 9-109 所示。

9．创建等高粗加工刀具路径

（1）单击【视图】→【屏幕视图】→【右视图】按钮 ，将当前【绘图平面】和【刀具平面】设置为右视图。

（2）单击【刀路】→【粗切】→【粗切等高外形加工】按钮 ，选择图 9-110 所示的曲面作为加工曲面，单击【结束选择】按钮，弹出【刀路曲面选择】对话框，单击【确定】按钮 ⊘ 。

（3）系统弹出【曲面粗切等高】对话框，单击【刀具参数】选项卡中的【选择刀库刀具】按钮，系统弹出【选择刀具】对话框，选择【直径】为 3 的球形铣刀。单击【确定】按钮 ⊘ 。

（4）双击该铣刀图标，系统弹出【编辑刀具】对话框，修改【总长度】为 100，【刀肩长度】为 80，单击【完成】按钮。

图 9-109 放射粗加工刀具路径　　　　　图 9-110 选择曲面

（5）单击【曲面参数】选项卡，在该选项卡中设置【参考高度】为170，【下刀位置】为160，均为【绝对坐标】，其他参数采用默认。

（6）单击【等高粗切参数】选项卡，在该选项卡【开放式轮廓方向】选项组中选择【双向】单选按钮，将【Z 最大步进量】设置为1，【两区段间过渡方式】设置为【打断】，勾选【切削排序最佳化】复选框。

（7）勾选【浅滩】复选框，单击【浅滩】按钮，弹出【浅滩加工】对话框。选择【添加浅滩区域刀路】单选按钮，设置【分层切削最小切削深度】为0.2，【角度限制】为45，即所有夹角小于45°的曲面被认为是浅滩，系统都将移除刀路不予加工。【步进量】设置为1，单击【确定】按钮 ✅ ，返回【等高粗切参数】选项卡。

（8）勾选【平面区域】复选框，单击【平面区域】按钮，系统弹出【平面区域加工设置】对话框，设置【平面区域步进量】为1，选择【3D】选项，单击【确定】按钮 ✅ ，返回【等高粗切参数】选项卡。

（9）单击【切削深度】按钮，系统弹出【切削深度设置】对话框，选择【绝对坐标】，【最高位置】设置为80，【最低位置】设置为150，单击【确定】按钮 ✅ 。

（10）单击【确定】按钮 ✅ ，生成等高粗加工刀具路径，如图9-111所示。

图 9-111 等高粗加工刀具路径　　　　　图 9-112 模拟加工结果

10. 模拟加工

在【刀具】管理器中，单击【选择全部操作】按钮 和【验证已选择的操作】按钮 ，并在弹出的【Mastercam 模拟器】对话框中单击【播放】按钮 ▶ ，系统即可进行模拟，模拟加工结果如图9-112所示。

第 **10** 章

高速曲面粗加工

　　高速曲面粗加工方法有两种，一种是区域粗加工，另一种是优化到那个他粗加工。

重点与难点
- 区域粗加工
- 优化动态粗加工

10.1 区域粗加工

区域粗加工用于快速加工封闭型腔、开放凸台或先前操作剩余的残料区域，实现粗铣或精铣加工，是一种动态高速铣削刀路。

10.1.1 区域粗切加工参数介绍

单击【机床】选项卡【机床类型】面板中的【铣床】按钮，选择默认选项，在【刀路】管理器中生成机床群组属性文件，同时弹出【刀路】选项卡。单击【刀路】选项卡【3D】面板【粗切】组中的【区域粗切】按钮，系统弹出【3D 高速曲面刀路——区域粗切】对话框。

1．【模型图形】选项卡

单击【模型图形】选项卡，如图 10-1 所示。该选项卡用于设置要加工的图形和要避让的图形，以便形成 3D 高速刀具路径。

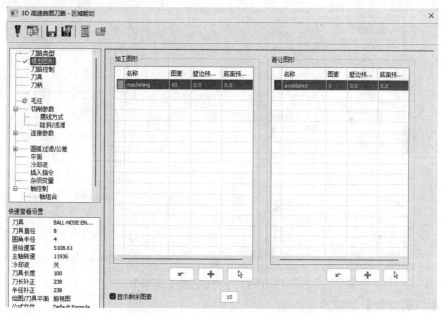

图 10-1　【模型图形】选项卡

（1）【加工图形】：用于设置要加工的图形，可以单击其后的【选择图素】按钮，进行选取。单击【添加新组】按钮，可以创建多个加工组。

（2）【避让图形】：用于设置要避让的图形，可以单击其后的【选择图素】按钮，进行选取。单击【添加新组】按钮，可以创建多个避让组。动态外形、区域粗加工和水平区域使用回避几何作为加工几何。

2．【刀路控制】选项卡

单击【刀路控制】选项卡，如图 10-2 所示。该选项卡用于创建切削范围边界，并为 3D

高速刀具路径设置其他包含参数。

（1）【边界串连】：选择一个或多个限制刀具运动的闭合链。边界串连是一组封闭的线框曲线，包围要加工的区域。无论选定的切割面如何，Mastercam2023 都不会创建违反边界的刀具运动。它们可以是任何线框曲线，并且不必与加工的曲面相关联。用户可以创建自定义导向几何来精确限制刀具移动。曲线不必位于零件上；它们可以处于任何 Z 高度。

（2）【包括轮廓边界】：勾选该复选框，将在选定的加工几何体周围创建轮廓边界，并将其用作除任何选定边界链之外的包含边界。轮廓边界是围绕一组曲面、实体或实体面的边界曲线。轮廓边界包含投影边界平滑容差选项、包含选项和补偿选项。

（3）【策略】：该选项用于设置要加工的图形是封闭图形还是开放图形。包括【开放】和【封闭】2 个选项。

（4）【跳过小于以下值的挖槽区域】：该项用于设置要跳过的挖槽区域的最小值。包括：

1）【最小挖槽区域】：指定用于创建切削走刀的最小挖槽尺寸。

2）【刀具直径百分比】：输入最小型腔尺寸，以刀具直径的百分比表示。 右侧字段会更新以将此值显示为最小挖槽尺寸。

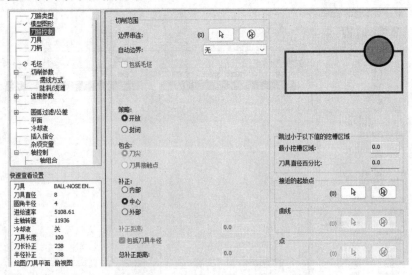

图 10-2 【刀路控制】选项卡

3．【切削参数】选项卡

单击【切削参数】选项卡，如图 10-3 所示。该选项卡用于配置区域粗加工刀具路径的切削参数。 刀具路径在不同的 Z 高度创建多个走刀，并在每个 Z 高度创建多个轮廓。

（1）【深度分层切削】：确定相邻切削走刀之间的 Z 间距。

（2）【添加切削】：在轮廓的浅区域添加切削，以便刀具路径在切削走刀之间不会有过大的水平间距。

1）【最小斜插深度】：设置零件浅区域中添加的 Z 切割之间的最小距离。

2）【最大剖切深度】：确定两个相邻切削走刀的表面轮廓的最大变化。 这表示两个轮廓上相邻点之间的最短水平距离的最大值。

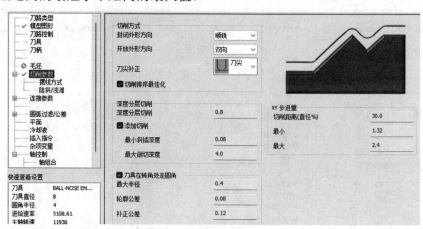

图 10-3 【切削参数】选项卡

4．【陡斜/浅滩】选项卡

单击【陡斜/浅滩】选项卡，如图 10-4 所示。该选项卡用来限制将加工多少驱动表面。通常，这些选项用于在陡峭或浅浅区域创建加工路径，但它们可用于许多不同的零件形状。

（1）【调整毛坯预留量】：勾选该复选框，则 Mastercam 将根据在【模型图形】页面的【加工图形】列中输入的值调整刀具路径。

（2）【检查深度】：单击，以让系统使用驱动器表面上的最高点和最低点自动填充最小深度和最大深度。

（3）【最高位置】：输入要切削的零件上最高点的 Z 值。

（4）【最低位置】：输入要切削的零件上最低点的 Z 值。

图 10-4 【陡斜/浅滩】选项卡

5．【连接参数】选项卡

单击【连接参数】选项卡，如图 10-5 所示。该选项卡用于在 3D 高速刀具路径的切割路径之间创建链接。 通常，与在刀具路径的【切削参数】选项卡上配置的切割移动相比，当刀具不与零件接触时，可以将链接移动视为空气移动。

（1）【最短距离】：计算从一个路径到下一个路径的直接路径，结合零件上/下和到/从缩回高度的曲线以加快进度。

（2）【最小垂直提刀】：刀具垂直移动到清除表面所需的最小 Z 高度。 然后它沿着这个平面直线移动，并垂直下降到下一个通道的开始。 缩回的最小高度由零件间隙设置。

（3）【完整垂直提刀】：刀具垂直移动到间隙平面。 然后它沿着这个平面直线移动，

并垂直下降到下一个通道的开始。 退刀的高度由间隙平面设置。

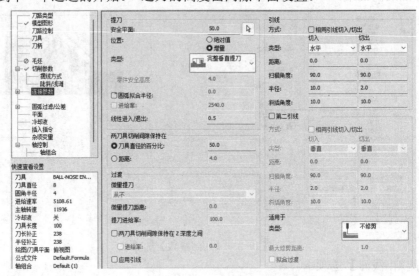

图 10-5 【连接参数】选项卡

10.1.2 操作实例——插头区域粗加工

本例对图 10-6 所示的插头区域粗加工。

操作步骤如下：

1. 打开文件

单击快速访问工具栏中的【打开】按钮，在弹出的【打开】对话框中选择【网盘→初始文件→第 10 章→插头】文件，单击【打开】按钮，打开文件。

2. 选择机床

为了生成刀路，首先必须选择一台可实现加工的机床。本次加工采用系统默认的铣床，即直接执行【机床】→【机床类型】→【铣床】→【默认】命令即可。

3. 毛坯设置

（1）在操作管理区中，单击【毛坯设置】选项，系统弹出【机床群组设置】对话框【毛坯设置】选项卡。单击【从边界框添加】按钮，系统弹出【边界框】对话框，【形状】选择【圆柱体】，【轴心】选择【Z】，【原点】选择圆柱体的下表面中心。选择【全部显示】选项，修改半径和高度尺寸为（56,72），单击【确定】按钮，返回【机床群组设置】对话框【毛坯设置】选项卡。单击【确定】按钮，生成毛坯。

（2）单击【刀路】→【毛坯】→【显示/隐藏毛坯】按钮，显示毛坯，如图 10-7 所示。

（3）单击【显示/隐藏毛坯】按钮，隐藏毛坯。

4. 创建区域粗加工刀具路径

（1）单击【刀路】→【3D】→【区域粗切】按钮，系统弹出【3D 高速曲面刀路——区域粗切】对话框。

（2）单击【模型图形】选项卡，单击【加工图形】组中的【选择图素】按钮，在绘图区选择所有曲面作为加工曲面，单击【结束选择】按钮，返回【模型图形】选项卡，【壁边预留量】和【底面预留量】均设置为 0。

（3）单击【刀路控制】选项卡，单击【边界串连】后的【边界范围】按钮　，在绘图区选择如图 10-8 所示的串连。【策略】选择【开放】，【补正】选择【中心】。

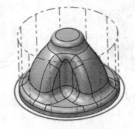

图 10-6　插头　　　　　　图 10-7　创建毛坯　　　　　图 10-8　选择串连

（4）单击【刀具】选项卡，单击【选择刀库刀具】按钮，选择【刀号】为 214、【直径】为 6 的球形铣刀。单击【确定】按钮　，返回【3D 高速曲面刀路——区域粗切】对话框。

（5）单击【切削参数】选项卡，【开放外形方向】选择【双向】，勾选【切削排序最佳化】复选框，【深度分层切削】为 0.6，【切削距离（直径%）】为 45。

（6）单击【陡斜/浅滩】选项卡，勾选【最高位置】复选框，输入【最高位置】为 70，勾选【最低位置】复选框，输入【最低位置】为-2。

（7）单击【连接参数】选项卡，【安全平面】为 50，【位置】为【增量】，【类型】选择【完整垂直提刀】，【两刀具切削间隙保持在】选择【刀具直径的百分比】，值为 50。【适用于】类型选择【不修剪】，【引线】选项组中的复选框全部取消勾选，如图 10-9 所示。

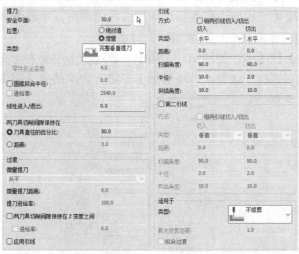

图 10-9　【连接参数】选项卡参数设置

（8）单击【确定】按钮　，系统根据所设置的参数生成区域粗加工刀具路径，如图 10-10 所示。

5. 模拟仿真加工

单击刀路管理器中的【实体仿真所选操作】按钮　，在弹出的【验证】对话框中单击【播

放】按钮▶，系统开始进行模拟，仿真加工结果如图 10-11 所示。

图 10-10　区域粗加工刀具路径　　　　图 10-11　模拟加工结果

10.2　优化动态粗加工

优化动态粗切是完全利用刀具圆柱切削刃进行切削，快速移除材料。是一种动态高速铣削刀路，可进行粗铣和精铣加工。

📖10.2.1　优化动态粗切参数介绍

单击【机床】选项卡【机床类型】面板中的【铣床】按钮，选择默认选项，在【刀路】管理器中生成机床群组属性文件，同时弹出【刀路】选项卡。单击【刀路】选项卡【3D】面板【粗切】组中的【优化动态粗切】按钮，选取加工曲面之后，系统会弹出【刀路曲面选择】对话框，根据需要设定相应的参数和选择相应的图素后，单击【确定】按钮，此时系统会弹出【3D 高速曲面刀路——区域粗切】对话框。

单击【切削参数】选项卡，如图 10-12 所示。该选项卡用于为动态粗切刀具路径输入不同切削参数和补偿选项的值，这是一种能够加工非常大切深的高速粗加工刀具路径。

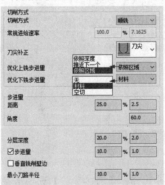

图 10-12　【切削参数】选项卡

（1）【优化上铣步进量】：定义系统应用于刀具路径中不同切割路径的切割顺序。包括以下 3 个选项：

1）【依照深度】：系统所有切削通过 Z 深度切削顺序创建刀具路径。

2）【接近下一个】：系统从完成上一个切削的位置移动到最近的切削。使用最近的切割顺序创建的刀具路径。

3）【依照区域】：系统首先加工所有的步进，从区域移动到区域。在 z 深度上的所有阶梯加工完成后，系统以最安全的切割顺序加工下一个最接近的阶梯。

（2）【优化下铣步进量】：控制系统应用于刀具路径中不同切削路径的切削顺序。当刀具完成一个加工走刀时，它必须选择一个起点来继续。起点可以设置为：

1）【无】：从最近加工的材料开始。

2）【材料】：从最接近整个刀具的材料开始。

3）【空切】：从离刀具最近的地方开始。

10.2.2 操作实例——箱体凹模优化动态粗加工

本例对图 10-13 所示的箱体进行优化动态加工。

操作步骤如下：

1. 打开文件

单击快速访问工具栏中的【打开】按钮，在弹出的【打开】对话框中选择【网盘→初始文件→第 10 章→插头】文件，单击【打开】按钮，打开文件。

2. 选择机床

为了生成刀路，首先必须选择一台可实现加工的机床。本次加工采用系统默认的铣床，即直接执行【机床】→【机床类型】→【铣床】→【默认】命令即可。

3. 毛坯设置

（1）在操作管理区中，单击【毛坯设置】选项，系统弹出【机床群组设置】对话框【毛坯设置】选项卡。单击【从边界框添加】按钮，系统弹出【边界框】对话框，【图素】选择【全部显示】选项，【形状】选择【立方体】，【原点】选择立方体的上表面中心，修改毛坯尺寸为（112,84,43），单击【确定】按钮，返回【机床群组设置】对话框【毛坯设置】选项卡，在【毛坯平面转换】选项组中修改原点的【Z】值为 1，单击【确定】按钮，生成毛坯。

（2）单击【刀路】→【毛坯】→【显示/隐藏毛坯】按钮，显示毛坯，如图 10-14 所示。

（3）单击【显示/隐藏毛坯】按钮，隐藏毛坯。

图 10-13　箱体

图 10-14　创建的毛坯

4. 创建优化动态粗切刀具路径 1

（1）单击【刀路】选项卡【3D】面板【粗切】组中的【优化动态粗切】按钮，系统弹出【3D 高速曲面刀路——优化动态粗切】对话框。

（2）单击【模型图形】选项卡【加工图形】组中的【选择图素】按钮 ，选择所有曲面作为加工曲面，设置【壁边预留量】和【底面预留量】均为1。

（3）单击【刀路控制】选项卡，单击【边界串连】后的【边界范围】按钮 ，绘图区拾取如图 10-15 所示的串连。【策略】选择【开放】，【补正到】选择【外部】，【补正距离】设置为5。

（4）单击【刀具】选项卡，单击【选择刀库刀具】按钮，选择【刀号】为266，【直径】为 8 的圆鼻铣刀。单击【确定】按钮 ，返回【3D 高速曲面刀路——优化动态粗切】对话框。

（5）单击【切削参数】选项卡，勾选【步进量】复选框，【步进量】设置为30%，其他参数设置如图 10-16 所示。

步进量		
距离	45.0 %	3.6
角度		84.26083
分层深度	50.0 %	4.0
☑步进量	30.0 %	2.4
□垂直铣削壁边		
最小刀路半径	10.0 %	0.8

图 10-15　选择边界串连　　　　　图 10-16　【切削参数】选项卡参数设置

（6）单击【陡斜/浅滩】选项卡，勾选【最高位置】复选框，单击【检测限制】按钮，勾选【最低位置】复选框，单击【检测限制】按钮。

（7）单击【连接参数】选项卡，【安全平面】为50，【位置】选择【增量】，【类型】选择【完整垂直提刀】，【两刀具切削间隙保持在】选择【刀具直径的百分比】，值为50。【适用于】类型选择【最小修剪】，【最大修剪距离】为1，其他参数采用默认。

（8）单击【确定】按钮 ，系统根据所设置的参数生成优化动态粗切刀具路径，如图 10-17 所示。

5. 创建优化动态粗切刀具路径2

（1）单击【视图】→【屏幕视图】→【仰视图】按钮 ，将当前【绘图平面】和【刀具平面】设置为仰视图。

（2）单击【刀路】选项卡【3D】面板【粗切】组中的【优化动态粗切】按钮 ，系统弹出【3D 高速曲面刀路——优化动态粗切】对话框。

（3）单击【模型图形】选项卡【加工图形】组中的【选择图素】按钮 ，选择所有曲面作为加工曲面，设置【壁边预留量】和【底面预留量】均为1。

（4）单击【刀路控制】选项卡，单击【边界串连】后的【边界范围】按钮 ，绘图区拾取如图 10-18 所示的串连。【策略】选择【开放】，【补正到】选择【外部】，【补正距离】设置为5。

（5）单击【陡斜/浅滩】选项卡，勾选【最高位置】复选框，单击【检测限制】按钮，勾选【最低位置】复选框，单击【检测限制】按钮。

（4）单击【确定】按钮 ，系统根据所设置的参数生成优化动态粗加工刀路，如图 10-19 所示。

6．模拟仿真加工

单击【刀路管理器】中的【验证已选择的操作】按钮，在弹出的【Mastercam 模拟器】对话框中单击【播放】按钮，进行真实加工模拟，图 10-20 所示为模拟加工结果。

图 10-17　优化动态粗切刀具路径 1

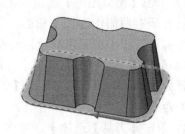
图 10-18　选择边界串连

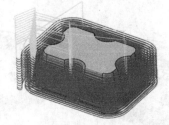
图 10-19　优化动态粗切刀具路径 2

图 10-20　模拟加工结果

10.3　综合实例——笔筒

本例对图 10-21 所示的笔筒进行区域粗加工和优化动态粗加工。

操作步骤如下：

1．打开文件

单击快速访问工具栏中的【打开】按钮，在弹出的【打开】对话框中选择【网盘→初始文件→第 10 章→笔筒】文件，单击【打开】按钮，打开文件。

2．选择机床

为了生成刀路，首先必须选择一台可实现加工的机床。本次加工采用系统默认的铣床，即直接执行【机床】→【机床类型】→【铣床】→【默认】命令即可。

3．毛坯设置

（1）在操作管理区中，单击【毛坯设置】选项，系统弹出【机床群组设置】对话框【毛坯设置】选项卡。单击【从边界框添加】按钮，系统弹出【边界框】对话框，【图素】选择【全部显示】选项，【形状】选择【立方体】，【原点】选择立方体的下表面中心，修改【Z】值大小为 45，单击【确定】按钮，返回【机床群组设置】对话框【毛坯设置】选项卡。单击【确定】按钮，生成毛坯。

335

（2）单击【刀路】→【毛坯】→【显示/隐藏毛坯】按钮，显示毛坯，如图10-22所示。

（3）再次单击【显示/隐藏毛坯】按钮，隐藏毛坯。

4．创建区域粗加工刀具路径

（1）单击【刀路】→【3D】→【区域粗切】按钮，系统弹出【3D高速曲面刀路——区域粗切】对话框。

（2）单击【模型图形】选项卡，单击【加工图形】组中的【选择图素】按钮，在绘图区选择所有曲面作为加工曲面，单击【结束选择】按钮，返回【模型图形】选项卡，【壁边预留量】和【底面预留量】均设置为0。

（3）单击【刀路控制】选项卡，单击【边界串连】后的【边界范围】按钮，在绘图区选择如图10-23所示的串连。【策略】选择【开放】，【补正到】选择【外部】，【补正距离】为5。

（4）单击【刀具】选项卡，单击【选择刀库刀具】按钮，选择【直径】为5，【圆角半径】为1的圆鼻铣刀。单击【确定】按钮，返回【3D高速曲面刀路——区域粗切】对话框。

 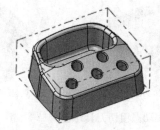 

图10-21　笔筒　　　　　图10-22　创建毛坯　　　　　图10-23　选择串连

（5）单击【切削参数】选项卡，【开放外形方向】选择【双向】，勾选【切削排序最佳化】复选框，【深度分层切削】为0.5，【切削距离（直径%）】为45。

（6）单击【陡斜/浅滩】选项卡，勾选【最高位置】复选框，在输入最高位置的值为45；勾选【最低位置】复选框，单击【检测限制】按钮，在输入框中显示最低位置的值。

（7）单击【连接参数】选项卡，【安全平面】为50，【位置】为【增量】，【类型】选择【完整垂直提刀】，【两刀具切削间隙保持在】选择【刀具直径的百分比】，值为50。【适用于】类型选择【不修剪】，【引线】选项组中的复选框全部取消勾选。

（8）单击【确定】按钮，系统根据所设置的参数生成区域粗加工刀具路径，如图10-24所示。

5．创建优化动态粗切刀具路径

（1）单击【刀路】选项卡【3D】面板【粗切】组中的【优化动态粗切】按钮，系统弹出【3D高速曲面刀路——优化动态粗切】对话框。

（2）单击【模型图形】选项卡【加工图形】组中的【选择图素】按钮，选择所有曲面作为加工曲面，设置【壁边预留量】和【底面预留量】均为0。

（3）单击【刀路控制】选项卡，单击【边界串连】后的【边界范围】按钮，绘图区拾取如图10-23所示的串连。【策略】选择【开放】，【补正到】选择【外部】，【补正距离】为 5。

（4）单击【刀具】选项卡，在刀具列表中选择【直径】为 5 的圆鼻铣刀。

（5）单击【切削参数】选项卡，参数设置如图 10-25 所示。

步进量		
距离	50.0 ％	2.5
角度		90.0
分层深度	50.0 ％	2.5
□ 步进量	30.0 ％	1.5
□ 垂直铣削壁边		
最小刀路半径	20.0 ％	1.0

图 10-24　区域粗加工刀具路径　　　　图 10-25　【切削参数】选项卡参数设置

（6）单击【陡斜/浅滩】选项卡，勾选【最高位置】复选框，单击【检测限制】按钮。再勾选【最低位置】复选框，单击【检测限制】按钮。

（7）单击【连接参数】选项卡，【安全平面】为 50，【位置】选择【增量】，【类型】选择【完整垂直提刀】，【两刀具切削间隙保持在】选择【刀具直径的百分比】，值为 50，【适用于】类型选择【不修剪】，【引线】选项组中的复选框全部取消勾选。

（8）单击【确定】按钮 ✅ ，系统根据所设置的参数生成优化动态粗加工刀具路径，如图 10-26 所示。

6．模拟仿真加工

单击【刀路操控管理器】中的【选择全部操作】按钮 ▶ 和【验证已选择的操作】按钮 🖳，在弹出的【Mastercam 模拟器】对话框中单击【播放】按钮 ▶，进行真实加工模拟，图 10-27 所示为模拟加工结果。

图 10-26　优化动态粗加工刀具路径　　　　图 10-27　模拟加工结果

第11章

传统曲面精加工

曲面精加工方法主要用于对工件进行精加工，达到工件所要求的表面粗糙度和精度。曲面精加工方法总共有 11 种，包括平行铣削精加工、陡斜面精加工、放射精加工、投影精加工、熔接精加工、流线精加工、等高精加工、浅滩精加工、精修清角加工、残料精加工和环绕等距精加工。下面将详细讲解每种精加工方法的加工步骤。

Mastercam

2023

重点与难点

- 平行铣削、陡斜面
- 投影、环绕等距
- 放射状、精修清角
- 流线、浅滩
- 残料、等高

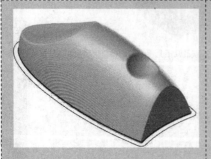

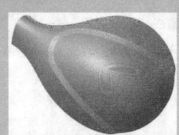

11.1 平行精加工

　　平行精加工与平行粗加工类似，不过平行精加工只加工一层，对于比较平坦的曲面加工效果比较好。另外，平行精加工刀路相互平行，加工精度比其他加工方法要高，因此，常用平行精加工方法来加工模具中比较平坦的曲面或重要的分型面。

11.1.1 平行精加工参数介绍

　　在进行平行精加工参数介绍之前，要先将面板中没有的命令添加到新建的【精修】面板中，具体操作步骤参照 9.2.1 节。

　　单击【刀路】→【精修】→【精修平行铣削】按钮 ，选择加工曲面后，单击【结束选择】按钮，系统弹出【刀路曲面选择】对话框。单击【确定】按钮 ，弹出【曲面精修平行】对话框，在该对话框中可设置精加工参数。

　　下面对主要选项卡进行介绍。

　　单击【平行精修铣削参数】对话框，如图 11-1 所示。

　　（1）【整体公差】：在精加工阶段，往往需要把公差值设定得更低，并且采用能获得更好加工效果的切削方式。

　　（2）【加工角度】：在加工角度的选择上，可以与粗加工时的角度不同，如设置成 90°，这样可与粗加工时产生的刀痕形成交叉形刀路，从而减少粗加工的刀痕，以获得更好的加工表面质量。

　　（3）【限定深度】：该选项用来设置在深度方向上的加工范围。勾选【限定深度】复选框并单击其按钮，系统弹出【限定深度】对话框，如图 11-2 所示，对话框中的深度值应为绝对值。

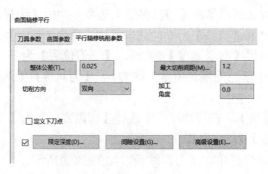

图 11-1　【曲面精修平行】对话框　　　图 11-2　【限定深度】对话框

11.1.2 操作实例——音量控制器平行精加工

　　本例对图 11-3 所示的音量控制器进行平行精加工，在此之前已对其进行了区域粗加工。

操作步骤如下：

1. 打开文件

单击快速访问工具栏中的【打开】按钮📂，在弹出的【打开】对话框中选择【网盘→原始文件→第 11 章→音量控制器】文件，单击【打开】按钮，打开文件。

2. 毛坯设置

（1）在【刀路】管理器中，单击【毛坯设置】选项，系统弹出【机床群组设置】对话框【毛坯设置】选项卡。单击【从边界框添加】按钮🔲，系统弹出【边界框】对话框，【图素】选择【全部显示】选项，【形状】选择【立方体】，【原点】选择立方体的下表面中心，单击【确定】按钮✅，返回【机床群组设置】对话框【毛坯设置】选项卡。单击【确定】按钮✅，生成毛坯。

（2）单击【刀路】→【毛坯】→【显示/隐藏毛坯】按钮🔲，显示毛坯，如图 11-4 所示。

（3）单击【显示/隐藏毛坯】按钮🔲，隐藏毛坯。

3. 创建平行精加工刀具路径

（1）单击【刀路】→【精修】→【精修平行铣削】按钮🔩，选择所有曲面作为加工曲面，单击【结束选择】按钮，弹出【刀路曲面选择】对话框。选择切削范围，如图 11-5 所示。单击【确定】按钮✅，完成加工曲面和切削范围的选择。

 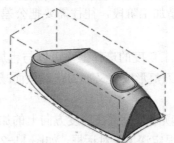 

图 11-3　音量控制器　　　　图 11-4　创建的毛坯　　　　图 11-5　选择切削范围

（2）系统弹出【曲面精修平行】对话框，单击【刀具参数】选项卡中的【选择刀库刀具】按钮，系统弹出【选择刀具】对话框，选择【直径】为 5 的球形铣刀。单击【确定】按钮✅。

（3）单击【曲面参数】选项卡，设置【参考高度】为 25，【下刀位置】为 5，均为【增量坐标】，【加工面毛坯预留量】和【干涉面毛坯预留量】均为 0，【刀具位置】选择【外】，【距离】设置为 5。

（4）单击【平行精修铣削参数】选项卡，在该选项卡中选择【切削方向】为【双向】，设置【最大切削间距】为 0.3，【加工角度】为 0，如图 11-6 所示。

（5）单击【确定】按钮✅，生成平行精加工刀具路径，如图 11-7 所示。

4. 创建平行精加工刀具路径 2

（1）单击【视图】→【屏幕视图】→【右视图】按钮📦，将当前【绘图平面】和【刀具平面】设置为右视图。

（2）单击【刀路】→【精修】→【精修平行铣削】按钮🔩，选择图 11-8 所示的曲面作为加工曲面，单击【结束选择】按钮，弹出【刀路曲面选择】对话框。单击【确定】按钮✅，完成加工曲面和切削范围的选择。

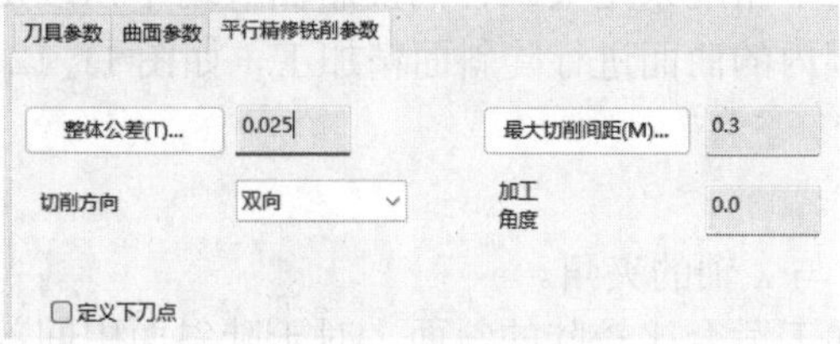

图 11-6　【平行精修铣削参数】选项卡

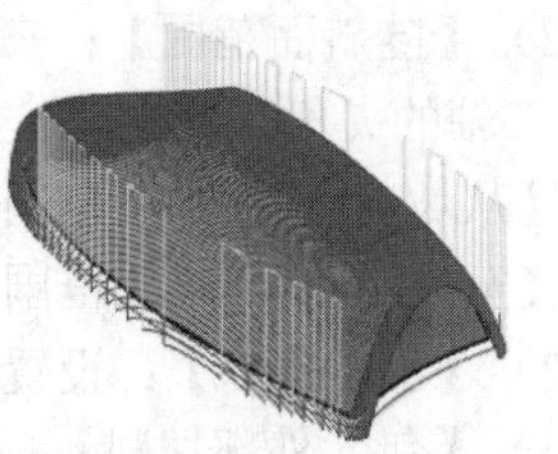

图 11-7　平行精加工刀具路径 1

（3）所有参数采用默认值，单击【确定】按钮，生成平行精加工刀具路径 2，如图 11-9 所示。

5. 模拟加工

在【刀具】管理器中，单击【刀路操控管理器】中的【选择全部操作】按钮和【验证已选择的操作】按钮，并在弹出的【Mastercam 模拟器】对话框中单击【播放】按钮，系统即可进行模拟，模拟结果如图 11-10 所示。

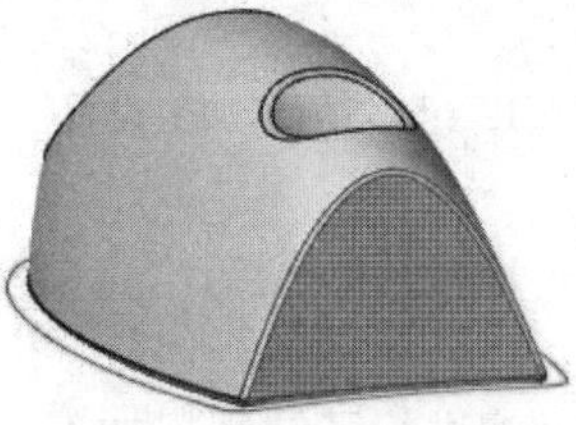

图 11-8　选择曲面

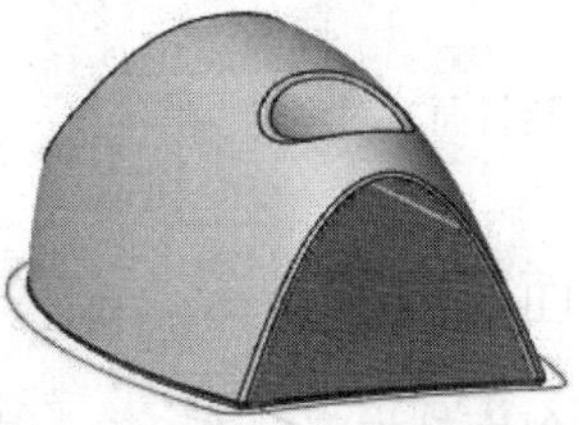

图 11-9　平行精加工刀具路径 2

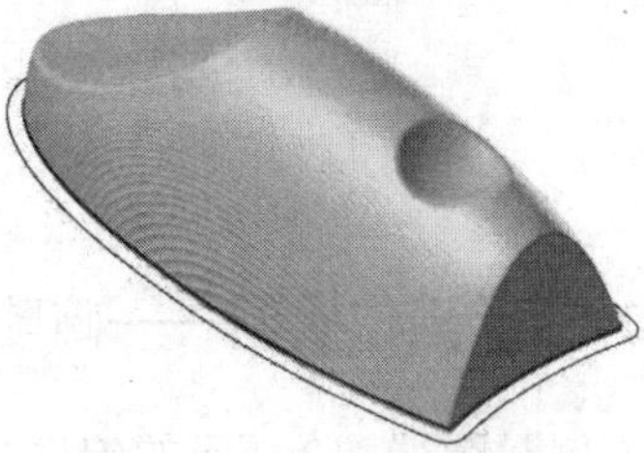

图 11-10　模拟结果

11.2 陡斜面精加工

陡斜面精加工主要用于对比较陡的曲面进行加工，其加工刀路与平行精加工的刀路相似，可以弥补平行精加工只能加工比较浅的曲面这一缺陷。

11.2.1 陡斜面精加工参数介绍

单击【刀路】→【精修】→【精修平行陡斜面】按钮，选择加工曲面后，单击【结束选择】按钮，弹出【刀路曲面选择】对话框。单击【确定】按钮，弹出【曲面精修平行式陡斜面】对话框。在该对话框中的【陡斜面精修参数】选项卡中可设置陡斜面精加工参数。

单击【陡斜面精修参数】选项卡，如图 11-11 所示。

（1）【切削延伸量】：刀具在前面加工过的区域开始进刀，经过了设置的距离即延伸量后，才正式切入需要加工的陡斜面区，而且退出陡斜面区时也要超出这样一个距离，所以实际上将刀具路径的两端延长了。这样做能够使刀具顺应路径的形状圆滑过渡，但刀具的切削范围实际上扩大了。

（2）【陡斜面范围】：在加工时用两个角度来定义工件的陡斜面（这个角度是指曲面法线与 Z 轴的夹角），仅对在这个倾斜范围内的曲面进行陡斜面精加工，如图 11-12 所示。

1）【从坡度角】：加工范围的最小坡度。

2）【至坡度角】：加工范围的最大坡度。

（3）【加工角度】：设置加工的方向与 X 轴的夹角。

（4）【包含外部切削】：陡斜面精加工适合比较陡的斜面，对于陡斜面中间部分的浅滩往往加工不到，此时勾选【包含外部切削】复选框，即可切削浅滩部分。

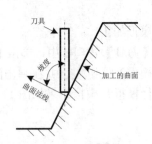

图 11-11　"曲面精修平行式陡斜面"对话框　　　　图 11-12　陡斜面精加工设置

11.2.2　操作实例——碗陡斜面精加工

本例对图 11-13 所示的碗进行陡斜面精加工，在 9.8 节中已对碗进行了钻削粗加工。

操作步骤如下：

1. 打开文件

单击快速访问工具栏中的【打开】按钮 📂，在弹出的【打开】对话框中选择【网盘→原始文件→第 11 章→碗】文件，单击【打开】按钮，打开文件。

2. 创建陡斜面精加工刀具路径

（1）单击【视图】→【屏幕视图】→【前视图】按钮 🔲，将当前【绘图平面】和【刀具平面】设置为前视图。

（2）单击【刀路】→【精修】→【精修平行陡斜面】按钮 🔳，选择所有曲面作为加工曲面，单击【结束选择】按钮，弹出【刀路曲面选择】对话框。单击【确定】按钮 ✅。

（3）系统弹出【曲面精修平行式陡斜面】对话框，单击【刀具参数】选项卡中的【选择刀库刀具】按钮，系统弹出【选择刀具】对话框，选择【直径】为 5 的球形铣刀。单击【确定】按钮 ✅。

（4）单击【曲面参数】选项卡，设置【参考高度】为 65，【下刀位置】为 50，均为【绝对坐标】，【加工面毛坯预留量】和【干涉面毛坯预留量】均为 0，【刀具位置】选择【中心】。

（5）单击【陡斜面精修参数】选项卡，在该选项卡中设置【切削方向】为【双向】、【最大切削间距】为 0.5，【加工角度】为 0，【切削延伸量】为 0，【陡斜面范围】为 0～90，勾选【包含外部切削】复选框。

（6）单击【确定】按钮  ，系统即可根据所设置的参数生成陡斜面精加工刀具路径 1，如图 11-14 所示。

图 11-13　碗　　　　　　　图 11-14　陡斜面精加工刀具路径 1

3．复制刀路

（1）在【刀路】管理器中选中步骤 2 创建的刀路 3（曲面精修平行式陡斜面），右击，在弹出的快捷菜的中选择【复制】命令；再在空白处右击，在弹出的快捷菜单中选择【粘贴】命令，即可得到刀路 4（曲面精修平行式陡斜面）。

（2）单击刀路 4 下的【参数】选项，打开【曲面精修平行式陡斜面】对话框，在【陡斜面精修参数】选项卡中修改【加工角度】为 90，如图 11-15 所示。

（3）单击【确定】按钮 ，生成陡斜面精加工刀具路径 2，如图 11-16 所示。

4．模拟加工

在【刀具】管理器中，单击【刀路操控管理器】中的【选择全部操作】按钮 和【验证已选择的操作】按钮 ，并在弹出的【Mastercam 模拟器】对话框中单击【播放】按钮 ，系统即可进行模拟，模拟加工结果如图 11-17 所示。

图 11-15　修改加工角度　　　图 11-16　陡斜面精加工刀具路径 2　　　图 11-17　模拟加工结果

11.3　投影精加工

投影精加工主要用于三维产品的雕刻、绣花等。投影精加工包括刀路投影（NCI 投影）、曲线投影和点投影 3 种形式。与其他精加工方法不同的是，投影精加工的预留量必须设为负值。

📖11.3.1 投影精加工参数介绍

单击【刀路】→【精修】→【精修投影加工】按钮，选择加工曲面后，单击【结束选择】按钮，弹出【刀路曲面选择】对话框。单击【确定】按钮，弹出【曲面精修投影】对话框，在该对话框中可设置投影精加工参数。

单击【投影精修参数】选项卡，如图 11-18 所示。该选项卡中部分参数已进行过介绍，这里仅介绍以下参数：

（1）【添加深度】：将 NCI 文件中定义的 Z 轴深度作为投影后刀具路径的深度，将比未选中该选项时的下刀高度高出一个距离值，刀具将在离曲面很高的地方就开始采用工作进给速度下降，一直切入曲面内。

（2）【两切削间提刀】：在两次切削的间隙提刀。

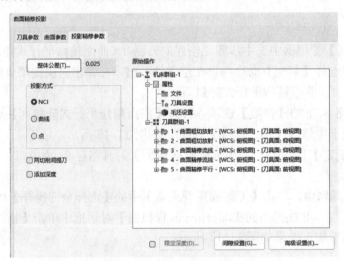

图 11-18　【曲面精修投影】对话框

📖11.3.2 操作实例——碗投影精加工

本例在 11.2 节陡斜面精加工的基础上对碗进行投影精加工，即将斜面精加工刀具路径投影到后视图上。

操作步骤如下：

1．承接陡斜面精加工结果

2．创建投影精加工刀具路径 1

（1）单击【视图】→【屏幕视图】→【后视图】按钮，将当前【绘图平面】和【刀具平面】设置为后视图。

（2）单击【刀路】→【精修】→【精修投影加工】按钮，框选所有曲面作为加工曲面，单击【结束选择】按钮，弹出【刀路曲面选择】对话框。单击【确定】按钮，完成投影曲线的选择。

（3）系统弹出【曲面精修投影】对话框，在刀具列表中选择【直径】为 5 的球形铣刀。

（4）单击【曲面参数】选项卡，设置【参考高度】为 25，【下刀位置】为 5，均为【增量坐标】。【加工面毛坯预留量】和【干涉面毛坯预留量】均为 0。

（5）单击【投影精修参数】选项卡，选择【投影方式】为【NCI】，勾选【两切削间提刀】复选框，在【原始操作】列表中选择刀路 3（曲面精修平行式陡斜面）。

（6）单击【确定】按钮，生成曲面投影精加工刀具路径 1，如图 11-19 所示。

3．创建投影精加工刀具路径 2

（1）单击【刀路】→【精修】→【精修投影加工】按钮，框选所有曲面作为加工曲面，单击【结束选择】按钮，弹出【刀路曲面选择】对话框。单击【确定】按钮，完成投影曲线的选择。

（2）系统弹出【曲面精修投影】对话框，在刀具列表中选择【直径】为 5 的球形铣刀。

（3）单击【投影精修参数】选项卡，选择【投影方式】为【NCI】，勾选【两切削间提刀】复选框，在【原始操作】列表中选择刀路 4（曲面精修平行式陡斜面）。

（4）单击【确定】按钮，生成曲面投影精加工刀具路径 2，如图 11-20 所示。

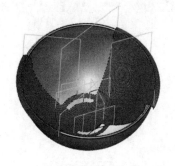

图 11-19　投影精加工刀具路径 1　　　　图 11-20　投影精加工刀具路径 2

4．模拟加工

在【刀具】管理器中，单击【刀路操控管理器】中的【选择全部操作】按钮和【验证已选择的操作】按钮，并在弹出的【Mastercam 模拟器】对话框中单击【播放】按钮，系统即可进行模拟，模拟结果如图 11-21 所示。

图 11-21　模拟结果

11.4 环绕等距精加工

环绕等距精加工对陡斜面和浅滩都适合，其刀路以等间距排列，加工工件的精度较高，是非常好的精加工方法。且环绕等距精加工的刀路沿曲面环绕并且相互等距，即残留高度固定，可以加工有多个曲面的零件，适合曲面变化较大的零件最后一刀的精加工操作。

11.4.1 环绕等距精加工参数介绍

单击【刀路】→【精修】→【精修环绕等距加工】按钮，选择加工曲面后，单击【结束选择】按钮，弹出【刀路曲面选择】对话框。单击【确定】按钮，弹出【曲面精修环绕等距】对话框。在该对话框中可设置环绕等距精加工的相关参数。

单击【环绕等距精修参数】选项卡，如图 11-22 所示。

图 11-22　【曲面精修环绕等距】对话框

（1）【切削排序依照最短距离】：此项为刀具路径优化项，目的在于减少刀具从一条切削线到另一条切削线的距离，同时对刀具的返回高度也进行优化。

（2）【斜线角度】：设置进刀时的角度值。

（3）【最大切削间距】：用来定义相邻两刀路之间的距离。

（4）【限定深度】：勾选该复选框并单击该按钮，系统弹出【限定深度】对话框，如图 11-23 所示。该对话框用于设置加工深度值，如果只想对一个曲面上的一部分进行加工可通过该对话框进行设定。

图 11-23　【限定深度】对话框　　图 11-24　【环绕设置】对话框

（5）【环绕设置】：单击该按钮，系统弹出【环绕设置】对话框，如图 11-24 所示。该对话框用于设置环绕等距加工时的 3D 环绕精度。

1）【覆盖自动精度计算】：勾选该复选框，则激活【步进量百分比】输入框，该输入框用于设置加工时 3D 环绕精度。

2）【将限定区域边界存为图形】：勾选该复选框，则在生成刀具路径的同时，生成加工边界图形。

📖 11.4.2 操作实例——倒车镜环绕等距精加工

本例对图 11-25 所示的倒车镜进行环绕等距精加工，源文件中已经在俯视图和仰视图上分别进行了挖槽粗加工、投影粗加工和残料粗加工。

操作步骤如下：

1．打开文件

单击快速访问工具栏中的【打开】按钮📂，在弹出的【打开】对话框中选择【网盘→原始文件→第11章→音量控制器】文件，单击【打开】按钮，打开文件。

2．毛坯设置

（1）在【刀路】管理器中，单击【毛坯设置】选项，系统弹出【机床群组设置】对话框【毛坯设置】选项卡。单击【从边界框添加】按钮⬡，系统弹出【边界框】对话框，【图素】选择【全部显示】选项，【形状】选择【立方体】，【原点】选择立方体的下表面中心，单击【确定】按钮✅，返回【机床群组设置】对话框【毛坯设置】选项卡，在【毛坯平面转换】选项组中设置原点的【Z】值为-1。单击【确定】按钮✅，生成毛坯。

（2）单击【刀路】→【毛坯】→【显示/隐藏毛坯】按钮🔷，显示毛坯，如图 11-26 所示。

图 11-25　倒车镜

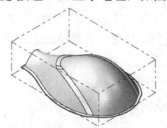

图 11-26　创建的毛坯

（3）单击【显示/隐藏毛坯】按钮🔷，隐藏毛坯。

3．创建环绕等距精加工刀具路径

（1）单击【视图】→【屏幕视图】→【俯视图】按钮📦，将当前【绘图平面】和【刀具平面】设置为俯视图。

（2）单击【刀路】→【精修】→【精修环绕等距加工】按钮，选择所有曲面作为加工曲面，单击【结束选择】按钮，弹出【刀路曲面选择】对话框。选择加工边界，如图 11-27 所示，单击【确定】按钮 ✅，完成加工曲面和加工边界的选择。

（3）系统弹出【曲面精修环绕等距】对话框，单击【刀具参数】选项卡中的【选择刀库刀具】按钮，系统弹出【选择刀具】对话框，选择【直径】为 4 的球形铣刀。单击【确定】按

Mastercam 2023

钮 ⊘ 。

（4）单击【曲面参数】选项卡，设置【参考高度】为 25，【下刀位置】为 5，均为【增量坐标】，【加工面毛坯预留量】和【干涉面毛坯预留量】均为 0，【刀具位置】选择【外】，【距离】设置为 10。

（5）单击【环绕等距精修参数】选项卡，设置【最大切削间距】为 0.5，【斜线角度】为0。

（6）单击【确定】按钮 ⊘ ，系统即可根据所设置的参数生成环绕等距精加工刀具路径，结果如图 11-28 所示。

4．模拟加工

在【刀具】管理器中单击【选择全部操作】按钮 和【实体仿真所选操作】按钮 ，并在弹出的【Mastercam 模拟器】对话框中单击【播放】按钮 ，系统即可进行模拟，模拟加工结果如图 11-29 所示。

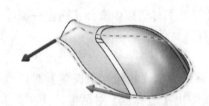  

图 11-27　选择加工边界　　　图 11-28　环绕等距精加工刀具路径　　　图 11-29　模拟加工结果

11.5　放射精加工

放射精加工是从中心一点向四周发散的精加工方式，也称径向加工，主要用于对回转体或类似回转体进行精加工。放射精加工在实际应用过程中主要针对回转体工件进行加工，有时可用车床加工代替。

11.5.1　放射精加工参数介绍

单击【刀路】→【精修】→【精修放射】按钮 ，选择加工曲面后，然后单击【结束选择】按钮，弹出【刀路的曲面选取】对话框。单击【确定】按钮 ⊘ ，弹出【曲面精修放射】对话框，在该对话框中可设置放射精加工参数。

单击【放射精修参数】选项卡，如图 11-30 所示。该选项卡中的参数已在 9.2 节和 11.1节进行了介绍，这里不再赘述。

11.5.2　操作实例——倒车镜放射精加工

本例在 11.4 节环绕等距精加工的基础上对倒车镜进行放射精加工。

操作步骤如下：

图 11-30　【放射精修参数】选项卡

1．承接环绕等距精加工结果

2．创建放射精加工刀具路径

（1）单击【视图】→【屏幕视图】→【仰视图】按钮 ，将当前【绘图平面】和【刀具平面】设置为仰视图。

（2）单击【刀路】→【精修】→【精修放射】按钮，选择图 11-31 所示的曲面作为加工曲面，单击【结束选择】按钮，弹出【刀路曲面选择】对话框，单击【确定】按钮。

（3）系统弹出【曲面精修放射】对话框，在刀具列表中选择【直径】为 4 的球形铣刀。

（4）单击【曲面参数】选项卡，设置【参考高度】为 25，【下刀位置】为 5，均为【增量坐标】。【加工面毛坯预留量】和【干涉面毛坯预留量】均为 0，【刀具位置】选择【中心】。

（5）单击【放射精修参数】选项卡，在该选项卡中选择【切削方向】为【双向】，设置【最大角度增量】为 1，【起始角度】为 0，【起始补正距离】为 0，【扫描角度】为 360。

（6）单击【确定】按钮，单击【选择工具栏】中的【输入坐标点】按钮，输入放射中心点坐标（-63,0,0），系统即可根据所设置的参数生成曲面放射精加工刀具路径，如图 11-32 所示。

3．模拟加工

在【刀具】管理器中单击【刀路操控管理器】中的【选择全部操作】按钮和【验证已选择的操作】按钮，并在弹出的【Mastercam 模拟器】对话框中单击【播放】按钮，系统即可进行模拟，模拟结果如图 11-33 所示。

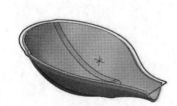

图 11-31　选择加工曲面　　图 11-32　曲面放射精加工刀具路径　　图 11-33　模拟结果

11.6 精修清角加工

精修清角加工主要用于两曲面交线处的精加工。两曲面交线处由于刀具无法进入，会产生部分残料，若采用交线精修清角加工方式则可清除残料。

11.6.1 交线清角精加工参数介绍

执行【刀路】→【精修】→【精修清角加工】命令，选择加工曲面后，单击【结束选择】按钮，弹出【刀路曲面选择】对话框。单击【确定】按钮 ✅ ，弹出【曲面精修清角】对话框，在该对话框中可设置交线精修清角加工的相关参数。

单击【清角精修参数】选项卡，如图 11-34 所示。

（1）【平行加工次数】选项组：

1）选择【无】单选按钮，表示生成一刀式刀路。

2）选择【单侧加工次数】单选按钮，需要用户输入次数，系统生成平行的多次刀路。

3）选择【无限制】单选按钮，在加工范围内生成与第一刀平行的多次清角刀路。

（2）【清角曲面最大夹角】：用于在进行清角加工时，设置两个曲面间的夹角，只对满足角度要求的部位进行加工，默认值为 165°。

（3）【添加厚度】：设置切削刀具在 Z 向距离原点的距离，高于该值的部分进行清角加工。

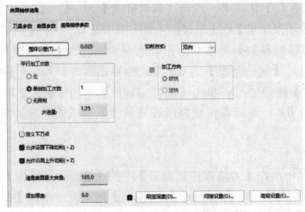

图 11-34 【曲面精修清角】对话框

11.6.2 操作实例——倒车镜精修清角加工

本例在放射精加工的基础上对倒车镜进行清角精加工。

操作步骤如下：

1．承接环绕等距精加工结果

2．创建清角精加工刀具路径

（1）单击【视图】→【屏幕视图】→【俯视图】按钮 📦，将当前【绘图平面】和【刀具平面】设置为俯视图。

（2）执行【刀路】→【精修】→【精修清角加工】命令，选择图 11-35 所示的曲面作为加工曲面，单击【结束选择】按钮，弹出【刀路曲面选择】对话框，单击【确定】按钮 ，完成曲面的选择。

（3）系统弹出【曲面精修清角】对话框，单击【刀具参数】选项卡中的【选择刀库刀具】按钮，系统弹出【选择刀具】对话框，选择【直径】为 3 的球形铣刀。单击【确定】按钮 。

（4）双击该铣刀图标，系统弹出【编辑刀具】对话框，修改【刀齿直径】为 2，单击【完成】按钮，返回对话框。

（5）单击【曲面参数】选项卡，设置【参考高度】为 25，【下刀位置】为 5，均为【增量坐标】。【加工面毛坯预留量】和【干涉面毛坯预留量】均为 0，【刀具位置】选择【中心】。

（6）单击【清角精修参数】选项卡，在该选项卡中将【平行加工次数】设置为【无】，【清角曲面最大夹角】为 165，【添加厚度】为 0。

（7）单击【确定】按钮，系统即可根据所设置的参数生成交线清角精加工刀具路径，如图 11-36 所示。

3．模拟加工

在【刀具】管理器中，单击【刀路操控管理器】中的【选择全部操作】按钮和【验证已选择的操作】按钮，并在弹出的【Mastercam 模拟器】对话框中单击【播放】按钮，系统即可进行模拟，模拟加工结果如图 11-37 所示。

 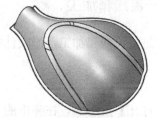 

图 11-35　选择曲面　　　图 11-36　清角精加工刀具路径　　　图 11-37　模拟加工结果

11.7　流线精加工

流线精加工主要用于加工流线非常规律的曲面。但对于多个曲面，当流线相互交错时，用曲面流线精加工方法加工则不太适合。

11.7.1　流线精加工参数介绍

单击【刀路】→【3D】→【精切】→【流线】按钮，选择加工曲面，然后单击按钮 结束选取，弹出【刀路曲面选择】对话框。单击【确定】按钮，弹出【曲面精修流线】对话框。在该对话框中可设置流线精修参数。

单击【流线精修参数】选项卡，如图 11-38 所示。

流线精修参数主要用于切削控制和截断方向的控制。切削控制一般采用误差控制。机床一

般将切削方向的曲线刀路转化成小段直线来进行近似切削。误差设置得越大，转化成直线的误差越大，计算越快，加工结果与原曲面之间的误差也越大；误差设置得越小，计算越慢，加工结果与原曲面之间的误差也越小。误差一般给定为 0.025～0.15。截断方向的控制方式有两种：一种是距离，另一种是残脊高度。对于用球形铣刀铣削曲面时在两刀路之间生成的残脊，可以通过控制残脊高度来控制残料余量。另外，也可以通过控制两切削路径之间的距离来控制残料余量。采用距离控制刀路之间的残料余量更直接、更简单，因此一般通过距离来控制残料余量。

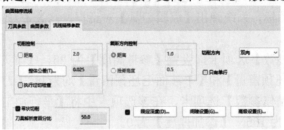

图 11-38　【曲面精修流线】对话框

（1）【执行过切检查】：勾选该复选框，则在加工的过程中如遇到过切，系统自动调整切削路径。

（2）【只有单行】：勾选该复选框，则只能在单个曲面上创建流线刀具路径。

11.7.2　操作实例——瓶子流线精加工

本例对图 11-39 所示的瓶子进行流线精加工，源文件中已对瓶子进行了放射粗加工。

操作步骤如下：

1. 打开文件

单击快速访问工具栏中的【打开】按钮，在弹出的【打开】对话框中选择【网盘→原始文件→第 11 章→瓶子】文件，单击【打开】按钮，打开文件。

2. 毛坯设置

（1）在【刀路】管理器中，单击【毛坯设置】选项，系统弹出【机床群组设置】对话框【毛坯设置】选项卡。单击【从边界框添加】按钮，系统弹出【边界框】对话框，【图素】选择【全部显示】选项，【形状】选择【立方体】，【原点】选择立方体的中心，修改毛坯的【Y】值为 155，单击【确定】按钮，返回【机床群组设置】对话框【毛坯设置】选项卡。单击【确定】按钮，生成毛坯。

（2）单击【刀路】→【毛坯】→【显示/隐藏毛坯】按钮，显示毛坯，如图 11-40 所示。

（3）单击【显示/隐藏毛坯】按钮，隐藏毛坯。

3. 创建流线精加工刀具路径 1

（1）单击【视图】→【屏幕视图】→【仰视图】按钮，将当前【绘图平面】和【刀具平面】设置为仰视图。

（2）单击【刀路】→【3D】→【精切】→【流线】按钮 ，根据系统提示选择图 11-41 所示的 5 个曲面为加工曲面后，单击【结束选择】按钮，弹出【刀路曲面选择】对话框。单击【流线参数】按钮 ，弹出【曲面流线设置】对话框，单击【补正方向】和【切削方向】按钮，设置切削和补正方向如图 11-42 所示，单击【确定】按钮 ✔，完成流线选项设置。

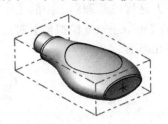

图 11-39　瓶子　　　　　　　图 11-40　创建毛坯　　　　　　图 11-41　选择加工曲面

（3）系统弹出【曲面精修流线】对话框，单击【刀具参数】选项卡中的【选择刀库刀具】按钮，系统弹出【选择刀具】对话框，选择【直径】为 3 的球形铣刀。单击【确定】按钮 ✔。

（4）单击【曲面参数】选项卡，设置【参考高度】为 25，【下刀位置】为 5，均为【增量坐标】，【加工面毛坯预留量】和【干涉面毛坯预留量】均为 0。

（5）【曲面流线精修参数】选项卡，在该选项卡中选择【切削方向】为【双向】，在【截断方向控制】选项组中设置【距离】为 1，勾选【执行过切检查】复选框。

（6）勾选【限定深度】复选框并单击该按钮，系统弹出【限定深度】对话框，设置【最高位置】为 23，【最低位置】为 0。

（7）单击【确定】按钮 ✔，系统即可根据所设置的参数生成曲面流线精加工刀具路径，如图 11-43 所示。

4．创建流线精加工刀具路径 2

（1）单击【视图】→【屏幕视图】→【仰视图】按钮，将当前【绘图平面】和【刀具平面】设置为仰视图。

（2）单击【刀路】→【3D】→【精切】→【流线】按钮，根据系统提示选择图 11-44 所示的 5 个曲面为加工曲面（注意要在仰视图上选择），单击【结束选择】按钮，弹出【刀路曲面选择】对话框。单击【流线参数】按钮 ，弹出【曲面流线设置】对话框，单击【补正方向】和【切削方向】按钮，设置切削和补正方向参照图 11-42 所示，单击【确定】按钮 ✔，完成流线选项设置。

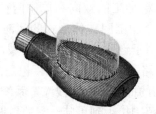

图 11-42　设置切削和补正方向　　图 11-43　流线精加工刀具路径 1　　图 11-44　选择加工曲面

（3）系统弹出【曲面精修流线】对话框，选择【直径】为 3 的球形铣刀。

（4）其他所有参数采用默认，单击【确定】按钮 ，系统即可根据所设置的参数生成曲面流线精加工刀具路径，如图 11-45 所示。

5．模拟加工

在【刀具】管理器中，单击【刀路操控管理器】中的【选择全部操作】按钮 和【验证已选择的操作】按钮，并在弹出的【Mastercam 模拟器】对话框中单击【播放】按钮，系统即可进行模拟，模拟结果如图 11-46 所示。

图 11-45　流线精加工刀具路径 2　　　　　图 11-46　模拟结果

11.8　浅滩精加工

浅滩精加工主要用于对比较浅的曲面进行铣削精加工。较浅的曲面是相对于陡斜面而言的。对于比较平坦的曲面，用浅滩精加工方法进行精加工的效果比较好。浅滩精加工用于对坡度较小的曲面进行加工生成精加工刀路，常配合等高外形加工方式或配合陡斜面精加工方式进行加工。

11.8.1　浅滩精加工参数介绍

浅滩精加工参数与陡斜面精加工参数类似。单击【刀路】→【精修】→【精修浅滩加工】按钮，选择加工曲面后，单击按钮【结束选取】，弹出【刀路曲面选择】对话框。单击【确定】按钮 ，弹出【曲面精修浅滩】对话框，在该对话框中可设置浅滩精加工参数。

单击【浅滩精修参数】选项卡，如图 11-47 所示。

（1）【切削方向】：浅滩精加工有【双向】、【单向】以及【3D 环绕】3 种切削方式。其中，"3D 环绕"是指围绕切削区构建一个范围，切削该区域的周边，然后用最大步距去补正外部边界，构建一个切削范围。浅滩精加工的双向和单向两种走刀方式比较适合加工较规则的浅滩，3D 环绕走刀方式比较适合加工回转体形式的浅滩。

（2）【从坡度角/到坡度角】：用于设置浅滩精加工区域，在此角度范围内的曲面系统都可以检测到，并进行计算，生成刀路。与陡斜面类似，也是由两斜坡角度所决定，凡坡度在【从坡度角】和【到坡度角】之间的曲面被视为浅滩。系统默认的坡度范围为 0°～ 10°，用户可以改变这个范围，将加工范围扩大到更陡一点的斜坡上，但是不能超过 90°。角度不区分正负，只看值的大小。

图 11-47　【曲面精修浅滩】对话框

（3）【环绕设置】：浅滩加工增加了一种环绕切削的方法，它围绕切削区构建一个边界，刀具沿着这个边界切削一周，然后按照设定的切削间距将边界朝加工区内偏置一定距离，得到一个与边界线平行的轨迹。刀具按照新的轨迹线进行加工，如此反复，直到该区域加工完毕。

单击【环绕设置】按钮，弹出如图 11-48 所示【环绕设置】对话框。勾选【复盖自动精度计算】复选框则三维环绕精度是用【步进量百分比】文本框中指定的值，而不考虑自动分析计算后的结果；如果不选择，则系统按刀具、切削间距和切削公差来计算合适的环绕刀具路径。【将限定区域边界存为图形】用于构建极限边界区域的几何图形。

图 11-48　【环绕设置】对话框

11.8.2 操作实例——瓶子浅滩精加工

本例在流线精加工的基础上对瓶子进行浅滩精加工。

操作步骤如下：

1．承接流线精加工结果

2．创建浅滩精加工刀具路径 1

（1）单击【视图】→【屏幕视图】→【后视图】按钮，将当前【绘图平面】和【刀具平面】设置为后视图。

（2）单击【曲面】→【修剪】→【填补内孔】按钮，选择图 11-49 所示的曲面，移动箭头至孔边界单击，生成曲面填补瓶子孔口，如图 11-50 所示。

（3）单击【刀路】→【精修】→【精修浅滩加工】按钮，选择图 11-51 所示的曲面，单击【结束选择】按钮，弹出【刀路曲面选择】对话框，单击【确定】按钮，完成曲面的选择。

图 11-49　选择曲面

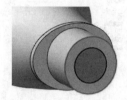
图 11-50　填补瓶子孔口

图 11-51　选择加工曲面

（4）系统弹出【曲面精修浅滩】对话框，在刀具列表中选择【直径】为 3 的球形铣刀。

（5）单击【曲面参数】选项卡，设置【参考高度】为 25，【下刀位置】为 5，均为【增量坐标】，【加工面毛坯预留量】和【干涉面毛坯预留量】均为 0。

（6）单击【浅滩精修参数】选项卡，在该选项卡中选择【切削方向】为【3D 环绕】，设置【最大切削间距】为 0.5，【加工角度】为 0，【从坡度角】设置为 0，【到坡度角】设置为 30。

（7）单击【确定】按钮，系统即可根据所设置的参数生成浅滩精加工刀具路径，结果如图 11-52 所示。

图 11-52　浅滩精加工刀具路径 1

图 11-53　选择曲面

3．创建浅滩精加工刀具路径 2

（1）单击【视图】→【屏幕视图】→【前视图】按钮，将当前【绘图平面】和【刀具平面】设置为前视图。

（2）单击【刀路】→【精修】→【精修浅滩加工】按钮，选择图 11-53 所示的曲面，单击【结束选择】按钮，弹出【刀路曲面选择】对话框，单击【确定】按钮，完成曲面的选择。

（3）系统弹出【曲面精修浅滩】对话框，在刀具列表中选择【直径】为 3 的球形铣刀。

（4）单击【确定】按钮，系统即可根据所设置的参数生成浅滩精加工刀具路径，结果如图 11-54 所示。

4．模拟加工

在【刀具】管理器中，单击【刀路操控管理器】中的【选择全部操作】按钮和【验证已选择的操作】按钮，并在弹出的【Mastercam 模拟器】对话框中单击【播放】按钮，系统即可进行模拟，模拟加工结果如图 11-55 所示。

图 11-54　浅滩精加工刀具路径 2　　　　　　图 11-55　模拟加工结果

11.9　残料精加工

残料精加工主要用于去除前面操作所遗留下来的残料。在加工过程中，为了提高加工效率，通常会采用大直径的刀具进行加工，但是局部区域刀具无法进入，因此需要采用残料精加工方式清除残料。

11.9.1　残料精加工参数介绍

残料精加工参数分为两部分：一部分是残料清角精加工参数，另一部分是残料清角的材料参数。单击【刀路】→【精修】→【残料】按钮，选择加工曲面后，单击【结束选择】按钮，弹出【刀路曲面选择】对话框。单击【确定】按钮，弹出如图 11-56 所示的【曲面精修残料清角】对话框。在该对话框中可设置残料精加工的相关参数。

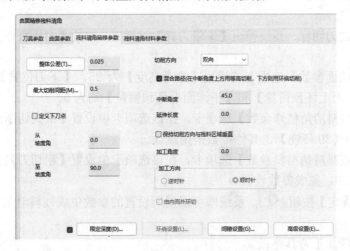

图 11-56　【曲面精修残料清角】对话框

在【曲面精修残料清角】对话框中选择【残料清角材料参数】选项卡，如图 11-57 所示。在该选项卡中设置粗切刀具的直径，系统会根据粗切刀具的直径来计算由此刀具加工剩余的残料。

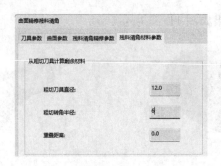

图 11-57 【残料清角素材参数】选项卡

11.9.2 操作实例——瓶子残料精加工

本例在 11.8 节浅滩精加工的基础上对瓶子进行残料精加工。

操作步骤如下：

1. 承接浅滩精加工结果

2. 创建残料精加工刀具路径 1

（1）单击【视图】→【屏幕视图】→【俯视图】按钮🔳，将当前【绘图平面】和【刀具平面】设置为俯视图。

（2）单击【刀路】→【精修】→【残料】按钮，选择图 11-58 所示的曲面作为加工曲面，单击【结束选择】按钮，弹出【刀路曲面选择】对话框。单击【确定】按钮 🔘。

（3）系统弹出【曲面精修残料清角】对话框，单击【刀具参数】选项卡中的【选择刀库刀具】按钮，系统弹出【选择刀具】对话框，选择【直径】为 6 的球形铣刀。单击【确定】按钮 🔘。

（4）双击该铣刀图标，系统弹出【编辑刀具】对话框，修改【刀齿直径】为 1。单击【完成】按钮。

（5）单击【曲面参数】选项卡，设置【参考高度】为 25，【下刀位置】为 5，均为【增量坐标】，【加工面毛坯预留量】和【干涉面毛坯预留量】均为 0。

（6）单击【残料清角精修参数】选项卡，在该选项卡中设置【最大切削间距】为 0.5，选择【切削方向】为【3D 环绕】，其他参数采用默认。

（7）单击【残料清角材料参数】选项卡，在该选项卡中设置【粗切刀具直径】为 3，【粗切刀角半径】为 1.5，完成参数设置。

（8）单击【确定】按钮 🔘，系统即可根据所设置的参数生成残料清角精加工刀具路径，如图 11-59 所示。

3. 创建残料精加工刀具路径 2

（1）单击【视图】→【屏幕视图】→【仰视图】按钮🔳，将当前【绘图平面】和【刀具平面】设置为仰视图。

（2）单击【刀路】→【精修】→【残料】按钮，选择图 11-60 所示的仰视图上的曲面作为加工曲面，单击【结束选择】按钮，弹出【刀路曲面选择】对话框。单击【确定】按钮 🔘。

图 11-58　选择曲面

图 11-59　残料清角精加工刀具路径 1

（3）系统弹出【曲面精修残料清角】对话框，在刀具列表中选择【直径】为 1 的球形铣刀。

（4）单击【确定】按钮 ，系统即可根据所设置的参数生成残料清角精加工刀具路径，如图 11-61 所示。

4．模拟加工

在【刀具】管理器中，单击【刀路操控管理器】中的【选择全部操作】按钮 和【验证已选择的操作】按钮 ，并在弹出的【Mastercam 模拟器】对话框中单击【播放】按钮 ，系统进行模拟，模拟加工结果如图 11-62 所示。

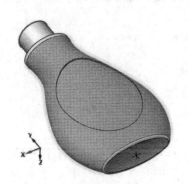
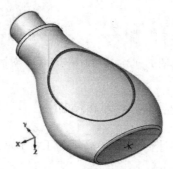

图 11-60　选择加工曲面　　　图 11-61　残料清角精加工刀具路径 2　　　图 11-62　模拟加工结果

11.10　等高精加工

等高精加工采用等高线的方式进行逐层加工，包括沿 Z 轴等分和沿外形等分两种方式。沿 Z 轴等分等高精加工选择的是加工范围线；沿外形等分等高精加工选择的是外形线，并将外形线进行等分加工。等高精加工主要用于对比较陡的曲面进行精加工，加工效果较好，是目前应用比较广泛的加工方法之一。

📖 11.10.1　等高精加工参数介绍

单击【刀路】→【3D】→【精切】→【传统等高】按钮 ，选择加工曲面，然后单击【结

束选择】按钮，弹出【刀路曲面选择】对话框。单击【确定】按钮 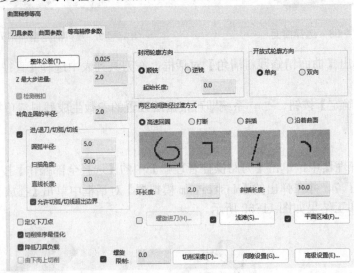，弹出如图 11-63 所示的【曲面精修等高】对话框，在该对话框中可设置等高精加工的相关参数。采用等高精加工时，在曲面的顶部或坡度较小的位置有时不能进行切削，这时可以采用浅滩精加工来对这部分的材料进行铣削。

由于等高精修参数与等高粗切参数相同，在此不再赘述。

图 11-63　【曲面精修等高】对话框

11.10.2　操作实例——卫浴把手等高精加工

本例对图 11-64 所示的卫浴把手进行等高精加工，在源文件中已对该模型进行了平行粗加工、残料粗加工和挖槽粗加工。

操作步骤如下：

1. 打开文件

单击快速访问工具栏中的【打开】按钮 ，在弹出的【打开】对话框中选择【网盘→原始文件→第 11 章→卫浴把手】文件，单击【打开】按钮，打开文件。

2. 毛坯设置

（1）在【刀路】管理器中，单击【毛坯设置】选项，系统弹出【机床群组设置】对话框【毛坯设置】选项卡。单击【从边界框添加】按钮 ，系统弹出【边界框】对话框，【图素】选择【全部显示】选项，【形状】选择【立方体】，【原点】选择立方体的下表面中心，单击【确定】按钮 ，返回【机床群组设置】对话框【毛坯设置】选项卡。单击【确定】按钮 ，生成毛坯。

（2）单击【刀路】→【毛坯】→【显示/隐藏毛坯】按钮 ，显示毛坯，如图 11-65 所示。

（3）单击【显示/隐藏毛坯】按钮 ，隐藏毛坯。

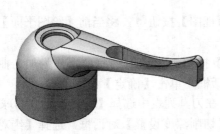

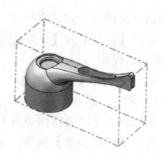

图 11-64　卫浴把手　　　　　　　　　　　图 11-65　创建毛坯

3．创建等高精加工刀具路径

（1）单击【视图】→【屏幕视图】→【后视图】按钮，将当前【绘图平面】和【刀具平面】设置为后视图。

（2）单击【刀路】→【精修】→【等高】按钮，选择所有曲面作为加工曲面，单击【结束选择】按钮，弹出【刀路曲面选择】对话框，单击【确定】按钮。

（3）系统弹出【曲面精修等高】对话框，单击【刀具参数】选项卡中的【选择刀库刀具】按钮，系统弹出【选择刀具】对话框，选择【直径】为 5 的球形铣刀。单击【确定】按钮。

（4）双击该铣刀图标，系统弹出【编辑刀具】对话框，修改刀具【总长度】为 150，【刀肩长度】为 130，单击【完成】按钮，返回对话框。

（5）单击【曲面参数】选项卡，设置【参考高度】为 25，【下刀位置】为 5，均为【增量坐标】，【加工面毛坯预留量】和【干涉面毛坯预留量】均为 0。

（6）单击【等高精修参数】选项卡，在该选项卡中选择【开放式轮廓方向】为【双向】，设置【Z 最大步进量】为 2，【两区段间路径过渡方式】为【沿着曲面】，勾选【切削排序最佳化】复选框。

（7）勾选【浅滩】复选框并单击【浅滩】按钮，弹出【浅滩加工】对话框，选择【添加浅滩区域刀路】单选按钮，设置【角度限制】为 75，如图 11-66 所示。单击【确定】按钮，返回【等高精修参数】选项卡。

（8）勾选【平面区域】复选框并单击【平面区域】按钮，系统弹出【平面区域加工设置】对话框，【平面区域步进量】设置为 1，选择【3D】选项。

（9）单击【确定】按钮，系统即可根据所设置的参数生成曲面等高精加工刀具路径，如图 11-67 所示。

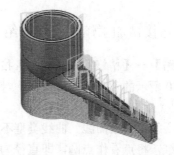

图 11-66　【浅滩加工】对话框　　　　　图 11-67　曲面等高精加工刀具路径 1

361

4. 创建等高精加工刀具路径 2

（1）单击【视图】→【屏幕视图】→【后视图】按钮 🖼️，将当前【绘图平面】和【刀具平面】设置为后视图。

（2）单击【刀路】→【精修】→【等高】按钮 🖉，选择所有曲面作为加工曲面，单击【结束选择】按钮，弹出【刀路曲面选择】对话框，单击【确定】按钮 ✅。

（3）系统弹出【曲面精修等高】对话框，在刀具列表中选择【直径】为 5 的球形铣刀。

（4）单击【切削深度】按钮，系统弹出【切削深度设置】对话框，选择【绝对坐标】，设置【最高位置】为 80，设置【最低位置】为 0，单击【确定】按钮 ✅，返回对话框。

（4）其他参数，系统会自动继承前一操作的参数设置，直接单击【确定】按钮 ✅，即可生成曲面等高精加工刀具路径，如图 11-68 所示。

5. 模拟加工

在【刀具】管理器中，单击【刀路操控管理器】中的【选择全部操作】按钮 ➤ 和【验证已选择的操作】按钮 🔲，并在弹出的【Mastercam 模拟器】对话框中单击【播放】按钮 ▶，系统即可进行模拟，模拟加工结果如图 11-69 所示。

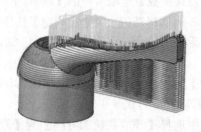

图 11-68 曲面等高精加工刀具路径 2   图 11-69   模拟加工结果

11.11 熔接精加工

熔接精加工也称混合精加工，首先是在两条熔接曲线内部生成刀路，再投影到曲面上生成混合精加工刀路。

熔接精加工是由以前版本中的双线投影精加工演变而来的。Mastercam X3 将此功能单独列了出来。

📖 11.11.1 熔接精加工熔接曲线介绍

单击【刀路】→【精修】→【熔接】按钮 🖉，选择加工曲面后，单击【结束选择】按钮，弹出如图 11-70 所示的【刀路曲面选择】对话框，再单击【选择熔接曲线】选项组中的【熔接曲线】按钮 ⬚，即可设置熔接曲线。

熔接曲线必须是两条曲线，曲线类型不限，可以是直线、圆弧、曲面曲线等。另外，还可以利用等效思维，将点看作点圆，即直径为零的圆，因此也可以选择曲线和点作为熔接曲线，但是不能选择两点作为熔接曲线。

11.11.2　设置熔接精加工参数

单击【刀路】→【精修】→【熔接】按钮，选择加工曲面后，单击【结束选择】按钮，弹出【刀路曲面选择】对话框。

选择熔接曲线后，单击【确定】按钮 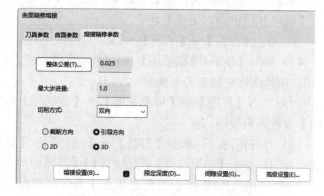，弹出如图 11-71 所示的【曲面精修熔接】对话框。在该对话框中可设置熔接精加工参数。

熔接精加工的切削方向除双向外，还有单向以及螺旋形。对有些图形，使用螺旋形切削方向加工的效果非常好。

图 11-70　【刀路曲面选择】对话框　　　　图 11-71　【曲面精修熔接】对话框

在【熔接精修参数】选项卡中单击按钮 熔接设置(B)... ，弹出如图 11-72 所示的【引导方向熔接设置】对话框。在该对话框中可定义熔接间距。

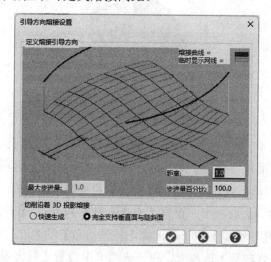

图 11-72　【引导方向熔接设置】对话框

11.11.3 操作实例——杯托熔接精加工

本例对图 11-73 所示的杯托进行熔接精加工，在源文件中已对杯托进行了粗加工。

操作步骤如下：

1．打开文件

单击快速访问工具栏中的【打开】按钮，在弹出的【打开】对话框中选择【网盘→原始文件→第 11 章→杯托】文件，单击【打开】按钮，打开文件。

2．毛坯设置

（1）在【刀路】管理器中，单击【毛坯设置】选项，系统弹出【机床群组设置】对话框【毛坯设置】选项卡。单击【从边界框添加】按钮，系统弹出【边界框】对话框，【图素】选择【全部显示】选项，【形状】选择【圆柱体】，【轴心】选择【Z】。【原点】选择圆柱体的下表面中心，单击【确定】按钮，返回【机床群组设置】对话框【毛坯设置】选项卡。单击【确定】按钮，生成毛坯。

（2）单击【刀路】→【毛坯】→【显示/隐藏毛坯】按钮，显示毛坯，如图 11-74 所示。

（3）单击【显示/隐藏毛坯】按钮，隐藏毛坯。

3．创建熔接精加工刀具路径

（1）单击【视图】→【屏幕视图】→【俯视图】按钮，将当前【绘图平面】和【刀具平面】设置为俯视图。

（2）打开图层 3。单击【刀路】→【精修】→【熔接精加工】按钮，选择所有曲面作为加工曲面，单击【结束选择】按钮，弹出【刀路曲面选择】对话框。单击【熔接曲线】按钮，选择图 11-75 所示的串连和点作为熔接曲线，单击【确定】按钮，完成加工曲面和熔接曲线的选择。

图 11-73 杯托

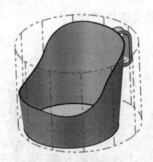
图 11-74 创建的毛坯

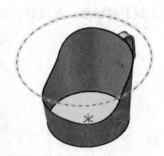
图 11-75 选择熔接曲线和点

（3）系统弹出【曲面精修熔接】对话框，单击【刀具参数】选项卡中的【选择刀库刀具】按钮，系统弹出【选择刀具】对话框，选择【直径】为 4 的球形铣刀。单击【确定】按钮。

（4）单击【曲面参数】选项卡，设置【参考高度】为 25，【下刀位置】为 5，均为【增量坐标】，【加工面毛坯预留量】和【干涉面毛坯预留量】均为 0。

（5）单击【熔接精修参数】选项卡，在该选项卡中设置【最大步进量】为 1，选择【切削方式】为【双向】。

（6）单击【确定】按钮 ，系统即可根据所设置的参数生成曲面熔接精加工刀具路径，如图 11-76 所示。

4．创建等高精加工刀具路径

（1）单击【视图】→【屏幕视图】→【仰视图】按钮，将当前【绘图平面】和【刀具平面】设置为仰视图。

（2）单击【刀路】→【精修】→【熔接精加工】按钮，选择所有曲面作为加工曲面，单击【结束选择】按钮，弹出【刀路曲面选择】对话框。单击【确定】按钮，完成加工曲面和熔接曲线的选择。

（3）系统弹出【曲面精修等高】对话框，选择【直径】为 4 的球形铣刀。双击该刀具的图标，系统弹出【编辑刀具】对话框，修改刀具【总长度】为 100，【刀肩长度】为 80。

（4）单击【曲面参数】选项卡，设置【参考高度】为 25，【下刀位置】为 5，均为【增量坐标】，【加工面毛坯预留量】和【干涉面毛坯预留量】均为 0。

（5）单击【等高精修参数】选项卡，在该选项卡中选择【开放式轮廓方向】为【双向】，设置【Z 最大步进量】为 2，【两区段间路径过渡方式】为【打断】，勾选【切削排序最佳化】复选框。

（6）勾选【浅滩】复选框并单击【浅滩】按钮，弹出【浅滩加工】对话框，选择【添加浅滩区域刀路】单选按钮，设置【角度限制】为 75，如图 11-77 所示。单击【确定】按钮 ，返回【等高精修参数】选项卡。

图 11-76 曲面熔接精加工刀具路径　　　图 11-77 【浅滩加工】对话框

（7）勾选【平面区域】复选框并单击【平面区域】按钮，系统弹出【平面区域加工设置】对话框，【平面区域步进量】设置为 1，选择【3D】选项。

（8）单击【确定】按钮，系统即可根据所设置的参数生成曲面等高精加工刀具路径，如图 11-78 所示。

5．模拟加工

在【刀具】管理器中，单击【刀路操控管理器】中的【选择全部操作】按钮和【验证已选择的操作】按钮，并在弹出的【Mastercam 模拟器】对话框中单击【播放】按钮，系统

即可进行模拟，模拟加工结果如图 11-79 所示。

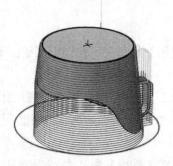
图 11-78 等高精加工刀具路径

图 11-79 模拟加工结果

11.12 综合实例——熨斗

本例对图 11-80 所示的熨斗进行传统曲面精加工，在源文件中已对熨斗进行了钻削粗加工。

操作步骤如下：

1. 打开文件

单击快速访问工具栏中的【打开】按钮 ，在弹出的【打开】对话框中选择【源文件→原始文件→第 11 章→熨斗】文件，如图 11-80 所示。

2. 毛坯设置

（1）打开图层 3。在【刀路】管理器中，单击【毛坯设置】选项，系统弹出【机床群组设置】对话框【毛坯设置】选项卡；单击【从选择添加】按钮 ，在绘图区选择图 11-81 所示的毛坯实体，在【毛坯平面转换】选项组中修改原点的【Z】值为-6，单击【确定】按钮 ，生成毛坯。

（2）关闭图层 3。单击【刀路】→【毛坯】→【显示/隐藏毛坯】按钮 ，显示毛坯，如图 11-82 所示。

图 11-80 熨斗

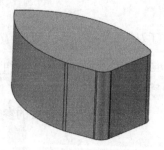
图 11-81 毛坯实体

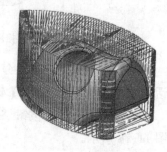
图 11-82 创建毛坯

（3）单击【显示/隐藏毛坯】按钮 ，隐藏毛坯。

3．创建环绕等距精加工刀具路径

（1）单击【视图】→【屏幕视图】→【俯视图】按钮，将当前【绘图平面】和【刀具平面】设置为俯视图。

（2）单击【刀路】→【精修】→【精修环绕等距加工】按钮，选择所有曲面作为加工曲面，单击【结束选择】按钮，弹出【刀路曲面选择】对话框。单击【切削范围】选项组中的【选择】按钮，系统弹出【线框串连】对话框，打开图层 2，选择加工边界，如图 11-83 所示，单击【确定】按钮，返回【刀路曲面选择】对话框。单击【确定】按钮。

（3）系统弹出【曲面精修环绕等距】对话框，单击【刀具参数】选项卡中的【选择刀库刀具】按钮，系统弹出【选择刀具】对话框，选择【直径】为 12 的球形铣刀。单击【确定】按钮。

（4）双击该铣刀图标，系统弹出【编辑刀具】对话框，修改刀具【总长度】为 200，【刀肩长度】为 180，单击【完成】按钮，返回对话框。

（5）单击【曲面参数】选项卡，设置【参考高度】为 50，【下刀位置】为 40，均为【增量坐标】，【加工面毛坯预留量】和【干涉面毛坯预留量】均为 0，【刀具位置】选择【中心】。

（6）单击【环绕等距精修参数】选项卡，设置【最大切削间距】为 0.8，【斜线角度】为 0。

（7）单击【确定】按钮，系统即可根据所设置的参数生成环绕等距精加工刀具路径，结果如图 11-84 所示。

图 11-83　选择加工边界　　　　图 11-84　环绕等距精加工刀具路径

4．创建等高精加工刀具路径

（1）单击【视图】→【屏幕视图】→【仰视图】按钮，将当前【绘图平面】和【刀具平面】设置为仰视图。

（2）单击【刀路】→【精修】→【等高】按钮，选择所有曲面作为加工曲面，单击【结束选择】按钮，弹出【刀路曲面选择】对话框，单击【确定】按钮。

（3）系统弹出【曲面精修等高】对话框，在刀具列表中选择【直径】为 12 的球形铣刀。

（4）单击【曲面参数】选项卡，设置【参考高度】为 25，【下刀位置】为 5，均为【增量坐标】，【加工面毛坯预留量】和【干涉面毛坯预留量】均为 0。

（5）单击【等高精修参数】选项卡，在该选项卡中选择【开放式轮廓方向】为【双向】，

设置【Z 最大步进量】为 1，【两区段间路径过渡方式】为【沿着曲面】，勾选【切削排序最佳化】复选框。

（6）勾选【浅滩】复选框并单击【浅滩】按钮，弹出【浅滩加工】对话框，选择【添加浅滩区域刀路】单选按钮，设置【角度限制】为 75，单击【确定】按钮 ，返回【等高精修参数】选项卡。

（7）勾选【平面区域】复选框并单击【平面区域】按钮，系统弹出【平面区域加工设置】对话框，【平面区域步进量】设置为 1，选择【3D】选项。单击【确定】按钮 ，返回对话框。

（8）单击【切削深度】按钮，系统弹出【切削深度设置】对话框，选择【绝对坐标】，设置【最高位置】为 10，【最低位置】为-45。

（9）单击【确定】按钮 ，系统即可根据所设置的参数生成曲面等高精加工刀具路径，如图 11-85 所示。

5. 创建浅滩精加工刀具路径

（1）单击【视图】→【屏幕视图】→【右视图】按钮，将当前【绘图平面】和【刀具平面】设置为右视图。

（2）单击【刀路】→【精修】→【精修浅滩加工】按钮，选择图 11-86 所示的曲面作为加工曲面，单击【结束选择】按钮，弹出【刀路曲面选择】对话框，单击【确定】按钮，完成曲面的选择。

（3）系统弹出【曲面精修浅滩】对话框，在刀具列表中选择【直径】为 12 的球形铣刀。

（4）单击【曲面参数】选项卡，设置【参考高度】为 25，【下刀位置】为 5，均为【增量坐标】，【加工面毛坯预留量】和【干涉面毛坯预留量】均为 0，【刀具位置】选择【中心】。

（5）单击【浅滩精修参数】选项卡，在该选项卡中选择【切削方向】为【3D 环绕】，设置【最大切削间距】为 0.5，【加工角度】为 0，【从坡度角】设置为 0，【至坡度角】设置为 90。

（6）单击【确定】按钮，系统即可根据所设置的参数生成浅滩精加工刀具路径，结果如图 11-87 所示。

图 11-85　等高精加工刀具路径　　　　图 11-86　选择加工曲面　　　　图 11-87　浅滩精加工刀具路径

6. 创建放射精加工刀具路径

（1）单击【视图】→【屏幕视图】→【前视图】按钮，将当前【绘图平面】和【刀具平面】设置为前视图。

（2）单击【刀路】→【精修】→【精修放射】按钮，选择图 11-88 所示的曲面作为加工曲面，单击【结束选择】按钮，弹出【刀路曲面选择】对话框，单击【确定】按钮。

（3）系统弹出【曲面精修放射】对话框，在刀具列表中选择【直径】为 12 的球形铣刀。

（4）单击【曲面参数】选项卡，设置【参考高度】为 25，【下刀位置】为 5，均为增量坐标。【加工面毛坯预留量】和【干涉面毛坯预留量】均为 0，【刀具位置】选择【中心】。

（5）单击【放射精修参数】选项卡，在该选项卡中选择【切削方向】为【双向】，设置【最大角度增量】为 1，【起始角度】为 0，【起始补正距离】为 0，【扫描角度】为 360。

（6）单击【确定】按钮，单击【选择工具栏】中的【输入坐标点】按钮，输入放射中心点坐标（39,90,0），系统即可根据所设置的参数生成曲面放射精加工刀具路径，如图 11-89 所示。

图 11-88　选择加工曲面

图 11-89　放射精加工刀具路径

7. 创建投影精加工刀具路径

（1）单击【视图】→【屏幕视图】→【后视图】按钮，将当前【绘图平面】和【刀具平面】设置为后视图。

（2）单击【刀路】→【精修】→【精修投影加工】按钮，选择图 11-90 所示的曲面作为加工曲面，单击【结束选择】按钮，弹出【刀路曲面选择】对话框。单击【确定】按钮，完成投影曲线的选择。

（3）系统弹出【曲面精修投影】对话框，在刀具列表中选择【直径】为 12 的球形铣刀。

（4）单击【曲面参数】选项卡，设置【参考高度】为 25，【下刀位置】为 5，均为【增量坐标】。【加工面毛坯预留量】和【干涉面毛坯预留量】均为。

（5）单击【投影精修参数】选项卡，选择【投影方式】为【NCI】，在【原始操作】列表中选择刀路 6（曲面精修放射）。

（6）单击【确定】按钮，生成曲面投影精加工刀具路径，如图 11-91 所示。

8. 模拟加工

在【刀具】管理器中，单击【刀路操控管理器】中的【选择全部操作】按钮和【验证已选择的操作】按钮，并在弹出的【Mastercam 模拟器】对话框中单击【播放】按钮，系统即可进行模拟，模拟加工结果如图 11-92 所示。

Mastercam 2023

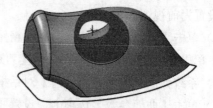

图 11-90　选择加工曲面　　　图 11-91　投影精加工刀具路径

图 11-92　模拟加工结果

第**12**章

高速曲面精加工

高速曲面加工方法主要有：平行精加工、放射精加工、投影精加工、等高精加工、熔接精加工、等距环绕精加工、混合精加工和水平区域精加工。本章具体介绍这些加工方法的参数设置和加工应用。

重点与难点
- 平行精加工、放射精加工
- 投影精加工、等高精加工
- 熔接精加工、等距环绕精加工
- 混合精加工、水平区域精加工

12.1 高速平行精加工

高速平行精加工命令是指刀具沿设定的角度平行加工，适用于浅滩区域。

📖12.1.1 平行精加工参数介绍

单击【刀路】→【3D】→【精切】→【平行】按钮，系统弹出【3D 高速曲面刀路—平行】对话框。对话框中大部分选项卡在第 4 章已经介绍过了，下面我们对部分选项卡进行介绍。

1. 【切削参数】选项卡

单击【切削参数】选项卡，如图 12-1 所示。该选项卡用于配置平行精加工刀具路径的切削参数。使用此刀具路径创建具有恒定步距的平行精加工走刀，以用户输入的角度对齐。这使用户可以优化零件几何形状的切削方向，以实现最有效的切削。

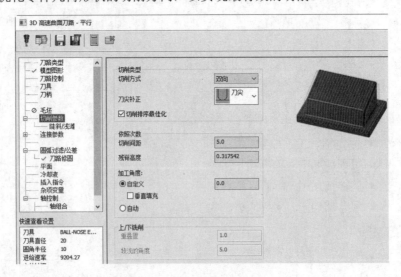

图 12-1 【切削参数】选项卡

（1）【切削间距】：确定相邻切削走刀之间的距离。

（2）【残脊高度】：不适用于拐角半径为零的刀具。根据剩余残脊高度指定切削路径之间的间距。 Mastercam2023 将根据用户在此处输入的值和所选工具计算步距。

注意：

【切削间距】 和 【残脊高度】两个字段相互关联，因此当用户在一个字段中输入值时，另一个字段会自动更新。这使用户可以根据 【切削间距】或 【残脊高度】指定切削路径之间的间距。残脊高度是根据平面计算的。除非【切削间距】足够大，否则球形刀具不会产生残脊高度。

（3）【加工角度】：用于定向切削路径。包括以下选项：

1）【自定义】：选择手动输入角度。当自定义设置为 0° 时，切削走刀平行于 X 轴；设置成 90° 时，它们平行于 Y 轴。输入一个中间角度以调整特定零件特征或几何形状的加工方向，以实现最有效的加工操作。

2）【垂直填充】：当加工角度设置为自定义时可用。垂直填充限制 1.4 倍 【切削间距】的截止距离的刀具路径。

3）【自动】：选择让系统自动设置不同的角度以最大化切削图案的长度和/或最小化连接移动。

（4）【上/下铣削】：只有【切削方式】选择【上铣削】或【下铣削】时该项激活。在加工几何体几乎平坦的区域，向上或向下加工都没有优势。Mastercam2023 创建向下或向上铣削刀路。

1）【重叠量】：在此处输入距离以确保刀具路径不会在不同方向的走刀之间的过渡区域中留下不需要的圆弧或尖端。

2）【较浅的角度】：输入定义可能发生上/下铣削区域的角度。

2．【刀路修圆】选项卡

单击【切削参数】选项卡，如图 12-2 所示。该选项卡可让 Mastercam2023 在高速刀具路径中自动生成圆角运动。刀具路径圆角允许圆弧在保持高进给率的同时创建平滑的刀具路径运动。根据简单的半径值或通过输入刀具信息来控制圆角，生成刀具路径圆角。圆角运动仅在内角上生成。刀路修圆后零件几何形状保持不变，但是，刀具路径包含更平滑的运动。

（1）【依照半径】：选择此选项可创建具有指定半径的圆角，而不是由工具形状形成的圆角。

（2）【依照刀具】：选择此选项可生成由工具形状而非指定圆角半径形成的圆角。

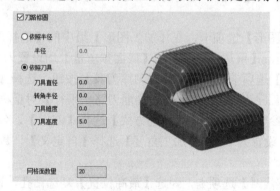

图 12-2 【刀路修圆】选项卡

📖12.1.2 操作实例——连接轴高速平行精加工

本例对图 12-3 所示的连接轴进行高速平行精加工，源文件中已对连接轴进行了区域粗加工。

操作步骤如下：

1．打开文件

单击快速访问工具栏中的【打开】按钮，在弹出的【打开】对话框中选择【网盘→原始

文件→第 12 章→连接轴】文件，单击【打开】按钮，打开文件。

2．毛坯设置

（1）在操作管理区中，单击【毛坯设置】选项，系统弹出【机床群组设置】对话框【毛坯设置】选项卡。单击【从边界框添加】按钮，系统弹出【边界框】对话框，【形状】选择【立方体】，【原点】选择立方体的中心。选择【全部显示】选项，修改毛坯尺寸为(78,78,168)，单击【确定】按钮，返回【机床群组设置】对话框【毛坯设置】选项卡。单击【确定】按钮，生成毛坯。

（2）单击【刀路】→【毛坯】→【显示/隐藏毛坯】按钮，显示毛坯，如图 12-4 所示。

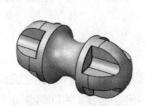
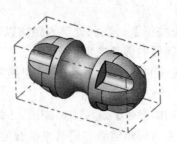

图 12-3　连接轴　　　　　　　　图 12-4　创建的毛坯

（3）单击【显示/隐藏毛坯】按钮，隐藏毛坯。

3．创建高速平行精加工刀具路径 1

（1）单击【视图】→【屏幕视图】→【前视图】按钮，将当前视图设置为前视图。

（2）单击【刀路】→【3D】→【精切】→【平行】按钮，系统弹出【3D 高速曲面刀路—平行】对话框。

（3）单击【模型图形】选项卡，在【加工图形】组中的【选择图素】按钮，框选所有曲面作为加工曲面，【壁边预留量】和【底面预留量】均设置为 0。

（4）单击【刀具】选项卡，单击【选择刀库刀具】按钮，选择【直径】为 5 的球形铣刀，单击【确定】按钮，返回【3D 高速曲面刀路—平行】对话框。

（5）单击【切削参数】选项卡，【切削方式】选择【双向】，勾选【切削排序最佳化】复选框，【切削间距】设置为 0.6，【加工角度】选择【自定义】，数值为 0，勾选【垂直填充】复选框。

（6）单击【陡斜/浅滩】选项卡，勾选【最高位置】复选钻孔，设置为 37.5，勾选【最低位置】复选钻孔，设置为-10，【接触】选择【仅接触区域】。

（7）单击【连接参数】选项卡，设置提刀【安全平面】为 50，位置选择【增量】，类型选择【完整垂直提刀】，适用于类型选择【不修剪】，【刀具直径百分比】为 100，其他参数采用默认。

（8）单击【确定】按钮，系统根据所设置的参数生成高速平行精加工刀具路径 1，如图 12-5 所示。

4．创建高速平行精加工刀具路径 2

（1）单击【视图】→【屏幕视图】→【后视图】按钮，将当前视图设置为后视图。

（2）单击【刀路】→【3D】→【精切】→【平行】按钮，系统弹出【3D 高速曲面刀路—平行】对话框。

图 12-5　高速平行精加工刀具路径 1　　　图 12-6　高速平行精加工刀具路径 2

（3）单击【模型图形】选项卡，在【加工图形】组中的【选择图素】按钮 ，框选所有曲面作为加工曲面，【壁边预留量】和【底面预留量】均设置为 0。

（4）单击【刀具】选项卡，在刀具列表中选择【直径】为 5 的球形铣刀，单击【确定】按钮 。

（5）单击【确定】按钮 ，系统根据所设置的参数生成高速平行精加工刀具路径 2，如图 12-6 所示。

5．模拟仿真加工

在【刀路操控管理器】中单击【选择全部操作】按钮 和【验证已选择的操作】按钮 ，系统弹出【验证】对话框，单击【播放】按钮 ，系统开始进行模拟，模拟加工结果如图 12-7 所示。

图 12-7　模拟加工结果

12.2 高速放射精加工

放射精加工是从中心一点向四周发散的加工方式，也称径向加工，主要用于对回转体或类似回转体进行精加工。放射精加工在实际应用过程中主要针对回转体工件进行加工，有时可用车床加工代替。

12.2.1 放射精加工参数介绍

单击【刀路】→【3D】→【精切】→【放射】按钮 ，系统弹出【3D 高速曲面刀路—放射】对话框。对话框中大部分选项卡在第 9 章已经介绍过了，下面对部分选项卡进行介绍。

单击【切削参数】选项卡，如图 12-8 所示。该选项卡用于配置径向刀具路径的切削路

径。使用径向刀具路径创建从中心点向外辐射的切削路径。

（1）【中心点】：输入加工区中心点的 X 和 Y 坐标。系统将此点投影到驱动表面上以确定刀具路径的起点，因此不需要 Z 坐标。在每个字段中右击，以从下拉列表中选择 X 或 Y 坐标。

（2）【内径】：在由内半径、外半径和中心点定义的圆中创建切削路径，并将它们投影到驱动表面上。输入 0 以加工整个圆，或输入非零值以仅加工两个半径之间的环，此值可以有效地防止零件中心被过度加工。

（3）【外径】：在由内半径、外半径和中心点定义的圆中创建切削路径，并将它们投影到驱动表面上。系统会根据选定的几何形状自动计算外半径。

图 12-8　【切削参数】选项卡

📖12.2.2 操作实例——茶碟高速放射加工

本例对图 12-9 所示的茶碟进行高速放射精加工。

操作步骤如下：

1．打开文件

单击快速访问工具栏中的【打开】按钮，在弹出的【打开】对话框中选择【网盘→原始文件→第 12 章→茶碟】文件，单击【打开】按钮，打开文件。

2．毛坯设置

（1）在操作管理区中，单击【毛坯设置】选项，系统弹出【机床群组设置】对话框【毛坯设置】选项卡。单击【从边界框添加】按钮，系统弹出【边界框】对话框，【形状】选择【圆柱体】，【轴心】选择【Z】，【原点】选择圆柱体的下表面中心。选择【全部显示】选项，修改半径和高度尺寸为（54,13），单击【确定】按钮，返回【机床群组设置】对话框【毛坯设置】选项卡。单击【确定】按钮，生成毛坯。

（2）单击【刀路】→【毛坯】→【显示/隐藏毛坯】按钮，显示毛坯，如图 12-10 所示。

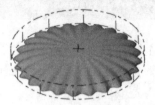

图 12-9 茶碟

图 12-10 创建的毛坯

（3）单击【显示/隐藏毛坯】按钮，隐藏毛坯。

3. 创建高速放射精加工刀具路径

（1）单击【视图】→【屏幕视图】→【俯视图】按钮，将当前视图设置为俯视图。

（2）单击【刀路】→【3D】→【精切】→【放射】按钮，系统弹出【3D 高速曲面刀路—放射】对话框。

（3）单击【模型图形】选项卡，在【加工图形】组中单击【选择图素】按钮，框选所有曲面作为加工曲面，【壁边预留量】和【底面预留量】均设置为 0。

（4）单击【刀具】选项卡，单击【选择刀库刀具】按钮，选择【直径】为 3 的球形铣刀，单击【确定】按钮，返回【3D 高速曲面刀路—放射】对话框。

（5）单击【切削参数】选项卡，【切削间距】设置为 1，【中心点】坐标为（0,0），【内径】设置为 0，取消勾选【外径】复选框，【起始角度】为 0，【结束角度】为 360。

（6）单击【连接参数】选项卡，设置提刀【安全平面】为 50，位置选择【增量】，类型选择【完整垂直提刀】，适用于类型选择【不修剪】，【刀具直径百分比】为 100，其他参数采用默认。

（7）单击【确定】按钮，系统根据所设置的参数生成高速放射精加工刀具路径，如图 12-11 所示。

4. 模拟加工

在【刀路操控管理器】中单击【选择全部操作】按钮和【验证已选择的操作】按钮，系统弹出【验证】对话框，单击【播放】按钮，系统开始进行模拟，模拟加工结果如图 12-12 所示。

图 12-11 高速放射精加工刀具路径

图 12-12 模拟加工结果

12.3 高速投影精加工

投影精加工主要用于三维产品的雕刻、绣花等。投影精加工包括刀路投影（NCI 投影）、曲线投影和点投影 3 种形式。与其他精加工方法不同的是，投影精加工的预留量必须设为负值。

12.3.1 投影精加工参数介绍

单击【刀路】→【3D】→【精切】→【投影】按钮 ，系统弹出【3D 高速曲面刀路—投影】对话框。对话框中大部分选项卡在第 11 章已经介绍过了，下面对部分选项卡进行介绍。

1. 【刀路控制】选项卡

单击【刀路控制】选项卡，如图 12-13 所示。该选项卡用于创建一个包含边界的刀路并为 3D 高速刀具路径设置其他包含参数。

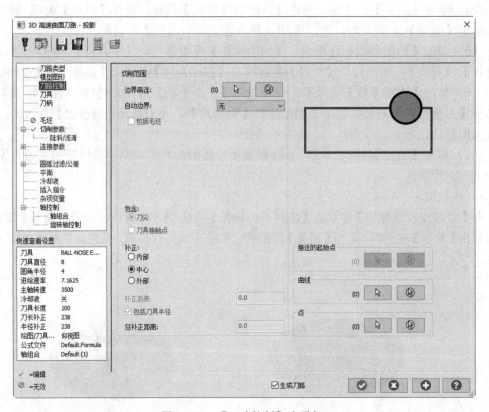

图 12-13 【刀路控制】选项卡

（1）【包括轮廓边界】：用于控制刀具在一定义的边界周围的位置。边界是一组封闭的线框曲线，包围要加工的区域。无论选定的切削面如何，系统都不会创建违反边界的工具运动。 它们可以是任何线框曲线，并且不必与加工的曲面相关联。

（2）【曲线】：单击其下的【选择】按钮 ，则返回到图形窗口以选择曲线。选择曲线后，将使用曲线作为起点向外创建刀具路径。对于投影刀具路径，这些曲线将投影到选定的曲面或实体上。

（3）【点】：单击其下的【选择】按钮 ，则返回到图形窗口选择将投影到选定曲面或实体上的点。

2．【切削参数】选项卡

单击【切削参数】选项卡，如图 12-14 所示。该选项卡用于将曲线、点或其他刀具路径（NCI 文件）投影到曲面或实体上。

（1）【依照深度】：选择以按深度或按输入实体控制深度切削顺序。

（2）【轴向分层切削次数】：在多次加工过程中移除材料。当零件上剩余的材料过多而无法直接加工到表面时，请使用此选项。当值为 1 时允许刀具在编程深度进行单次切削；输入一个大于 1 的值时，创建额外的切削。

（3）【步进量】：当【轴向分层切削次数】设置为 2 或更大时启用该选项，确定相邻切削走刀之间的 Z 间距。

图 12-14　【切削参数】选项卡

📖 12.3.2 操作实例——茶碟高速投影精加工

本例在 12.2 节放射精加工的基础上对茶碟进行投影精加工。

操作步骤如下：

1．承接放射精加工结果

2．创建高速投影精加工刀具路径

（1）单击【视图】→【屏幕视图】→【仰视图】按钮 ，将当前视图设置为仰视图。

（2）单击【刀路】→【3D】→【精切】→【投影】按钮 ，系统弹出【3D 高速曲面刀路—投影】对话框。

（3）单击【模型图形】选项卡，单击【模型图形】选项卡【加工图形】组中的【选择图素】按钮 ，框选绘图区所有曲面作为加工曲面，【壁边预留量】和【底面预留量】均

设置为 0。

（4）单击【刀具】选项卡，选择【直径】为 3 的球形铣刀。

（5）单击【切削参数】选项卡，设置【轴向风采切线次数】为 2，【步进量】为 1，【投影方式】选择【NCI】，在刀路列表中选中刀路 3（3D 高速刀路（放射））。

（6）单击【连接参数】选项卡，设置提刀【安全平面】为 20，【位置】选择【增量】；适用于类型选择【不修剪】；【两刀具切削间隙保持在】选择【刀具直径的百分比】，数值为 100，其他参数采用默认。

（7）单击【确定】按钮 ⊘，系统根据所设置的参数生成高速投影精加工刀具路径，如图 12-15 所示。

3．模拟加工

在【刀路操控管理器】中单击【选择全部操作】按钮 ，和【验证已选择的操作】按钮 ，系统弹出【验证】对话框，单击【播放】按钮 ，系统开始进行模拟，模拟加工结果如图 12-16 所示。

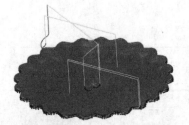

图 12-15　高速投影精加工刀具路径　　　　图 12-16　模拟加工结果

12.4　高速等高精加工

高速等高精加工是沿所选图形的轮廓创建一系列轴向切削。通常用于精加工或半精加工操作，最适合加工轮廓角度在 30°～90°之间的图形。

📖 12.4.1　等高精加工参数介绍

单击【刀路】→【3D】→【精切】→【等高】按钮 ，系统弹出【3D 高速曲面刀路—投影】对话框。对话框中大部分选项卡在第 4 章已经介绍过了，下面对部分选项卡进行介绍。

单击【切削参数】选项卡，如图 12-17 所示。该选项卡用于配置等高刀具路径的切削参数设置。这是一个精加工刀具路径，它在驱动表面上以恒定的 Z 间距跟踪平行轮廓。

（1）【下切】：确定相邻切削走刀之间的 Z 间距。

（2）【添加切削】：在轮廓的浅区域添加切削，以便刀具路径在切削走刀之间不会有过大的水平间距。

（3）【最小斜插深度】：设置零件浅区域中添加的 Z 切削之间的最小距离。

（4）【最大剖切深度】：确定两个相邻切削走刀的表面轮廓的最大变化。这表示两个轮廓上相邻点之间的最短水平距离的最大值。

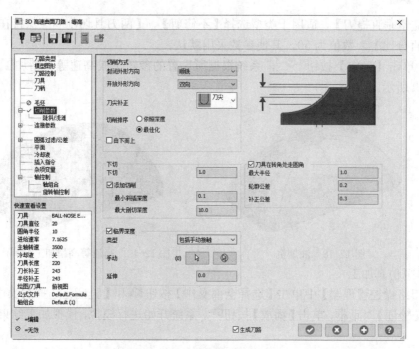

图 12-17　【切削参数】选项卡

📖12.4.2 操作实例——油烟机高速等高精加工

本例对油烟机进行等高精加工，在源文件中已对油烟机进行了平行粗加工和区域粗加工，模型如图 12-18 所示。

操作步骤如下：

1．打开文件

单击快速访问工具栏中的【打开】按钮，在弹出的【打开】对话框中选择【网盘→原始文件→第 12 章→油烟机】文件，单击【打开】按钮，打开文件。

2．创建高速等高精加工刀具路径

（1）单击【视图】→【屏幕视图】→【俯视图】按钮，将当前视图设置为俯视图。

（2）单击【刀路】→【3D】→【精切】→【等高】按钮，系统弹出【3D 高速曲面刀路—等高】对话框。

（3）单击【模型图形】选项卡，在【加工图形】组中单击【选择图素】按钮，框选所有曲面作为加工曲面，【壁边预留量】和【底面预留量】均设置为 0。

（4）单击【刀具】选项卡，在刀具列表中选择【直径】为 12 的球形铣刀。

（5）单击【切削参数】选项卡，【封闭外形方向】选择【顺铣】，【开放外形方向】选择【双向】，【切削排序】选择【最佳化】，【下切】设置为 1。

（6）单击【陡斜/浅滩】选项卡，勾选【最高位置】复选框，设置为 150，勾选【最低位置】复选框，设置为 55，在【接触】选项组中选择【接触区域和边界】。

（7）单击【连接参数】选项卡，设置提刀【安全平面】为 50，位置选择【增量】，类

型选择【完整垂直提刀】，适用于类型选择【不修剪】，【两刀具切削间隙保持在】选择【刀具直径的百分比】，数值为 50，其他参数采用默认。

（8）单击【确定】按钮 ，系统根据所设置的参数生成高速等高精加工刀具路径，如图 12-19 所示。

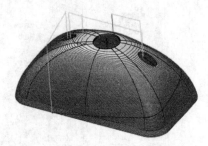

图 12-18　油烟机　　　　　　　图 12-19　高速等高精加工刀具路径

3．模拟仿真加工

在【刀路操控管理器】中单击【选择全部操作】按钮 和【验证已选择的操作】按钮 ，系统弹出【验证】对话框，单击【播放】按钮 ，系统开始进行模拟，模拟加工结果如图 12-20 所示。

图 12-20　模拟加工结果

12.5　高速熔接精加工

熔接精加工也称混合精加工，在两条熔接曲线内部生成刀路，再投影到曲面上生成混合精加工刀路。

熔接精加工是由以前版本中的双线投影精加工演变而来，Mastercam X3 将此功能单独列了出来。

12.5.1　熔接精加工参数介绍

单击【刀路】→【3D】→【精切】→【熔接】按钮 ，系统弹出【3D 高速曲面刀路—熔接】对话框。对话框中大部分选项卡在前面章节已经介绍过了，下面对部分选项卡进行介绍。

单击【切削参数】选项卡，如图 12-21 所示。该选项卡为 3D 高速混合刀具路径配置切削参数。

（1）【翻转步进】：反转刀具路径的切削方向。

（2）【投影方式】：设置创建的刀具路径的位置。包含以下选项：

1）【2D】：在平面中保持切削等距。此时激活【方向】组。该组中包含两个选项：

【截断】：从一个串连到另一个创建切削刀路，从第一个选定串连的起点开始。

【引导】：在选定的加工几何体上沿串连方向创建切削路径，从第一个选定串连的起点开始。

2）【3D】：在 3D 中保持切削等距，在陡峭区域添加切口。

（3）【压平串连】：　选择以在生成刀具路径之前将选定的加工几何体转换为 2D/平面曲线。压平串连可能会缩短链条的长度。

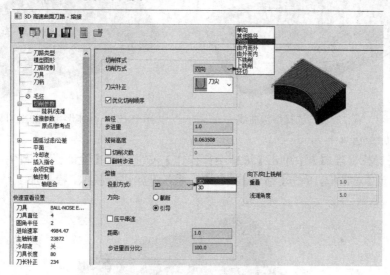

图 12-21　【切削参数】选项卡

12.5.2 操作实例——油烟机高速熔接精加工

本例在 12.4 节高速等高精加工的基础上对油烟机进行高速熔接精加工。

操作步骤如下：

1．承接等高精加工结果

2．创建高速熔接精加工刀具路径

（1）单击【视图】→【屏幕视图】→【仰视图】按钮，将当前视图设置为仰视图。

（2）单击【刀路】→【3D】→【精切】→【熔接】按钮，系统弹出【3D 高速曲面刀路—熔接】对话框。

（3）单击【模型图形】选项卡，在【加工图形】组中单击【选择图素】按钮，框选所有曲面作为加工曲面，【壁边预留量】和【底面预留量】均设置为 0。

（4）单击【刀路控制】选项卡，单击【曲线】组中的【选择】按钮，打开图层 3，拾取图 12-22 所示的熔接曲线。

（5）单击【刀具】选项卡，选择【直径】为 12 的球形铣刀。

（6）单击【切削参数】选项卡，【切削方式】选择【双向】，【步进量】为1，【投影方式】选择【2D】，【方向】选择【引导】。【距离】设置为1，【步进量百分比】为100。

（7）单击【连接参数】选项卡，设置提刀【安全平面】为25，【位置】选择【增量】。【类型】选择【完整垂直提刀】；【两刀具切削间隙保持在】选择【刀具直径的百分比】，数值为100；【适用于】组中设置修剪类型为【不修剪】；其他参数采用默认。

（8）单击【确定】按钮 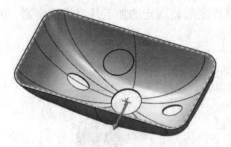，系统根据所设置的参数生成高速熔接精加工刀具路径，如图12-23所示。

图12-22　选择熔接曲线　　　　图12-23　高速熔接精加工刀具路径

3．模拟加工仿真

在【刀路操控管理器】中单击【选择全部操作】按钮和【验证已选择的操作】按钮 ，系统弹出【验证】对话框，单击【播放】按钮 ，系统开始进行模拟，模拟加工结果如图12-24所示。

图12-24　模拟加工结果

12.6 高速等距环绕精加工

高速等距环绕精加工用于创建相对于径向切削间距具有一致环绕移动的刀路。

12.6.1 等距环绕精加工参数介绍

单击【刀路】→【3D】→【精切】→【等距环绕】按钮 ，系统弹出【3D 高速曲面刀路—等距环绕】对话框。对话框中大部分选项卡在第11章已经介绍过了，下面对部分选项卡进行介绍。

单击【切削参数】选项卡，如图12-25所示。该选项卡用于配置 3D 等距环绕刀路径的切削参数。使用此刀具路径创建具有恒定步距的精加工走刀，其中步距沿曲面而不是平行于刀具平面进行测量。这样可以在刀具路径上保持恒定的残脊高度。

（1）【封闭外形方向】：使用该选项确定闭合轮廓的切削方向。闭合轮廓包含连续运动，无需退回或反转方向。包含以下6种选项：

1）【单向】：在整个操作过程中保持爬升方向的切削。

2）【其他路径】：在整个操作过程中保持传统方向的切削。

3）【下铣削】：仅向下切削。

4）【上铣削】：仅在向上方向上切削。

5）【顺时针环切】：沿顺时针方向以螺旋运动切削。

6）【逆时针环切】：沿逆时针方向以螺旋运动切削。

（2）【开放外形方向】：使用该选项确定开放轮廓的切削方向。包含以下3种选项：

1）【单向】：通过走刀切削开放轮廓，向上移动到零件安全平面，移回切削起点，然后沿同一方向再走一遍。所有的运动都在同一个方向。

2）【其他路径】：在整个操作过程中保持传统方向的切削。

3）【双向】：沿与前一个通道相反的方向切削每个通道。一个简短的链接运动将两端连接起来。

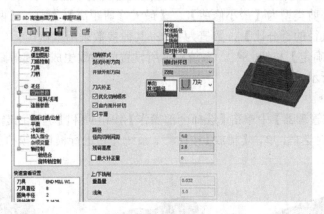

图 12-25　【切削参数】选项卡

（3）【径向切削间距】：定义切削路径之间的间距。这是沿表面轮廓测量的 3D 值。它与残脊高度相关联，因此用户可以根据步距或残脊高度指定两切削路径之间的间距。当用户在一个字段中输入时，它会自动更新另一个残脊高度。

（4）【最大补正量】：勾选该复选框，可以输入切削走刀的最大偏移量。

12.6.2 操作实例——箱体高速等距环绕精加工

本例在 10.2.2 节优化动态粗加工的基础上对箱体进行高速等距环绕精加工，粗加工后的箱体模型如图 12-26 所示。

操作步骤如下：

1．打开文件

单击快速访问工具栏中的【打开】按钮，在弹出的【打开】对话框中选择【网盘→原始文件→第12章→插头】文件，单击【打开】按钮，打开文件。

2．创建高速等距环绕精加工刀具路径

（1）单击【视图】→【屏幕视图】→【仰视图】按钮，将当前视图设置为仰视图。

（2）单击【刀路】→【3D】→【精切】→【等距环绕】按钮，系统弹出【3D 高速曲面刀路—等距环绕】对话框。

（3）单击【模型图形】选项卡，在【加工图形】组中单击【选择图素】按钮，框选所有曲面作为加工曲面，【壁边预留量】和【底面预留量】均设置为 0。

（4）单击【刀具】选项卡，单击【选择刀库刀具】按钮，选择【刀号】为 262，【直径】为 5 的圆鼻铣刀，单击【确定】按钮，返回【3D 高速曲面刀路—等距环绕】对话框。

（5）单击【切削参数】选项卡，【封闭外形方向】选择【顺时针环切】，【开放外形方向】选择【双向】，勾选【优化切削顺序】复选框和【由内而外环切】复选框；【径向切削间距】设置为 1。

（6）单击【陡斜/浅滩】选项卡，分别勾选【最高位置】复选框和【最低位置】复选框及其下方的【自动检测深度】和【包括毛坯】复选框。

（7）设置单击【连接参数】选项卡，设置提刀【安全平面】为 50，【增量标注】。【适用于】组中设置修剪类型为【最小修剪】，【最大修剪距离】为 1；【两刀具切削间隙保持在】选择【刀具直径的百分比】，数值为 100；其他参数采用默认。

（8）单击【确定】按钮，系统根据所设置的参数生成高速等距环绕精加工刀具路径，如图 12-27 所示。

3．模拟加工

在【刀路操控管理器】中单击【选择全部操作】按钮和【验证已选择的操作】按钮，系统弹出【验证】对话框，单击【播放】按钮，系统开始进行模拟，模拟加工结果如图 12-28 所示。

图 12-26　箱体　　　图 12-27　等距环绕精加工刀具路径　　　图 12-28　模拟加工结果

12.7 高速混合精加工

高速混合精加工是等高和环绕的组合方式，该命令兼具等高和环绕加工的优势，对陡峭区域进行等高，对浅滩区域进行环绕。

12.7.1 混合精加工参数介绍

单击【刀路】→【3D】→【精切】→【混合】按钮，系统弹出【3D 高速曲面刀路—混合】对话框。对话框中大部分选项卡在第 11 章已经介绍过了，下面对部分选项卡进行介绍。

单击【切削参数】选项卡，如图 12-29 所示。该选项卡用于配置混合刀具路径的切削路径。这是一个精加工刀具路径，它为陡峭区域生成线形切削路径，为浅区域生成扇形切削路径。Mastercam2023 在两种风格之间平滑切换，以符合逻辑的优化顺序进行剪辑。

图 12-29 【切削参数】选项卡

（1）【Z 步进量】：定义相邻阶梯之间的恒定 Z 距离。系统将这些步距与限制角度和 3D 步距结合使用来计算混合刀具路径的切削路径。系统首先将整个模型切成由 Z 步长距离定义的部分。 然后，它会沿着指定的限制角度分析每个步进之间的驱动表面的斜率过渡。 如果驱动表面在降压距离内的坡度过渡小于应用的限制角，则混合刀具路径认为它是陡峭的，并生成单个 2D 线形切削路径。否则，则定义为浅。系统使用 3D 步距沿浅坡创建 3D 扇形切削通道。

（2）【角度限制】：设置定义零件浅区域的角度。典型的极限角是 45°。系统在范围从零到限制角度的区域中添加或删除切削刀路。

（3）【3D 步进量】：定义浅步进中 3D 扇形切削通道之间的间距。

（4）【保持 Z 路径】：勾选该复选框，则在陡峭区域保持 Z 加工路径。浅层区域的加工是基于偏移方法计算的。否则在加工浅区域时计算整个零件的运动。

（5）【平面检测】：用于设置是否控制刀具路径处理加工平面。

（6）【平面区域】：勾选【平面检测】时启用。选择平面加工类型有：

1）【包括平面】：选择该选项，则在加工时包括平面，而不管限制角度如何。然后，用户可以为平面设置单独的步距。

2）【忽略平面】：选择该选项，则不加工任何平面。

3）【仅平面】：选择该选项，则仅加工平面。

（7）【平滑】：勾选该复选框，则平滑尖角并用曲线替换它们。消除方向的急剧变化可以使刀具承受更均匀的负载，并始终保持更高的进给速率。

1）【角度】：设置用户希望系统将其视为锐角的两个刀具路径段之间的最小角度。

2）【熔接距离】：设置系统前后远离尖角的距离。

12.7.2 操作实例——箱体高速混合精加工

本例在 12.6 节等距环绕的基础上对箱体进行高速混合精加工。

操作步骤如下：

1．承接等距环绕精加工结果

2．创建高速混合精加工刀具路径

（1）单击【视图】→【屏幕视图】→【俯视图】按钮，将当前视图设置为俯视图。

（2）单击【刀路】→【3D】→【精切】→【混合】按钮，系统弹出【3D 高速曲面刀路—混合】对话框。

（3）单击【模型图形】选项卡，在【加工图形】组中单击【选择图素】按钮，选择图 12-30 所示的曲面作为加工曲面，【壁边预留量】和【底面预留量】均设置为 0。

（4）单击【刀路控制】选项卡，单击【边界串连】后的【边界范围】按钮，绘图区拾取如图 12-31 所示的串连。

（5）单击【刀具】选项卡，在刀具列表中选择【刀号】为 262，【直径】为 5 的圆鼻铣刀，单击【确定】按钮，返回【3D 高速曲面刀路—混合】对话框。

（6）单击【切削参数】选项卡，【封闭外形方向】选择【顺铣】，【开放外形方向】选择【双向】，勾选【切削排序最佳化】复选框，【步进】组中的【Z 步进量】设置为 1【角度限制】为 90，【3D 步进量】为 0.25。

（7）单击【连接参数】选项卡，设置提刀【安全平面】为 50，【位置】选择【增量】。【类型】选择【完整垂直提刀】，【两刀具切削间隙保持在】选择【刀具直径的百分比】，数值为 100；【适用于】组中设置修剪类型为【不修剪】；其他参数采用默认。

图 12-30　选择加工曲面　　　　　图 12-31　选择加工边界

（8）单击【确定】按钮，系统根据所设置的参数生成高速混合精加工刀具路径，如图 12-32 所示。

3. 模拟加工

在【刀路操控管理器】中单击【选择全部操作】按钮 ⬆ 和【验证已选择的操作】按钮 🔍，系统弹出【验证】对话框，单击【播放】按钮 ▶，系统开始进行模拟，模拟加工结果如图 12-33 所示。

图 12-32　高速混合精加工刀具路径　　　　图 12-33　模拟加工结果

12.8 高速水平区域精加工

高速水平区域精加工是加工模型的平面区域，在每个区域的 Z 高度创建切削路径。

📖 12.8.1 水平区域精加工参数介绍

单击【刀路】→【3D】→【精切】→【水平区域】按钮 ◈，系统弹出【3D 高速曲面刀路—水平区域】对话框。　对话框中大部分选项卡在第 4 章已经介绍过了，下面对部分选项卡进行介绍。

单击【切削参数】选项卡，如图 12-34 所示。该选项卡用于配置水平区域刀具路径的切削路径。　此刀具路径在平坦区域上创建精加工路径。Mastercam2023 将创建多个切削通道，代表表面边界偏移的步距值。

图 12-34　【切削参数】选项卡

（1）【切削距离】：将最大 XY 步距表示为刀具直径的百分比。当在此输入框中输入

值时，最大（XY 步距）字段将自动更新

（2）【最小】：用于设置两个切削路径之间的步距距离的最小可接受距离。

（3）【最大】：用于设置两个切削路径之间的步距距离的最大可接受距离。

📖 12.8.2 操作实例——插头水平区域精加工

本例在 10.1.2 节区域粗加工的基础上对插头进行水平区域精加工，粗加工后的模型如图 12-35 所示。

图 12-35 插头

操作步骤如下：

1．打开文件

单击快速访问工具栏中的【打开】按钮🗁，在弹出的【打开】对话框中选择【网盘→原始文件→第 12 章→插头】文件，单击【打开】按钮，打开文件。

2．创建高速水平区域精加工刀具路径

（1）单击【刀路】→【3D】→【精切】→【水平区域】按钮◆，系统弹出【3D 高速曲面刀路—水平区域】对话框。

（2）单击【模型图形】选项卡，设置【壁边预留量】和【底面预留量】均为 0，单击【选择】按钮🔲，绘图区框选所有曲面作为加工曲面。

（3）单击【刀具】选项卡，单击【选择刀库刀具】按钮，选择【刀号】为 262，【直径】为 5 的圆鼻铣刀，单击【确定】按钮✅，返回【3D 高速曲面刀路—水平区域】对话框。

（4）双击该铣刀图标，系统弹出【编辑刀具】对话框，修改刀具【总长度】为 100，【刀肩长度】为 80，单击【完成】按钮，返回对话框。

（5）单击【切削参数】选项卡，【切削方式】选择【顺铣】；【轴向分层切削次数】为 2，【分层深度】为 1，【XY 步进量】组中【步进距离（直径%）】为 45。

（6）单击【陡斜/浅滩】选项卡，勾选【最高位置】和【最低位置】复选框，分别单击【检测限制】按钮。

（7）单击【连接参数】选项卡，设置提刀【安全平面】为 35，位置选择【增量】。【适用于】组中设置修剪类型为【不修剪】；【两刀具切削间隙保持在】选择【刀具直径的百分比】，数值为 50；引线参数采用默认。

（8）单击【确定】按钮✅，系统根据所设置的参数生成高速水平区域精加工刀具路径，如图 12-36 所示。

3．模拟仿真加工

在【刀路操控管理器】中单击【选择全部操作】按钮，和【验证已选择的操作】按钮，
系统弹出【验证】对话框，单击【播放】按钮，系统开始进行模拟，模拟加工结果如图 12-37
所示。

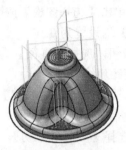

图 12-36　高速水平区域精加工刀具路径　　　　图 12-37　模拟加工结果

12.9　综合实例——轮毂

精加工的主要目的是将工件加工到接近或达到所要求的精度和表面粗糙度，因此，有时
候会牺牲效率来满足精度要求。加工时往往不是使用一种精加工方法，而是多种方法配合使
用。本例通过对图 12-38 所示的轮毂的精加工来说明精加工方法的综合运用，源文件中已对
轮毂进行了区域粗加工。

操作步骤如下：

1．打开文件

单击快速访问工具栏中的【打开】按钮，在弹出的【打开】对话框中选择【网盘→原始
文件→第 12 章→轮毂】文件，单击【打开】按钮，打开文件。

2．毛坯设置

（1）打开图层 3。在操作管理区中，单击【毛坯设置】选项，系统弹出【机床群组设置】
对话框【毛坯设置】选项卡；单击【从选择添加】按钮，在绘图区选择图 12-39 所示的毛坯
实体，单击【确定】按钮，生成毛坯。

（2）关闭图层 3。单击【刀路】→【毛坯】→【显示/隐藏毛坯】按钮，显示毛坯，如
图 12-40 所示。

图 12-38　轮毂　　　　　　图 12-39　毛坯实体　　　　　图 12-40　创建的毛坯

（3）单击【显示/隐藏毛坯】按钮，隐藏毛坯。

3．创建高速等距环绕精加工刀具路径

（1）单击【视图】→【屏幕视图】→【俯视图】按钮，将当前视图设置为俯视图。

（2）单击【刀路】→【3D】→【精切】→【等距环绕】按钮，系统弹出【3D 高速曲面刀路—等距环绕】对话框。

（3）单击【模型图形】选项卡，在【加工图形】组中单击【选择图素】按钮，框选所有曲面作为加工曲面，【壁边预留量】和【底面预留量】均设置为 0。

（4）单击【刀具】选项卡，单击【选择刀库刀具】按钮，选择【直径】为 5 的球形铣刀，单击【确定】按钮，返回【3D 高速曲面刀路—等距环绕】对话框。

（5）双击该铣刀图标，系统弹出【编辑刀具】对话框，修改刀具【总长度】为230，【刀肩长度】为210，单击【完成】按钮，返回对话框。

（6）单击【切削参数】选项卡，【封闭外形方向】选择【顺时针环切】，【开放外形方向】选择【双向】，勾选【优化切削顺序】复选框和【由内而外环切】复选框；【径向切削间距】设置为1。

（7）单击【陡斜/浅滩】选项卡，勾选【最高位置】复选框和【最低位置】复选框，设置【最高位置】的值为125，【最低位置】的值为50。

（8）设置单击【连接参数】选项卡，设置提刀【安全平面】为 50，增量。【适用于】组中设置修剪类型为【最小修剪】，【最大修剪距离】为 1，【两刀具切削间隙保持在】选择【刀具直径的百分比】，数值为100，其他参数采用默认。

（9）单击【确定】按钮，系统根据所设置的参数生成高速等距环绕精加工刀具路径，如图 12-41 所示。

4．创建高速放射精加工刀具路径

（1）单击【视图】→【屏幕视图】→【仰视图】按钮，将当前视图设置为仰视图。

（2）单击【刀路】→【3D】→【精切】→【放射】按钮，系统弹出【3D 高速曲面刀路—放射】对话框。

（3）单击【模型图形】选项卡，在【加工图形】组中单击【选择图素】按钮，框选所有曲面作为加工曲面，【壁边预留量】和【底面预留量】均设置为 0。

（4）单击【刀具】选项卡，在刀具列表中选择【直径】为 5 的球形铣刀。

（5）单击【切削参数】选项卡，【切削方式】设置为【双向】，【切削间距】设置为1，中心点坐标为（0,0），【内径】设置为 0，取消勾选【外径】复选框，【起始角度】为 0，【结束角度】为 0。

（6）单击【连接参数】选项卡，设置提刀【安全平面】为 50，位置选择【增量】，类型选择【完整垂直提刀】，适用于类型选择【不修剪】，【刀具直径百分比】为 100，其他参数采用默认。

（7）单击【确定】按钮，系统根据所设置的参数生成高速放射精加工刀具路径，如图 12-42 所示。

5．创建高速平行精加工刀具路径 1

（1）单击【视图】→【屏幕视图】→【前视图】按钮，将当前视图设置为前视图。

（2）单击【刀路】→【3D】→【精切】→【平行】按钮，系统弹出【3D 高速曲面刀路—平行】对话框。

图 12-41 等距环绕精加工刀具路径   图 12-42 放射精加工刀具路径

（3）单击【模型图形】选项卡，在【加工图形】组中的【选择图素】按钮，选择所有曲面作为加工曲面，【壁边预留量】和【底面预留量】均设置为0。

（4）单击【刀具】选项卡，在刀具列表中选择【直径】为5的球形铣刀。

（5）单击【切削参数】选项卡，【切削方式】选择【双向】，勾选【切削排序最佳化】复选框，【切削间距】设置为1，【加工角度】选择【自定义】，数值为90。

（6）单击【陡斜/浅滩】选项卡，勾选【最高位置】复选框，设置【最高位置】的值为134，勾选【最低位置】复选框，设置为-134，【接触】选择【仅接触区域】。

（7）单击【连接参数】选项卡，设置提刀【安全平面】为50，位置选择【增量】，类型选择【完整垂直提刀】，适用于类型选择【不修剪】，【刀具直径百分比】为100，其他参数采用默认。

（8）单击【确定】按钮，系统根据所设置的参数生成高速平行精加工刀具路径，如图12-43所示。

6. 创建高速投影精加工刀具路径1

（1）单击【视图】→【屏幕视图】→【仰视图】按钮，将当前视图设置为仰视图。

（2）单击【刀路】→【3D】→【精切】→【投影】按钮，系统弹出【3D高速曲面刀路—投影】对话框。

（3）单击【模型图形】选项卡，单击【模型图形】选项卡【加工图形】组中的【选择图素】按钮，选择所有曲面作为加工曲面，【壁边预留量】和【底面预留量】均设置为0。

（4）单击【刀具】选项卡，在刀具列表中选择【直径】为5的球形铣刀。

（5）单击【切削参数】选项卡，设置【轴向风采切线次数】为2，【步进量】为1，【投影方式】选择【NCI】，在刀路列表中选中刀路5（3D高速刀路（平行加工））。

（6）单击【陡斜/浅滩】选项卡，勾选【最高位置】复选钻孔，【最高位置】的值为134，勾选【最低位置】复选钻孔，设置为-134，【接触】选择【仅接触区域】。

（7）单击【连接参数】选项卡，设置提刀【安全平面】为50，【位置】选择【增量】；【适用于类型】选择【不修剪】；【两刀具切削间隙保持在】选择【刀具直径的百分比】，数值为100，其他参数采用默认。

（8）单击【确定】按钮，系统根据所设置的参数生成高速投影精加工刀具路径，如图12-44所示。

| 图 12-43　平行精加工刀具路径 1 | 图 12-44　投影精加工刀具路径 1 |

7. 创建高速平行精加工刀具路径 2

（1）单击【视图】→【屏幕视图】→【左视图】按钮，将当前视图设置为左视图。

（2）单击【刀路】→【3D】→【精切】→【平行】按钮，系统弹出【3D 高速曲面刀路—平行】对话框。

（3）单击【模型图形】选项卡，在【加工图形】组中的【选择图素】按钮，选择所有曲面作为加工曲面，【壁边预留量】和【底面预留量】均设置为 0。

（4）单击【刀具】选项卡，在刀具列表中选择【直径】为 5 的球形铣刀。

（5）单击【切削参数】选项卡，【切削方式】选择【双向】，勾选【切削排序最佳化】复选框，【切削间距】设置为 1，【加工角度】选择【自定义】，数值为 0。

（6）单击【陡斜/浅滩】选项卡，勾选【最高位置】复选钻孔，设置【最高位置】的值为 134，勾选【最低位置】复选钻孔，设置为 100，【接触】选择【仅接触区域】。

（7）单击【连接参数】选项卡，设置提刀【安全平面】为 50，【位置】选择【增量】，【类型】选择【完整垂直提刀】，【适用于类型】选择【不修剪】，【刀具直径百分比】为 100，其他参数采用默认。

（8）单击【确定】按钮，系统根据所设置的参数生成高速平行精加工刀具路径，如图 12-45 所示。

8. 创建高速投影精加工刀具路径 2

（1）单击【视图】→【屏幕视图】→【仰视图】按钮，将当前视图设置为仰视图。

（2）单击【刀路】→【3D】→【精切】→【投影】按钮，系统弹出【3D 高速曲面刀路—投影】对话框。

（3）单击【模型图形】选项卡，单击【模型图形】选项卡【加工图形】组中的【选择图素】按钮，选择所有曲面作为加工曲面，【壁边预留量】和【底面预留量】均设置为 0。

（4）单击【刀具】选项卡，在刀具列表中选择【直径】为 5 的球形铣刀。

（5）单击【切削参数】选项卡，设置【轴向风采切线次数】为 2，【步进量】为 1，【投影方式】选择【NCI】，在刀路列表中选中刀路 5（3D 高速刀路（平行加工））。

（6）单击【陡斜/浅滩】选项卡，勾选【最高位置】复选钻孔，设置为 134，勾选【最低位置】复选钻孔，设置为 100，【接触】选择【仅接触区域】。

（7）单击【连接参数】选项卡，设置提刀【安全平面】为 50，位置选择【增量】；适用于类型选择【不修剪】；【两刀具切削间隙保持在】选择【刀具直径的百分比】，数值为 100，其他参数采用默认。

（8）单击【确定】按钮 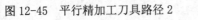，系统根据所设置的参数生成高速投影精加工刀具路径 2，如图 12-46 所示。

图 12-45　平行精加工刀具路径 2　　　　图 12-46　投影精加工刀具路径 2

9. 模拟加工

在【刀路操控管理器】中单击【选择全部操作】按钮 和【实体仿真所选操作】按钮 ，并在弹出的【Mastercam 模拟器】对话框中单击【播放】按钮 ，系统进行模拟，模拟加工结果如图 12-47 所示。

图 12-47　模拟加工结果

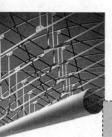

第13章

多轴加工

在三轴的机床上,附加上绕 X 轴或 Y 轴两个方向的转动,即 A 轴或 B 轴,则形成了多轴(四或五轴)加工。理论上多轴运动是可以以任何姿态达到空间上任何一点位置的,因此多轴加工可以满足一些有特殊要求的零件加工。

本章首先介绍了 Mastercam2023 多轴加工的特点,然后结合实例对各种多轴加工方法进行了详细介绍。

重点与难点

- 多轴加工的概述
- 曲线五轴加工、沿边多轴加工
- 曲面五轴加工、沿面多轴加工
- 旋转加工、叶片专家多轴加工
- 智能综合加工

Mastercam 2023

13.1 多轴加工概述

传统的数控机床一般都是 X、Y、Z 轴 3 轴联动，它可以满足绝大部分零件的加工要求，但对于一些形状特别或具有复杂曲面的零件则难以满足加工要求。此时采用多轴加工方法可以很好地解决这方面的问题。

所谓多轴加工是指加工轴为 3 轴以上的加工，主要包括 4 轴加工、5 轴加工。4 轴加工是指除了 X、Y、Z 方向平移外，刀具轴还可以在垂直于某一设定的方向上旋转。5 轴加工可以同时五轴连续独立运动，通常刀具轴心位于加工工件表面的法线方向，这不仅解决了特殊曲面和曲线的加工问题，而且可以大大提高加工精度。因而，近年来，5 轴加工被广泛应用于工业自由曲面加工。

Mastercam2023 提供了功能强大的多轴加工功能，不仅可以模拟多轴加工的刀路，而且还能生成多轴加工机械使用的 NC 文件。其具有如下主要特点：

1. 丰富的多轴铣削方法

Masterca:2023 多轴加工的走刀方法非常丰富，并且有着广泛的实际应用。用户可以根据加工工艺的要求，选取合适的走刀方式加工出满意的零件。其多轴铣削方法主要包括：

➢ 曲线多轴：用于加工 3D 曲线或曲面的边界，类似于二维外形铣削加工，但其刀具位置的设置更加灵活。曲线 5 轴加工如图 13-1 所示。

➢ 钻孔多轴：类似于二维的钻孔加工，但可以按不同的方向进行钻孔加工。

➢ 沿边多轴：可以设定沿着曲面边界进行加工。

➢ 多曲面多轴：用于生成加工 3D 曲面或实体表面的多轴粗加工和精加工刀路。

➢ 沿面多轴：可以通过控制残脊高度和进刀量来生成精确、平滑的精加工刀路，如图 13-2 所示。

➢ 旋转 5 轴：很适合加工近似圆柱体的工件，其刀具轴可在垂直设定轴的方向上旋转。

➢ 薄片 5 轴：主要用于一些拐弯形接口零件的加工。

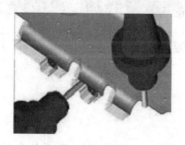

图 13-1　曲线 5 轴加工

图 13-2　沿面多轴加工

2. 多种多样的刀具运行控制

在多轴加工中，刀具切入、切出工件的路径和位置很重要。Mastercam2023 有多种控制刀具切入、切出的方法，并且还提供选项，控制刀具在走刀进程中的前仰角、后仰角和左、右倾角，如图 13-3 所示。通过设置前、后仰角，可改变刀具的受力状况，提高加工的表面质量。通过改

变左、右倾角，可以避免刀具、刀杆与工件的碰撞。5 轴精加工时，在零件曲率变化很大的区域内，Mastercam2023 可加密刀位点，铣出光滑的表面。

3．强大的刀轴方向控制

轴加工程序不仅能迅速、方便地定义刀轴的方向，而且能控制刀轴的运动范围，真正达到随意控制刀具运动的目的。Mastercam2023 不仅提供了很多控制刀轴方向的办法，还允许编程人员限制刀轴的运动范围，以适应一些极易干涉、碰撞状况下的编程，主要包括以下几点：

> 用一组直线确定方向，5 轴走刀时，刀轴的方向根据这组直线方向的变化而变化，如图 13-4 所示。

> 用上、下两组曲线控制刀轴方向。系统按照等百分比的原则，在上、下两条曲线上找出对应的插值点，然后根据这两点确定刀轴的方向。

> 用一个封闭的边界控制刀轴的运动范围，刀轴的方向受限于边界。

> 限制刀轴的倾角（A、B 或 C），以防碰撞。

> 控制刀具的方向，使刀具在切削时，其轴线方向始终通过某一固定点，这样可以保证在整个走刀过程中始终是刀尖在切削。

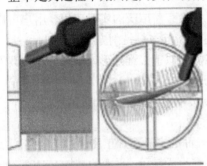 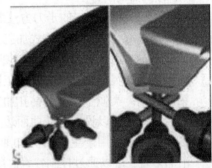

图 13-3 用前后仰角、左右倾角控制多轴刀具运动　　图 13-4 用直线的方向控制刀轴的方向

13.2 曲线多轴加工

曲线多轴加工多用于加工 3D 曲线或曲面的边界，根据对刀具轴的不同控制，可以生成 3 轴、4 轴或 5 轴加工刀路。

📖13.2.1 曲线 5 轴参数介绍

单击【刀路】→【多轴加工】→【曲线】按钮 ，系统弹出【多轴刀路-曲线】对话框。

1．建立切削参数

单击【切削方式】选项卡，如图 13-5 所示。该选项卡用于为多轴曲线刀具路径建立切削参数。切削参数设置决定了刀具如何沿该几何图形移动。

（1）【曲线类型】：选择用于驱动曲线的几何类型。包括：

1）【3D 曲线】：当切削串连几何体时，选择该项。3D 曲线可以是链状或实体。曲线将被投影到一个曲面上以进行刀具路径处理。

　　2）【所有曲面边缘】/【单一曲线边缘】：当不使用串连几何体时，请使用曲面边。单击其后的【选择点】按钮 ，将返回到图形窗口以选择要切削的曲面和一条边，如果选择了【所有曲面边缘】则需要选择一条边作为起点。所选曲线的数量将显示在按钮的右侧。

　　（2）【径向偏移】：设置刀具中心根据补偿方向偏移（左或右）的距离。

　　（3）【添加距离】：选中该复选框并输入一个值。该值是指刀具距离采用的路径的线性距离。当计算出的矢量之间的距离大于距离增量值时，将向刀具路径添加一个附加矢量。

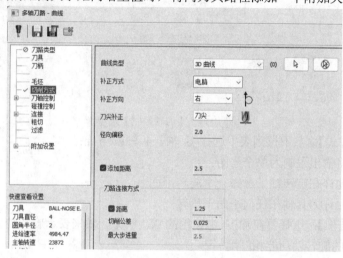

图 13-5　【切削方式】选项卡

　　（4）【距离】：限制工具运动。用于指定沿选定几何体刀具的向量之间的距离。指定较小的值会创建更准确的刀具路径，但可能需要更长的时间来生成并且可能会创建更长的 NC 程序。

　　（5）【最大步进量】：为刀具向量之间允许的最大间距输入一个值。在刀具沿直线行进很长距离的区域中，可能需要额外的矢量。如果用户选择【距离】选项，则该项不可用。

　　2．【刀轴控制】选项卡

　　单击【刀轴控制】选项卡，如图 13-6 所示。该选项卡用于为用户的多轴曲线刀具路径建立刀轴控制参数。刀具轴控制设置确定刀具相对于被切削几何体的方向。

　　（1）【刀轴控制】：使用下拉列表选择刀轴控制方式。单击【选择】按钮 ，返回图形窗口以选择适当的实体。实体数量显示在选择按钮的右侧。

　　1）【直线】：沿选定的线对齐工具轴。刀具轴将针对所选线之间的区域进行插值。以串连箭头指向刀具主轴的方式选择线条。

　　2）【曲面】：保持刀具轴垂直于选定曲面。曲面是唯一可用于 3 轴输出的选项。对于 3 轴输出，Mastercam2023 将曲线投影到刀具轴表面上。投影曲线成为刀具接触位置。

　　3）【平面】：保持刀具轴垂直于选定平面。

　　4）【从点】：将刀具轴限制为从选定点开始。

　　5）【到点】：限制工具轴在选定点处终止。

　　6）【曲线】：沿直线、圆弧、样条曲线或链接几何图形对齐刀具轴。

399

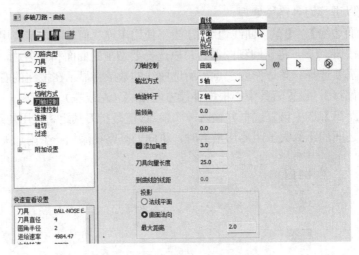

图 13-6 【刀轴控制】选项卡

（2）【输出方式】：从下拉列表中选择 3 轴、4 轴或 5 轴。

1）【3 轴】：将输出限制为单个平面。

2）【4 轴】：允许在旋转轴下选择一个旋转平面。

3）【5 轴】：允许刀具轴在任何平面上旋转。

（3）【轴旋转于】：选择要在加工中使用的 X、Y 或 Z 轴来表示旋转轴。将此设置与用户机器的 4 轴输出的旋转轴功能相匹配。

（4）【前倾角】：沿刀具路径的方向向前倾斜刀具。

（5）【侧倾角】：输入倾斜工具的角度。沿刀具路径方向移动时向右或向左倾斜刀具。

（6）【添加角度】：选中该复选框并输入一个值。该值是相邻刀具矢量之间的角度测量值。当计算出的矢量之间的角度大于角度增量值时，将向刀具路径添加一个附加矢量。

（7）【刀具向量长度】：输入一个值，该值通过确定每个刀具位置处的刀具轴长度来控制刀具路径显示。也用作 NCI 文件中的矢量长度。对于大多数刀具，使用 1in 或 25mm 作为刀具矢量长度。输入较小的值会减少刀具路径的屏幕显示。当对刀具路径显示感到满意时，将刀具矢量长度更改为更大的值以创建更准确的 NCI 文件。

（8）【到曲线的线距】：这个值决定了直线可以离曲线多远并且仍然可以改变倾斜角度。此选项仅在刀轴控制设置为直线时可用。

（9）【法线平面】：使用当前构建平面作为投影方向将曲线投影到工具轴曲面。

（10）【曲面法向】：投影垂直于刀具轴控制面的曲线。

（11）【最大距离】：选择【刀轴控制】为曲面时启用。输入从 3D 曲线到它们将被投影到的表面的最大距离。当有多个曲面可用于曲线投影时很有用，例如，模具的内表面和外表面。

📖13.2.2 操作实例——瓶盖曲线 5 轴加工

本例对图 13-7 所示的瓶盖进行曲线 5 轴加工。

操作步骤如下：

1．打开文件

单击快速访问工具栏中的【打开】按钮，在弹出的【打开】对话框中选择【网盘→原始文件→第 13 章→瓶盖】文件，单击【打开】按钮，打开文件。

2．创建曲线

（1）单击【视图】→【屏幕视图】→【前视图】按钮，将当前【绘图平面】和【刀具平面】设置为前视图。

（2）在【主页】选项卡【规划】面板中的【Z】输入框中输入深度值 15。

（3）单击【线框】→【绘线】→【线端点】按钮，绘制一条起点在坐标点（0,2,15），长度为 10 的直线，如图 13-8 所示。

（4）单击【转换】→【位置】→【投影】按钮，根据系统提示选择刚刚绘制的直线，单击【选择结束】按钮，系统弹出【投影】对话框，【方式】选择【移动】，在【投影到】选项组中选择【曲面/实体】，在绘图区选择图 13-9 所示的曲面，单击【选择结束】按钮，单击【确定】按钮，投影完成，生成两条投影线，如图 13-10 所示。

 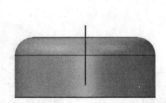 

图 13-7　瓶盖　　　　　　　图 13-8　绘制直线　　　　　　图 13-9　选择曲面

（5）单击【视图】→【屏幕视图】→【俯视图】按钮，将当前【绘图平面】和【刀具平面】设置为俯视图。

（6）在【主页】选项卡【规划】面板中的【Z】输入框中输入深度值 0。

（7）单击【转换】→【位置】→【旋转】按钮，选择刚刚创建的两条投影线，单击【选择结束】按钮，系统弹出【旋转】对话框，【方式】选择【移动】，在【实例】选项组中设置【编号】为 15，【角度】为 12，【距离】选择【两者之间的角度】，【方式】选择【旋转】，单击【确定】按钮，旋转完成，结果如图 13-11 所示。

3．选择机床

为了生成刀路，首先必须选择一台可实现加工的机床，本次加工用系统默认的铣床，即直接执行【机床】→【机床类型】→【铣床】→【默认】命令即可。

4．毛坯设置

（1）打开图层 3。在【刀路】管理器中，单击【毛坯设置】选项，系统弹出【机床群组设置】对话框【毛坯设置】选项卡；单击【从选择添加】按钮，在绘图区选择瓶盖实体，单击【确定】按钮，在【毛坯平面转换】选项组中修改原点的【Z】值为-6，单击【确定】按钮，生成毛坯。

（2）关闭图层 3。单击【刀路】→【毛坯】→【显示/隐藏毛坯】按钮，显示毛坯，如图 13-12 所示。

（3）单击【显示/隐藏毛坯】按钮，隐藏毛坯。

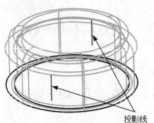

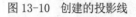

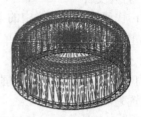

图 13-10 创建的投影线   图 13-11 旋转结果   图 13-12 创建的毛坯

5. 创建曲线 5 轴刀具路径

单击【刀路】→【多轴加工】→【曲线】按钮，系统弹出【多轴刀路 - 曲线】对话框。

（1）单击【刀轴控制】选项卡，设置【刀轴控制】为【曲面】，并单击【选择】按钮，再根据系统的提示选取如图 13-13 所示的曲面并按 Enter 键确定，系统返回【多轴刀路 - 曲线】对话框。【输出方式】设置为【5 轴】，【轴旋转于】选择【Z 轴】，勾选【添加角度】复选框，设置【角度】值为 20，【刀具向量长度】设置为 25，在【投影】选项组中选择【曲面法向】，【最大距离】设置为 2。

图 13-13 选取曲面   图 13-14 选择曲线

（2）单击【切削方式】选项卡，设置【曲线类型】为【3D 曲线】，并单击【选择】按钮，系统返回绘图区，在绘图区中选取如图 13-14 所示的曲线并按 Enter 键确定，系统返回【多轴刀路 - 曲线】对话框，设置【径向偏移】为 0。

（3）【刀具】选项卡，进入刀具参数设置区。单击【刀具参数】选项卡中的【选择刀库刀具】按钮，系统弹出【选择刀具】对话框，选择【直径】为 3 的球形铣刀。单击【确定】按钮。

（4）双击该铣刀图标，系统弹出【编辑刀具】对话框，修改【刀齿直径】为 1。

（5）单击【碰撞控制】选项卡，【刀尖控制】选择【在投影曲线上，】设置【向量深度】为 -0.3。

（6）单击【连接】选项卡，【安全高度】修改为 25，【增量坐标】。

（7）单击【多轴刀路 - 曲线】对话框中的【确定】按钮，系统立即在绘图区生成刀路，如图 13-15 所示。

6. 模拟加工

单击【刀路】管理器中的【验证已选择的操作】按钮，系统弹出【Mastercam 模拟器】对话框，模拟加工结果如图 13-16 所示。

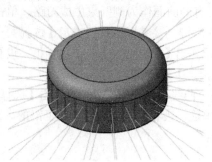 

图 13-15　曲线 5 轴刀具路径　　　　　图 13-16　模拟加工结果

13.3 沿边多轴加工

沿边多轴加工是指利用刀具的侧刃来对工件的侧壁进行加工。根据不同的刀具轴控制，可以生成 4 轴或 5 轴侧壁铣削加工刀路。

13.3.1 沿面加工参数介绍

单击【刀路】→【多轴加工】→【沿边】按钮，系统弹出【多轴刀路 - 沿边】对话框。

1.【切削方式】选项卡

【多轴刀路 - 沿边】对话框中的【切削方式】选项卡，如图 13-17 所示。

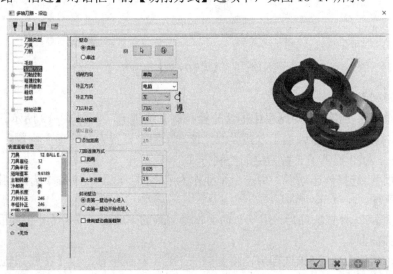

图 13-17　【切削方式】选项卡

（1）【壁边】：该选项组用于设置侧壁的类型。在 Mastercam2023 中可以选择曲面作为侧壁，

也可以通过选取两个曲线串连来定义侧壁。

（2）【曲面】：选择该选项后，可以选择已有的曲面作为侧壁来生成刀路。单击【选择】按钮 [ ] ，系统返回绘图区，选取曲面后按 Enter 键，接着根据系统提示【选择第一个曲面】选择曲面并在该曲面上定义侧壁的下沿，此时系统弹出【设置边界方向】对话框，设置相应的参数后单击【确定】按钮 [ ] ，返回【多轴刀路 - 沿边】对话框。

（3）【串连】：选择该选项后，可以选择两个曲线串连来定义侧壁。单击【选择】按钮 [ ] ，系统返回绘图区，首先选取作为侧壁的下沿的串连，接着选取作为侧壁的上沿的串连，单击【确定】按钮 [ ] ，返回【多轴刀路 - 沿边】对话框。

2.【刀轴控制】选项卡

选择【多轴刀路 - 沿边】对话框中的【刀轴控制】选项卡，如图 13-18 所示。在 5 轴沿边铣削加工中，刀具轴沿侧壁方向，当选中【扇形切削方式】复选框时，则在每一个侧壁的终点处按【扇形距离】文本框中设置的距离展开。

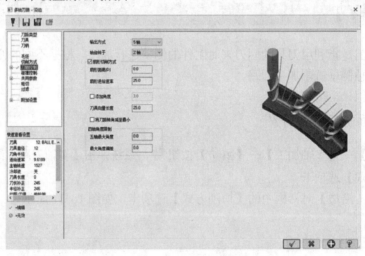

图 13-18 【刀轴控制】选项卡

3.【碰撞控制】选项卡

选择【多轴刀路 - 沿边】对话框中的【碰撞控制】选项卡，如图 13-19 所示。

【刀尖控制】：和前面多轴加工方式类似，该选项用来设置刀具的顶点位置。对于沿边多轴加工，Mastercam2023 提供了 3 种刀尖的控制方式：

（1）【平面】：选择该选项后，用一个平面作为刀路的下底面。单击【选择】按钮 [ ] ，返回绘图区设置平面。

（2）【曲面】：选择该选项后，用一个曲面作为刀路的下底面。单击【补正曲面】按钮 [ ] ，返回绘图区选择曲面。

（3）【底部轨迹】：选择该选项后，将侧壁的下沿上移或下移，以【在底部轨迹之上距离】文本框中的输入值作为刀具的顶点位置。当【在底部轨迹之上距离】 文本框中输入正值时，顶点位置上移；当【在底部轨迹之上距离】文本框中输入负值时，顶点位置下移。

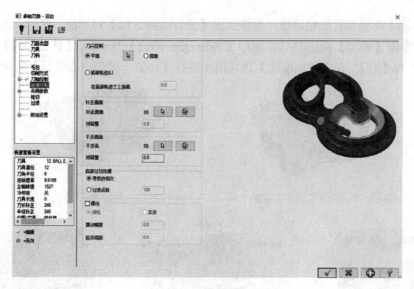

图 13-19　【碰撞控制】选项卡

13.3.2　操作实例——箱体沿边加工

本例对图 13-20 所示的箱体进行沿边加工。

操作步骤如下：

1. 打开文件

单击快速访问工具栏中的【打开】按钮 ，在弹出的【打开】对话框中选择【网盘→原始文件→第 13 章→箱体】文件，单击【打开】按钮，打开文件。

2. 选择机床

为了生成刀路，首先必须选择一台可实现加工的机床，本次加工用系统默认的铣床，即直接执行【机床】→【机床类型】→【铣床】→【默认】命令即可。

3. 毛坯设置

（1）在【刀路】管理器中，单击【毛坯设置】选项，系统弹出【机床群组设置】对话框【毛坯设置】选项卡。单击【从边界框添加】按钮 ，系统弹出【边界框】对话框，【图素】选择【全部显示】选项，【形状】选择【立方体】，【原点】选择立方体的下表面中心，单击【确定】按钮 ，返回【机床群组设置】对话框【毛坯设置】选项卡。单击【确定】按钮 ，生成毛坯。

（2）单击【刀路】→【毛坯】→【显示/隐藏毛坯】按钮 ，显示毛坯，如图 13-21 所示。

（3）单击【显示/隐藏毛坯】按钮 ，隐藏毛坯。

4. 创建沿边加工刀具路径

（1）单击【刀路】→【多轴加工】→【沿边】按钮 ，系统弹出【多轴刀路 - 沿边】对话框。

（2）单击【切削方式】选项卡，选中【曲面】选项并单击【选择壁边】按钮 ，在绘图区中选择如图 13-22 所示的内侧壁作为加工曲面，单击【选择结束】按钮，根据系统提示选择图

13-23 所示的第一曲面和较低轨迹线，系统弹出【设置边缘方向】对话框，此时，边缘方向如图 13-24 所示。单击【确定】按钮，返回【多轴刀路-沿边】对话框，【补正方式】为【电脑】、【补正方向】为【右】，在【封闭壁边】选项组中选择【由第一壁边中心进行】选项。

图 13-20　沿边多轴加工零件　　　　13-21　创建的毛坯

图 13-22　选择加工曲面　　图 13-23　选择第一曲面和较低轨迹线　　图 13-24　边缘方向

（3）单击【刀轴控制】选项卡，设置【输出方式】为【5 轴】，【轴旋转于】为【Z 轴】，取消勾选【添加角度】复选框，其他参数采用默认。

（4）单击【碰撞控制】选项卡，在【刀尖控制】选项组中选中【曲面】选项并单击【补正曲面】后的【选择补正曲面】按钮，选择图 13-25 所示的补正曲面，单击【选择结束】按钮，返回【多轴刀路 - 沿边】对话框。

（5）单击【刀具】选项卡，单击【刀具参数】选项卡中的【选择刀库刀具】按钮，系统弹出【选择刀具】对话框，选择【直径】为 10 的球形铣刀。单击【确定】按钮。

（6）单击【连接】选项卡，设置【安全高度】为 50，【参考高度】为 40【下刀位置】为 25，【刀具直径%】为 80。

（7）单击【确定】按钮，系统立即在绘图区生成沿边刀具路径，如图 13-26 所示。

5．模拟加工

单击【刀路】管理器中的【验证已选择的操作】按钮，系统弹出【Mastercam 模拟器】对话框，单击【Mastercam 模拟器】对话框中的【播放】按钮，系统即可进行加工模拟。图 13-27 所示为模拟加工结果。

图 13-25　选择补正曲面　　　图 13-26　沿边刀具路径　　　图 13-27　模拟加工结果

13.4 曲面5轴加工

5轴多曲面加工适用于一次加工多个曲面。根据不同的刀具轴控制，可以生成4轴或5轴多曲面多轴加工刀路。

13.4.1 多曲面5轴加工参数介绍

单击【刀路】→【多轴加工】→【多曲面】按钮，系统弹出【多轴刀路 –多曲面】对话框，如图13-28所示。

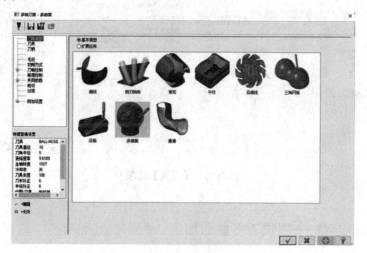

图13-28 【多轴刀路 –多曲面】对话框

1. 【切削方式】选项卡
单击【多轴刀路 - 多曲面】对话框中的【切削方式】选项卡，如图13-29所示。
【模型选项】：该选项用于设置5轴曲面加工模组的加工样板.加工样板既可以为已有的曲面，也可以定义为圆柱、球形或立方体，如图13-29所示。

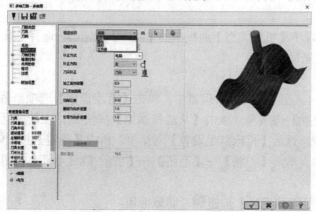

图13-29 【切削方式】选项卡

2.【刀具】选项卡

在【多轴刀路－多曲面】对话框的【刀具】选项卡中可设置加工所需的刀具和切削加工的参数等，如图 13-30 所示。

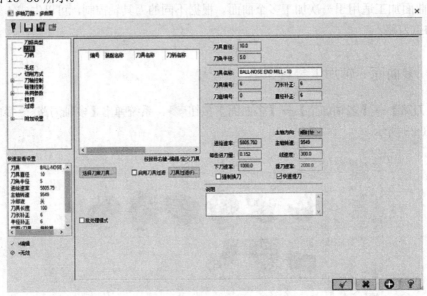

图 13-30 【刀具】选项卡

13.4.2 操作实例——周铣刀多曲面加工

本例对图 13-31 所示的周铣刀进行多曲面加工。

操作步骤如下：

1. 打开文件

单击快速访问工具栏中的【打开】按钮，在弹出的【打开】对话框中选择【网盘→原始文件→第 13 章→周铣刀】文件，单击【打开】按钮，打开文件。

2. 设置机床

单击【机床】选项卡【机床类型】面板中的【铣床】按钮，选择【默认】选项，在【刀路】管理器中生成机群组属性文件。

3. 毛坯设置

（1）打开图层 4。在【刀路】管理器中，单击【毛坯设置】选项，系统弹出【机床群组设置】对话框【毛坯设置】选项卡。单击【从选择添加】按钮，在绘图区选择铣刀毛坯实体，单击【确定】按钮，返回【机床群组设置】对话框，单击【确定】按钮，生成毛坯。

（2）关闭图层 4。单击【刀路】→【毛坯】→【显示/隐藏毛坯】按钮，显示毛坯，如图 13-32 所示。

（3）单击【显示/隐藏毛坯】按钮，隐藏毛坯。

4. 创建周铣刀 5 轴加工刀具路径

（1）单击【刀路】→【多轴加工】→【多曲面】按钮，系统弹出【多轴刀路-多曲面】对话框。

图 13-31　周铣刀　　　　　　　　　　　　图 13-32　创建毛坯

（2）单击【刀具】选项卡，单击【刀具参数】选项卡中的【选择刀库刀具】按钮，系统弹出【选择刀具】对话框，选择【直径】为 3 的球形铣刀。单击【确定】按钮，返回到【多轴刀路-多曲面】对话框。

（3）双击球形铣刀图标，弹出【编辑刀具】对话框。设置【刀具总长】为 80，【刀齿长度】为 50。其他参数采用默认设置。

（4）单击【切削方式】选项卡，【模型选项】选择【曲面】，单击其后的【选择曲面】按钮，选择图 13-33 所示的曲面作为加工曲面，单击【结束选择】按钮。系统弹出【流线数据】对话框，如图 13-34 所示，单击【补正方向】按钮和【切削方向】按钮，调整补正方向和切削方向如图 13-35 所示。单击【确定】按钮，返回【切削方式】选项卡。

图 13-33　选择加工曲面　　　图 13-34　【流线数据】对话框　　图 13-35　调整流线方向

（5）设置【切削方向】为【双向】，【添加距离】为 2，【截断方向步进量】为 1，【引导方向步进量】为 1。

（6）单击【刀轴控制】选项卡，【输出方式】选择【5 轴】，【轴旋转于】选择【Z 轴】，【刀具向量长度】设置为 30。

（7）单击【连接】选项卡，设置【安全高度】为 30，【参考高度】为 20，【下刀位置】为 10，均为【增量坐标】，【刀具直径%】为 80。

（8）单击【确定】按钮，系统立即在绘图区生成多曲面加工刀具路径，如图 13-36 所示。

4．模拟仿真加工

单击刀路管理器中的【验证已选择的操作】按钮，系统弹出的【验证】对话框，单击【播放】按钮，系统进行模拟，模拟加工结果如图 13-37 所示。

图 13-36　多曲面加工刀具路径　　　　图 13-37　模拟加工结果

13.5 沿面多轴加工

沿面多轴加工用于生成多轴沿面刀路。该模组与曲面的流线加工模组相似，但其刀具的轴为曲面的法线方向。用户可以通过控制残脊高度和进刀量来生成精确、平滑的精加工刀路。

13.5.1 沿面加工参数介绍

单击【刀路】→【多轴加工】→【沿面】按钮，系统弹出【多轴刀路-沿面】对话框。

1.【切削方式】选项卡

单击【切削方式】选项卡，如图 13-38 所示。该选项卡为多轴流刀具路径建立切削图形参数。切削图形设置决定了刀具遵循的几何图形以及它如何沿该几何图形移动。

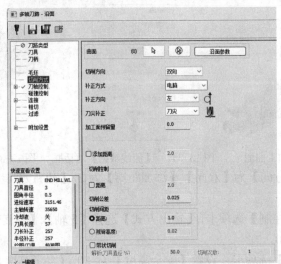

图 13-38　【切削方式】选项卡

（1）【残脊高度】：使用球形铣刀时，指定路径之间剩余材料的高度。 Mastercam 2023 根据此处输入的值和所选工具计算步距。

（2）【带状切削】：勾选该复选框，带状切削用于在曲面中间创建刀具路径，例如，沿着角撑板或支撑的顶部。

（3）【解析（刀具直径%）】：设置计算带状切削的刀具直径百分比。设置控制垂直于工具运动的表面上刀具路径之间的间距。较小的百分比会创建更多的刀具路径，从而生成更精细的表面。

2.【刀轴控制】选项卡

单击【刀轴控制】选项卡，如图 13-39 所示。该选项卡可为多轴流、多曲面或端口刀具路径建立刀具轴控制参数。刀具轴控制设置确定刀具相对于被切割几何体的方向。

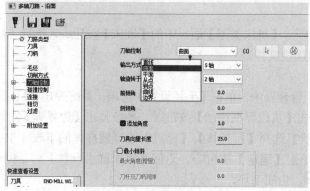

图 13-39　【刀轴控制】选项卡

（1）【边界】：刀轴控制方式。在闭合边界内或闭合边界上对齐刀具轴。如果切削图形表面法线在边界内，刀具轴将与切削图形表面法线保持对齐。

（2）【最小倾斜】：勾选该复选框，则启用最小倾斜选项。最小倾斜调整刀具矢量以防止与零件发生潜在碰撞。

（3）【最大角度（增量）】：输入允许工具在相邻移动之间移动的最大角度。

（4）【刀杆及刀柄间隙】：输入一个值以用作刀柄和刀柄的间隙。当需要额外的间隙以避免零件或夹具时使用。

（5）【前倾角】：用来输入前倾角度或后倾角度。当输入值大于 0 时刀具前倾，当输入值小于 0 时刀具后倾，如图 13-40 所示。

（6）【侧倾角】：用来输入侧倾的角度。侧倾角度如图 13-40 所示。

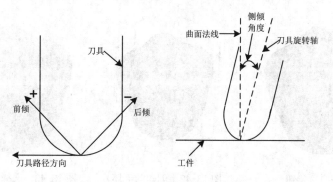

图 13-40　沿面加工参数示意

13.5.2 操作实例——旋钮沿面加工

本例对图 13-41 所示的旋钮进行沿面 5 轴加工。

操作步骤如下：

1．打开文件

单击快速访问工具栏中的【打开】按钮，在弹出的【打开】对话框中选择【网盘→原始文件→第 13 章→周铣刀】文件，单击【打开】按钮，打开文件。

2．设置机床

单击【机床】选项卡【机床类型】面板中的【铣床】按钮，选择【默认】选项，在【刀路】管理器中生成机群组属性文件。

3．毛坯设置

（1）在【刀路】管理器中，单击【毛坯设置】选项，系统弹出【机床群组设置】对话框【毛坯设置】选项卡。单击【从边界框添加】按钮，系统弹出【边界框】对话框，【图素】选择【全部显示】选项，【形状】选择【圆柱体】，【原点】选择圆柱体的下表面中心，修改毛坯的半径和高度为（75,122），单击【确定】按钮，返回【机床群组设置】对话框【毛坯设置】选项卡。单击【确定】按钮，生成毛坯。

（2）关闭图层 4。单击【刀路】→【毛坯】→【显示/隐藏毛坯】按钮，显示毛坯，如图 13-42 所示。

（3）单击【显示/隐藏毛坯】按钮，隐藏毛坯。

4．创建沿面刀具路径 1

（1）单击【刀路】→【多轴加工】→【沿面】按钮，系统弹出【多轴刀路-沿面】对话框。

（2）单击【切削方式】选项卡。选中【曲面】选项并单击【选择】按钮，系统返回绘图区。在绘图区中选择除顶面和底面之外的所有曲面，如图 13-43 所示。单击【选择结束】按钮，系统弹出【流线数据】对话框，调整切削方向、补正方向和步进方向如图 13-44 所示。单击【确定】按钮。系统返回【多轴刀路 - 沿面】对话框，设置【切削方向】为【双向】，【切削间距】设置为 1。

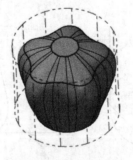

图 13-41　旋钮　　　　图 13-42　创建的毛坯　　　　图 13-43　选择加工曲面

（3）单击【刀轴控制】选项卡，设置【刀轴控制】为【曲面】，【输出方式】为【5 轴】，【轴旋转于】为【Z 轴】，取消勾选【添加角度】复选框，其他参数采用默认。

（4）单击【刀具】选项卡，进入刀具参数设置区。单击【刀具参数】选项卡中的【选择刀库刀具】按钮，系统弹出【选择刀具】对话框，选择【直径】为 5 的球形铣刀。单击【确定】按钮。

（5）单击【连接】选项卡，设置【安全高度】为 80，【参考高度】为 60，【下刀位置】为 50，【刀具直径%】为 80。

（6）设置完成后，单击【多轴刀路 - 沿面】对话框中的【确定】按钮 ，系统立即在绘图区生成沿面刀具路径，如图 13-45 所示。

5. 创建沿面刀具路径 2

（1）单击【刀路】→【多轴加工】→【沿面】按钮 ，系统弹出【多轴刀路-沿面】对话框。

（2）单击【切削方式】选项卡。选中【曲面】选项并单击【选择】按钮 ，系统返回绘图区。在绘图区中选择顶面，如图 13-46 所示。单击【选择结束】按钮，系统弹出【流线数据】对话框，调整切削方向和补正方向如图 13-47 所示。单击【确定】按钮 。系统返回【多轴刀路 - 沿面】对话框，设置【切削方向】为【双向】、【切削间距】设置为 1。

图 13-44　调整方向　　　　图 13-45　沿面刀具路径 1　　　图 13-46　选择加工曲面

（3）单击【连接】选项卡，设置【安全高度】为 30、【参考高度】为 20，【下刀位置】为 10，【刀具直径%】为 80。

（4）其他选项卡参数采用默认。单击【确定】按钮 ，系统立即在绘图区生成沿面刀具路径，如图 13-48 所示。

6. 模拟加工

单击【刀路】管理器中的【验证已选择的操作】按钮 ，系统弹出【Mastercam 模拟器】对话框，单击对话框中的【播放】按钮 ，系统即可进行加工模拟。图 13-49 所示为模拟加工结果。

图 13-47　调整方向　　　　图 13-48　沿面刀具路径 2　　　图 13-49　模拟加工结果

13.6 旋转加工

旋转加工用于生成多轴旋转加工刀路，适用于加工近似圆柱体的工件，其刀具轴可在垂直设定轴的方向上旋转。

13.6.1 旋转加工参数介绍

单击【刀路】→【多轴加工】→【旋转】按钮，系统弹出【多轴刀路-旋转】对话框。

1.【切削方式】选项卡

单击【切削方式】选项卡，如图 13-50 所示，该选项卡用于为多轴旋转刀具路径建立切削模式参数。

（1）【绕着旋转轴切削】：刀具围绕零件做圆周移动。 每加工完一周后，刀具将沿旋转轴移动以进行下一次加工。

（2）【沿着旋转轴切削】：刀具平行于旋转轴移动。 每次平行于轴的走刀后，刀具沿着圆周移动以进行下一次走刀。

（3）【封闭外形方向】：该选项为闭合轮廓选择所需的切割运动，形成一个连续的循环。系统提供了两个选项，即顺铣和逆铣

（4）【开放外形方向】：该选项为具有不同起点和终点位置的开放轮廓选择所需的切割运动。系统提供了两个选项，即单向和双向。

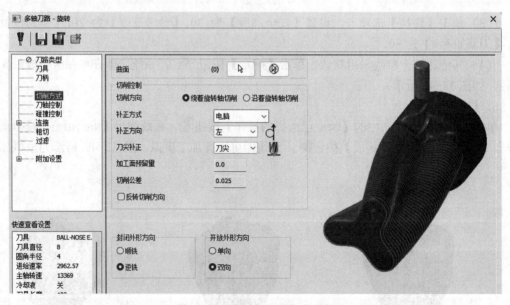

图 13-50 【切削方式】选项卡

2.【刀轴控制】选项卡

单击【刀具控制】选项卡，如图 13-51 所示。该选项卡用于为多轴旋转刀具路径建立刀具

轴控制参数。刀具轴控制设置确定刀具相对于被切割几何体的方向。

（1）【输出方式】：对于旋转刀具路径，输出格式锁定在 4 轴。单击【选择】按钮 ，返回图形窗口以选择旋转轴上的一个点。

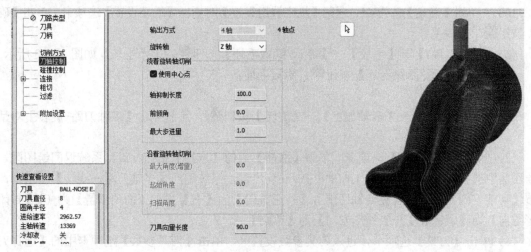

图 13-51　【刀轴控制】选项卡

（2）【旋转轴】：选择加工中使用的旋转轴。将此设置与机器的 4 轴输出的旋转轴功能相匹配。

（3）【使用中心点】：使刀具轴线位于工件中心点上，系统输出相对于曲面的刀具轴线。

（4）【轴抑制长度】：输入一个值，该值根据距零件表面的特定长度确定刀具轴的位置。较长的轴阻尼长度会在向量之间产生较小的角度变化。较短的长度提供更多的刀具位置和与表面紧密贴合的刀具路径。

（5）【刀具向量长度】：输入一个值，该值通过确定每个刀具位置处的刀具轴长度来控制刀具路径显示。也用作 NCI 文件中的矢量长度。对于大多数刀具，使用 1in 或 25mm 作为刀具矢量长度。输入较小的值会减少刀具路径的屏幕显示。当对刀具路径显示感到满意时，将刀具矢量长度更改为更大的值以创建更准确的 NCI 文件。

📖 13.6.2 操作实例——连接轴旋转 4 轴加工

本例对图 13-52 所示的连接轴进行旋转 4 轴加工。

操作步骤如下：

1. 打开文件

单击快速访问工具栏中的【打开】按钮 📂，在弹出的【打开】对话框中选择【网盘→原始文件→第 13 章→连接轴】文件，单击【打开】按钮，打开文件。

2. 选择机床

为了生成刀路，首先必须选择一台可实现加工的机床，本次加工用系统默认的铣床，即直接执行【机床】→【机床类型】→【铣床】→【默认】命令即可。

3. 毛坯设置

（1）在【刀路】管理器中，单击【毛坯设置】选项，系统弹出【机床群组设置】对话框【毛坯设置】选项卡。单击【从边界框添加】按钮，系统弹出【边界框】对话框，【图素】选择【全部显示】选项，【形状】选择【圆柱体】，【原点】选择圆柱体的中心，修改毛坯半径和高度为（38,165），单击【确定】按钮，返回【机床群组设置】对话框【毛坯设置】选项卡。单击【确定】按钮，生成毛坯。

（2）单击【刀路】→【毛坯】→【显示/隐藏毛坯】按钮，显示毛坯，如图13-53所示。

（3）单击【显示/隐藏毛坯】按钮，隐藏毛坯。

4. 创建刀路

（1）单击【刀路】→【多轴加工】→【旋转】按钮，系统弹出【多轴刀路-旋转】对话框。

（2）单击【切削方式】选项卡，单击【曲面】后的【选择】按钮，系统返回绘图区。在绘图区中选择所有曲面作为加工曲面并按 Enter 键，系统返回【多轴刀路-旋转】对话框，设置【切削方向】为【绕着旋转轴切削】，【补正方向】为【右】，【加工面预留量】为 0，【封闭外形方向】为【顺铣】，【开放外形方向】为【单向】。

（3）单击【刀具】选项卡，进入刀具参数设置区。单击【刀具参数】选项卡中的【选择刀库刀具】按钮，系统弹出【选择刀具】对话框，选择【直径】为 5 的球形铣刀。单击【确定】按钮。

（4）单击【刀轴控制】选项卡，设置【旋转轴】为【轴】，【轴抑制长度】为 0.5，【前倾角】为 0，【最大步进量】为 0.5，【刀具向量长度】为 25。

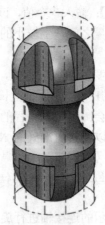

图 13-52　连接轴　　　　　　　　图 13-53　创建毛坯

（5）单击【连接】选项卡，设置【安全高度】为 100，【参考高度】为 50，【下刀位置】为 35，均为【增量坐标】。【两刀具切削间隙保持在】选择【刀具直径%】，数值设置为 10。

（6）单击【多轴刀路-旋转】对话框中的【确定】按钮，系统立即在绘图区生成旋转刀具路径，如图 13-54 所示。

5. 模拟加工

单击【刀路】管理器中的【验证已选择的操作】按钮，系统弹出【Mastercam 模拟器】对话框，单击对话框中的【播放】按钮▶，系统即可进行加工模拟。图 13-55 所示为模拟加工结果。

图 13-54　旋转刀具路径

图 13-55　模拟加工结果

13.7　叶片专家多轴加工

叶片专家多轴加工是针对叶轮、叶片或螺旋桨类零件提供的专门加工策略。

13.7.1　叶片专家参数介绍

单击【刀路】选项卡【多轴加工】面板【扩展应用】组中的【叶片专家】按钮，系统弹出【多轴刀路-叶片专家】对话框。下面对其中重要的选项卡进行介绍。

1.【切削方式】选项卡

单击【切削方式】选项卡，如图 13-56 所示。该选项卡用于为叶片专家刀具路径建立切削模式设置参数。

（1）【加工】：从下拉列表中选择加工模式。

1）【粗切】：在刀片/分离器之间创建层和切片。

2）【精修叶片】：仅在叶片上创建切削路径。

3）【精修轮毂】：仅在轮毂上创建切削路径。

4）【精修圆角】：仅在叶片和轮毂之间的圆角上创建刀具路径。

（2）【策略】：从下拉列表中选择加工策略。

1）【与轮毂平行】：所有切削路径都平行于轮毂。

2）【与叶片外缘平行】：所有切削路径都平行于叶片外缘。

3）【与叶片轮毂之间渐变】：切削路径是叶片外缘和轮毂之间的混合。

（3）【方式】：从下拉列表中选择排序方法。选项因选择的加工模式而异。通常，前缘最靠近轮毂的中心，后缘最靠近轮毂的圆周。

（4）【排序】：从下拉列表中选择排序顺序。选项因之前选择的项目而异。

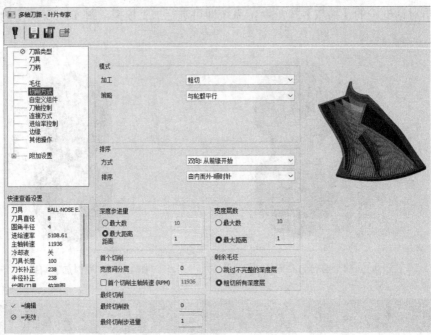

图 13-56 【切削方式】选项卡

（5）【最大数】：选择该项，则会使用整数创建深度分层切削数量或宽度切片。输入要创建的层数或切片数。层仅创建到叶片边缘。如果最大数量和距离的组合采用叶片边缘上方的层，则层数将被截断。

（6）【最大距离】：选择该项，则会根据距离值创建深度分层切削数量或宽度切片。输入层或切片之间的距离。在叶片边缘和轮毂之间有变形时，刀具路径的实际距离会有所不同。

（7）【距离】：输入层之间的距离。必须输入一个值才能生成适当的切削路径。

（8）【宽度间分层】：输入要在第一个切片上创建的深度切削数。在工具完全切入材料之前，中间切片会创建较浅的切入切口。

（9）【首次切削进给速率%】：选中该复选框并输入用于第一次切削的加工进给率的百分比。

（10）【跳过不完整的深度层】：选择仅切削完整的图层。如果工具无法到达给定层的一部分，则不会被切削。

（11）【粗切所有深度层】：选择该项，则会去除尽可能多的材料。该刀具将切削可以到达的所有深度，这可能会导致留下不完整的深度层。

（12）【起始于%】：在叶片边缘和轮毂之间存在变形时，输入一个定义切割起始位置的值。该值用作叶片高度的百分比，叶片根部（轮毂）处为 0%。

（13）【结束于%】：在叶片边缘和轮毂之间存在变形时，输入一个定义切割结束位置的值。该值用作叶片高度的百分比，其中 100% 位于叶片顶部。

（14）【外形】：选择一个选项，则在使用刀片精加工时控制刀具运动。仅当加工模式选择【精修叶片】或【精修圆角】时，才会显示该项。包括以下选项：

1）【完整】：在叶片周围创建完整的刀具路径。

2）【完整（修剪后边缘）】：去除后缘周围的刀具路径。

3）【完整（修剪前/后边缘）】：去除后缘和前缘周围的刀具路径。

4）【左侧】：仅切削叶片的左侧。

5）【右侧】：仅切削叶片的右侧。

6）【流道叶片内侧】：只在两叶片之间创建刀具路径。

2.【自定义组件】选项卡

单击【自定义组件】选项卡，如图13-57所示。该选项卡用于为【叶片专家】刀具路径建立零件定义参数。零件定义允许选择叶片、轮毂和护罩几何形状。还提供用于过切检查表面、毛坯定义、截面切割和切割质量的参数。

（1）【叶片，分离器】：单击【选择】按钮 ，返回图形窗口进行曲面选择。选择包含线段的所有叶片、分流器和圆角曲面。节段是叶轮的一部分，包含两个相邻的主叶片、叶片之间的分流器以及作为主叶片和分流器一部分的所有圆角。

（2）【轮毂】：单击【选择】按钮 ，返回图形窗口进行曲面选择。轮毂是叶片和分流器所在的旋转曲面。

（3）【避让几何图形】：选中该复选框，则启用检查曲面的选择。单击【选择】按钮 ，返回图形窗口进行曲面选择。

（4）【区段】：输入叶轮中的段数。节段是叶轮的一部分，包含两个相邻的主叶片、叶片之间的分流器以及作为主叶片和分流器一部分的所有圆角。

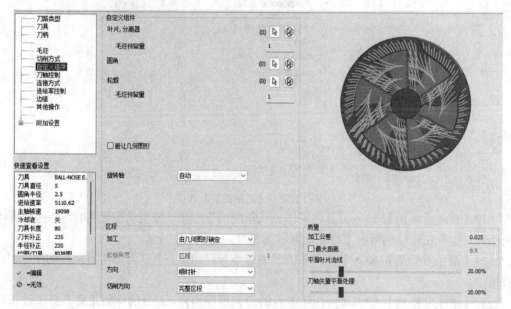

图13-57 【自定义组件】选项卡

（5）【加工】：从下拉列表中选择要加工的段数。

1）【全部】：加工在区段输入框中定义的全部段数。

2）【指定数量】：输入要加工的段数。

3）【由几何图形确定】：由选择的曲面确定要加工的段数。

（6）【起始角度】：输入要加工的初始角度位置。

（7）【切削方向】：从下拉列表中选择切削方向。

1）【完整区段】：在移动到下一个之前加工整个区段。

2）【深度】：在进行下一层之前，为所有段加工相同的层。

3）【切割】：在进行下一个切片之前，为所有段加工相同的切片。

（8）【平滑叶片流线】：移动滑块以平滑分流器周围的刀具运动轨迹。刀具路径在设置为 0% 的分流器周围没有平滑。

（9）【刀轴矢量平滑处理】：移动滑块以平滑刀具轴运动。设置为 0% 不会更改刀具轴位置。移动滑块允许刀具路径更改刀具轴以在位置之间创建更平滑的过渡。

3．【刀轴控制】选项卡

单击【刀轴控制】选项卡，如图 13-58 所示。该选项卡用于为多轴叶片专家刀具路径建立刀具轴控制参数。 刀具轴控制设置确定刀具相对于被切割几何体的方向。

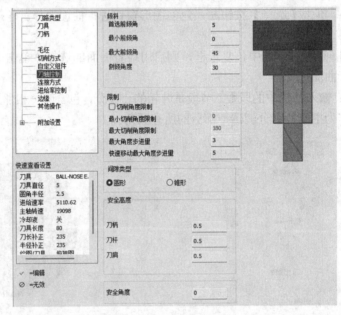

图 13-58 【刀轴控制】选项卡

（1）【首选前倾角】：输入刀具将用作默认角度的导程角。使用动态策略时，超前角可能会有所不同，但会在可能的情况下尝试返回首选角度。

（2）【最小前倾角】：输入要应用于刀具的最小导程角值。当几何体需要滞后切削角时，输入负值。

（3）【最大前倾角】：输入要应用于刀具的最大导程角值。刀具的倾斜角度不会超过从地板表面法线测量的该值。

（4）【侧倾角度】：输入刀具侧倾的最大角度。

（5）【切削角度限制】：选择以激活切削角度限制字段。输入最小和最大角度。这些角度定义了围绕在【自定义组件】页面上选择的具有旋转轴的圆锥体。

（6）【最小切削角度限制】：输入最小限制角度。

（7）【最大切削角度限制】：输入最大限制角度。

（8）【最大角度步进量】：输入允许刀具在相邻移动之间移动的最大角度。

（9）【快速移动最大角度步进量】：输入间隙区域行程的两段之间的最大角度变化。角度步长越小，将计算的段数越多。

（10）【圆形】：选择该项，则会使用围绕刀具截面的圆柱体来定义刀具间隙值。

（11）【锥形】：选择该项，则会在刀具截面周围用圆锥体定义刀具间隙值。较低的偏移值适用于最靠近刀尖的部分的末端。

（12）【刀柄】：输入一个距离，该距离是刀柄距被切削零件的最近距离。如果选中，此距离将应用于检查曲面。对间隙类型使用锥形时，较低的偏移值最靠近刀尖。

（13）【刀杆】：输入一个距离，该距离是刀杆距被切削零件的最近距离。如果选中，此距离将应用于检查曲面。对间隙类型使用锥形时，较低的偏移值最靠近刀尖。

（14）【刀肩】：输入一个距离，该距离是刀肩距被切削零件的最小距离。如果选中，此距离将应用于检查曲面。对间隙类型使用锥形时，较低的偏移值最靠近刀尖。

（15）【安全角度】：输入刀具周围间隙的角度。该角度是从刀具尖端到刀具的最宽点测量的。输入的值向外应用。

4.【连接方式】选项卡

单击【连接方式】选项卡，如图 13-59 所示。该选项卡用于设置刀具在不切削材料时如何移动。

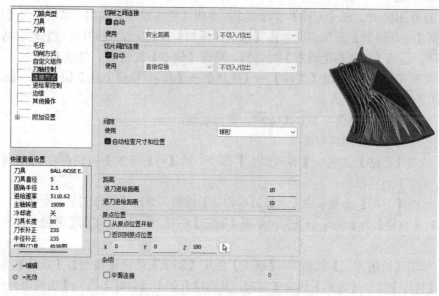

图 13-59　【连接方式】选项卡

（1）【自动】：使用预设值进行链接移动。层和切片之间的链接是自动计算的。取消选择以允许手动选择链接参数。

（2）【使用】：选择链接动作的类型。

1）【直接熔接】：直接和混合样条线的组合，靠近零件。

2）【直插】：从终点到起点的直线移动。

3）【平滑曲线】：从终点到起点的切线移动。

4）【进给距离】：沿刀具轴的进给距离，由进给距离值指定。刀具以进给速度移动。

5）【不切入/切出】：以最短距离连接（用于锯齿形）。选择【直接熔接】时该项不激活。

6）【使用切入圆弧】：切入圆弧指的是刀具位置与切入点之间最短距离的连接圆弧。选择【直接熔接】时该项不激活。

（3）【间隙】：沿刀具轴快速退回移动到间隙圆柱体或球体。

13.7.2 操作实例——叶轮叶片专家加工

本例对图 13-60 所示的叶轮进行叶片专家加工。

操作步骤如下：

1．打开文件

单击快速访问工具栏中的【打开】按钮，在弹出的【打开】对话框中选择【网盘→原始文件→第 13 章→瓶盖】文件，单击【打开】按钮，打开文件。

2．选择机床

为了生成刀路，首先必须选择一台可实现加工的机床，本次加工用系统默认的铣床，即直接执行【机床】→【机床类型】→【铣床】→【默认】命令即可。

3．毛坯设置

（1）打开图层 16。在【刀路】管理器中，单击【毛坯设置】选项，系统弹出【机床群组设置】对话框【毛坯设置】选项卡；单击【从选择添加】按钮，在绘图区选择实体，单击【确定】按钮，返回【机床群组设置】对话框，单击【确定】按钮，生成毛坯。

（2）关闭图层 16。单击【刀路】→【毛坯】→【显示/隐藏毛坯】按钮，显示毛坯，如图 13-61 所示。

（3）单击【显示/隐藏毛坯】按钮，隐藏毛坯。

4．创建叶轮粗加工刀具路径

（1）单击【刀路】选项卡【多轴加工】面板中的【叶片专家】按钮，系统弹出【多轴刀路-叶片专家】对话框。

（2）单击【刀具】选项卡中【选择刀库刀具】按钮，弹出【选择刀具】对话框，选择【刀号】为238、【直径】为 8 的球形铣刀，单击【确定】按钮，返回到【多轴刀路-叶片专家】对话框。

（3）单击【切削方式】选项卡，【模式】组中【加工】选择【粗切】，【策略】选择【与轮毂平行】；【排序】组中【方式】选择【双向：从前缘开始】，【排序】选择【由内而外-顺时针】；其他参数设置如图 13-62 所示。

（4）单击【自定义组件】选项卡，单击【叶片，分离器】后面的【选择】按钮，绘图区选择图 13-63 所示的 84 个叶片和圆角曲面，单击【结束选择】按钮，返回到【多轴刀路-叶片专家】对话框；单击【轮毂】后面的【选择】按钮，绘图区选择图 13-64 所示的 36 个轮毂曲面，单击【结束选择】按钮，返回到【多轴刀路-叶片专家】对话框；【区段】组中的【加工】选择【由几何图形确定】，【方向】为【顺时针】，【切削方向】选择【完整区段】。

图 13-60　叶轮

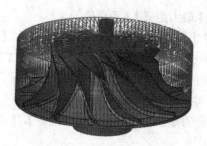

图 13-61　创建毛坯

图 13-62　【切削方式】选项卡参数设置

图 13-63　选择叶片及圆角曲面

（5）设置完后，单击【确定】按钮 ，系统立即在绘图区生成刀具路径，如图 13-65 所示。

图 13-64　选择轮毂曲面

图 13-65　粗切刀具路径

5．创建叶片精修刀具路径

（1）重复【叶片专家】命令，在【刀具】选项卡中选择【直径】为 5 的球形铣刀；

（2）单击【切削方式】选项卡，【模式】组中【加工】选择【精修叶片】，【策略】选择【与轮毂平行】；【外形】选择【完整】，【排序】组中【方式】选择【单向：从前缘开始】，【深度步

进量】选择【最大距离】，距离值为1。

（3）单击【自定义组件】选项卡，单击【叶片，分离器】后面的【选择】按钮 ，绘图区选择图 13-66 所示的 36 个叶片曲面，单击【结束选择】按钮，返回到【多轴刀路-叶片专家】对话框；单击【轮毂】后面的【选择】按钮 ，绘图区选择图 13-64 所示的 36 个轮毂曲面，单击【结束选择】按钮，返回到【多轴刀路-叶片专家】对话框；【区段】组中的【加工】选择【由几何图形确定】，【方向】为【顺时针】，【切削方向】选择【完整区段】；【毛坯预留量】均设置为 0。

图 13-66　选择叶片曲面　　　　　图 13-67　精修叶片刀具路径

（4）设置完后，单击【确定】按钮 ，系统立即在绘图区生成刀路，如图 13-67 所示。

6．创建轮毂精修刀具路径

（1）重复【叶片专家】命令，在【刀具】选项卡中选择【直径】为 5 的球形铣刀；

（2）单击【切削方式】选项卡，将加工模式设置为【精修轮毂】。

（3）单击【自定义组件】选项卡，单击【叶片，分离器】后面的【选择】按钮 ，绘图区选择图 13-63 所示的 84 个叶片和圆角曲面，单击【结束选择】按钮，返回到【多轴刀路-叶片专家】对话框；单击【轮毂】后面的【选择】按钮 ，绘图区选择图 13-64 所示的 36 个轮毂曲面，单击【结束选择】按钮，返回到【多轴刀路-叶片专家】对话框；【区段】组中的【加工】选择【由几何图形确定】，【方向】为【顺时针】，【切削方向】选择【完整区段】。【毛坯预留量】均设置为 0。

（4）设置完后，单击【确定】按钮 ，系统立即在绘图区生成刀路，如图 13-68 所示。

7．模拟加工

单击【刀路操控管理器】中的【选择全部操作】按钮 和【验证已选择的操作】按钮 ，系统弹出的【验证】对话框，单击【播放】按钮 ，系统进行模拟，模拟加工结果如图 13-69 所示。

图 13-68　精修轮毂刀具路径　　　　　图 13-69　模拟加工结果

13.8 智能综合多轴加工

在 Mastercam 2023 中，【渐变】、【平行】、【延曲线】和【投影曲线】刀路将不再作为独立的多轴刀路选项，它们被集合在全新的【多轴智能综合】刀路中。

使用选定的加工几何图形上的曲线、曲面、自动或平面模型创建刀路，在【切削方式】选项卡中用户可以更方便的更改输入模型以匹配零件的轮廓，而不会丢失设置。

13.8.1 智能综合参数介绍

单击【刀路】→【多轴加工】→【智能综合】按钮，系统弹出【多轴刀路-智能综合】对话框。

1.【切削方式】选项卡

单击【切削方式】选项卡，如图 13-70 所示。该选项卡用于为统一多轴刀具路径建立切削图形参数。切削模式设置决定了刀具在加工过程中所遵循的几何图形以及它如何沿着该几何图形移动。

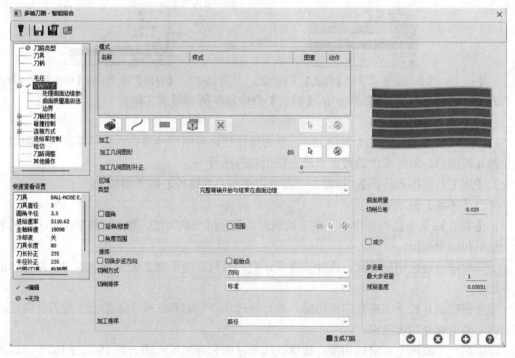

图 13-70　【切削方式】选项卡

（1）【模式】表：该表列出了所选的加工模式。

1）【名称】：显示所选图形。表中的所有条目必须具有相同模式。

2）【样式】：包含一个下拉列表，其中包含与加工模式一起使用的选项。

3）【图素】：显示为模式选择的几何图形中的实体数量。

4)【动作】:包含用于删除所选模式的按钮。若要删除所有模式,请单击表下方的【删除所有行】按钮 ![x]。

5)【自动添加行】按钮 ![图标]:单击该按钮,系统将自动模式添加到表中。此时,【样式】下拉列表如图 13-71 所示。

6)【添加曲线行】按钮 ![图标]:单击该按钮,系统将曲线模式添加到表中。此时,【样式】下拉列表如图 13-72 所示。

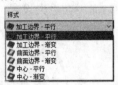
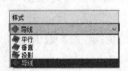

图 13-71　【自动】模式下的【样式】下拉列表　　图 13-72　【曲线】模式下的【样式】下拉列表

7)【添加曲面行】按钮 ![图标]:将曲面模式添加到表中。此时,【样式】下拉列表如图 13-73 所示。

8)【添加平面行】![图标]:将曲面模式添加到表中。此时,【样式】下拉列表如图 13-74 所示。

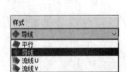

图 13-73　【曲面】模式下的【样式】下拉列表　　图 13-74　【自动】模式下的【样式】下拉列表

9)【删除所有行】按钮 ![x]:从【模式】表中移除所有模式实例。

(2)【加工】选项组:

1)选择【加工几何图形】按钮 ![图标]:单击该按钮,返回图形窗口,选择要在其上创建刀具路径的几何图形。所选实体的数量显示在按钮前的括号中。

2)【加工几何图形补正】:指定加工几何图形与刀具路径之间的偏移量。

(3)【区域】选项组:

1)【类型】:从下拉列表中选择确定切削刀具路径区域的方法。选择的类型决定了刀具的开始、结束和切削范围。

①完整精确避让切削边缘:选择该选项,则刀具只在整个加工表面上生成刀具路径,而边缘不加工。

②完整精确开始于结束在曲面边缘:选择该选项,则刀具在整个表面上生成刀具路径,并在表面边缘位置开始和结束。

③依照一个或两个点限制切削:选择该选项,则只在加工表面的两个点之间加工。这种限制允许刀具只在表面的某些部分上工作。

2)【圆角】:勾选该复选框,则在加工的过程中对内部角添加圆角。

3)【延伸/修剪】:勾选该复选框,则当刀具到达表面末端时,用于增加或删除切削运动。

4)【角度范围】:勾选该复选框,则需输入两个角度来设置切削运动。

5)【范围】:勾选该复选框,系统返回绘图区选择加工范围。

2.【刀轴控制】选项卡

单击【刀轴控制】选项卡，如图 13-75 所示。该选项卡用于为用户的多轴曲线刀具路径建立刀轴控制参数。　刀具轴控制设置确定刀具相对于被切削几何体的方向。

（1）【输出方式】：从下拉列表中选择 3 轴、4 轴或 5 轴。

1）【3 轴】：将输出限制为单个平面。

2）【4 轴】：允许在旋转轴下选择一个旋转平面。

3）【5 轴】：允许刀具轴在任何平面上旋转。

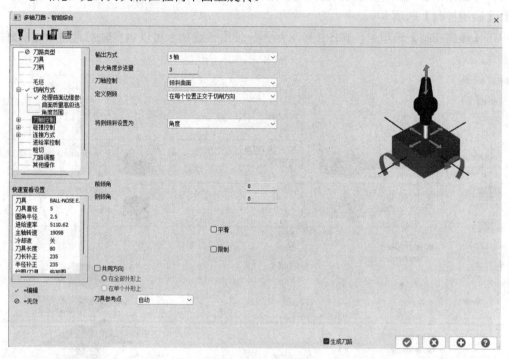

图 13-75　【刀轴控制】选项卡

（2）【最大角度步进量】：输入刀具在相邻移动之间可以移动的最大角度。

（3）【刀轴控制】：在如图 13-76 所示的下拉列表中选择控制工具轴倾斜的选项，倾斜是相对表面法线施加的。

（4）【定义侧倾】：从下拉列表中选择侧倾斜定义方式，如图 13-77 所示。使用侧面倾斜以保持刀具的侧面与被切割的材料接触。

图 13-76　【刀轴控制】下拉列表　　图 13-77　【定义侧倾】下拉列表

（5）【将倾斜设置为】：根据以下两个参数之一定义侧倾斜。

1)【角度】:选择侧倾角,算法定义刀具接触点。

2)【接触点】:选择刀具上的接触点,算法定义角度。选择该项时,可以通过两种方式定义接触点:

①【按高度】:接触点由所选剖面最低点到刀具轴方向接触点的距离来定义。

②【按线参数】:接触点由所选轮廓剖面最低点到沿刀具轮廓接触点的距离定义。

(6)【前倾角】:沿刀具路径的方向向前倾斜刀具。

(7)【侧倾角】:输入倾斜工具的角度。沿刀具路径方向移动时向右或向左倾斜刀具。

3.【碰撞控制】选项卡

单击【碰撞控制】选项卡,如图 13-78 所示。使用该选项卡可以为多轴工具路径建立碰撞控制参数。

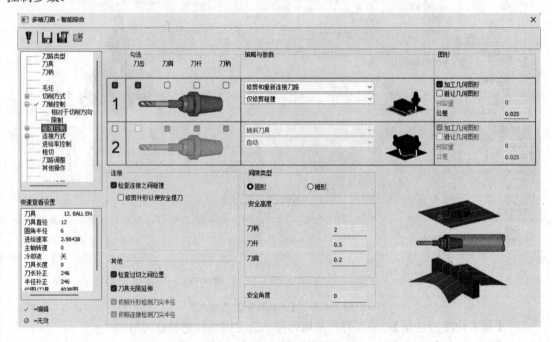

图 13-78 【碰撞控制】选项卡

13.8.2 操作实例——轮毂盖智能综合加工

本例对图 13-79 所示的轮毂盖进行智能综合加工。

操作步骤如下:

1. 打开文件

单击快速访问工具栏中的【打开】按钮,在弹出的【打开】对话框中选择【网盘→原始文件→第 13 章→轮毂盖】文件,单击【打开】按钮,打开文件。

2. 选择机床

为了生成刀路,首先必须选择一台可实现加工的机床,本次加工用系统默认的铣床,即直接执行【机床】→【机床类型】→【铣床】→【默认】命令即可。

3. 毛坯设置

（1）在【刀路】管理器中，单击【毛坯设置】选项，系统弹出【机床群组设置】对话框【毛坯设置】选项卡。单击【从边界框添加】按钮 ，系统弹出【边界框】对话框，【图素】选择【全部显示】选项，【形状】选择【圆柱体】，【轴心】选择【Z 轴】，【原点】选择圆柱体的下表面中心，单击【确定】按钮✅，返回【机床群组设置】对话框【毛坯设置】选项卡。单击【确定】按钮✅，生成毛坯。

（2）单击【刀路】→【毛坯】→【显示/隐藏毛坯】按钮📎，显示毛坯，如图 13-80 所示。

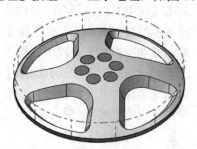

图 13-79　轮毂盖　　　　　　　　　　13-80　创建的毛坯

（3）单击【显示/隐藏毛坯】按钮📎，隐藏毛坯。

4．创建智能综合自动加工刀具路径 1

（1）单击【刀路】→【多轴加工】→【智能综合】按钮🎇，系统弹出【多轴刀路-智能综合】对话框。

（2）单击【切削方式】选项卡，再单击【添加自动行】按钮，则在【模式】列表中添加名称为【自动】的模式，如图 13-81 所示，【样式】选择【加工边界-平行】。

（3）单击【选择加工几何图形】按钮，在绘图区选择图 13-82 所示的曲面，单击【选择结束】按钮。

图 13-81　选择加工样式　　　　　　图 13-82　选择加工曲面

（4）【步进量】选择【最大步进量】，设置为 1。

（5）单击【刀轴控制】选项卡，【输出方式】设置为【5 轴】，【最大角度步进量】设置为 3，【刀轴控制】选择【曲面】。

（6）单击【碰撞控制】选项卡，勾选 1、【刀齿】、【刀肩】和【刀杆】复选框，如图 13-83 所示。

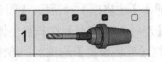

图 13-83　勾选复选框

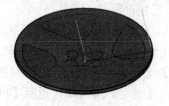

图 13-84　智能综合自动加工刀具路径 1

（7）单击【应用】按钮 ，系统立即在绘图区生成刀具路径 1，如图 13-84 所示。

5．创建智能综合自动加工刀具路径 2

（1）单击【切削方式】选项卡，再单击【添加自动行】按钮 ，则在【模式】列表中添加名称为【自动】的模式，【样式】选择【加工边界-平行】。

（2）单击【选择加工几何图形】按钮 ，在绘图区选择图 13-85 所示的曲面。

（3）单击【应用】按钮 ，系统立即在绘图区生成刀具路径 2，如图 13-86 所示。

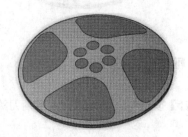

图 13-85　选择加工曲面

图 13-86　智能综合自动加工刀具路径 2

6．创建智能综合导线加工刀具路径 3

（1）单击【切削方式】选项卡，再单击【添加曲线行】按钮 ，则在【模式】列表中添加名称为【曲线】的模式，【样式】选择【导线】。

（2）单击【选择】按钮 ，系统弹出【实体串连】对话框，选择【3D】选项，单击【环】按钮 ，在绘图区选择图 13-87 所示的曲线。单击【确定】按钮 ，返回对话框。

（3）单击【选择加工几何图形】按钮 ，在绘图区选择图 13-88 所示的曲面，单击【选择结束】按钮。

（4）【步进量】选择【最大步进量】，设置为 1。

（5）单击【刀轴控制】选项卡，【输出方式】设置为【4 轴】，【最大角度步进量】设置为 3，【刀轴控制】选择【曲面】。

（6）其他参数将会继承上一刀路的参数设置，单击【应用】按钮 ，系统立即在绘图区生成刀具路径 3，如图 13-89 所示。

7．创建智能综合导线加工刀具路径 4

（1）单击【切削方式】选项卡，再单击【添加曲面行】按钮 ，则在【模式】列表中添加名称为【曲面】的模式，【样式】选择【导线】。

图 13-87　选择曲线　　　　图 13-88　选择曲面　　　图 13-89　智能综合导线加工刀具路径 3

（2）单击【选择】按钮 ，系统弹出【实体串连】对话框，选择【3D】选项，单击【环】按钮 ，在绘图区选择图 13-90 所示的曲面。单击【选择结束】按钮，返回对话框。

（3）单击【选择加工几何图形】按钮 ，在绘图区选择图 13-91 所示的曲面，单击【选择结束】按钮。

（4）单击【应用】按钮 ，系统立即在绘图区生成刀具路径 4，如图 13-92 所示。

选择该曲面

图 13-90　选择曲线　　　　图 13-91　选择曲面　　　图 13-92　智能综合导线加工刀具路径 4

8. 创建智能综合导线加工刀具路径 5

（1）单击【切削方式】选项卡，再单击【添加自动行】按钮 ，则在【模式】列表中添加名称为【自动】的模式，【样式】选择【加工边界-渐变】。

（2）单击【选择加工几何图形】按钮 ，在绘图区选择图 13-93 所示的曲面，单击【选择结束】按钮。

（3）单击【刀轴控制】选项卡，【输出方式】设置为【5 轴】，【最大角度步进量】设置为 3，【刀轴控制】选择【曲面】。

（4）单击【应用】按钮 ，系统立即在绘图区生成刀具路径 5，如图 13-94 所示。

图 13-93　选择曲面　　　　图 13-94　智能综合导线加工刀具路径 5

9．创建智能综合导线加工刀具路径 6

（1）单击【切削方式】选项卡，再单击【添加自动行】按钮 ，则在【模式】列表中添加名称为【自动】的模式，【样式】选择【中心-平行】。

（2）单击【选择加工几何图形】按钮 ，在绘图区选择图 13-95 所示的曲面，单击【选择结束】按钮。

（3）单击【刀轴控制】选项卡，【输出方式】设置为【5 轴】，【最大角度步进量】设置为【3】，【刀轴控制】选择【曲面】。

（4）单击【确定】按钮 ，系统立即在绘图区生成刀具路径 6，如图 13-96 所示。

10．模拟加工

在【刀具】管理器中，单击【刀路操控管理器】中的【选择全部操作】按钮 和【验证已选择的操作】按钮 ，系统弹出【Mastercam 模拟器】对话框，单击对话框中的【播放】按钮 ，系统即可进行模拟加工。图 13-97 所示为模拟加工的结果。

图 13-95　选择曲面　　　图 13-96　智能综合导线加工刀具路径 6　　　图 13-97　模拟加工结果